2020

Yearbook of China's Forestry and Grassland Intellectual Property

中国林业和草原知识产权年度报告

国家林业和草原局科技发展中心
国家林业和草原局知识产权研究中心 编著

中国林業出版社
China Forestry Publishing House

图书在版编目(CIP)数据

2020中国林业和草原知识产权年度报告 / 国家林业和草原局科技发展中心 国家林业和草原局知识产权研究中心编著. -- 北京 : 中国林业出版社, 2021.4
ISBN 978-7-5219-1127-5

Ⅰ. ①2… Ⅱ. ①国… ②国… Ⅲ. ①林业－知识产权－研究报告－中国－2020 ②草原－知识产权－研究报告－中国－2020 Ⅳ. ①D923.404

中国版本图书馆CIP数据核字(2021)第065375号

中国林业出版社·自然保护分社（国家公园分社）

策划编辑：刘家玲

责任编辑：刘家玲　甄美子

出　版　中国林业出版社（100009 北京西城区德内大街刘海胡同 7 号）
网　址　http://www.forestry.gov.cn/lycb.html
电　话　(010) 83143519　83143616
印　刷　三河市祥达印刷包装有限公司
版　次　2021 年 4 月第 1 版
印　次　2021 年 4 月第 1 次
开　本　889mm × 1194mm　1/16
印　张　18
字　数　340 千字
定　价　59.00 元

2020中国林业和草原知识产权年度报告

编辑委员会

前 言

2020年，国家林业和草原局深入学习贯彻党的十九大、十九届三中、四中、五中全会精神和习近平新时代中国特色社会主义思想，按照“五位一体”总体布局和“四个全面”战略布局，积极克服新冠肺炎疫情影响，全面推进林业和草原知识产权工作，为提升林草自主创新能力、加快林草业发展方式转变、提高林草核心竞争力、促进林业和草原高质量发展提供了有力支撑和引领，林业和草原知识产权工作取得了新成绩，获得了新突破，迈上了新台阶。

2020年，国家林业和草原局认真履行国务院知识产权战略实施工作部际联席会议工作职责，落实中共中央办公厅、国务院办公厅《关于强化知识产权保护的意见》，持续强化知识产权保护，加强林业和草原知识产权顶层设计，编制《林业和草原知识产权“十四五”规划》，发布了《中华人民共和国植物新品种保护名录（林草部分）》（第七批）。组织开展全国林业和草原知识产权宣传周系列活动，总结评估《“十三五”国家知识产权保护和运用规划》林草相关工作，实施《2020年加快建设知识产权强国林草推进计划》，聚力提升林业和草原植物新品种权的审查质量和审查效率。加强林业和草原植物新品种权行政执法工作，实施林业专利技术和授权植物新品种转化应用项目，推进林业和草原植物新品种惠农工作。出版《中国油茶遗传资源》，加强林业知识产权基础数据库和信息共享平台建设。2020 年，国家林业和草原局科技发展中心（植物新品种保护办公室）共受理国内外植物新品种权申请 1047 件，授予植物新品种权 441 件。国家知识产权局中国专利数据库公开的林业相关专利共计 91923 件，其中林业科研院所的专利公开量为 1613 件，林业高等院校的专利公开量为 9179 件。北京、河北、浙江等 31 个省（自治区、直辖市），中国林业科学研究院，国际竹藤中心，东北林业大学和西北农林科技大学的林业和草原知识产权工作取得了较好成绩，提升了林业和草原知识产权的综合能力和水平，促进了林业和草原产业高质量发展。

在认真回顾和总结 2020 年度林业和草原知识产权工作的基础上，我中心组织编撰了《2020 中国林业和草原知识产权年度报告》，旨在通过对一年来林业和草原知识产权工作主要进展和成果的展示，让更多的人了解、关心和支持林业和草原知识产权工作，共同促进林业和草原知识产权的创造、运用、保护和管理，提升林业和草原知识产权公共服务水平，为加快推进现代林业和草原高质量发展提供有力支撑。

本报告资料系统、内容翔实，具有较强的科学性、可读性和实用性，可供林草行政管理部门和企事业单位的干部、科研和教学人员参考。

国家林业和草原局科技发展中心

2021 年 3 月

目　录

能力建设

国际合作

各地动态

统计分析

附表

概　述

2020年，国家林业和草原局以实施国家知识产权战略为重点，全面落实《国家林业局关于贯彻实施〈国家知识产权战略纲要〉的指导意见》和《全国林业知识产权事业发展规划（2013—2020年）》，组织实施《2020年加快建设知识产权强国林草推进计划》，全力推进林业和草原知识产权工作，有效提高了林业和草原知识产权创造、保护、运用、管理和服务水平，取得了显著成效，加快了林业和草原发展方式转变，增强了林业和草原核心竞争力。

1. 完善林业和草原知识产权管理制度与政策

国家林业和草原局科技发展中心组织开展林业和草原知识产权“十四五”规划编制工作，加强林草知识产权保护纳入《林业和草原科技创新“十四五”规划》的重点任务。总结评估《“十三五”国家知识产权保护和运用规划》林草相关工作。召开了《中华人民共和国植物新品种保护条例修订草案》专家咨询会，落实《关于强化知识产权保护的意见》林草推进计划，发布了《中华人民共和国植物新品种保护名录（林草部分）》（第七批），包括百子莲属、冰草属和榅木属等78个属（种），林草植物新品种保护名录累计达到284个属（种），促进了林草深度融合，有效满足了广大育种者申请新品种保护的迫切需求。

2. 加强林业和草原植物新品种权受理和审查工作

2020年，国家林业和草原局科技发展中心（植物新品种保护办公室）共受理国内外植物新品种权申请1047件，年度申请量首次突破千件，授予植物新品种权441件，启用新版植物新品种权证书。全年共完成1100件申请品种的初步审查，发布植物新品种公告11批，购买国外植物新品种特异性、一致性和稳定性（DUS）测试报告35份。组织专家赴现场审查申请品种300件。开通品种权申请智能电话机器人咨询系统，《林草植物新品种信息管理系统2.0版》上线试运行，实现了植物新品种在线申报、审查和公告等功能，为申请人提供更加便捷、高效的服务。在北戴河举办了“全国林草植物新品种保护培训班”，在北京、上海召开了植物新品种惠农工作座谈会，开展林草植物新品种惠农工作调研，推进林草植物新品种惠农工作。截至2020年底，国家林业和草原局植物新品种保护办公室共受理国内外植物新品种申请5566件，授予植物新品种权2643件。

3. 推进林业和草原生物遗传资源管理工作

国家林业和草原局开展的“全国油茶遗传资源调查编目”项目的重要成果——《中国油茶遗传资源》（上、下册）于2020年由科学出版社出版发行。参加了生物遗传资源利用与惠益分享实施情况调研，开展红松种质资源遗传多样性评价。完成了林草科技扶贫工作对接与项目实施，在贵州独山实施“区域适生无患子优良种质资源筛选及培育技术”林草科技扶贫项目，在荔波实施“贵州掌叶木遗传资源评价与保护”项目。在海南省儋州市举办林业遗传资源安全与保护高端论坛。

4. 推动林业知识产权联盟建设

国家林业和草原局科技发展中心指导建立了木地板、竹材、木门和木地板锁扣4个专利联盟。2020年中国林产工业协会牵头的“地板锁扣专利保护联盟”，为有效应对地板行业国际贸易壁垒，聚焦重要竞争对手的目标市场布局、技术侧重点分析，提出了木地板锁扣专利布局与风险应对的建议和措施，为中国地板企业在目标市场选择、专利许可谈判等方面提供了技术支撑。中国林业科学研究院木材工业研究所推进“木地板专利联盟”运营工作，为会员单位提供了优质的信息服务。国际竹藤中心推进“竹材专利联盟”运营工作，搭建专利技术合作交流平台，推动竹材产业结构优化升级，提升我国竹材产业的核心竞争力。

5. 实施林业和草原知识产权转化运用项目

2020年，国家林业和草原局科技发展中心组织实施了“林业剩余物制备生物质燃气联产炭技术转化运用”“容器微灌系统套装安装工具的转化应用与示范”和“林下种植大百合技术转化应用与示范”等9项林业专利技术转化运用项目，“‘雪凝红’核桃新品种转化运用及示范”“文冠果新品种‘圆大硕种’等转化运用及示范”和“锦带花优良植物新品种区域转化运用与示范”等4项林业授权植物新品种转化运用项目。组织专家分别对“竹质淋水填料的产业化加工技术”“竹型材柱和弯拱与腹板梁层钉制造方法与示范”2项林业知识产权转化运用项目进行了现场查定和验收。对“木地板锁扣知识产权分析评议试点”和15项林业知识产权试点示范项目进行了会议验收。2011—2020年共组织实施了91项林业知识产权转化运用项目，有47项林业知识产权转化运用项目通过了验收。

6. 开展林业和草原植物新品种权行政执法工作

2020年，国家林业和草原局办公室下发了《关于组织开展2020年打击制售假劣种苗和保护植物新品种权工作的通知》，组织力量集中开展打击侵犯、假冒植物新品种权专项行动，强化了植物新品种行政执法工作的组织领导，进一步提高了执法工作的权威性。完成了对地方林草植物新品种行政执法工作年度考核和打分。组织召开了植物新品种权民事纠纷司法解释专题研讨会，在福建厦门举办了林草植物新品种行政执法培训班暨座谈会。开展了全国植物新品种行政执法队伍现状调查，初步掌握了全国林草植物新品种行政执法队伍建设现状，将更有针对性地加强林草植物新品种保护行政执法队伍建设，指导品种权人积极维权，营造良好的市场氛围。

7. 完善林业和草原植物新品种测试体系

2020年，积极应对新冠肺炎疫情，有序推进植物新品种田间测试工作，完成了119个一品红品种、杜鹃花品种和月季品种的田间种植测试工作。在现有月季（杜鹃）、一品红（绣球）、牡丹、竹子、杏、山茶（油茶）6个专业测试站的基础上，命名建设了国家林草植物新品种昆明测试站、上海测试站、菏泽测试站、太平测试站、北京测试站、杭州测试站6个综合性区域测试站。组织国内相关科研院所开展石楠属、乌桕属、悬铃木属、胡枝子属、蚊母树属和鹅耳枥属6项测试指南的编制。2020年，叶子花属、枫香属、山楂属、欧李、扁桃、木槿和朱槿6项林业植物新品种测试指南以林业行业标准发布。截至2020年底，累计开展了165项林业植物新品种测试指南的编制，已完成了槐属、蔷薇属、桉属、枸杞属、榆属和崖柏属等64项测试指南标准的制定，分别以国家标准或行业标准发布，其中国家标准12项、林业行业标准52项，有效提高了植物新品种的授权质量和审查测试能力。

8. 开展国际林业知识产权动态跟踪与专利分析研究

跟踪世界各国林业知识产权动态，开展了《粮食和农业植物遗传资源国际条约》获取和惠益分享规定研究、《国际植物新品种保护公约》关于植物新品种保护制度研究、《名古屋议定书》与《国际植物新品种保护公约》的相互影响研究、《名古屋议定书》背景下企业使用遗传资源应注意的问题探讨、欧盟关于全球植物新品种权的保护与执法情况的视角研究、欧盟实施《名古屋议定书》和《粮食和农业植物遗传资源国际条约》的现状分析研究，为国际履约和谈判提供了技术支撑。开展林业重点领域专利预警分析研究，选择木浆行业、木质门、兰花育种、草业领域、废旧木材处理技术、森林采伐技术和榛子产业进行专利分析研究。出版了《木浆行业专利分析报告》《木质门专利分析报告》。开展“一带一路”沿线主要国家知识产权政策研究，为我国林业企业深度参与“一带一路”贸易提供数据支撑，为政府部门提供决策参考。

9. 建设林业知识产权基础数据库和共享平台

国家林业和草原局知识产权研究中心系统收集和整理了国内外与林业知识产权相关的主要科学数据和文献资料，完善和建设了林业专利、植物新品种权、林产品地理标志、林业知识产权动态等15个林业知识产权基础数据库,2020年新增数据量10万条,累计数据量150万条。维护和管理“中国林业知识产权网”，2020年用户访问量超过10万人次，网站提供全年不间断、安全稳定的在线检索服务。开通了“2020年全国林草知识产权宣传周”网站，图文并茂地展示林草知识产权成果和最新进展，扩大了林草知识产权的影响力。

10. 开展国际履约和合作交流

国家林业和草原局科技发展中心积极联合世界知识产权组织（WIPO）、国际植物新品种保护联盟（UPOV）、国际无性繁殖园艺植物育种家协会（CIOPORA）等国际组织协助植物新品种权持有人共同抗疫、共渡难关。履行《国际植物新品种保护公约》（《UPOV公约》），参加了UPOV 2020年年会和相关技术工作组会议，会前精心准备应对方案，积极提出意见和建议，履行了成员国责任。举办了中欧植物新品种权实施与维权国际研讨会，参加了UPOV观赏植物技术工作组（TWO）和果树技术工作组（TWF）网络视频会议、UPOV品种数据库（UPOV PLUTO）会议、UPOV果树技术工作组（TWF）会议。联合欧盟植物品种局（CPVO）开展DUS线上培训，并组织18位新品种测试技术骨干参加。参加了在越南河内召开的植物新品种保护东亚论坛视频会议。组织36人参加了UPOV远程培训，为未来的林业植物新品种保护国际合作奠定了人才基础。参加了联合国粮农组织(FAO)组织亚洲地区国家协调员召开的FAO林木遗传资源国家报告进展报告会，编制《中国林木遗传资源状况报告》第二版。

11. 加强林业和草原知识产权宣传培训

组织开展了2020年全国林业和草原知识产权宣传周系列活动，在深圳举办了全国林草知识产权保护与管理培训班。在《国务院知识产权战略实施工作部际联席会议工作动态》上发表战略信息1篇。在《中国绿色时报》和《中国科学报》上发表林业知识产权重点报道20篇。2020年4月20日在《中国绿色时报》发表专栏文章《知识产权保护 为林草业注入创新力和竞争力》，全面介绍了2019年林草知识产权的工作进展和主要成就。出版《2019中国林业和草原知识产权年度报告》，编印2020年《林业知识产权动态》6期。

12. 林业和草原知识产权数量稳步增长，质量明显提升

随着林业和草原自主创新能力的不断增强，林业和草原植物新品种权、专利、商标、林产品地理标志、版权数量稳步增长，质量明显提高，知识产权对现代林业和草原发展的支撑作用日益明显。

截至2020年底：

- 林业和草原植物新品种申请量5566件，授权量2643件。
- 林业相关专利公开量610813件，其中发明专利311569件。
- 草原相关专利公开量88757件，其中发明专利53853件。
- 林业科研院所专利公开量11539件，其中发明专利7900件。
- 林业高等院校专利公开量48300件，其中发明专利25436件。
- 林产品地理标志1325件。
- 林业和草原软件著作权13640项。

中华人民共和国植物新品种保护名录（林草部分）（第七批）

国家林业和草原局公告
（2020年第22号）

根据《中华人民共和国植物新品种保护条例》《中华人民共和国植物新品种保护条例实施细则（林业部分）》的规定，现将《中华人民共和国植物新品种保护名录（林草部分）（第七批）》（见附件）予以公布，自2021年1月1日起施行。

特此公告。

附件：中华人民共和国植物新品种保护名录（林草部分）（第七批）

国家林业和草原局
2020年12月8日

附件：中华人民共和国植物新品种保护名录（林草部分）（第七批）

序号	种或者属名	学名
1	蓍属	*Achillea* L.
2	百子莲属	*Agapanthus* L’ Hér.
3	冰草属	*Agropyron* Gaertn.
4	楤木属	*Aralia* L.
5	艾	*Artemisia argyi* Lévl. & Van.
6	落新妇属	*Astilbe* Buch.-Ham. ex D. Don

（续）

序号	种或者属名	学名
7	秋海棠属	*Begonia* L.
8	秋枫属	*Bischofia* Blume
9	野海棠属	*Bredia* Blume
10	雀麦属	*Bromus* L.
11	舞春花属	*Calibrachoa* Cerv.
12	夏蜡梅属	*Calycanthus* L.
13	薹草属	*Carex* L.
14	莸属	*Caryopteris* Bunge
15	卡特兰属	*Cattleya* Lindl.
16	蓝雪花属	*Ceratostigma* Bunge
17	菊属	*Chrysanthemum* L.
18	君子兰属	*Clivia* Lindl.
19	柏木属	*Cupressus* L.
20	青冈属	*Cyclobalanopsis* Oerst.
21	青钱柳属	*Cyclocarya* Iljinsk.
22	兰属	*Cymbidium* Sw.
23	杓兰属	*Cypripedium* L.
24	大丽花属	*Dahlia* Cav.
25	石斛属	*Dendrobium* Sw.
26	溲疏属	*Deutzia* Thunb.
27	石竹属	*Dianthus* L.
28	油棕	*Elaeis gunieensis* Jacq.
29	木香薷	*Elsholtzia stauntonii* Benth.
30	披碱草属	*Elymus* L.
31	吊钟花属	*Enkianthus* Lour.
32	银钟花属	*Halesia* J. Ellis ex L.
33	向日葵属	*Helianthus* L.
34	铁筷子属	*Helleborus* L.
35	萱草属	*Hemerocallis* L.
36	刺榆属	*Hemiptelea* Planch.
37	矾根属	*Heuchera* L.
38	凤仙花属	*Impatiens* L.
39	鸢尾属	*Iris* L.
40	薰衣草属	*Lavandula* L.
41	羊草	*Leymus chinensis* (Trin.) Tzvel.
42	补血草属	*Limonium* Mill.
43	羽扇豆属	*Lupinus* L.

（续）

序号	种或者属名	学名
44	澳洲坚果	*Macadamia integrifolia* Maiden & Betche
45	十大功劳属	*Mahonia* Nutt.
46	苜蓿属	*Medicago* L.
47	陀螺果属	*Melliodendron* Hand.-Mazz.
48	九里香属	*Murraya* J. Koenig
49	玉叶金花属	*Mussaenda* L.
50	牛至属	*Origanum* L.
51	兜兰属	*Paphiopedilum* Pfitzer
52	重楼属	*Paris* L.
53	银缕梅属	*Parrotia* C. A. Meyer
54	狼尾草属	*Pennisetum* Rich.
55	鳄梨	*Persea americana* Mill.
56	蝴蝶兰属	*Phalaenopsis* Blume
57	山梅花属	*Philadelphus* L.
58	余甘子	*Phyllanthus emblica* L.
59	风箱果属	*Physocarpus* (Cambess.) Raf.
60	马醉木属	*Pieris* D. Don
61	草地早熟禾	*Poa pratensis* L.
62	黄精属	*Polygonatum* Mill.
63	马齿苋属	*Portulaca* L.
64	报春花属	*Primula* L.
65	报春苣苔属	*Primulina* Hance
66	白辛树属	*Pterostyrax* Siebold & Zucc.
67	棕竹属	*Rhapis* L. f. ex Aiton
68	茶藨子属	*Ribes* L.
69	鼠尾草属	*Salvia* L.
70	无忧花属	*Saraca* L.
71	黄芩属	*Scutellaria* L.
72	景天属	*Sedum* L.
73	白鹤芋属	*Spathiphyllum* Schott
74	安息香属	*Styrax* L.
75	车轴草属	*Trifolium* L.
76	雷公藤	*Tripterygium wilfordii* Hook. f.
77	万代兰属	*Vanda* Jones ex R. Br.
78	结缕草属	*Zoysia* Willd.

专项工作

完善林业和草原知识产权管理制度与政策

1. 召开《中华人民共和国植物新品种保护条例修订草案》专家咨询会

随着国内外种业的快速发展，现行植物新品种保护制度存在促进原始创新不足、维权执法困难、保护范围狭窄等问题，不能完全适应中国全面开放新形势和现代种业发展新要求，急需加强顶层设计，推进现代种业更高水平发展。2016年启动了《中华人民共和国植物新品种保护条例》（以下简称《条例》）修订工作，多次组织开展国内外调研，召开《条例》修订研讨会，并征求有关部门以及科研、教学、企业单位意见，形成新的《中华人民共和国植物新品种保护条例修订草案（征求意见稿）》，2019年5月10日开始公开征求意见。2020年4月24日，国家林业和草原局科技发展中心组织召开《中华人民共和国植物新品种保护条例修订草案（征求意见稿）》专家咨询会，与会专家对《条例》修订草案进行了逐条审议，并对实质性派生品种保护、品种权的保护范围、保护期限、农民特权的规范、建立审查员队伍等重点内容进行了讨论，形成了一致意见。

2. 编制《林业和草原知识产权“十四五”规划》

做好顶层设计，把握林业和草原知识产权“十四五”发展方向，国家林业和草原局科技发展中心组织开展林业和草原知识产权“十四五”规划编制工作，总结林业和草原知识产权“十三五”工作成果，调研了林业和草原行业知识产权的应用和转化现状、存在的主要问题，并召开专家咨询会，征求各方面的意见和建议，编制了《林业和草原知识产权“十四五”规划》。同时参与国家林业和草原局科技司负责的《林业和草原科技创新“十四五”规划》编制工作，加强林草知识产权保护纳入《林业和草原科技创新“十四五”规划》的重点任务。

针对林草知识产权质量和转化率不高等问题，深入实施国家知识产权战略，强化知识产权保护和运用，激励林草科技创新，增强行业核心竞争力，全面提升林草知识产权的创造质量、保护效果、运用效益、管理水平、服务能力和国际影响力，为我国林草业高质量发展提供坚强保障。一是构建林草知识产权创造体系。加强林草核心技术研发和植物新品种创制，提高林草专利质量，提升林草植物新品种的审查质量和效率。二是促进林草知识产权转化运用。健全林草知识产权运营服务体系，探索建立林草知识产权评估机制和交易平台，实现供需对接，提升知识产权成果在林草产业中的贡献率。三是强化林草知识产权保护。完善林草植物新品种保护制度，健全植物新品种保护的行政执法体系，建立林草知识产权维权和执法的长效机制，林草植物新品种保护的满意度持续提高。四是健全林草知识产权服务体系。建立林草植物新品种电子申报信息系统，推进林草知识产权公共信息服务平台建设。

3. 研究《关于强化知识产权保护的意见》林草推进计划

2019 年 11 月，中共中央办公厅、国务院办公厅联合印发了《关于强化知识产权保护的意见》，面向新时代强化知识产权保护工作提出一系列新目标、新思路、新举措，对新时代知识产权保护工作开展、落实知识产权强国战略具有重要指导意义。为贯彻落实局党组指示、批示，进一步激励林草事业科技创新，加强林草知识产权保护工作，国家林业和草原局科技发展中心多次进行研讨座谈，形成了《关于强化知识产权保护的意见》林草推进计划及具体分工清单，并上报国家知识产权局。

国家林业和草原局科技发展中心认真组织实施《关于强化知识产权保护的意见》林草推进计划，执行工作顺利通过 2020 年度检查考核，成绩优良。

4. 发布第七批林草植物新品种保护名录

为扩大林草植物新品种的保护范围，推进国际化进程，有效促进新品种创新和保护育种者的合法权益，满足育种者申请品种权保护需求，推动林草行业生态建设和产业高质量发展，国家林业和草原局植物新品种保护办公室根据林草发展实际和育种者的需求，近年来，开展了第七批林草植物新品种名录征集工作，通过公开征集，并于 6 月初正式下发征集通知，对各省（自治区、直辖市）林草主管部门、高等院校、科研院所和育种者推荐的植物新品种保护名录进行了整理和研究，共收到植物新品种推荐建议 328 份，经初步整理、去重和筛选等，确定有效推荐 243 个属（种）。2020 年 8 月 28 日，国家林业和草原局科技发展中心在北京组织召开了第七批林草植物新品种保护名录专家评审会。来自中国林业科学研究院、中国农业科学院草原研究所、北京林业大学、山东农业大学、中南林业科技大学、中国医学科学院药用植物研究所等单位的 9 位专家组成评审专家组，按照国家林业和草原局新的职责范围，以及我国种质资源丰富、育种创新有优势、新品种创制活跃、有利于培育区域特色产业等原则，对候选名录进行了认真研究和讨论，筛选出其中 78 个属（种），建议列入第七批林草植物新品种保护名录发布。国家林业和草原局植物新品种保护办公室结合专家组的评审意见和建议，研究提出拟发布名录，并按照国家林业和草原局的相关要求履行发布程序。

2020 年 12 月 8 日，国家林业和草原局公告（2020 年第 22 号）发布《中华人民共和国植物新品种保护名录（林草部分）（第七批）》，包括百子莲属、冰草属和楤木属等 78 个属（种），自 2021 年 1 月 1 日起施行。至此，林草植物新品种保护名录累计达到 284 个属（种），林草植物保护名录内容的大幅度增加有效满足了广大育种者申请新品种保护的迫切需求。

5. 总结评估《“十三五”国家知识产权保护和运用规划》林草相关工作

根据国务院知识产权战略实施工作部际联席会议办公室相关要求，国家林业和草原局科技发展中心组织专家对《“十三五”国家知识产权保护和运用规划》中林草相关重点工作和各项指标完成情况进行了评估，并形成了总结评估报告上报国务院知识产权战略实施工作部际联席会议办公室。

“十三五”期间，国家林业和草原局以贯彻实施《国家知识产权战略纲要》和建设知识产权强国为契机，组织实施《“十三五”国家知识产权保护和运用规划》（以下简称《规划》）中林草相关重点工作，完成了《规划》中林草相关的主要指标和任务目标。林草植物新品种申请量和授权量大幅增长，累计受理国内外植物新品种权申请3778件（比“十二五”增长255%），授权植物新品种1640件（比“十二五”增长140%），有效激励了育种创新，林草知识产权保护工作取得了显著成效，有力提升了林草知识产权的综合能力和水平。

6.《筹建国家林草植物新品种测试站暂行办法》试行

为规范植物新品种测试站筹建工作，组织制定了《筹建国家林草植物新品种测试站暂行办法》，该办法共分13条，从依据、原则、条件、程序、监督等方面进行了规范，并发文征求各林草测试机构的意见和建议，经上报批准，作为国家林业和草原局科技发展中心规章制度正式试行。

7. 完善林业和草原植物新品种申请审批管理制度

为规范林草植物新品种申请、审查和授权工作，组织修订了《林草植物新品种权申请审查规则》，包括总则、申请受理及初步审查、实质审查、授权、附则共5章21条，自2020年1月1日起实施。为规范林草植物新品种权保护，公正、客观、科学、高效地开展植物新品种DUS现场审查工作，制定了《植物新品种DUS现场审查组织、工作规则》，共13条，国家林业和草原局植物新品种保护办公室负责组建、管理植物新品种审查专家库，组织开展实审工作，明确了实审专家的权利和义务、专家的随机抽取、实审流程、实审工作程序、实审依据、实审责任和纪律要求等，自2021年1月1日起实施。（陈光、周建仁）

实施《2020年加快建设知识产权强国林草推进计划》

为深入实施国家知识产权战略，强化知识产权保护和运用，加快建设知识产权强国，充分发挥知识产权对推进林草现代化建设的支撑和保障作用，按照国务院知识产权战略实施工作部级联席会议办公室印发的《2020年深入实施国家知识产权战略 加快建设知识产权强国推进计划》（国知战联办〔2020〕5号）的部署要求，围绕贯彻落实《国家林业局关于贯彻实施〈国家知识产权战略纲要〉的指导意见》和《全国林业知识产权事业发展规划（2013—2020年）》，国家林业和草原局科技发展中心会同有关单位制订了《2020年加快建设知识产权强国林草推进计划》，明确了2020年林业和草原知识产权工作的18项重点任务和工作措施，分别由国家林业和草原局办公室、生态保护修复司、科学技术司、国际合作司、国有林场和种苗管理司、信息化管理办公室、科技发展中心、中国林业科学研究院、国际竹藤中心、中国林业产业联合会和国家林业和草原局知识产权研究中心等有关司（局）和直属单位牵头落实，明确了相关司局和单位的任务分工，确保实施工作顺利推进，以激励林草科技创新，增强行业核心竞争力，切实提升林草知识产权创造、保护、运用、管理和服务水平。国家林业和草原局办公室以办技字〔2020〕81号文件正式印发实施。

中国林业科学研究院、国际竹藤中心、东北林业大学和西北农林科技大学的林业和草原知识产权工作取得了较好成绩，提升了林业和草原知识产权的综合能力和水平，促进了林业和草原产业发展。

1. 中国林业科学研究院

中国林业科学研究院各所、中心进一步完善知识产权管理制度、奖惩制度、保密制度、技术资料档案管理制度、工作考核办法等多项知识产权规章制度，加强了对知识产权的保护和转化，对专利申请、保护、奖励、实施转化等相关问题都做了详细的规定。完成了国家知识产权局专利费减免备案工作，为全院专利申请、维护减免费用30%以上。依托"生物基材料产业技术创新战略联盟"，国家林产化学工程技术研究中心、中国林学会林产化学化工分会、全国活性炭专业委员会及行业协会等行业组织，召开年会、研讨会等活动，与青岛红润林业生物质能源有限公司、广西梧州日成林产化工股份有限公司、五峰赤诚生物科技股份有限公司、山鹰纸业（吉林）有限公司、徐州市洛克尔化工科技有限公司、石河子市国力源环保制浆有限公司、中国石油化工股份有限公司大连石油化工研究院等行业龙头企业进行广泛的交流与合作，精准进行专利成果推介。坚持走产学研相结合的道路，将孵化成熟的自主知识产权技术向企业转移转化。2020年度专利转让交易合同额为79万元，专利转让件数9件；许可交易合同额为418万元，许可交易件数9件，为企业带来了显著的经济效益，促进了产业技术进步和行业健康发展，从整体来看专利转让继续保持良好势头，执行期延续性更强，合作更趋向于长期稳定。2020年，在浙江东阳首次实现了木材DNA条形码精准鉴定技术专利的实施许可转让，转让收益55万元。研发豆粕基胶黏剂及其制备方法，以豆粕为主要原料，突破新型豆粕基胶黏剂创制、无醛中密度纤维板异相施胶和连续平压制造、无醛刨花板表/芯层同步固化及制造等关键技术，在广西丰林集团明阳厂、南宁厂建立了年产5000t双组分豆粕基胶黏剂和高初黏性豆粕基胶黏剂生产线，广西丰林集团明阳厂、百色厂建立了年产15万/m^3和20万/m^3豆粕基胶无醛中密度纤维板连续平压生产线，广西丰林集团惠州厂、南宁厂建立了年产20万/m^3和30万/m^3无醛刨花板连续平压生产线。创制了新型豆粕基胶黏剂和无醛人造板等新产品并应用于下游企业，实现了无醛人造板规模化连续平压制造。近三年实现了产值22.18亿元，利润11.09亿元，税收1.17亿元。

2. 国际竹藤中心

国际竹藤中心进一步完善了知识产权工作考评机制，修订《国际竹藤中心知识产权管理办法》，健全了知识产权保护、转让和奖励等制度，以项目为载体，不断加强竹藤产业关键技术研发，并采用建立推广示范、开展技术培训、编写技术资料等形式，大力推广竹藤质新材料新技术，做好辐射带动示范作用，加强竹藤科技成果的转化与应用，促进竹藤产业转型升级。利用我国丰富的竹材资源和竹子本身优异的力学性能优势，通过多级纤维化精细疏解技术、竹束单板均密整张化技术、竹束/木单板层积优化复合技术等系列技术的集成创新，开发了高耐候－抗冲击型竹质道路景观护栏和竹质太阳能环保灯，并通过开发竹质护栏工厂模块化预制和现场标准化装配技术，提高安装效率，实现清洁生产与生态环保相结合。竹束单板层积材道路护栏和太阳能灯成套关键制造技术可应用于乡村道路、景区栈道、城市隔离带等的建设，具有耐候性好、抗冲击性能高、与自然相和谐等特点。2020 年，在国家林业和草原局定点扶贫县广西龙胜各族自治县龙脊镇大柳村，开展了竹质道路景观设计、竹质景观护栏、高耐候地板与竹质太阳能灯等特色应用示范。国际竹藤中心以专利技术为依托，开展横向合作项目，广泛开展合作交流和技术服务，支持地方竹产业发展。在继续做好与永安、黄山、宜兴、咸宁等基地科技合作的基础上，与北京市园林绿化局、福建省政和县人民政府、广西龙胜县林业局、四川长宁县人民政府、越南林业科学研究院等签署科技合作协议，与多家竹藤企业开展技术合作，并签订技术服务协议，利用科技人才和技术优势为企业服务，努力推动竹藤科技成果转化。

3. 东北林业大学

东北林业大学成立了科技成果转化工作领导小组，统筹协调科学技术研究院、计划财务处、人事处、国有资产管理处、发展规划与政策法规办公室、图书馆等部门，负责全校知识产权和科技成果转化工作。文法学院开展知识产权学科建设和教学工作，在本科教育、研究生教育、专业学位中开设《知识产权法》《知识产权概论》等知识产权相关课程，并培养了知识产权方向的研究生。加强林草知识产权系列培训，开展以“创新·融合·发展”为主题的第四届专利服务月活动。全面强化和提升知识产权保护工作，不断规范知识产权管理，原则上学校知识产权的申请、使用和转化等工作须经学校审批。学校实行科研项目知识产权全过程管理，将知识产权管理贯穿于项目的选题立项、组织实施、结题验收、成果转化等各个环节，在重大项目的立项、过程管理和验收等环节，明确提出对知识产权的管理要求，加强对所形成知识产权的质量评估，推动项目产生更多高价值的知识产权，并鼓励围绕优势特色学科，加强国际专利的申请。积极强化技术转移和知识产权运营机构建设，依托已有的高校国家知识产权信息服务中心、世界知识产权组织技术与创新支撑中心和省级技术转移示范机构，充分发挥学校科学顾问和技术顾问制度，促进技术转移与知识产权管理运营体系建设，不断提升学校科技成果转移转化能力。2020 年度签约横向项目 515 项，合同经费 8403.79 万元，专利权属转让 26 件，转让经费 35.6 万元。“林药高效培育技术”先后在黑龙江省格润药业有限责任公司、黑龙江省大海林业局有限公司、云南红河县泰富木豆种植专业合作社、山西浑源县北岳林芪基地有限责任公司、牡丹江市三道林场、吉林省红石林业局营林处、露水河林业局计划发展处等单位建立了林药种植示范基地；“林药活性成分定向诱导 / 转化增量与强化传质高效提取技术”先后在浙江海正药业股份有限公司、黑龙江葵花药业股份有限公司等 5 家企业应用于木豆、五味子、刺五加和黄芪加工生产，产生了显著的经济效益和社会效益。

4. 西北农林科技大学

西北农林科技大学成立了成果与知识产权处，负责学校成果与知识产权的管理工作。成立西北农林科技大学技术转移中心，专门负责学校科技成果的转移转化工作。先后制定并出台了《西北农林科技大学保护知识产权暂行规定》《西北农林科技大学科技成果转化管理办法》等知识产权管理规章制度，对知识产权的管理加以规范，促进科技成果转化。学校获批“全国专利信息服务网点”“西北农林科技大学知识产权信息服务中心”，形成了包含专利信息素养教育、专利信息检索分析服务、决策支持专利信息服务等服务内容的知识产权信息服务体系。以“坚持质量优先、突出转化导向、强化政策引导”为原则，完善工作机制，加强政策引导，坚持创新发展理念，紧扣高质量发展这一主线，深入实施创新驱动发展战略和知识产权强国战略。通过职称评审相关条件的激励引导，促进知识产权的转化运用。修改奖励办法，加大知识产权转移转化的奖励，突出转化应用导向，倒逼知识产权质量的优化提升。（杨玉林、王地利、赵健、柳玉霞）

加强林业和草原植物新品种权受理和审查工作

为贯彻落实中央关于疫情防控与复工复产、“放管服”改革的要求，国家林业和草原局植物新品种保护办公室（以下简称“新品办”）克服新冠肺炎疫情带来的不利影响，按照“六稳”“六保”工作要求，坚持上班，保持新品办有效运转，正常受理新品种权申请，积极组织植物新品种 DUS 测试，加快了新品种权审查和授权进程。积极拓展“非接触式”服务，按照“尽可能网上办”的原则，进一步优化完善了部分受理审查工作流程，细化修订了申请材料注意事项，努力做好主动服务、及时服务和规范服务，全面提升了林草植物新品种受理审查的工作效率和服务水平。

2020 年林业植物新品种受理、审查、授权数量均创历史新高，共受理国内外植物新品种权申请 1047 件，相比上年增加了 30%，年度申请量首次突破千件。全年共完成 1100 件申请品种的初步审查并公告，联系欧盟、日本、澳大利亚、加拿大等植物新品种权管理机构购买国外测试报告 35 份。全面清理植物新品种档案，摸清家底，提高了工作效率，简化审批流程，已经做到 2 个月发布一次申请保护公告，达到 3 个月内完成初审的目标，进一步简政放权，将“新品种强制许可审批事项”从许可清单中调出。

2020 年国家林业和草原局公告授权植物新品种 2 批共 441 件，完成了 441 件品种权证书的制作、盖章和登记发放工作。对品种权申请、初审、授权及其他事项及时在“中国林业植物新品种保护网站”上公告，共发布了申请公告 6 批，申请撤回公告、品种名称变更公告、实质审查驳回公告、申请人变更公告、品种权人变更公告、品种权转让公告等事务公告 3 批，植物新品种授权公告（国家林业和草原局公告）2 批，确保了林业植物新品种审批和授权的公开、公正，审批规范、高效，接受社会的监督。作为国家履行《UPOV 公约》和林业植物新品种权审批机关的一项重要的基础性工作，2020 年林业植物新品种权审批工作朝着更加标准化、规范化和制度化方向发展。

截至 2020 年底，国家林业和草原局植物新品种保护办公室已受理国内外植物新品种申请 5566 件，授予植物新品种权 2643 件。

中国林业科学研究院林业研究所、中国林业科学研究院亚热带林业实验中心和黑龙江省林业科学研究所作为植物新品种实质审查组织单位，进一步完善了专家抽取和现场审查制度，制定了《植物新品种 DUS 现场审查组织、工作规则》，提高了审查结果的严谨性、科学性和准确性。2020 年组织专家赴现场审查申请品种 300 件，更好地适应了林业植物新品种申请量大幅增加的需求，为品种权申请人提供优质服务。

为深入贯彻落实“放管服”改革要求，进一步优化林草植物新品种权申请受理和审查程序，提升林草植物新品种管理信息化水平，为申请人提供更加便捷、高效的服务，国家林业和草原局植物新品种保护办公室组织专家团队推进林草植物新品种信息管理系统2.0版建设，实现了在线申报、审查和通知公告等管理功能。2021年1月1日起正式上线试运行新版“林草植物新品种保护信息管理系统”（以下简称“管理系统”）。管理系统试运行期间，申请人、代理机构可以通过管理系统在线提交申请材料。管理系统能够满足在线申报、审查、管理和通知等功能需求，实现从品种权申请到授权证书发放的全过程留痕和信息化高效管理。特别是随着林草植物新品种保护名录范围的逐步扩大，品种权的申请数量将逐年增加，管理系统作为新品种受理和授权工作的核心中枢平台，将在推进林草植物新品种信息化、规范化和便携化管理，进一步提升服务能力和水平中发挥重要作用。国家林业和草原局植物新品种保护办公室结合管理系统的功能特点，对受理流程进行了优化，对相关材料进行了精减。

为做好林草植物新品种权申请咨询答复事宜，国家林业和草原局植物新品种保护办公室于2020年底开通品种权申请智能电话机器人咨询系统，该系统以《林草植物新品种权申请指南》和《申请材料填写导则》为内容基础，通过中国移动400号码为主号，云呼叫中心部署方式实现自主语音导航、彩铃、智能路由、挂机短信、录音、话务分析等14项功能，为咨询者提供24小时不间断服务，特别是标准化分类答复、在线留言、重复接听等功能受到申请人好评，达到了减少人工答复任务、提高答复质量和工作效率的目标。

2020年国家林业和草原局启用新版植物新品种权证书，调整内容包括：一是增加“品种权证书记载发证时的法律状态”。二是将证书原注明的“品种权的转让、继承、终止等事项由本局登记和公告”修改为“品种权的转让、继承、放弃、无效、终止和品种权人的姓名或名称、国籍、地址变更等事项记载在国家林业和草原局品种权登记簿上”。三是将中文日期格式调整为公历日期标准格式（阿拉伯数字）。

国家林业和草原局植物新品种保护办公室完成了向UPOV报送我国2019年度林业植物新品种申请、授权、品种权统计等4类数据的工作，向UPOV新品种数据库填报了439件授权品种的详细信息，包括数据的整理、翻译和数据报送，以实现林业授权植物新品种数据的全球共享。（陈光、段经华）

推进林业和草原生物遗传资源调查编目工作

1.《中国油茶遗传资源》出版发行

植物遗传资源是植物遗传繁衍和生物多样性的载体，是人类社会赖以生存的重要基础性自然资源和基因工程的源泉性资源，是生物遗传改良的基础物质。油茶是山茶属油用资源的泛称，中国作为世界山茶属物种的起源及栽培利用中心，拥有丰富的野生种自然变异资源和地方栽培品种资源，具有丰富的遗传多样性，是我国特有且极为宝贵的自然财富。我国油用山茶属遗传资源丰富，大多数油茶遗传资源以其特有的经济价值和品质特性闻名于世，油茶等木本油料产业不与粮争地，是我国保障油料供给的优势产业、潜力产业，是国家木本粮油产业发展中具有重要地位的战略性资源。

2020 年 4 月，《中国油茶遗传资源》（上、下册）由科学出版社出版发行。这是国家林业和草原局开展的“全国油茶遗传资源调查编目”项目的重要成果。针对油茶产业发展面临的困难和不足，国家林业和草原局科技发展中心组织开展了全国油茶遗传资源调查与编目工作，全国 17 个省（自治区、直辖市）历时 5 年辛勤努力，累计调查各类油茶遗传资源 3058 份，发现了一批具有直接驯化利用或潜在育种利用价值的新资源，建成了全国油茶遗传资源信息数据库。全国从事油茶科研与生产的近 500 位科技人员参与了项目的野外调查、内业整理、数据分析、信息录入等工作。全书共有五章，前四章为概述，介绍了山茶属植物起源、分类、全球分布状况及中国开展油茶遗传资源调查概况。第五章为各论，采用图文混编方式介绍了中国现有主要选育资源以及在全国油茶遗传资源调查中发现的野生资源等信息。本书是对全国油茶遗传资源调查编目工作的全面总结与凝练，由中国林业科学研究院亚热带林业研究所牵头组织，参与项目调查的各省（自治区、直辖市）专家组成编撰团队，对项目调查收集的资源信息进行了全面的整理、分析与凝练，收录描述选育及野生油茶资源 1380 份。《中国油茶遗传资源》的出版，为全面掌握我国油茶遗传资源分布、储量、性状特点及利用现状，有效挖掘具有开发利用价值的基因资源，实现油茶资源的有效保护和高效利用奠定了重要的科学研究基础。摸清油茶“家底”，为我国有效保护和开发利用油茶遗传资源提供了坚实的科学基础，建立油茶遗传资源“宝库”，为强力促进我国油茶物种的保育和品种改良，构建了影响长远、意义重大的科学研究平台。

2. 参加生物遗传资源利用与惠益分享实施情况调研

2020 年 8 月 17~26 日，参加了生态环境部组织的《关于加强对外合作与交流中生物遗传资源利用与惠益分享管理的通知》（以下简称《通知》）实施情况调研，教育部、科学技术部、农业农村部、中国科学院、国家林业和草原局等部门管理人员和有关专家参加。调研组调研了北京、江苏、广东、云南和陕西，每到一地调研组首先与当地生态环境、教育、科技、农业农村、林业和草原等主管部门和教育科研单位相关负责人及代表召开座谈会，讨论和交流落实《通知》各项要求的情况。赴有关科研教育单位，现场考察了各单位落实《通知》各项要求的情况，现场查阅相关文件资料，与单位管理服务人员、科研人员交流生物遗传资源对外合作与交流情况，了解各有关单位实施《通知》各项要求的经验和案例。调研组共调研了 5 所高等院校，分别是中国农业大学、南京林业大学、中山大学、云南农业大学和西北农林科技大学；调研了 5 家科研机构，分别是中国科学院微生物所、江苏省中国科学院植物研究所、广东省农业科学院、云南省林业和草原科学院、秦岭国家植物园等。通过调研取得了第一手资料，为下一步开展生物遗传资源的保护与可持续利用，做好生物安全立法工作打下良好基础。

3. 举办林业遗传资源安全与保护高端论坛

2020 年 10 月 31 日至 11 月 1 日，林业遗传资源安全与保护高端论坛在海南省儋州市举办。本次论坛由国家林业和草原种质资源库、国际林业遗传资源培训中心举办，海南大学、大卫集团等承办。国家林业和草原局科技发展中心主任王永海应邀出席并讲话。林业遗传资源是维护国家生态安全、保障木材及其他林产品供应、应对气候变化、改善人居环境的重要物质基础，对社会经济发展起着重要作用，是维持人类生存、实现经济社会可持续发展的战略性资源。海南省作为我国的经济特区、自由贸易试验区，在地理区位、气候环境等各方面具有得天独厚的条件，特别适合林业遗传资源的保存与利用研究。论坛聚焦林业遗传资源的安全利用与保护，特别是木兰科植物的研究、开发利用与资源保护。论坛举办期间，还举行了国际林业遗传资源培训（海南）中心、国家林业和草原种质资源库海南木兰种质资源库、海南大学木兰学院等揭牌仪式。

4. 完成林草科技扶贫工作对接与项目实施

独山县地处贵州最南端，与广西南丹县接壤，是贵州乃至大西南进入两广出海口的必经之地，是国家林业和草原局重点支持的深度贫困县。国家林业和草原局科技发展中心在贵州独山实施“区域适生无患子优良种质资源筛选及培育技术”林草科技扶贫项目，由北京林业大学主持完成。项目主要内容是完成调查收集贵州区域无患子种质资源 30 份；对现有实生林进行改造，基于前期研究成果，建设了 40 亩实生无患子高光效矮化培育技术示范林，利用嫁接技术营建了无性系无患子高光效矮化技术培育示范林 10 亩；对接无患子产业国家创新联盟，协助开展原料林培育及关键技术问题科技支撑；与企业合作，通过当地农民参与无患子育苗、原料林培育、果实销售、科技推广等，促进农村产业结构调整，提高农户收入，帮助农户脱贫等。在荔波实施贵州掌叶木遗传资源评价与保护项目，为以后的良种选育、人工栽培、种群恢复，以及开发利用提供科学依据，充分利用了荔波等贫困县的农村剩余劳动力，促进发展农业农村经济，加快脱贫致富步伐。

5. 开展红松种质资源遗传多样性评价

为全面了解红松天然群体遗传结构、遗传多样性及谱系地理学问题，东北林业大学在我国红松分布区内进行了红松针叶和种子的收集，在我国东北地区收集了红松种质资源 1300 份，营建了红松种质资源库，对样本的球果性状、种子性状、针叶性状等进行了测定，筛选具有高多态性的 SSR 分子标记 20 对，提出了红松群体的遗传多样性收集和保护策略。（李启岭、杜冉）

开展中国专利奖组织推荐工作

根据国家知识产权局《关于组织推荐中国专利奖的通知》要求，国家林业和草原局科技发展中心积极组织中国专利奖林业项目的推选工作，强化知识产权保护和运用工作导向，通过积极动员、广泛征集、公平筛选，挑选出林业行业对技术创新及经济社会发展具有突出作用的林业专利，参加中国专利奖评选。2012—2019 年共有 26 项林业专利荣获中国专利优秀奖，有效激励了林业科研创新主体和发明人，有利于促进林业科技自主创新，增强林业核心竞争力。

国家林业和草原局科技发展中心根据中国专利奖评选的基本条件，每年均从全国各地的林业企事业单位征集优秀林业专利项目。采用集中评审与实地调查相结合的方式，做好优秀林业专利的筛选工作，推荐工作以林草事业高质量发展为导向，优先推荐对于林业发展具有重大影响的核心技术专利，以及已经转化应用且经济社会生态效益显著的林业专利和在实际侵权案件中保护效果良好的林业专利，专家组既包括林业技术专家也包括知识产权研究人员，确保筛选工作的公平、公正。

通过媒体报道、网站宣传和出版书籍等多种形式，对林业专利获奖情况进行宣传，每年及时将林业专利获奖情况在国家林业和草原局政府网、中国林业知识产权网和《中国绿色时报》上公布，并将重点内容收录到《中国林业和草原知识产权年度报告》中，增强了林业企事业单位对中国专利奖评选的关注，提高了自主创新的积极性，提升了林业行业的知识产权保护意识。同时将中国专利奖的推选工作与林业知识产权试点示范、林业专利产业化推进、林业知识产权宣传周等各项工作相结合，扩大中国专利奖组织推选工作的影响力。

2020 年 9 月，根据《国家知识产权局关于评选第二十二届中国专利奖的通知》（国知发运函字〔2020〕138 号）和《中国专利奖评奖办法》（知办发管字〔2018〕20 号），国家林业和草原局科技发展中心组织中国林业科学研究院、国际竹藤中心及 6 所涉林高校进行林业专利项目申报，在积极动员、广泛征集的基础上，严格按照申报程序、参评条件等要求对申报的专利项目进行专家评审、推荐和公示，国家林业和草原局推荐了中国林业科学研究院林产化学工业研究所的“豆粕基胶黏剂及其制备方法”（ZL201210277994.2）、中国林业科学研究院林产化学工业研究所、广东松林香料有限公司的“高纯度 α- 松油醇的制备方法”（ZL200710025118.X）和北京林业大学的“一种角规量测森林小班蓄积及生物量的精准推估方法”（ZL201310122016.5）3 项林业发明专利项目上报国家知识产权局，参加第二十二届中国专利奖评选。

中国专利奖是中国唯一的专门对授予专利权的发明创造给予奖励的政府部门奖，已被联合国世界知识产权组织（WIPO）认可，在国际上具有一定的影响。中国专利奖由国家知识产权局于 1989 年设立，已评选了 22 届，从 2009 年第 11 届起，中国专利奖评选周期由每 2 年 1 届改为每年 1 届。为了更好地发挥专利奖的导向作用，国家知识产权局完善了中国专利奖评选办法和评奖指标。新的评奖办法更加强调评选的科学性，扩大了社会的参与面，在评价内容上进一步突出了专利的质量导向，更加注重专利的技术先进性，强调专利运用的实际效益及其对经济社会发展的贡献和对行业发展的引领作用。中国专利奖的公信力、权威性、代表性和影响力日益增强，目前已成为推进中国知识产权事业发展的重要平台，对引领创新驱动发展、推动知识产权强国建设发挥了积极作用。（杨玉林、王忠明）

推动林业知识产权联盟建设

林业知识产权联盟（以下简称“联盟”）是由全国林业行业具有民事主体资格的企事业单位、社会团体，根据相关法律、法规自愿组成的互助协作联合体。

联盟的目标：关注知识产权、共建美丽中国，促进林业知识产权事业规范、健康和有序发展，推动林业产业转型升级，提升产业核心竞争力。

联盟的宗旨：联盟成员在平等互利的基础上，通过资源共享、协同行动、自律互助等合作形式，建立产学研合作机制，协同攻关，权益共享，共同突破林业产业发展技术瓶颈，应对林业知识产权纠纷和风险。

联盟的职责：构建林业知识产权信息共享平台，促进信息资源共享，为会员提供准确的知识产权信息服务；建立林业知识产权展示平台，为专利、植物新品种权提供展示推介、价值评估、质押融资等综合服务，促进会员知识产权转化运用；建立联盟知识产权协作机制，建立林业领域核心专利池，推动会员之间的知识产权转让、交叉许可和对外协同实施，促进知识产权向产业技术体系集聚，实现增值共赢；促进联盟会员守法自律，针对重点侵权案件提供维权救助，参与国际知识产权谈判和争议解决，共同应对知识产权纷争，维护联盟会员合法权益；定期举办知识产权培训、研修、交流活动，提升意识、增强能力；举办研讨会、展览会、论证会、交流会等相关活动，组织专题调研，就林业知识产权相关问题进行探讨，向相关部门提出政策建议；开展联盟宗旨所允许的其他活动。

成立联盟有利于进一步完善产学研相结合的林业技术创新体系，有利于林业行业资源的优化配置，有利于开展国内企业专利技术的合作与推广，有利于共同应对国际知识产权纠纷。

为完善产学研相结合的林业技术创新体系，搭建了林业专利技术合作和信息交流平台，使林业产业核心竞争力得到提升。国家林业和草原局科技发展中心指导建立了木地板、竹材、木门和地板锁扣 4 个专利联盟。专利联盟通过交流信息、提出专利需求和技术需求、整合资源、相互许可等，促进了林业专利创造与运用。

2020 年，中国林产工业协会牵头的地板锁扣专利保护联盟为有效应对地板行业国际贸易壁垒，推进我国地板行业专利保护工作，梳理了木地板锁扣领域全球专利的整体布局特点，聚焦重要竞争对手的目标市场布局、技术侧重点分析，对木地板锁扣涉及专利的法律状态、技术水平、国内外相关专利申请和授权情况、发展趋势、知识产权风险等问题进行分析评议，提出了专利布局与风险应对的建议和措施，为中国地板企业在目标市场选择、专利许可谈判等方面提供了技术支撑。组织国内主要地板企业积极应诉，参与国际知识产权谈判和争议解决，共同应对知识产权纷争，促进联盟会员守法自律，针对重点侵权案件提供维权救助，维护联盟会员合法权益。积极组织企业进行锁扣专利技术梳理和挖掘分析，利用协会和联盟的沟通平台与 UNILIN 和 VALINGE 进行谈判。建立木地板领域核心“专利池”，推动会员之间的专利转让、交叉许可和对外协同实施，促进专利向产业技术体系集聚，实现增值共赢。联盟的宗旨是充分运用市场机制，建立以市场为驱动、技术为支撑、项目为纽带的开放式产、学、研合作模式，以此提升整个地板行业和企业的核心竞争力。

中国林业科学研究院木材工业研究所推进木地板专利联盟运营工作，维护和完善了木地板专利联盟网站，为会员单位提供了优质的信息服务。联盟在促进木地板专利的保护、运用和创造，搭建专利技术合作平台，推动木地板产业结构优化升级，提升我国木地板产业的核心竞争力等方面起着重要作用。

国际竹藤中心推进竹材专利联盟运营工作，通过竹材专利联盟网站，宣传竹产业知识产权知识，搭建专利技术合作交流平台，共享竹藤相关知识产权信息，促进专利创造，推动竹材产业结构优化升级，提升我国竹材产业的核心竞争力。（马文君、王姣姣）

开展林业重点领域专利分析研究

专利文献的信息内容分析服务可以为科技创新寻找技术解决方案，使技术创新获得灵感，并能提高技术创新和科研的起点，同时避免重复研究，节约经费。因此，整合全球林业专利信息资源，利用科学的专利分析方法挖掘全球林业技术情报，不仅能为林业技术创新指明方向，而且还能为国家政策制定、林产品国际贸易和国际谈判提供技术支撑。

国家林业和草原局知识产权研究中心采用德温特世界专利索引数据库（DWPI）、Derwent Innovation（DI）和 Derwent Data Analyzer（DDA）等专利分析工具，建成了集专利检索、管理和分析功能于一体的林业专利信息预警分析系统，采用智能化的数据挖掘技术和先进的可视化技术，可自动进行几十种重要的专利分析、自动生成近百种统计图表，并可实时监测和分析国内外林业行业相关领域的专利动态变化，为林业专利预警分析研究提供基础数据分析平台。

针对林业行业容易遭到国外专利壁垒的重点林产品领域进行了动态跟踪和调查，对专利数据进行统计和分析，聘请技术专家全程参与，采用定量和定性相结合的分析方法，建立了一套科学、严谨的重点出口林产品领域的知识产权预警指标体系和应急机制。运用数据挖掘技术和可视化技术，从海量、异构、分散的专利数据中挖掘和分析隐含的规律和发展趋势，掌握目标技术的专利分布情况和发展趋势、主要竞争对手和近年来的研究热点，剖析技术发展重点及空白点，判定知识产权风险及被侵权嫌疑，查明该领域现有的专利法律状态，重点防范已授权专利，密切关注已公开专利，积极利用失效专利，提出应对措施和方案，增强知识产权预警能力，为政策制定和破解林产品出口的技术贸易壁垒提供支撑。

2020 年国家林业和草原局知识产权研究中心组织开展了兰花育种、草业领域、废旧木材处理技术、森林采伐技术和榛子产业的专利分析研究。深入开展了木浆行业核心专利识别研究，采用专利引文、同族专利大小和权利要求数 3 个指标的综合加权分值来识别全球木浆相关技术核心专利，并对核心专利进行深入分析、翻译和汇编，出版了《木浆行业专利分析报告》，为我国木浆行业的技术创新和战略布局提供参考。深入开展了木质门专利分析研究，包括发展趋势分析、国家技术实力分析、申请人分析、文本聚类分析、引证分析等，出版了《木质门专利分析报告》，为我国木质门行业的核心技术研发和知识产权布局提供参考。

继续开展木地板锁扣技术追踪分析研究，锁扣技术是木地板行业最重要的核心技术，相关国际专利纠纷也特别多，因此在 2012 年、2015 年和 2018 年开展相关研究的基础上，2020 年继续开展相关专利的追踪分析和研究。技术发展趋势分析表明，目前全球锁扣技术经历了快速发展期和稳定发展期后，目前正处于衰退期。自 2013 年开始，特别是 2016 以来，UNILIN 公司和 VALINGE 公司于 20 世纪 90 年代初发明的一系列锁扣核心专利陆续失效，目前锁扣技术领域尚未出现其他突破性的核心技术，因此全球锁扣技术发展正呈现衰退趋势，锁扣技术发展是否能进入复苏期，主要取决于后续是否出现可以为技术市场注入活力的突破性创新。主要竞争者分析表明，木地板锁扣技术仍然主要掌握在欧洲企业手中，特别是瑞典的 VALINGE、比利时的 UNILIN 和 PERGO，这 3 家企业占有全球锁扣技术专利总量的近一半，且在中国、美国和欧洲等主要锁扣技术市场布局了大量专利。锁扣关键技术分析表明，本体锁定元件技术、倾斜插入技术和单层槽榫技术是木地板锁扣技术使用最多的技术方案。本体锁定元件技术、倾斜插入技术和水平插入技术，属于木地板锁扣技术领域的传统技术；嵌入锁定元件技术和垂直插入技术起步较晚，但是后期发展迅速，是木地板锁扣技术领域的较新技术，目前上述各类技术发展相对较为均衡。目前锁扣关键技术的各种组合方案已经不存在技术空白点。“单层槽榫 + 本体锁定元件 + 倾斜插入”是使用最多的锁扣技术方案，其次是“单层槽榫 + 本体锁定元件 + 垂直插入”和“单层槽榫 + 嵌入锁定元件 + 垂直插入”这两种技术方案。中国锁扣技术竞争形势分析表明，中国锁扣技术实力近年来增长较快，但在技术实力上与欧洲国家相比仍有很大差距，尤其是缺乏技术力量雄厚的大型企业。此外，中国锁扣技术主要局限于本土，海外专利布局很少，与欧洲和美国相比处于明显的专利逆差地位。在中国获得木地板锁扣技术发明授权的专利权人以国外企业为主，占发明授权总量的 85.58%，特别是瑞典的 VALINGE 和比利时的 UNILIN，他们在中国拥有的木地板锁扣技术发明授权量遥遥领先于其他专利权人。因此，我国木地板锁扣技术市场不容乐观。研究报告将为我国木地板锁扣技术专利的创造、运用、保护和管理提供必要的数据支撑和决策参考。（马文君、范圣明、黎祜琛）

开展国际林业知识产权动态跟踪与履约研究

国家林业和草原局知识产权研究中心跟踪世界各国林业知识产权动态，重点开展了国内外植物新品种保护和林业生物遗传资源获取与惠益分享的现状和发展趋势研究，组织专家进行信息采集、分析、翻译、编辑整理和综述，形成研究报告，提供林业知识产权信息服务，为国际履约和谈判提供了技术支撑。2020 年，开展了《粮食和农业植物遗传资源国际条约》获取和惠益分享规定研究、《UPOV 公约》关于植物新品种保护制度的研究、《名古屋议定书》与《UPOV 公约》的相互影响研究、《名古屋议定书》背景下企业使用遗传资源应注意的问题探讨、欧盟关于全球植物新品种权的保护与执法情况的视角研究、欧盟实施《名古屋议定书》和《粮食和农业植物遗传资源国际条约》的现状分析；此外，继续开展美国植物新品种保护法律法规研究，将出版译著《美国植物新品种法律法规解读》。

1.《粮食和农业植物遗传资源国际条约》获取和惠益分享规定

《粮食和农业植物遗传资源国际条约》（以下简称《植物条约》）确立并实施了粮食和农业植物遗传资源多边国际获取和惠益分享制度。该条约的目标是：确保具有经济和/或社会效益的植物遗传资源，特别是农业植物资源，以植物育种和科学研究的目的被开发、保存、评估和提供。该条约的立场是“植物遗传资源是全人类的共同遗产，所以应该不受限制地获得”。各缔约国达成的共识是“由于全球对粮食和农业植物遗传资源的相互依赖，所以保护粮食和农业植物遗传资源是人类共同关心的问题。由于生物多样性以及粮食和农业植物遗传资源对全球的重要性，共同关心粮食和农业植物遗传资源的基本原则是尽量在国家主权和行使国家主权所产生的职责之间取得平衡”。

《植物条约》各缔约方同意建立一个“高效、透明的多边系统，以方便获取粮食和农业植物遗传资源，并在互补和相互加强的基础上公平合理地分享因利用这些资源而产生的利益”。这个多边系统包括《植物条约》附件一所选列的粮食和农业植物遗传资源。当以研究、育种和培训为目的时，可通过便利的获取机制获得这些资源。这个多边系统比较适合农业和植物育种的需要，遗传资源使用者和提供者之间不必再每次举行谈判，因此降低了运作的成本。在多边系统中，粮食和农业植物遗传资源获取的共同规则，已经列在条约管理机构批准的材料转让协定中。如果以其他目的利用粮食和农业植物遗传资源，则属于《生物多样性公约》和《名古屋议定书》的获取和惠益分享规定的管辖范畴。

《植物条约》缔约方认识到，便利获取多边系统中的粮食和农业植物遗传资源，本身即是多边系统中的一个主要的惠益，但这些惠益必须公平合理地分享。多边系统实际上是公共的粮食和农业植物遗传资源保存、分发和利益共享系统。如前所述，获取这些资源是很便利的，因为想通过多边系统获得遗传材料的人不需要逐个与国家有关部门或其他公共提供者谈判。任何人都可以根据标准合同（即材料转让协定）使用这些资源。通过多边系统得到的遗传资源只可用于保存或开展与食物及农业有关的研究、育种和培训活动；根据《植物条约》和材料转让协定，将遗传资源用于“化学、制药和/或其他非食品/饲料工业用途”都是不允许的。

根据《植物条约》，从多边系统获得遗传资源的一个条件是，在提供粮食和农业植物遗传资源时，应同时提供该遗传资源的基本信息，并根据适用法律的要求，提供其他所有相关的非保密性说明信息。此外，遗传资源的接收方同意根据材料转让协定，在通过多边系统获得遗传资源时，不得对该遗传资源或其任何部分提出任何知识产权保护要求。如果遗传材料的接受者打算保存该资源，他们还必须同意在其他方面提出索取要求时提供这种资源。多边系统虽然也有类似的获取和惠益分享目标，但其方式与《生物多样性公约》和《名古屋议定书》所设想的双边遗传资源交换方式不同。

《植物条约》所说的惠益大多数是非货币形式的，主要是交换信息、获取和转让技术、能力建设等，但也包括分享商业化所带来的货币和其他惠益。虽然人们的兴趣往往在于货币利益，但植物育种的结果也可能包括重要的公共产品，例如农村发展和减轻贫困、环境保护、粮食安全和文化多样性。这些公共产品也许比多边系统可能产生的潜在货币利益更为重要。尽管《植物条约》建立了一个在国家层面上实行惠益分享的复杂制度，但它在从法律上强制使用者分享货币惠益方面并不是很成功。对于受植物新品种权保护的品种，如果这些品种可以自由地用于进一步的育种和其他研究，则向多边系统支付费用不是强制性的，原则上取决于具体的法律制度。

《植物条约》第 9 条对农民权利予以承认，认为世界各地区的土著社区、当地社区和农民，尤其是原产地中心和作物多样性中心的农民，对构成全世界粮食和农业生产基础的植物遗传资源的保存及开发，已经做出并将继续做出巨大贡献。《植物条约》指出，落实农民权利的责任在于政府，并且列举了应当采取的保护和加强农民权利的专门措施：①保护与粮食和农业植物遗传资源有关的传统知识；②公平参与分享因利用粮食和农业植物遗传资源而产生的利益的权利；③参与国家粮食和农业植物遗传资源保存及可持续利用有关事项决策的权利；④农民根据国家法律酌情保存、利用、交换和出售农场保存的种植和繁殖材料的权利。

2.《国际植物新品种保护公约》的植物新品种保护制度

《国际植物新品种保护公约》(《UPOV 公约》)起源于欧洲。早在 1961 年以前，一些欧洲国家就已经在国家的层面上实行植物新品种权制度。后来，这个制度扩大到了大多数工业化国家。最早成为 UPOV 成员的国家大多数在北半球。然而，在 1995 年《与贸易有关的知识产权协定》(《TRIPS 协定》)生效后，UPOV 的支持者利用该协定将成员扩大到南半球国家。不过南半球国家的植物育种科学不如北半球发达，农民更加依赖用自己保存的种子繁殖、销售和交换。在这些国家中，农业和植物育种往往是重叠和无界限的做法。作为保护新植物品种的唯一现成的自成体系模式，UPOV 仍然是遵守《TRIPS 协定》的最佳选择。目前南半球的许多国家都已采用了 UPOV 的制度，使其成为植物知识产权的一项重要全球标准。

《UPOV 公约》为保护植物育种权提供了 2 个文本，一个是 1978 年文本，另一个是更严格的 1991 年文本。大部分缔约方加入的是 1991 年文本。在 1991 年修订文本生效后，成为唯一对后来者开放的文本。但是旧文本的缔约方有权选择不过渡到 1991 年的修订本，所以有少数 UPOV 成员国仍然执行着 1978 年文本。这些国家主要是植物品种（包括种子）的净进口国，它们愿意让农民在更大范围内使用（例如重新种植）已经购买的种子，且在 1978 年文本中对植物新品种权的保护期限也较短。《UPOV 公约》1991 年文本加强了对农民和研究人员使用受保护品种的限制，加强了植物品种权保护，使其更接近传统的专利保护。《UPOV 公约》1978 年文本认为，受植物品种权保护的植物物种不符合专利保护的条件，但是《UPOV 公约》1991 年文本则认为符合条件的植物品种可以通过植物新品种权和专利 2 种方式得到保护。UPOV 成员国可以选择提供植物新品种权保护而不提供专利保护，也可以允许育种者在两者之间选择其一，或者可以同时提供 2 种形式的保护。此外，在《UPOV 公约》1991 年文本中，植物新品种权保护的范围超出了繁殖材料的范围，扩大到实质性派生品种和在某些情况下受保护品种的收获材料，以及由收获材料直接制成的产品。

《UPOV 公约》是在《生物多样性公约》《名古屋议定书》和《粮食和农业植物遗传资源国际条约》(以下简称《植物条约》)通过之前制定的，当时并没有考虑惠益分享的问题，也没有明确的惠益分享条款。然而，作为知识产权的一种形式，从理论上讲，通过促进创新和刺激对植物育种项目的投资，培育出产量更高的良种，植物育种权起到了造福整个社会的作用。农民特权和育种者特权也可以被认为是一种惠益分享的形式。《UPOV 公约》对植物新品种的开发和使用施加的影响，对全球推动粮食安全、减缓气候变化和促进经济发展发挥了重要作用。植物新品种的好处是使植物的产量更高、抗病虫害、抗逆、更高的投入效率、更好的收成和作物质量，以及更好地进入国内和国际市场。这些好处首先以新品种和改良品种的形式提供给农民，然后这些新品种又给消费者和整个社会带来好处，结果使优质食品的成本降低、土地利用效率提高、储存品质得到改善和植物的产品多样化。

植物新品种权保护有明确的豁免范围，其中有一些是《UPOV 公约》规定的强制性豁免。第 1 种可以享受得到强制豁免的情况是私人和非商业目的的行为；第 2 种是实验目的的行为；第 3 种是对育种者豁免，适用于为培育其他品种而采取的行为，允许未经事先授权使用受保护品种的繁殖材料。其目的是通过保证所有的育种者都能获得种质资源来优化品种改良，这被认为是植物新品种权保护制度的基石之一。在《UPOV

公约》1978 年文本中，缔约方原则上可以根据农民特权允许农民使用或交换保存在农场的受保护品种种子。农民特权旨在维护农民为了重新播种而保存自己的种子的普遍做法，并确保缔约方能够采取针对其农业生产环境的解决办法。《UPOV 公约》1991 年文本明确规定了可以在国家法律中承认农民特权，但须符合育种者的权利。具体的要求是在合理的范围内，并在保护育种者合法利益的前提下来调整这种特权。

3.《植物条约》与《UPOV 公约》的相互影响

《植物条约》和《UPOV 公约》都与粮食和农业植物遗传资源有关。粮食和农业植物遗传资源是作物改良的基础，是全球农业和粮食生产的关键性资源。《UPOV 公约》和《植物条约》对全球农业、粮食生产和粮食安全都具有重要影响。尽管它们各自的重点和方式有所不同，但必须以相互支持和相辅相成的方式执行，并考虑到它们在利用粮食和农业植物遗传资源造福社会方面的共同意义。

《UPOV 公约》致力于确保植物育种企业中的植物育种者利益并使其最大化，着眼于增加植物品种和强化全球粮食安全。《植物条约》则致力于保护和可持续利用粮食和农业植物遗传资源，并在符合《生物多样性公约》要求的情况下公平和公正地分享利用这些资源所产生的惠益，以促进可持续农业和粮食安全。

顾名思义，《植物条约》的范围仅限于粮食和农业植物遗传资源。此外，它的共同商定条件也只适用于特定的作物和牧草，即《植物条约》附件 1 根据粮食安全和相互依赖的标准列出的粮食和农业植物遗传资源清单。而《UPOV 公约》适用于所有植物属种，不局限于粮食和农业植物遗传资源。缔约方承诺在《UPOV 公约》的实施过程中采取一切必要措施，逐步将其规定适用于尽可能多的植物属种。因此，《UPOV 公约》大多数缔约方已将其规定适用于所有植物属和物种，而《植物条约》只涵盖了《UPOV 公约》所涵盖植物遗传资源的一小部分。

在某种程度上，尽管《UPOV 公约》和《植物条约》在目标和范围上的侧重不同，但它们在适用的植物遗传资源的使用方面并不相互排斥。实际上，在一个国家内，将这两个公约的管辖权截然分开是不可行的，因为在同一个国家的制度下，二者所处理的粮食和农业植物遗传资源必然有交叉。因此，各国在为本国执行这两项公约而制定详细的政策时，需要以相互支持的方式将这两个国际公约的目标结合起来考虑。例如，植物属种无论是否列入《植物条约》附件清单，目标都是确保植物新品种权保护得到支持，同时不破坏粮食和农业植物遗传资源的可持续使用。必须根据具体情况确定公平合理分享从以育种和其他目的使用植物遗传资源中得到的惠益，或其他以促进和增加植物品种多样性、可持续发展、粮食安全和承认国际社会对粮食和农业植物遗传资源的依赖性为目标的利用所得到的惠益的权利。

《植物条约》要求缔约方制定和坚持促进粮食和农业植物遗传资源可持续利用的政策和法律措施，其中包括“促进农民尤其是发展中国家农民的参与，尤其是加强适应包括边缘地区在内的社会、经济和生态条件的品种培育能力的植物育种工作”。同样，虽然《UPOV 公约》没有提及粮食和农业植物遗传资源的可持续利用，但在《UPOV 公约》中，植物新品种保护的本质就是增加育种者的权利，以支持育种工作，最终使用于农业、创新和粮食安全的植物品种多样性得到提高。尽管人们对把重点放在经济价值较低的一些作物的商业性植物育种和相关研发上有所担心，但这种保护并没有削弱植物育种科学作为开发植物新品种以追求可持续性的工具的作用。

《植物条约》对知识产权采取了务实的做法，承认知识产权对于支持粮食和农业植物遗传资源研发和创新的重要意义。《植物条约》禁止对从多边系统获得的粮食和农业植物遗传资源，或其遗传部分或成分的形态提出限制其方便获取的任何知识产权和其他权利要求。但是如果对获取的材料进行了改良，则可以申请保护，例如植物新品种保护。与《植物条约》采用的平衡或开放的知识产权获取模式相比，《UPOV 公约》显得不那么灵活。它仅限于特定的知识产权，即以植物育种者为重点的植物新品种保护。在《UPOV 公约》中，植物育种者是植物新品种保护的主要受益者。与《植物条约》中让农民成为粮食和农业植物遗传资源知识产权保护受益者的做法截然不同，《UPOV 公约》为农民利益提供的可通融的范围很有限。任何通融，例如在使用农场保存的受保护品种种子时，都必须不涉及商业性应用，而且在任何情况下都必须服从于育种者的利益。

《植物条约》和《UPOV 公约》对农民及其在使用粮食和农业植物遗传资源、粮食安全和农业生产方面作为利益攸关者的作用有不同的定位。《植物条约》确认了农民对实现获取和惠益分享、可持续农业和粮食安全等目标的贡献，并以农民权利的形式肯定了这些贡献。《植物条约》虽然没有对农民权利的范围做出界定，但具体列举了农民权利，其中包括对与粮食和农业植物遗传资源有关的传统知识的权利，参与有关粮食和农业植物遗传资源保护和可持续使用的决策的权利，以及使用、保存、交换农场保存的种子 / 繁殖材料的权利。这些条款可能是迄今为止在以前的非约束性倡议的基础上，做出的对农民权利最具体或最有力的表述。《UPOV 公约》1991 年修订文本扩大了育种者权利，从而减少了农民特权，简单地说，农民特权被减少到只能在农民土地上以非商业性用途使用农场保存的受保护品种的种子。即使这样，这些特权不能超出国内法的自由裁量权范围，且不能以损害神圣不可侵犯的育种者利益的方式行使。无论是称为农民特权还是农民权利，根据《UPOV 公约》和《植物条约》，其适用范围都是由执行这些公约的各国政府自行决定的。考虑到《生物多样性公约》《植物条约》和《名古屋议定书》之间的协同作用，以及它们在获取和惠益分享、粮食和农业植物遗传资源保护和可持续利用、可持续农业和粮食安全、土著和地方社区传统知识方面的共同目标，国家在实施《UPOV 公约》和《植物条约》时都可以对农民权利采取更强有力保护措施和更积极的态度。

4. 欧盟实施《名古屋议定书》和《植物条约》概况

为落实《名古屋议定书》，欧盟制定了《欧盟植物遗传资源获取和惠益分享条例》。该条例改变了《名古屋议定书》中规定的遗传资源使用者需遵守遗传资源提供国制定的获取和惠益分享规定的国际规则。同时，该条例还规定，欧洲委员会将通过实施法案采取一些其他措施。欧盟委员会随后通过了《欧盟 2015/1866 号实施条例》，对收集物登记、监督使用者遵守情况和最佳做法做出规定。《欧盟植物遗传资源获取和惠益分享条例》和《欧盟 2015/1866 号实施条例》均直接适用于欧盟所有成员国。《欧盟植物遗传资源获取和惠益分享条例》建立在集中监管和非集中执行的概念之上。主要前提是有义务进行尽职调查，以确定遗传资源及其相关传统知识是根据提供国适用的获取和惠益分享法规获得的。该条例的范围包括国家行使主权权利的遗传资源，以及《名古屋议定书》缔约方规定的获取和惠益分享措施涵盖的遗传资源及相关传统知识。如果遗传资源是通过中介间接获得的，使用者在首次获取资源时应确保已经得到事先知情同意并经过中介达成共同商定条件。如果遗传资源是从经过认证的保藏库中获得的，则推定其已经进行过尽职调查。该条例自2014年10月12日《名古屋议定书》在欧盟生效之日起生效。在该日期之前获得的遗传资源不属于该条例的范围，即使这些资源的使用发生在2014年10月12日之后。

欧共体（2009年起改为欧盟）于2004年批准了《植物条约》，并制定了几个实施条例。现在欧盟的所有成员国都是《植物条约》的缔约方。欧盟在批准《植物条约》后不久便通过了《理事会第870/2004号条例》，批准了一项欧盟农业遗传资源保存、鉴定、收集和利用计划，随后便制定了欧共体2004—2006社区计划，在欧共体的层面上促进成员国保存、鉴定、收集和利用农业遗传资源的工作。负责计划效果评估的专家组建议，由于该计划的受益者主要是研究机构，后续计划主要目标应是使农业遗传资源在实际中得到适当利用，并且要更加注重最终使用者的参与。在2012年计划结束后，欧盟委员会建议将该计划纳入欧盟农村发展政策以及研究与创新政策，即“欧洲创新伙伴关系”和“2020研究与创新框架地平线”。欧盟委员会还提议对欧盟植物繁殖材料立法进行修订，旨在促进传统品种和一致性较差的品种进入市场。但该提议在2014年被欧洲议会否决。欧盟委员会在2015年撤回了该提议，至今也没有提出新的提议。此外，为了规范欧盟的种子贸易，《理事会第2002/55号指令》规定了将植物品种纳入农业植物品种公共目录的条件。该目录中列举了允许在所有欧盟成员国的领土上商业化的植物名单。该指令要求“在不违反理事会关于农业遗传资源保存、鉴定、收集和利用的第1467/94号条例的前提下，从植物遗传资源就地保存和可持续利用的角度出发，种植和销售特定产地有基因流失威胁的传统植物和没有商业性生产价值但属于在特定条件下生长的植物”。为此目的，理事会制定了配套的《2008/62/EC指令》和《2009/145/EC指令》。（马文君、范圣明、李博）

转化运用

实施林业和草原知识产权转化运用项目

为深入贯彻实施国家知识产权战略，促进林业和草原专利技术转化应用，推动林业产业转型升级，国家林业和草原局科技发展中心在地方林业和草原部门及有关单位推荐的基础上，经过专家评审，2011—2020 年期间组织实施了 91 项林业知识产权转化运用项目，有 47 项林业知识产权转化运用项目通过了验收。国家林业和草原局科技发展中心围绕林业重点产业发展对新技术的需求，优选林业专利技术成果，通过工艺完善及技术组装配套，进一步熟化专利技术，形成完整的技术体系和产品线，扶持符合林业发展需要和市场推广前景广阔的专利技术转化及推广运用项目，建立林业专利产业化示范基地，既扶持开发科技含量高、特色鲜明、市场竞争优势明显的专利新产品、新技术，又重视培育科技型林业中小企业的发展，开展林业专利转化服务，以点带面，推动林业专利成果转化。以林业龙头企业的专利转化运用为突破口，带动中小企业积极参与，形成专利产业化集群和示范基地。

1. 实施 13 项林草知识产权转化运用项目

2020 年，国家林业和草原局科技发展中心组织实施了“林业剩余物制备生物质燃气联产炭技术转化运用”“容器微灌系统套装安装工具的转化应用与示范”和“林下种植大百合技术转化应用与示范”等 9 项林业专利技术转化运用项目，“‘雪凝红’核桃新品种转化运用及示范”“文冠果新品种‘圆大硕种’等转化运用及示范”和“锦带花优良植物新品种区域转化运用与示范”等 4 项林业授权植物新品种转化运用项目（表 1）。

表1 2020年林草知识产权转化运用项目

序号	项目名称	承担单位	负责人
1	林业剩余物制备生物质燃气联产炭技术转化运用	中国林业科学研究院林产化学工业研究所	许玉
2	容器微灌系统套装安装工具的转化应用与示范	河北省林业和草原科学研究院	赵广智
3	林下种植大百合技术转化应用与示范	广西壮族自治区林业科学研究院	赵志珩
4	干旱区无灌溉造林技术研究与示范	石河子大学	宋于洋
5	森林草原防火灭火指挥管理智慧平台转化应用与示范	昆明龙慧科技有限公司	隋永利
6	木塑复合材料阻燃关键技术转化应用与示范	东北林业大学	宋永明
7	生态养虾用茶粕专利技术转化应用与示范	湖南淳湘农林科技有限公司	喻应辉
8	杜仲胶高效连续提取分离技术	北京林业大学	樊永明
9	油橄榄轻基质扦插育苗方法转化应用与示范	甘肃省林业科学研究院	陈炜青
10	‘雪凝红’核桃新品种转化运用及示范	贵州省核桃研究所	侯娜
11	文冠果新品种‘圆大硕种’等转化运用及示范	彰武县德亚文冠果专业合作社	崔天鹏
12	锦带花优良植物新品种区域转化运用与示范	黑龙江省森林植物园	马立华
13	‘金王1号’和‘金公主1号’丰产型文冠果新品种转化运用及示范	北京林业大学	关文彬

（1）林业剩余物制备生物质燃气联产炭技术转化运用

应用“一种内外热一体生物质回转热解气化设备”（ZL201720607658.8）专利技术，以林木生物质废弃物如枝丫、木材加工边角料等为原料，采用先进的生物质热解气化工艺技术及连续化热解气化反应器，将生物质中的碳氢化合物都转化为生物燃气和生物质炭的气、固能源形式，最大限度地将生物质资源转化为能源产品。通过控制反应温度、反应时间提高生物质燃气热值，替代天然气或燃油，作为工业锅炉所需的燃料。生物质炭可作为烧烤炭直接销售或进一步深加工为活性炭。在山东冠宝林炭业集团建成林业剩余物热解气化制备生物质燃气联产炭示范生产线1条，生物质燃气替代燃煤作为工业锅炉的燃料，生物质燃气热值≥ 5000kJ/Nm^3，生物质炭产量≥ 200kg/h。

（2）容器微灌系统套装安装工具的转化应用与示范

应用“一种简易容器微灌系统套装安装工具”（ZL201610531138.3）发明专利技术，进行容器微灌系统套装安装工具样品及其配套模具试制，生产容器微灌系统套装安装工具100套，配套模具1套，在园林绿化、生态修复等不同类型的立地环境中，实施专利安装工具的安装示范转化，在石家庄、张家口、承德等地区建设不同类型容器微灌系统应用示范点，开展容器微灌技术应用示范，展示不同类型容器微灌系统技术的具体应用，并记录、调查专利技术应用的成效。该工具能有效解决不同材质、不同类型的容器微灌系统的安装难题，极大地提升容器微灌系统的安装速度，很好地解决滴头滴水容易堵塞的难题，主要用于抗旱节水，提高造林及园林绿化大树移植的成活率。

（3）林下种植大百合技术转化应用与示范

应用“一种提前打破大百合休眠的方法”（ZL201611102101.5）发明专利技术，开展大百合种质资源调查，选择有区域生境代表性且植株质量优良的种群10个，采集其种群繁殖材料、鳞茎和土壤样本等，并在广西龙胜各族自治县建立大百合种质资源收集测定圃，建立大百合标准化栽培技术体系，开展打破大百合种子休眠、鳞片扦插及组织培养等繁殖技术研究。营建群体种质收集圃及示范林 50 亩[①]，收集地理种群 20 份。测定大百合不同种质鳞茎产量和有效成分，建立大百合遗传资源评价指标体系，筛选适合广西发展的大百合优良单株 10 株，建立大百合快繁体系。

（4）干旱区无灌溉造林技术研究与示范

应用“半荒漠地区的植树造林设施”（ZL201620729195.8）专利技术，开展关键立地因素和集水措施对无灌溉造林树种的影响及耗水规律研究，筛选出适应天山北坡无灌溉造林树种 3~5 种，在天山北坡石河子浅山地区建立无灌溉造林示范园 60 亩，形成干旱区无灌溉造林技术体系 1 套，研制带有挖集水槽装置且适合山地的挖树坑机械 1 台。利用天然降水，辅之无灌溉造林技术，能够绿化荒山、荒漠，提高干旱、半干旱地区的森林覆盖率。

（5）森林草原防火灭火指挥管理智慧平台转化应用与示范

应用“一种基于大数据挖掘的集成化森林防火信息化系统”（ZL201610271102.6）发明专利技术，以云 + 端的理念重构森林草原防火灭火指挥调度管理系统，打造以云平台为中心，集数据采集、存储、管理、分析、会商、决策、调度功能于一体的全面软件综合服务，使之成为森林草原防火灭火的标准软件装备，提供基于云计算硬件即服务（Iaas）、平台及服务（Paas）、软件及服务（Saas）的分层架构，形成全面、高效的信息服务，系统业务功能指标完成率 95% 以上，全年稳定可用时间 99.5% 以上。系统在 1~2 个省开展示范和验证，实现省、市、县、乡互联互通，四级联动使用，为森林草原防火灭火工作提供有力的信息化支撑。

（6）木塑复合材料阻燃关键技术转化应用与示范

应用“阻燃型高木质含量木塑复合材料及其制备方法”（ZL201110208027.6）发明专利技术，在东北林业大学生物质复合材料工程技术研究中心进行阻燃木塑复合材料加工技术的中试试验，针对高填充聚烯烃基木塑复合材料，设计木质纤维组分的磷氮硼催化成炭阻燃体系，构建并优化聚烯烃基木塑复合材料的协同膨胀成炭高效阻燃体系，探究阻燃木塑复合材料热解及燃烧产物泡沫炭层的结构与木塑复合材料中木质纤维及热塑性塑料热解过程的影响规律，完成关键技术熟化，在吉林华邦新材料科技有限公司进行技术示范。

（7）生态养虾用茶粕专利技术转化应用与示范

应用“一种以有草茶粕为原料生产多元化茶粕产品的循环综合利用系统”（ZL2017201753939）专利技术，开发应用于消灭虾塘养殖塘口里的野杂鱼，肥水防青苔等的生态养虾用茶粕，替换原来在虾塘养殖塘口里使用的化学药剂。湖南淳湘农林科技有限公司与中南林业科技大学签订了校企产学研合作协议，建成年产 5300 t 生态养虾用茶粕生产线 1 条，茶枯饼油粕分离残油率 6% 以内，茶粕中的稻草含有率 2% 以内，生态养虾用茶粕茶皂素含量 13%~18%，保质期 2 年。

（8）杜仲胶高效连续提取分离技术

应用“高纯度杜仲胶的提取方法”（ZL201611155255.0）发明专利技术，开发一种

---

① 1 亩 = 1/15hm^2，下同。

连续化杜仲胶提取实验装置，以杜仲果皮为原料，研究提胶过程中组分溶出规律，确定高效高纯度杜仲胶提取溶剂体系以及提取操作条件，优化双相杜仲胶提取专利技术的单元操作条件，确定连续法双相杜仲胶高效提取过程技术参数，进行连续法双相杜仲胶封闭循环分离提取装置的设计制造与安装调试，开展连续双相法杜仲胶提取实验，分离杜仲胶、糖类以及木质素等非胶组分。建立一套包括连续高效杜仲胶提取分离、溶剂回收小型生产线，生产能力达到 1t/ 年，实现高效率、低成本、高纯度杜仲胶的连续规模化提取分离。

（9）油橄榄轻基质扦插育苗方法转化应用与示范

应用“油橄榄轻基质扦插育苗方法”（ZL201510370428X）发明专利技术，开发油橄榄良种壮苗繁育技术，建成油橄榄轻基质苗木繁育基地 1 处，面积 10 亩，开展油橄榄轻基质扦插育苗方法转化应用与示范，油橄榄轻基质扦插育苗生根率高达 90% 以上，扦插后 40~45 天即可生根，造林成活率达 95% 以上，生产油橄榄良种壮亩 10 万株，苗木达到一级苗的标准，开展油橄榄轻基质扦插育苗方法技术培训。

（10）‘雪凝红’核桃新品种转化运用及示范

开展授权植物新品种‘雪凝红’（品种权号：20150061）核桃新品种的扩繁和栽培技术研究，采用‘雪凝红’新品种穗条作为接穗，以无性繁殖进行扩繁，扩大新品种繁殖群体和苗木供应能力，支持生产造林。在贵州独山县选择示范点营建高效栽培示范林 30 亩，标准化整地、种植和抚育管理。通过组织参观、技术培训、发放技术资料等多种方式对“雪凝红”核桃新品种进行推广应用。

（11）文冠果新品种‘圆大硕种’等转化运用及示范

开展授权植物新品种‘圆大硕种’（品种权号：20180375）和‘悄然薄壳’（品种权号：20180376）文冠果新品种的丰产栽培技术研究，在辽宁省彰武县福兴地镇、内蒙古通辽市开鲁县吉日嘎郎吐镇、辽宁省朝阳市建平县白山林场建成文冠果新品种“圆大硕种”和“悄然薄壳”区域示范点，面积为 30 亩，株数在 1500~1800 株之间，春季选取 2~5cm 的幼树进行地接或高接的形式嫁接新品种“圆大硕种”和“悄然薄壳”，同时设置对照，管理措施相同，包括抹芽、树体修剪、肥水管理等。新品种产量是对照的 2 倍以上，具有明显的引领和示范带动作用，提出不同区域文冠果新品种“圆大硕种”和“悄然薄壳”丰产栽培技术体系。

（12）锦带花优良植物新品种区域转化运用与示范

开展授权植物新品种‘初恋’（品种权号：20170116）和‘紫惑’（品种权号：20170122）锦带花新品种的适应性、稳定性和抗逆性研究，根据土壤和气候条件在黑龙江选择黑河、哈尔滨、牡丹江、大庆 4 处具有典型代表性的试验地点，建立区域示范点 4 个，以‘红王子锦带’为对照品种，连续 2 年对这 2 个新品种进行区域栽植试验，观察其叶色、花色等观赏特性，调查分析各区域苗木的成活率、生长势、物候期，以确定其适生区域、利用价值和推广范围，为锦带花优良新品种划定适宜的推广区域。建立锦带花优良新品种繁育示范区，面积 3.5 亩，繁育苗木 1.7 万株，建立锦带花优良新品种栽培技术体系。

（13）‘金王 1 号’和‘金公主 1 号’丰产型文冠果新品种转化运用及示范

开展授权植物新品种‘金王 1 号’（品种权号：20180308）和‘金公主 1 号’（品种权号：20190087）丰产型文冠果新品种区域试验林营建与管护技术集成与示范，在辽宁省建平县黑水林场（栗钙土区）、内蒙古敖汉旗双井林场（风沙土区）、内蒙古阿鲁科尔沁旗坤都林场（褐土区）建立‘金王 1 号’‘金公主 1 号’新品种区域试验示范林 30 亩，每个试验地各 10 亩。采用 2~3 年生普通文冠果直播苗，分两年完成‘金王 1 号’和‘金公主 1 号’嫁接苗 6000 株，成活率 90% 以上，集成嫁接育苗及其管护技术，提出文冠果丰产型新品种嫁接扩繁与区域试验示范技术体系。

2. 18 项林业知识产权转化运用和试点示范项目通过验收

2020 年，国家林业和草原局科技发展中心组织专家分别对“竹质淋水填料的产业化加工技术”“竹型材柱和弯拱与腹板梁层钉制造方法与示范”2 项林业知识产权转化运用项目进行了现场查定和验收。“木地板锁扣知识产权分析评议试点”和 15 项林业知识产权试点示范项目进行了会议验收。项目均完成了合同规定的任务和考核指标，取得了良好的社会经济效益，促进了林业专利技术和授权植物新品种的产业化应用（表 2）。

表 2　2020 年通过验收的林业知识产权转化运用和试点示范项目

序号	实施年份	项目名称	承担单位	负责人
1	2018	竹质淋水填料的产业化加工技术	国际竹藤中心	费本华
2	2018	竹型材柱和弯拱与腹板梁层钉制造方法与示范	国际竹藤中心	刘焕荣
3	2018	木地板锁扣知识产权分析评议试点	中国林产工业协会	石峰
4	2018	林业知识产权试点示范项目	中国林业科学研究院木材工业研究所	傅峰
5	2018	林业知识产权试点示范项目	国际竹藤中心	覃道春
6	2018	林业知识产权试点示范项目	河北省林业科学研究院	张鸿景
7	2018	林业知识产权试点示范项目	山西省林业科学研究院	张彩红
8	2018	林业知识产权试点示范项目	上海植物园	奉树成
9	2018	林业知识产权试点示范项目	福建省林业科学研究院	李建民
10	2018	林业知识产权试点示范项目	江西省林业科学院	雷昌菊
11	2018	林业知识产权试点示范项目	山东省林业科学研究院	徐金光
12	2018	林业知识产权试点示范项目	湖南省林业科学院	董春英
13	2018	林业知识产权试点示范项目	广东省林业科学研究院	蔡坚
14	2018	林业知识产权试点示范项目	广西壮族自治区林业科学研究院	潘文
15	2018	林业知识产权试点示范项目	四川省林业科学研究院	冯秋红
16	2018	林业知识产权试点示范项目	宁夏林业研究院股份有限公司	秦彬彬
17	2018	林业知识产权试点示范项目	北京林业大学	李红勋
18	2018	林业知识产权试点示范项目	重庆星星套装门（集团）有限责任公司	刘晓俊

（1）竹质淋水填料的产业化加工技术

国际竹藤中心应用“一种冷却塔淋水填料部件及其组件”（ZL201521145245.X）专利技术，对电厂冷却塔中的竹质淋水填料进行了工艺优化，经过传统竹格填料—S 型填料—竹编织填料的三代技术更新，形成了一整套成熟的竹质填料制造技术。在浙江龙泉大展竹科技有限公司形成年产 5 万 m^3 生产能力的 S 型竹质填料生产线 1 条，生产的竹编织填料产品，经检测，出塔水温不超过 32℃，抗压强度 103.2MPa，抗弯强度 134.9MPa。产品在东风汽车热电厂推广应用，冷却及节能减排效果显著。

（2）竹型材柱和弯拱与腹板梁层钉制造方法与示范

国际竹藤中心应用“一种胶合竹层钉板的制造方法”（ZL201510068735.2）发明专利技术，进行技术熟化，改进制备工艺，形成了竹型材柱和竹质工字梁 2 种构件的制备技术，并制定了产品设计和制造手册。经检测，竹质工字梁的剪切性能和抗弯曲强度、竹型材柱轴心抗压性能达到国家木结构设计规范的相关要求。在苏州昆仑绿建木结构科技股份有限公司形成年产能力 6000m^3 的竹建筑结构材生产示范线 1 条，生产五芯柱、空芯柱、实心柱、工字梁、C 型梁 5 种产品。申请国家发明专利 1 件，获实用新型专利 1 件。

（3）木地板锁扣知识产权分析评议试点

中国林产工业协会组织专家，针对 2007 年木地板锁扣 337 调查终裁认定专利侵权成立，并签发禁令以来，中国地板企业必须支付专利许可费，才能出口地板产品的现状，梳理了木地板锁扣领域全球专利的整体布局特点，聚焦重要竞争对手的目标市场布局、技术侧重点分析，对木地板锁扣涉及专利的法律状态、技术水平、国内外相关专利申请和授权情况、发展趋势、知识产权风险等问题进行了分析评议。对巴洛克木业（中山）有限公司、江苏肯帝亚装饰材料有限公司、浙江长兴森大竹木制品有限公司等 9 家典型企业，与国外公司签订的 39 个产品的专利许可合同和重点专利进行了分析研究，找出了许可合同存在的具体问题，提出了专利布局与风险应对的建议和措施，为中国地板企业在目标市场选择、专利许可谈判等方面提供了技术支撑。

（4）15 个林业知识产权试点示范项目

国家林业和草原局科技发展中心组织专家，在中国林科院召开了林业知识产权试点示范项目验收评审会，对中国林业科学研究院木材工业研究所、国际竹藤中心、河北省林业科学研究院等 15 家单位承担的 2018 年林业知识产权试点示范项目进行了验收。各承担单位进一步修订和完善了知识产权管理制度，举办了知识产权保护和管理系列培训班，形成了可转化的专利技术，总结了林业知识产权转化应用的典型案例，如新型无醛生物质胶黏剂制造与应用技术、人工林木材增强—阻燃—防腐一体化处理技术、竹质绿色装配式房屋、竹束复合材双拼梁构件在木结构建筑中的应用、油茶配方施肥缓释多功能新技术与应用等，促进了林业知识产权转化运用，提高了林草知识产权工作能力和水平，增强了科技对产业的支撑。（王忠明、杨玉林、王地利、赵健）

推进林业和草原植物新品种惠农工作

植物新品种权对于保护育种者权益、激励育种创新、壮大种苗产业、推动现代农林业发展、实施精准扶贫等具有举足轻重的作用。授权植物新品种转化应用是展示新品种生产潜力、发挥新品种效益的重要途径。促进植物品种权的转化运用，防止植物新品种“闲置”，是促进林业发展和保障育种人权益的基础。2020 年，国家林业和草原局科技发展中心组织召开了林草植物新品种惠农工作座谈会，开展了林草植物新品种惠农系列调研，广泛征求新品种培育人和品种权人的意见，大力推进林草植物新品种惠农工作，促进特色产业特别是扶贫产业发展，助力乡村振兴。通过探索建立新品种惠农工作示范单位，开辟惠农新品种行政审批快捷通道，建立优良品种的推广平台等加强政策供给，进一步将林草植物新品种惠农工作落到实处，为林业和草原高质量发展提供有力支撑。

1. 召开植物新品种惠农工作座谈会

2020 年 6 月 5 日，在北京组织召开了林草植物新品种惠农工作座谈会。座谈会旨在深入贯彻习近平总书记重要指示精神，认真落实中央“六稳六保”、精准推进复工复产的要求，研究通过加强政策供给，进一步推进林草植物新品种转化和产业化，将新品种惠农工作落到实处。来自林草新品种典型企业、科研院所的 30 余位品种权人就植物新品种惠农生产、复工复产等情况进行了交流座谈，分享了红花玉兰、中华金叶榆、福禄紫枫、枸杞、金陵黄枫、‘四季春 1 号’紫荆、泓森槐等植物新品种保护与转化运用的典型案例，探讨如何进一步推进林草新品种惠农工作。北京林业大学的红花玉兰新品种，全国 23 个省（自治区、直辖市）培育苗木 5 万亩 500 万株，总产值 101.2 亿元，带动社会就业 3.1 万人。河北省林业和草原科学研究院的中华金叶榆，在全国 14 个省（自治区、直辖市）得到大规模的生产和应用，总产值 760 亿元，带动了近 10 万名农民致富，成为广大农民心中名副其实的“摇钱树”。国家枸杞技术研究中心的枸杞新品种，实行良种良法配套，农机农艺融合，依托“繁—育—推”的模式，已带动形成年产 1 亿元的种苗产业，极大地促进了农民增产增收。与会代表还就加快新品种审查进度、保护育种人权益、新品种推广新模式、维权技术等问题进行了研讨。

2020 年 10 月 14 日，在上海组织召开了林草植物新品种惠农座谈会，上海市林业总站、上海市园林科学院、上海辰山植物园、上海植物园、上海应用技术学院、上海农业科学院果树所、上海上房园艺有限公司、上海市国家东方杉良种基地等单位的 20 余位专家出席了会议。交流了牡丹、绣球、山茶、海棠、玉兰、鹅掌楸、东方杉、萱草等植物新品种惠农的主要做法、经验以及取得的社会效益和经济效益。

国家林业和草原局科技发展中心将通过加强有关政策研究和政策供给，把林草植物新品种惠农工作落到实处，务求取得更大实效，全面推进林草植物新品种创制和保护工作，夯实新品种转化运用通道，扎实推进新品种惠农工作。将通过开辟审查新途径、改进审批服务等方式实现新品种“快保护”，并通过新媒体等多渠道发布新品种信息，着力打造植物新品种推广平台、推进试点示范、促进转化应用，努力用新品种的画笔将绿水青山书写成金山银山。

2. 开展林草植物新品种惠农工作调研

2020 年 5 月，赴北京市密云区巨各庄镇蔡家洼村就林草新品种转化应用进行了调研。蔡家洼村通过与中国农业大学俞红强教授合作，引进其 17 项具有知识产权的月季花品种，组建“教授 + 研究生 + 农技员 + 职业型农民”的研发团队，自主研发了 20 多个月季新品种。在这些新品种中，有的是国际顶级香、中国最香品种，有的是具有抗寒、抗病的品种，可以在冬天越冬。2019 年，该村月季苗木销售额达到 500 万元。与此同时，蔡家洼村注重新品种上下游产业链开发，拉长产业链，提高产品档次，推出玫瑰精油、鲜花饼等特色健康产品，满足消费者的多样需求。

2020 年 11 月 11 日，赴河南省南召县调研了南召玉兰、皂荚新品种创制和产业发展情况。为解决南召玉兰原有品种单一和生产中存在盲目跟风、同质化竞争、市场价格低等问题，南召县林业局和上海市园林科学规划研究院合作，在优质玉兰种质资源收集、新优品种选育及配套精细化栽培技术研发方面展开了一系列科技攻关，创制玉兰新品种选育体系，选育优良家系近百个；筛选适应性强的望春玉兰砧木，研发了玉兰高枝嫁接快速成苗技术。目前，南召玉兰新品种在定向选育上已经取得突破，联合上海市园林科学规划研究院共同申报的 4 个新品种，于 2019 年 10 月获得授权。其中，白玉兰新品种‘千纸飞鹤’‘红玉映天’以其丰花、花色鲜亮和浓香等特有性状成为白玉兰家族的佼佼者；望春玉兰新品种‘丹霞似火’和‘二月增春’开花早，花被片鲜红，具有较强抗水湿性能，也展现出广阔的市场前景。为了满足林农生产对皂荚新品种、良种的迫切需求，河南省林业科学研究院和南召县林业局组成的皂荚新品种选育课题组，通过皂荚资源普查摸清了其基础生物学特性，构建了种质资源库，以培育良种为导向创制新品种，先后获得植物新品种权 5 项，通过国家审定良种 1 个、省级审定良种 6 个，有 11 项成果列入国家林业科技推广成果库，3 个林业科技推广示范项目立项实施，皂荚还入选了“2020 黄河流域生态治理十大推介树种”。

2020 年 12 月 9~10 日，赴云南省调研了孟连县牛油果产业发展状况、并走访了中国科学院昆明植物研究所、玉溪迪瑞特花卉有限公司和昆明测试站。本次调研加强了新品种保护相关人员对云南花卉、牛油果产业发展和新品种惠农工作的思考和了解，将积极推动优良新品种创制平台建设，鼓励植物新品种引进与自主研发相结合，加强林草植物新品种创制。

3. 植物新品种权转让

国家林业和草原局植物新品种保护办公室发布的林草植物新品种保护公告（第 202007 号）涉及 1 个植物新品种权转让，杨玉勇的绣球属新品种‘姹紫嫣红’（20150105）转让给贵州合生花境园艺有限公司。林草植物新品种保护公告（第 202009 号）涉及 8 个植物新品种的品种权变更，进行合作开发，泰安市泰山林业科学研究院、山东农业大学、泰安时代园林科技开发有限公司的紫薇新品种‘四海升平’（20130114）的品种权人变更为泰安市泰山林业科学研究院、山东农业大学；泰安市泰山林业科学研究院、泰安时代园林科技开发有限公司的槭属新品种‘东岳红霞’（20140022）、‘东岳紫霞’（20140023）、‘东岳彩霞’（20140024）、‘东岳佳人’（20140111），青檀属新品种‘巨龙’（20160110）、‘青龙’（20160111）、‘凤目’（20160112）的品种权人变更为泰安市泰山林业科学研究院。林草植物新品种保护公告（第 202011 号）涉及 3 个植物新品种的品种权变更，进行合作开发，中宁县杞鑫枸杞苗木专业合作社的枸杞属新品种‘杞鑫 1 号’（20180200）、‘杞鑫 3 号’（20180349）的品种权人变更为宁夏杞鑫种业有限公司，中国林业科学研究院林业研究所的皂荚属新品种‘中泰 3 号’（20190439）的品种权人变更为中国林业科学研究院林业研究所、山东泰瑞药业有限公司。这表明，林业授权新品种的市场潜力越来越大。（陈光、周建仁）

加强林业和草原植物新品种权行政执法工作

1. 完成林草植物新品种行政执法工作年度考核

按照全国打击侵权假冒工作领导小组办公室（以下简称“双打办”）的统一部署，国家林业和草原局科技发展中心组织考核工作组对各省级林草主管部门的植物新品种行政执法工作进行考核评分。考核工作组认真审阅各省（自治区、直辖市）林草植物新品种行政执法工作总结和佐证材料，结合各地平时工作情况，严格按照评分标准，进行了逐项打分，有3个省份因未完成年度“双打”任务被扣分。通过考核评分，旨在激励先进、鞭策后进，促进各地进一步贯彻落实中共中央办公厅、国务院办公厅《关于强化知识产权保护的意见》，充分发挥植物新品种在林草事业高质量发展中的驱动作用。

2. 开展打击侵犯、假冒植物新品种权专项行动

为了有效开展打击侵犯、假冒植物新品种权专项行动，2020年国家林业和草原局科技发展中心改进工作方式，与国有林场和种苗管理司共同起草了《国家林业和草原局办公室关于组织开展2020年打击制售假劣种苗和保护植物新品种权工作的通知》，以办场字〔2020〕59号文件印发实施，进一步提高了执法工作的权威性。组织力量集中开展了2020年打击侵犯、假冒植物新品种权专项行动，各省（自治区、直辖市）在本地区开展了打击未经品种权人许可生产或销售林业授权品种的繁殖材料、假冒林业授权品种的行为，以及销售林业授权品种时未使用其注册登记名称的行为。重点对各种林木、花卉博览会、交易会等大型专业市场进行检查，尤其是对重点品种、重点区域、重点企业进行抽查，强调要按照有关法律、法规，严格加强监管，及时查处有关违法行为，净化交易市场。各省级林业和草原主管部门高度重视林业植物新品种权执法保护工作，加强组织领导，健全了林业植物新品种保护的执法机构，开展植物新品

种保护宣传培训，提高了执法人员的水平和办案能力。

3. 加强植物新品种保护行政执法队伍建设

为摸清全国植物新品种行政执法队伍现状，有针对性地加强各级植物新品种保护行政执法队伍建设，下发了《国家林业和草原局科技发展中心关于调查植物新品种保护行政执法队伍建设情况的函》（林技执字〔2020〕4 号），组织开展全国植物新品种行政执法队伍现状调查，初步掌握了全国林草新品种行政执法队伍建设现状，将更有针对性地加强林草植物新品种保护行政执法队伍建设。同时起草了局发文《关于加强植物新品种保护行政执法队伍建设的通知》。

4. 召开植物新品种权民事纠纷司法解释专题研讨会

2020 年 12 月 15 日，国家林业和草原局科技发展中心组织召开了植物新品种权民事纠纷司法解释专题研讨会，来自中国科学院、北京林业大学、中国林业科学研究院和律师事务所等单位的专家、学者，对《最高人民法院关于审理侵害植物新品种权民事纠纷案件适用法律若干问题的规定》进行了认真研究，逐条分析与研判，并对“科研豁免”和“权利用尽”等内容提出了具体修改建议。

5. 举办林草植物新品种行政执法培训班暨座谈会

为深入贯彻中共中央办公厅、国务院办公厅印发的《关于强化知识产权保护的意见》精神，全面落实《2020 年深入实施国家知识产权战略 加快建设知识产权强国推进计划》，强化林草植物新品种行政执法工作，提升林草植物新品种行政执法水平，2020 年 12 月 7~10 日在福建厦门举办了林草植物新品种行政执法培训班暨座谈会，全国林草主管部门及林草测试机构的 80 多位代表参加了会议。会议就新品种田间测试、分子测试技术在植物新品种行政执法中的应用、品种权侵权行为确认和维权策略等议题进行了研讨，并分享了有关企业新品种维权经验。会上对植物新品种“双打”考核工作进行了部署。

6. 指导品种权人积极维权，营造良好的市场氛围

仔细解答品种权人的各种维权咨询，认真解释《中华人民共和国植物新品种保护条例》《中华人民共和国植物新品种保护条例实施细则（林业部分）》及《林业植物新品种保护行政执法办法》的有关规定，指导利害关系人积极维权。同时，对各省林草部门在实施《林业植物新品种保护行政执法办法》过程中的疑问及时解答，认真指导，努力促进各地营造良好的新品种市场氛围。（周建仁、马梅）

宣传培训

开展2020年全国林业和草原知识产权宣传周活动

2020年4月20~26日是全国知识产权宣传周，主题为“知识产权与健康中国”。4月26日是第20个世界知识产权宣传日。2020年全国知识产权宣传周活动通过互联网在“云端”开启，彭有冬副局长代表国家林业和草原局在全国知识产权宣传周启动仪式上以视频方式致辞。国家林业和草原局作为宣传周组委会成员单位，同步在线上和线下开展了全国林草知识产权宣传周系列活动。在宣传周期间，国家林业和草原局科技发展中心与有关司局和单位配合，通过媒体集中报道、出版科技图书、举办培训和座谈会等活动，向公众普及和宣传林业与草原知识产权知识，展示林业实施知识产权战略取得的新进展、新成就。

国家林业和草原局科技发展中心制定了林业知识产权宣传周活动方案，以中国林业网（国家林业和草原局政府网）、中国林业知识产权网、林业专业知识服务系统、《中国绿色时报》等媒体为载体，采取多种形式宣传了林业和草原知识产权工作，其中突出宣传了《国务院关于新形势下加快知识产权强国建设的若干意见》《关于强化知识产权保护的意见》和《全国林业知识产权事业发展规划（2013—2020年）》以及中国在提升知识产权质量方面的政策和举措，重点宣传了林业发明专利、植物新品种权等高质量的知识产权在推进生态文明和美丽中国建设中的显著成效。开通了2020年全国林草知识产权宣传周网站，图文并茂地展示林草知识产权成果和最新进展，营造了有利于林草知识产权创造、保护和运用的良好氛围。2020年4月26日，在《中国绿色时报》发表专栏文章《知识产权保护 为林草业注入创新力和竞争力》，全面介绍了2019年林业和草原知识产权的十大亮点工作进展和成就，扩大了林业和草原知识产权的影响力。同时编辑出版了《2019中国林业和草原知识产权年度报告》，编印了《林业知识产权动态》。进一步完善了林业知识产权数据库，开展了林业知识产权信息咨询和预警服务，提高了林业知识产权信息资源的利用效率和服务水平，提倡全行业树立“尊重知识、崇尚创新、诚信守法”的知识产权文化理念，引导全行业从注重林业知识产权的数量向注重知识产权的质量、价值和效益转变。

按照国家林业和草原局部署，中国林业科学研究院、国际竹藤中心等直属单位也结合自身特点和需求，开展了知识产权宣传周活动。（龚玉梅、杨玉林）

林业和草原知识产权战略信息工作获表彰

2020 年 12 月，国务院知识产权战略实施工作部际联席会议办公室发布《关于公布 2020 年知识产权战略信息工作先进个人及优秀战略信息的通知》（国知战联办〔2020〕12 号）。为表扬先进，树立典型，充分调动各地方、各单位知识产权战略信息工作积极性，加强知识产权战略信息工作，根据《国家知识产权战略信息工作管理办法（试行）》（国知战联办〔2017〕18 号），联席会议办公室组织开展了 2020 年度知识产权战略信息工作先进个人和优秀知识产权战略信息评选工作，共评出知识产权战略信息工作先进个人 10 名，优秀知识产权战略信息 6 篇。

国家林业和草原局科技发展中心王地利被评为知识产权战略信息工作先进个人，陈光撰写的《加强林草植物新品种保护转化 推动惠农工作深入开展》被评为优秀知识产权战略信息三等奖。

知识产权作为国家、地区、行业发展的战略性资源和国际竞争力的核心要素，已成为提升自主创新能力的重要支撑。为加强国家知识产权战略的实施，2008 年 10 月国务院批准建立了国家知识产权战略实施工作部际联席会议制度，国家林业和草原局为成员单位。（杨玉林、王地利、赵健）

出版《2019 中国林业和草原知识产权年度报告》

2020 年 4 月，国家林业和草原局科技发展中心、国家林业和草原局知识产权研究中心编著的《2019 中国林业和草原知识产权年度报告》由中国林业出版社出版发行。

该报告指出，2019 年，国家林业和草原局深入学习贯彻党的十九大精神和习近平新时代中国特色社会主义思想，按照“四个全面”战略布局和新发展理念的总体要求，全面推进林业和草原知识产权工作，为提升林业自主创新能力、加快林业发展方式转变、提高林业核心竞争力提供了有力支撑和引领，林业和草原知识产权工作取得了新成绩，获得了新突破，迈上了新台阶。

2019 年，国家林业和草原局持续强化知识产权保护，加强林业和草原知识产权顶层设计，启动了《林业和草原知识产权“十四五”规划》编制工作，组织开展了全国林业和草原知识产权宣传周系列活动，实施了《2019 年加快建设知识产权强国林业推进计划》，聚力提升林业植物新品种权的审查质量和审查效率，举办了中国加入国际植物新品种保护公约20周年纪念活动，完成了全国核桃遗传资源调查编目工作，推动林业专利技术和授权植物新品种的转化应用，加强了林业植物新品种权行政执法工作，开展了林业重点领域专利分析研究，强化了林业知识产权基础数据库和信息共享平台建设。

全国31个省（自治区、直辖市）、大兴安岭林业集团公司、中国林业科学研究院、国际竹藤中心、北京林业大学、东北林业大学、中南林业科技大学和西南林业大学的林业和草原知识产权工作取得了较好成绩，提升了林业和草原知识产权的综合能力和水平，促进了林业和草原产业发展。

2019年，国家林业和草原局植物新品种保护办公室共受理国内外植物新品种权申请802件，授予植物新品种权439件。国家知识产权局中国专利数据库公开的林业相关专利共计80343件，其中林业科研院所的专利公开量为1656件，林业高等院校的专利公开量为8797件。5项林业发明专利荣获第21届中国专利优秀奖。

随着林业自主创新能力的不断增强，林业植物新品种权、林业和草原专利、林产品地理标志、林业版权数量稳步增长，质量明显提高，知识产权对现代林业和草原发展的支撑作用日益明显。截至2019年底：林业植物新品种申请量4519件，授权量2202件；林业相关专利公开量518890件，其中发明专利280936件；林业科研院所专利公开量9926件，其中发明专利7143件；林业高等院校专利公开量39121件，其中发明专利22746件；林产品地理标志1119件；林业软件著作权11499项。

该报告全面总结了2019年林业和草原知识产权工作的主要进展和成果，旨在通过对一年来林业和草原知识产权工作主要进展和成果的展示，让更多的人了解、关心和支持林业和草原知识产权工作，共同促进林业和草原知识产权的创造、运用、保护和管理，提升林业和草原知识产权公共服务水平，为加快推进现代林业和草原高质量发展提供有力支撑。（刘婕）

出版《中国林业植物授权新品种（2018）》

植物新品种保护制度的实施大幅提升了社会对植物品种权的保护意识，同时带来了林业植物新品种的大量涌现，这些新品种已在我国林业生产建设中发挥重要作用。截至2018年底，国家林业和草原局共受理国内外林业植物新品种申请3717件，其中国内申请3045件，占总申请量的81.9%；国外申请672件，占18.1%。共授予植物新品种权1763件，其中国内申请授权数量1529件，占86.7%；国外申请授权数量234件，占13.3%。授权的植物种类中，观赏植物1135件，占64.4%；林木314件，占17.8%；果树250件，占14.2%；木质藤本11件，占0.6%；竹子9件，占0.5%；其他植物44件，占2.5%。其中2018年共受理国内外林业植物新品种申请906件，授权405件。2018年林业植物新品种的年度授权量首次突破400件。这充分表明，林业植物新品种保护事业已经进入快速发展时期。

为了方便生产单位和广大林农获取信息，更好地为生态林业、民生林业和美丽中国建设服务，国家林业和草原局植物新品种保护办公室将2018年授权的405个林业植物新品种进行整理，编辑出版了《中国林业植物授权新品种（2018）》一书。该书的出版，能在生产单位、林农和品种权人之间架起沟通的桥梁，使生产者能够获得所需的新品种，在推广和应用中取得更大的经济效益，同时，品种权人的合法权益能够得到有效的保护，获得相应的经济回报，使林业植物新品种在发展现代林业、建设生态文明、推动科学发展中发挥更大作用。（张慕博）

出版《木质门专利分析报告》

2020 年 12 月，国家林业和草原局知识产权研究中心编著的《木质门专利分析报告》由中国林业出版社出版发行。木质门（wooden door）是指由实木或其他木质材料为主要材料制作的门框和门扇，并通过五金件组合而成的门。木质门产业已形成包括实木门、实木复合门和木质复合门三大品类，从生产到销售、安装、售后服务的完整产业体系。

为了解和掌握木质门相关技术的发展现状和趋势，国家林业和草原局知识产权研究中心组织开展了全球木质门专利分析研究，通过德温特创新平台（Derwent Innovation）全面收集了全球木质门专利文献 7544 件，并对这些文献进行了数据整理和分类标引，从木门的各类专利技术进行了深入而全面的分析，主要包括发展趋势分析、申请受理国分析、国家技术实力分析、申请人分析、发明人分析、法律状态分析、文本聚类分析、引证分析、同族分析等。数据分析表明，木质门的高被引专利的研究热点主要集中在防火门、结构构件、木门外表面、木纤维、框架构件和木质复合等方向。木质门研究的热点领域为隔热耐热功能和防火木质门研究，而防盗木质门领域为相对薄弱的专利布局区域，国内企业应积极开展该领域研究，更容易取得专利优势。废弃木质材料的循环利用为当下研究的热点之一，目前利用废弃木质材料生产木质门的相关专利多为个人所申请，国内企业应与科研单位互用优势，紧密合作，通过技术创新和新设备研制，在废弃木质材料生产木质门领域取得突破。

全书共分 10 章：第 1 章，研究背景；第 2 章，研究对象与方法；第 3 章，总体趋势分析；第 4 章，地域分析；第 5 章，总体分类分析；第 6 章，申请人分项；第 7 章，国外重点企业专利分析；第 8 章，中国专利状况分析；第 9 章，重点专利分析与展示；第 10 章，总结与建议。主要目的是分析全球木质门技术的基本情况、主要竞争对手和发展趋势，为我国木门行业了解国际竞争态势，掌握主要竞争对手的技术发展现状和方向提供数据支撑。（范圣明）

出版《木浆行业专利分析报告》

2020 年 12 月，国家林业和草原局知识产权研究中心编著的《木浆行业专利分析报告》由中国林业出版社出版发行。造纸业作为重要的基础原材料产业，在国民经济中占据重要地位，纸及纸板人均消费量是衡量一个国家综合经济实力的重要指标。造纸的原材料主要包括木浆、非木浆、废纸浆。木浆是以木材为原料制成的纸浆。造纸纸浆目前以使用木浆为主，约占纸浆量的90%以上，木浆不只用于造纸，也广泛地用于其他工业部门。

为了解和掌握木浆行业相关技术发展现状和趋势，国家林业和草原局知识产权研究中心组织开展了全球木浆行业专利分析与核心专利识别研究，从德温特世界专利索引数据库（DWPI）检索并下载了1957—2019年的全球木浆行业相关技术专利16798件，建立了木浆相关技术专题数据库，并进行数据加工整理，对木浆行业相关技术专利的整体状况进行了分析研究，包括发展趋势分析、主要申请人分析、受理国家（地区、组织）分析、国家技术实力分析。本研究采用专利被引数量、同族专利成员数量和权利要求数量3个指标的综合加权分值来识别全球木浆相关技术核心专利，最终筛选出木浆相关技术核心专利文献73件，其中有效专利18件，失效专利44件，国际专利文献11件。根据专利数据分析结果，结合专家意见，进行全球木浆行业核心专利统计分析，并对全球木浆行业主要核心专利的摘要进行了翻译，撰写《木浆行业专利分析报告》。

全书共分6章：第1章，概述；第2章，专利总体状况分析；第3章，单指标核心专利分析；第4章，多指标核心专利分析；第5章，核心专利汇编；第6章，总结与建议。主要目的是介绍全球木浆行业专利的基本情况和发展趋势，筛选出木浆行业的核心专利，为我国木浆行业专利的创造、运用、保护和管理提供必要的数据支撑和决策参考。（付贺龙）

编印《林业知识产权动态》

为加强林业知识产权信息服务工作，跟踪国内外林业知识产权动态，实时监测和分析林业行业相关领域的专利动态变化，为国际履约和谈判提供信息支撑，2020年编印了《林业知识产权动态》6期，全年共发表动态信息38篇，政策探讨论文6篇，研究综述报告6篇，统计分析报告6篇。

《林业知识产权动态》是国家林业和草原局科技发展中心主办，国家林业和草原局知识产权研究中心承办的内部刊物，旨在跟踪国内外林业知识产权动态、政策、学术前沿和研究进展，通过组织专家进行信息采集、分析、翻译和编辑整理，对世界各国的林业知识产权现状及相关政策进行深入解读，提供林业知识产权信息服务。该刊为双月刊，每期20页，设有动态信息、政策探讨、研究综述、统计分析4个栏目，内容包括：各国林业知识产权动态、相关法律法规、国际履约相关问题研究、各国专利、植物新品种和生物遗传资源研究进展、林业重点领域专利分析研究、知识产权信息统计分析等。读者对象为知识产权相关的管理、科研、教学和企业人员。（马文君）

举办林业和草原植物新品种保护培训班

2020年9月15~17日，国家林业和草原局科技发展中心在北戴河举办了“全国林草植物新品种保护培训班”，各省级林草主管部门和部分省级林科院、中国林业科学研究院、国际竹藤中心、北京林业大学，以及新品种保护代理机构、相关育种企业的管理人员、技术骨干共95位代表参加了培训。

本次培训旨在深入学习领会习近平总书记关于科技创新和知识产权保护工作的系列重要讲话精神，加大植物新品种保护宣传，提高新品种保护管理水平，促进优良新品种转化运用，扎实推进新品种惠农工作。培训内容包括林草植物新品种保护概述、植物新品种法律法规和制度建设、国际植物新品种保护发展趋势、植物新品种DUS现场审查程序与要求，以及植物新品种保护申请、审批与管理等。（陈光）

加强林业和草原知识产权培训与媒体报道

1. 举办全国林草知识产权保护与管理培训班

2020年11月24~27日，国家林业和草原局科技发展中心在深圳举办了全国林草知识产权保护与管理培训班，各省级林草主管部门知识产权管理工作负责人、国家林业和草原局有关直属单位知识产权管理工作负责人及林草知识产权试点示范、转化运用项目负责人共80人参加了培训。

培训班邀请了国家知识产权局、中国（深圳）知识产权保护中心、中国农业科学院成果转化局、国家林业和草原局知识产权研究中心等单位的专家分别就国家知识产权战略实施、深圳知识产权发展历程、农业科技成果转化政策与途径、林草知识产权分析与信息服务等内容进行了专题讲解。培训班还组织学员到中国（南方）知识产权运营中心进行现场教学，了解知识产权运营深圳模式生态体系的运行方式。

2. 林草知识产权宣传和媒体报道

2020年充分利用报刊、电视和网络等媒体以及科普平台，结合世界知识产权日、知识产权保护宣传周等，多渠道、多层次扩大林业知识产权动态、政策法规、创新成果和典型案例的宣传面和普及率，积极培育尊重知识、崇尚创新、诚信守法的知识产权文化，营造有利于林业知识产权创造、保护和运用的良好氛围，提高了林业行业的知识产权保护意识，形成了全社会关注和支持林草知识产权工作的文化环境。全年在中国政府网、国家林业和草原局政府网、国家知识产权网、中国林业知识产权网、中国林业信息网、林业专业知识服务系统、中国林业植物新品种保护网等主要网站登载或转载有关林草知识产权方面的报道100多篇。在《国务院知识产权战略实施工作部际联席会议工作动态》上发表战略信息1篇。在《中国绿色时报》和《中国科学报》上发表林业知识产权重点报道19篇（表3）。2020年重点报道包括：《中国科学报》5月27日刊发的《加强无性繁殖植物新品种知识产权保护》；《中国绿色时报》4月20日刊发的《知识产权保护 为林草业注入创新力和竞争力》，6月23日刊发的《林业植物新品种 惠农新担当》，8月26日刊发的《枸杞新品种 演绎中国红》，10月9日刊发的《国家林草局强化林草知识产权保护运用》等。（王地利、赵健、付贺龙）

表 3　主要媒体宣传报道林草知识产权

序号	标题	载体	报道日期
1	南林大①杨树新品种获教育部科技进步奖一等奖	中国绿色时报	20200113
2	国家林草局②发布 2019 年第二批植物新品种	中国绿色时报	20200114
3	我国 21 个萱草新品种成功登录	中国绿色时报	20200121
4	知识产权保护 为林草业注入创新力和竞争力	中国绿色时报	20200420
5	海南：知识产权转化 加速林业产业发展	中国绿色时报	20200420
6	北京：植物新品种保护为世园会护航	中国绿色时报	20200420
7	陕西打击侵犯林业植物新品种权行为	中国绿色时报	20200430
8	加强无性繁殖植物新品种知识产权保护	农民日报、中国科学报	20200527
9	国家畜禽遗传资源目录公布	中国绿色时报	20200601
10	林业植物新品种 惠农新担当	中国绿色时报	20200623
11	辰山植物园③育出荷花新品种‘博爱’	中国绿色时报	20200714
12	秋海棠新品种‘辰山银’获国际登录	中国绿色时报	20200728
13	‘保定苹果’获国家地理标志认证	中国绿色时报	20200806
14	长沙花农登录两个茶花新品种	中国绿色时报	20200811
15	枸杞新品种 演绎中国红	中国绿色时报	20200826
16	国家林草局已授予植物新品种权 2202 件	中国绿色时报	20200925
17	林草植物新品种惠农大家谈	中国绿色时报	20200928
18	国家林草局强化林草知识产权保护运用	中国绿色时报	20201009
19	南农大④菊花新品种打造美丽花海	中国绿色时报	20201119

注：①全称为“南京林业大学”；②全称为“国家林业和草原局”，以下同；③全称为“上海辰山植物园”；④全称为“南京农业大学”。

完善林业和草原植物新品种测试体系

开展植物新品种 DUS 测试是植物新品种授权机关对申请品种进行实质审查的重要内容。通过建立健全林业植物新品种保护的技术支撑体系，加快测试指南编制，完善已知品种数据库，加强测试机构的合理布局和条件能力建设，有效提高了林草植物新品种的审查测试能力。

1. 积极应对新冠肺炎疫情，有序推进植物新品种田间测试工作

为应对新冠肺炎疫情对植物新品种测试工作的影响，了解测试机构面临的实际困难，4 月份国家林业和草原局科技发展中心对各林草植物新品种测试机构进行了书面调查，汇总各种意见建议后，研究提出了解决问题的具体方案。对各测试机构工作进行了电话、网络指导，努力降低疫情对测试工作的影响。按照林业植物品种权审查进度，及时下达品种测试任务，组织并指导测试机构开展田间测试工作，同时加快测试项目拨款进度。在大家的共同努力下，2020 年完成了 1 个一品红品种、10 个杜鹃品种和 108 个月季品种的田间种植测试工作，各测试机构按照有关林业行业标准和《林业植物新品种测试管理规定》进行田间测试，提交了正式测试报告，为这些申请品种的依法授权提供了科学的审查依据。

截至 2020 年底，国家林业和草原局植物新品种保护办公室共委托各测试机构开展了 951 个申请品种的田间测试工作，已完成 461 个品种的田间测试，提交正式测试报告。

2. 国家林业和草原局设立命名 6 个国家林草植物新品种区域测试站

为适应新形势对林草植物新品种保护工作的要求，充分发挥测试机构在植物新品种实质审查中的重要作用，2020 年 9 月 14 日，发布了《国家林业和草原局办公室关于设立林草植物新品种测试机构的通知》（办技字〔2020〕80 号），在现有月季（杜鹃）、一品红（绣球）、牡丹、竹子、杏、山茶（油茶）6个专业测试站的基础上，命名建设6个国家林草植物新品种区域测试站。依托云南省花卉技术培训推广中心设立“国家林草植物新品种昆明测试站”、依托上海市林业总站设立“国家林草植物新品种上海测试站”、依托山东省菏泽市牡丹产业化办公室设立“国家林草植物新品种菏泽测试站”、依托国际竹藤中心安徽太平试验中心设立“国家林草植物新品种太平测试站”、依托北京市林业果树科学研究院设立“国家林草植物新品种北京测试站”、依托中国林业科学研究院亚热带林业研究所设立“国家林草植物新品种杭州测试站”，并明确了测试站依托单位、各级林草主管部门相应的建设和指导等职责。

在原来专业测试站基础上，建立综合性区域测试站，是国家林业和草原局深入实施国家知识产权战略、适应林草植物新品种申请量大幅增加，进一步提升林草植物新品种保护水平的重大举措，也是贯彻落实党中央、国务院“放管服”改革，加快新品种审查、授权速度，更好地服务新品种申请人、品种权人的重要手段。各测试站将在国家林业和草原局科技发展中心（植物新品种保护办公室）和地方林草主管部门的指导下，开展林草植物新品种特异性、一致性和稳定性（DUS）测试工作，同时，接受执法部门委托，对有关涉嫌侵权品种进行技术鉴定。

3. 研究制订《植物新品种测试建设规划》

为进一步加强林草测试能力建设，以满足林草新品种申请快速增加对品种测试的需求，组织起草了《植物新品种测试建设规划》，建议通过国家林业和草原局规划财务司编入国家发展改革委员会《生态保护和修复支撑体系重大工程建设规划》中。在《植物新品种测试建设规划》中提出，加强现有5个植物新品种测试分中心、2个分子实验室和6个专业测试站建设，完善基础设施建设，加大测试能力，并新建5个专业测试站，力争测试涵盖80%以上的申请品种，为品种测试和行政执法奠定基础。

4. 加强植物新品种测试指南编制和审定工作

植物新品种测试指南是对申请品种权的新品种进行技术审查和描述的技术标准，也是开展植物新品种DUS测试的基础。按照国际植物新品种保护联盟（UPOV）对品种审查的要求，品种测试需依据相应的测试指南进行。为适应林业植物新品种申请、审查的需求，不断加大植物新品种测试指南制定工作。2020年，国家林业和草原局植物新品种保护办公室组织专家，分别对金露梅属、珍珠梅属等8项植物新品种测试指南标准进行了审定，并按程序报批，待发布。为规范植物新品种实质审查程序，进一步提高审查质量，组织中国林业科学研究院等单位有关专家，在林业植物新品种实质审查实践的基础上，总结、归纳《林业植物近似品种筛选规程》，现已完成并审查通过，正按程序办理发布报批手续。组织国内相关科研院所开展石楠属、乌桕属、悬铃木属、胡枝子属、蚊母树属和鹅耳枥属6项测试指南的编制工作，将进一步健全林业植物新品种测试技术标准体系，为品种审查和执法鉴定提供技术保障。

2020年叶子花属、枫香属、山楂属、欧李、扁桃、木槿和朱槿6项林业植物新品种测试指南以林业行业标准发布（表4）。

截至2020年底，累计开展了165项林业植物新品种测试指南的编制工作，已完成了槐属、蔷薇属、桉属、枸杞属、榆属和崖柏属等64项测试指南标准的制定，分别以国家标准或行业标准发布，其中国家标准12项、林业行业标准52项，有效提高了植物新品种的授权质量和审查测试能力。

表 4　2020 年发布的林业植物新品种 DUS 测试指南标准

序号	标准号	标准名称	发布日期
1	LY/T 3206-2020	植物新品种特异性、一致性、稳定性测试指南 叶子花属	20200330
2	LY/T 3207-2020	植物新品种特异性、一致性、稳定性测试指南 枫香属	20200330
3	LY/T 3208-2020	植物新品种特异性、一致性、稳定性测试指南 山楂属	20200330
4	LY/T 3209-2020	植物新品种特异性、一致性、稳定性测试指南 木槿和朱槿	20200330
5	LY/T 3210-2020	植物新品种特异性、一致性、稳定性测试指南 欧李	20200330
6	LY/T 3211-2020	植物新品种特异性、一致性、稳定性测试指南 扁桃	20200330

截至 2020 年底，我国专家共承担了山茶属、牡丹、丁香属、核桃属、木兰属、枸杞属 6 项 UPOV 国际测试指南标准的制定，已完成山茶属、牡丹、丁香属、核桃属 4 项 UPOV 国际测试指南制定，并由 UPOV 发布实施。（周建仁、马梅）

建设林业知识产权基础数据库和共享平台

科技创新的基础是知识的积累、传播、运用和创新，专利文献和科学数据是提供知识和技术的源泉，是科技创新的基础。充分利用和整合国内外林业知识产权信息资源，建立林业知识产权数据库和公共信息服务平台将为林业科学研究和科技创新提供信息支撑。

1. 林业知识产权基础数据库建设

国家林业和草原局知识产权研究中心系统收集和整理了国内外与林业知识产权相关的主要科学数据和文献资料，构建了知识产权信息资源的组织、收集和整合建设机制，加大了林业知识产权信息资源的整合、专家知识的搜集和数据库建设力度，建设和完善林业专利、植物新品种权、林产品地理标志、商标、著作权、林业知识产权动态、案例、文献、法律法规和资源导航等 15 个林业知识产权基础数据库，2020 年新增数据量 10 万条，累计数据量 150 万条。

2. 林业知识产权网站运维管理

维护和管理中国林业知识产权网（http://www.cfip.cn）和中国林业植物新品种保护网（http://www.cnpvp.net）。网上信息每日更新，免费使用，扩大了林业知识产权信息资源的共享途径和使用范围。2020 年网站的用户访问量超过了 10 万人次，网站提供全年不间断、安全、稳定的在线检索服务，提高了林业知识产权信息资源的利用效率和服务水平。开通了“2020 年全国林草知识产权宣传周”网站，采取多种形式宣传林草知识产权知识和林草植物新品种保护成效，图文并茂地展示林草知识产权成果和最新进展，进一步扩大了林草知识产权的影响力。（王忠明）

国际合作

开展林业和草原植物新品种履约与国际合作

积极联合世界知识产权组织（WIPO）、国际植物新品种保护联盟（UPOV）、国际无性繁殖园艺植物育种家协会（CIOPORA）等国际组织协助植物新品种权持有人共同抗疫、共渡难关。参加国际植物新品种保护联盟（UPOV）2020 年年会和相关技术工作组会议。联合欧盟植物品种局（CPVO）开展 DUS 线上培训，并组织 18 位新品种测试技术骨干参加。举办中欧植物新品种权实施与维权国际研讨会。参加了在越南河内召开的植物新品种保护东亚论坛视频会议。组织 36 人参加了 UPOV 远程培训，为未来的林业植物新品种保护国际合作奠定了人才基础。

1. 参加 UPOV 2020 年度系列国际会议

2020 年 10 月 26~30 日，国际植物新品种保护联盟（UPOV）2020 年度系列国际会议在线上召开，由国家林业和草原局、国家知识产权局和农业农村部组成的中国政府代表团参加了本次会议。本次系列会议包括第 56 届技术委员会（TC）、第 77 届行政法律委员会（CAJ）和第 54 届理事会（C）等，会议由 UPOV 日内瓦秘书处组织。世界知识产权组织（WIPO）新任秘书长兼 UPOV 秘书长 Tang Daren 先生在第 56 届技术委员会上致辞并强调，技术委员会讨论的重点是如何加强审查合作。农作物（TWA）、自动化和计算机程序（TWC）、观赏植物和林木（TWO）、蔬菜（TWV）、生化和分子技术（BMT）等技术工作组主席分别汇报了各工作组的工作。会议讨论了各技术工作组提交的相关文件和议题，并提出了工作组的未来发展方向。第 77 届行政法律委员会主要审议了 UPOV 植物品种数据库（PLUTO）并就 PLUTO 数据库中数据的质量、数据库的新设计和新功能、数据库的免费服务或付费服务评估、网络研讨会等方面展开了讨论。第 54 届理事会由主席 MarienValstar 先生主持，Tang Daren 秘书长致辞。理事会为加强自动化和计算机程序技术工作组（TWC）与生化和分子技术技术工作组(BMT)的合作，决定设立测试方法与技术工作小组（TWM），并明确了该工作组的相关权限和任务。本届年度例会加强了我国与UPOV等国际组织的交流与合作，中国代表团在会上积极回应了国际关切的问题和相关提议，并与各国参会代表团进行了深入的交流。

2. 参加UPOV观赏植物和果树技术工作组视频会议

2020年6月8~12日，国际植物新品种保护联盟（UPOV）第52届观赏植物技术工作组（TWO）和果树技术工作组（TWF）会议在线上召开，各成员国共有79人参加会议。国家林业和草原局科技发展中心组织中国林业科学研究院、陕西西安植物园、上海林业总站等单位的专家参加。会议就测试指南规范（TGP）文件和信息（INF）文件、品种描述的信息数据库、软件和设备的交换和使用、品种的命名、分子测试技术、无性繁殖品种的最小数值、测试的国际合作、UPOV在线申请系统（PRISMA）电子申报进展以及测试指南的起草和修订等18项议题做了专题报告。同时讨论了紫薇属、绣球属、小檗属、木兰属等10个UPOV测试指南草案，其中木兰属测试指南由我国陕西西安植物园专家负责起草提交。会上，陕西省西安植物园王亚玲研究员，对木兰属测试指南初稿起草情况及编制过程进行了汇报，并回复了与会专家现场提出的53条意见。

3. 组织参加UPOV品种数据库（UPOV PLUTO）会议

2020年6月30日，国家林业和草原局科技发展中心组织专家参加了UPOV关于品种数据库（UPOV PLUTO）的视频会议。会议由UPOV副秘书长Peter Button主持，UPOV IT官员主要介绍了UPOV品种数据库PLUTO功能和使用方法。该数据库内容包括品种名称、代码等基本数据，主要由UPOV成员国提供，中国国家林业和草原局和农业农村部都是品种数据提供者。该数据库对所有人免费开放，可以采用简单搜索查询数据库，也可以采用设置更多限制条件的高级查询，以提高查询准确度和缩短查询时间。此外，UPOV将从2020年11月开始提供2种品种数据库服务，一种是免费普通服务，可以查询数据库、打印查询结果；另一种是收费高级服务，每年750瑞郎，可以查询数据库、打印查询结果，还可以无限量下载数据库的数据。对于UPOV的成员（包括国家林业和草原局），普通服务和高级服务均可享受免费，即可免费查询、打印和下载。同时要求各数据提供方要提高数据质量，以便提供更好的数据服务。

4. 组织参加UPOV果树技术工作组会议

2020年7月6~10日，国际植物新品种保护联盟（UPOV）第51届果树技术工作组（TWF）会议以网络视频会议的形式举行。国家林业和草原局科技发展中心组织中国林业科学研究院、宁夏枸杞工程中心等单位的专家参加了会议。会议就UPOV测试技术文件、信息技术文件、品种描述数据库等进行了讨论，同时对枸杞属、苹果、草莓等10个UPOV测试指南的草稿进行了答辩，其中枸杞属植物新品种测试指南是由我国林业专家负责起草的。会上，我国专家就各国专家对枸杞属测试指南提出的25个问题进行了答辩。

5. 举办中欧植物新品种权实施与维权国际研讨会

2020年11月30日至12月2日，中欧植物新品种权实施与维权国际研讨会在线上召开。本次研讨会是落实中方与欧盟植物新品种保护办公室（CPVO）签订的合作协议及年度合作计划内容之一，由国家林业和草原局植物新品种保护办公室会同有关部门与 CPVO 共同主办，得到了中欧知识产权合作项目（IPK）的大力支持。来自国际植物新品种保护联盟（UPOV）秘书处、欧盟植物新品种保护方面的专家学者，以及国内农、林部门主管和技术人员共 100 余人参加了本次研讨会。

国家林业和草原局植物新品种保护办公室、农业农村部种业管理司、CPVO 和 IPK 代表先后在开幕式上致辞。研讨会内容丰富，UPOV 法律顾问兼培训和援助部主任尤兰达·维尔塔女士就遵照《国际植物新品种保护公约》实施品种权保护作报告，欧盟专家介绍了品种权实施法律及其经验、品种权实施与维权相关技术、欧盟农民自留种、品种权实施与维权的海关作用等内容，并从农业育种者、观赏园艺育种者和农民视角探究如何进行品种权实施与维权，中方专家介绍了中国植物新品种保护最新进展、中国植物新品种维权策略、企业知识产权保护经验、DNA 技术在新品种保护中的应用等情况。本次研讨会对加强国内外植物新品种保护交流，强化品种权实施与维权，切实保护育种者权益具有重要意义，必将进一步提高我国植物新品种转化运用水平，提升维权和执法能力。（陈光、周建仁、段经华）

开展林业和草原生物遗传资源履约

按照联合国粮农组织（FAO）的有关要求，委托中国林业科学研究院林业研究所进行《中国林木遗传资源状况报告》（第二版）的编写工作，工作进展顺利。

生物遗传资源是人类生存和发展的物质基础，关系到国家生态安全和可持续发展，是国家重大的战略性基础资源。林木遗传资源是整个生物遗传资源中的重要组成部分，它承载森林生物多样性，蕴藏高度的物种多样性和遗传多样性，同时具有产品功能、服务功能等多种生态系统功能，具有重要的战略价值。为全面了解中国林木遗传资源状况，中国政府于 2013 年完成并发布了《中国林木遗传资源状况报告》，作为 FAO《世界林木遗传资源状况报告》的一部分。为了更全面地了解林木遗传资源的变化，掌握林木遗传资源最新情况，决定编制《中国林木遗传资源状况报告》第二版。

2019 年 10 月 23~24 日，FAO 相关部门依托国家生物多样性中心东亚办公室和中国林业科学研究院，在中国组织了世界林木遗传资源状况报告（第二次国家报告）筹备培训会议，会上 FAO 负责亚洲地区的林业官员详细介绍了第二次国家报告的技术概念、解释了报告筹备指南，会上亚洲各国国家协调员参与了讨论。2020 年 10 月 13~16 日，FAO 组织亚洲地区国家协调员召开了区域范围内 FAO 林木遗传资源国家报告进展报告会，会上 FAO 负责亚洲区域的林业官员介绍了各个国家的报告筹备情况，由于受到新冠肺炎疫情的影响，超过 85% 的亚洲国家仍然处于报告数据准备阶段，编写进展受到不同程度的影响，线上各国代表提出了面临的困难和挑战，例如新冠肺炎疫情的影响、多部门数据获取等问题，也表示将尽量按 FAO 要求完成第二次国家报告。中国林木资源丰富，数量繁多，数据整合汇交等需要更多的时间，报告编写团队将根据 FAO 编写指南要求，尽快完成数据整合汇交工作，填写 FAO 国家报告数据库，在此基础上，凝练整合完成《中国林木遗传资源状况报告》（第二版）编写工作。

《中国林木遗传资源状况报告》（第二版）主要包括林木遗传资源多样性状况、林木遗传资源原地保护状况、林木遗传资源异地保存状况、林木遗传资源利用与可持续经营状况、林木遗传资源国家计划研究教育培训及立法状况、林木遗传资源的区域和国际合作状况、林木遗传资源获取和惠益分享状况、林木遗传资源对中国粮食安全、减轻贫困和可持续发展的贡献等内容。(李启岭、杜冉)

北京市林业知识产权

1. 完善知识产权法规制度

为落实依法行政要求，根据现实需要，在总结 7 年来的管理经验的基础上，对 2013 年施行的《北京市林业种子标签管理办法》进行修订。经过反复调查研究和征求意见，在开发林草种子电子标签的成果上，完成修订内容。该文件的修订为推进植物新品种溯源工作提供了依据。

为深入贯彻落实《北京市优化营商环境条例》，根据有关规定，结合北京市行政审批制度改革的实际情况，北京市对林草种子生产经营许可核发实施告知承诺制。在告知内容中将“取得植物新品种权所有人的书面同意”作为许可条件，要求申请人承诺“取得植物新品种权人同意前，不生产经营新品种”，并将此项违诺行为确定为轻微违诺制定相应惩戒措施。同时，在林草种子生产经营许可证申请表中增加植物新品种相关内容，并要求品种权人授权盖章或签字；增加“育、繁、推”一体化企业相关内容，详细了解科研队伍、目的植物、育种方法等情况。

按照市人大立法工作安排，北京市园林绿化局配合市农业农村局相关部门完成了《北京市种子条例》立项报告。目前已完成初稿，其中明确解决植物新品种相关纠纷的方式和管理部门相应职责。

2. 加强知识产权保护和运用

2020 年年初根据疫情防控需要，结合北京工作实际，安排各区园林绿化局和种苗管理机构利用电话、视频、微信等多种形式开展“双打”检查工作。7 月 20 日，印发《北京市园林绿化局关于开展 2020 年打击制售假劣种苗和保护植物新品种权工作的通知》（京绿办发〔2020〕161 号），系统全面地部署本年度“双打”工作。重点围绕五方面提出要求：一是加强组织领导，二是强化植物新品种权的保护，三是严惩违法行为，四是继续开展专项行动，五是加强考核监督。

2020年，北京市园林绿化局组成了以国有林场和种苗管理处、科技处牵头，北京市林业种子苗木管理总站与北京市园林绿化综合执法大队配合的“双打”工作小组。国有林场和种苗管理处、科技处负责组织日常监督检查，北京市园林绿化综合执法大队具体负责行政处罚工作。2020年，国有林场和种苗管理处支出执法经费16.7万元，北京市林业种子苗木管理总站支出执法经费92.6万元。

在11月举行的中国国际服务贸易交易会中，开展专项检查，未发现授权林业植物新品种展示、应用。在国家营商环境评价组对北京营商环境评价工作中，北京市林业植物新品种保护作为北京市知识产权保护重要组成部分全程参与评价工作，保护工作开展情况得到了国家评价组充分肯定。

3. 加强工作指导，提高执法水平

调整检查单，明确植物新品种相关检查对象和内容。按照司法局要求，对应行政处罚逐项重新设定行政检查内容，便于行政检查中获取违法线索。将“假冒授权品种行为”“侵犯植物新品种权行为”“销售授权品种未使用其注册登记名称行为”三项组合为“植物新品种”模块，加强日常检查中对植物新品种的关注。

调整行政处罚清单，对照裁量基准确定处罚结果公示方式。根据机构改革和行政执法改革相关要求，重新梳理调整植物新品种权相关行政处罚的实施主体，将各区实施主体按照实际情况调整为种子管理机构或园林绿化局。按照处罚裁量基准，针对不同的违法行为，划分轻微、一般、严重档次，并设定处罚结果的公示期限。

加强执法队伍建设。成立北京市园林绿化综合执法大队，统一行使包括植物新品种相关处罚在内的市级处罚权，执法能力进一步加强。摸底各区新品种保护执法队伍人员、经费等情况，组织新品种保护专题培训，为下一步开展工作奠定基础。

严格监管生产经营环节，持续开展“双随机”检查。疫情期间采取电话询问、微信图片和视频相结合的检查方式开展工作，保障春季造林用苗质量。疫情稳定后开展实地检查。每月采取“双随机、一公开”方式对全市林木种子生产经营单位进行监督检查，严厉打击制售假冒伪劣种苗行为，以及未经品种权人许可生产或者销售林业授权品种的繁殖材料、假冒林业授权品种的行为。目前已完成全年检查和结果公开工作，共检查生产经营单位800余家，未发现制售假冒伪劣种苗和侵犯植物新品种权违法行为。

4. 积极宣传，提高全社会保护新品种权意识

开展林草种苗技术人员、管理人员培训。完成两期线上“种苗普法云课堂”，举办2期林草种苗技术人员培训班，1期林木种苗管理人员培训班，3场电子标签使用专题培训，约1000人次参加了培训。各区组织种苗相关培训5次，培训人员500人次。

开发溯源体系，提供技术保障。植物新品种保护难点在于品种权人无法对品种进行有效标记，也无法掌握售出品种的去向。北京市园林绿化局开发林木种苗溯源体系，既满足企业依法使用标签的各种需求，同时利用电子标签可以实现入圃管理、在圃管理、出圃管理和养护档案等日常管理记录信息化，品种权信息可以外化在标签内容中，便于品种权人和管理部门掌握品种的流通过程。（北京市园林绿化局）

天津市林业知识产权

1. 健全机制，强化工作组织领导

2020年，天津市规划和自然资源局按照国家林业以及草原局和市级相关部门要求，深入贯彻实施林草知识产权保护战略，在全市林业系统开展了打击制售假劣林木种苗和侵犯植物新品种权专项行动，有效提升了天津市林草行业知识产权保护、管理、服务水平。市局成立了打击侵权假冒工作领导小组，明确了人员组成、职责任务和工作举措。定期向国家林业和草原局和市打击侵权假冒工作领导小组办公室报送工作信息，同时，积极受理群众监督举报投诉。印发了《天津市规划和自然资源局关于开展2020年打击制售假劣种苗和保护林业植物新品种权专项行动的通知》（津规资森林发〔2019〕171号），建立了"双打"工作协调机制，完善了执法检查工作制度。根据各涉农区林木种苗普查抽查任务繁重的实际，向市财政申请了60万元保障经费，作为打击制售假劣种苗和保护林业植物新品种权专项经费。

2. 强化培训，提高监管业务技能

为进一步增强林木种苗生产经营者的知识产权保护意识，强化提升林木种苗行业行政执法人员业务技能及依法行政能力，天津市规划和自然资源局先后组织各涉农区林业主管部门行政管理人员、执法监督人员等分三批近700人进行了专业培训。通过培训和学习，有效提升了行政管理和执法监督人员的业务水平和执法能力。

3. 主动作为，严格行政执法监督

天津市规划和自然资源局按照国家林业和草原局以及市打击侵权假冒工作领导小组办公室的安排部署和工作要求，以生产经营林木种苗苗圃、花卉市场、植树造林地为主要整治地区，以打击假冒伪劣林木种苗、侵犯植物新品种权为重点内容，分阶段分批次开展打击侵权假冒专项整治行动，规范了植物新品种交易市场秩序。按照专项行动方案，天津市规划和自然资源局积极组织全市10个涉农区林业主管部门，深入苗圃、市场、造林地进行检查，依法对以次充好、以假充真以及无证经营林木种子侵犯知识产权等违法行为进行专项检查。活动期间，全市共发放宣传册8000余份，出动执法人员350人（次），执法车辆150台（次），抽查种子生产经营单位200余家，造林地50余处，有效防范制售假劣林木种苗违法犯罪行为。认真落实"双随机"抽查。自"两证一签"审批事项下放至各区以来，"双随机"抽查工作由各区自行组织实施。但为进一步加强林木种子生产经营许可事项事中事后监管，规范林木种子生产、销售和使用环节管理，印发了《天津市规划和自然资源局林木种子随机抽查方案》，明确了检查方式、检查程序、检查范围等内容，开展了对全市124家林木种苗生产经营企业检查抽查，并将检查结果及时进行公示。（天津市规划和自然资源局）

河北省林业和草原知识产权

1. 高度重视林业和草原知识产权保护工作

2020年，河北省建立了省知识产权联席会议制度，省林业和草原局被吸纳为知识产权联席会议成员单位。局领导多次召开专题会议研究部署河北省林业和草原知识产权保护工作。省委、省政府办公厅《关于强化知识产权保护的若干措施》出台后，省林业和草原局结合全省林业和草原知识产权保护实际，制定并印发了《关于强化林业和草原知识产权保护的若干措施》(冀林草办字〔2020〕20号)(以下简称《措施》)。《措施》进一步明确了保护目标、职能分工、推进计划、具体措施，形成了各单位共同参与、共同推进的林业和草原知识产权保护新格局。

2. 加大保护力度，严厉打击侵犯植物新品种权违法行为

为克服新冠肺炎疫情影响，河北省拓宽线上举报渠道，在省林业和草原局官网公布了打击侵犯植物新品种权行为举报电话和电子邮箱。要求各市每季度完整、准确、如实地向省林业和草原局汇报案件处罚信息，由省林业和草原局及时汇总信息数据并在网上公布。加大市场监管，5月上旬，省林业和草原局下发了《河北省林业和草原局关于开展2020年林木种苗行政执法检查和种苗质量抽查工作的通知》(冀林草字〔2020〕93号)，在全省开展了以打击侵犯植物新品种权和制售伪劣种苗为主要内容的林木种苗行政执法检查专项行动。专项行动期间，未发现侵犯植物新品种权行为。

3. 积极开展宣传，提升知识产权保护意识

根据国家知识产权局《关于开展2020年全国知识产权宣传周活动的通知》和省知识产权战略实施工作领导小组办公室要求，上半年省林业和草原局围绕“知识产权与健康中国”这一主题，紧密结合林业草原工作实际，精心组织，开展了形式多样的宣传活动。利用单位大厅显示屏，开展林业植物新品种宣传。利用河北省林业和草原局官方微博和微信公众号，线上同步推介习近平总书记关于知识产权工作的重要论述、河北省林业和草原知识产权保护成效，介绍全省林业植物新品种，宣讲知识产权法律法规。

4. 加强培训，提升知识产权保护意识

9月中旬，举办了河北省种苗质量监管和植物新品种权保护行政执法培训。积极组织开展线上知识产权保护培训和知识竞赛。河北省林业和草原科学研究院组织全院科研人员进行了以植物新品种保护为主的知识产权保护线上培训，并于4月24日进行了线上答题。通过培训和答题，进一步提高了林业草原科研人员知识产权保护意识，增强了知识产权保护观念。(河北省林业和草原局)

山西省林业和草原知识产权

1. 健全体制机制，加强知识产权管理

山西省林业和草原局新的机构成立后，多次召开专题会议研究部署全局知识产权工作，深化知识产权领域改革和机构改革。为切实加强对知识产权工作的管理，明确专门机构负责知识产权的总体规划、运营、管理和保护工作。全局上下深刻认识新时代知识产权工作对实施创新驱动战略的重大意义，准确把握山西省林草知识产权工作的特点和重点，扎实推进林草知识产权各项工作顺利开展，为林草高质量发展提供了智力支撑。

2. 强化法治保障，加强知识产权保护

山西省林业和草原局加强知识产权保护长效机制建设，配合做好《山西省知识产权保护条例》立法工作，参与《山西省实施〈中华人民共和国野生动物保护法〉办法》的修改工作。

山西省林业和草原局周密部署植物新品种保护专项行动，下发了《关于组织开展2020年山西省林业植物新品种执法保护专项行动的通知》》（晋林办科〔2020〕75号），制定动员部署、征集线索、摸底检查、工作总结的时间表和路线图，细化打击范围，从7月到11月，持续开展了植物新品种保护系列行动，林草种业创新成果保护、新品种培育利用在生态建设实践中落地见效。全省2020年没有发生林业植物新品种侵权假冒案件。

注重加强知识产权保护协作，强化知识产权行政保护。在全省抽调专人，分别对全省11个地市的22个县（区）和9个省直林业局的18个林场进行了摸底调查。通过跨市县区联合执法协作机制，联合各市县区林草部门的科技、种苗、森林公安等有关单位，共同开展联合执法检查。

3. 注重质量导向，促进知识产权创造运用

山西省林业和草原局以提高知识产权创造质量为导向，组织技术专家深入基层调研，了解生产一线存在的问题和真正需要科技解决的关键技术，紧密结合生产需求，开展林草科技攻关和科技创新项目绩效评价，激发了全省林草科技创新驱动。

加快林业知识产权的转化运用，通过转化应用对保护森林资源发挥了重要作用。发明专利“异色瓢虫人工饲料”技术的推广应用，在襄汾县的省林木良种培育中心和定襄县苗圃建立天敌繁育基地，面积约1260m^2，累计繁育异色瓢虫成虫100多万头，卵60万粒；黑缘红瓢虫成虫5.2万头，卵2000粒。对核桃、枣、仁用杏上的蚜虫、蚧虫等开展了天敌生物防治，先后累计释放了异色瓢虫达百万余头，平均防治率达到80%以上，受到当地果农的好评与欢迎。发明专利“一种促进核桃晚霜冻害后开花坐果的方法”针对目前核桃树春季霜冻后减产的问题，提供一种促进核桃晚霜冻害后开花坐果、减少损失的方法。在霜冻灾害年份，可以挽回经济损失20%~40%。

4. 做好顶层谋划，加强组织实施和保障

山西省林业和草原局全面落实《山西省全面推进知识产权强省建设行动方案》，积极谋划林草知识产权发展战略，开展知识产权试点示范项目建设。加强知识产权人才培养，夯实知识产权事业发展基础。为适应新时代知识产权工作要求，举办林草知识产权培训班，组织参加相关培训，努力提高全省林草知识产权工作的能力和水平。举办了全省林草植物新品种行政执法培训班，组织全省各市规划和自然资源局（林业局）、省直各林局以及相关驻并单位负责同志和科研人员共计100余人参加了培训。

山西省林业和草原局积极筹措资金，加大对知识产权工作的经费支持，专项经费的下拨，有力地保障了全局知识产权工作的顺利开展。（山西省林业和草原局）

内蒙古自治区林业和草原知识产权

1. 加强林草科技成果转化工作

加强科技成果转化应用，依托中央财政林业科技推广示范资金和自治区林业技术推广示范资金，组织实施了“文冠果良种繁育与集约栽培示范”等科技推广示范项目，建立示范林（园）15 处，示范面积 6000 多亩，培训技术人员和农牧民 1300 多人次并发放技术资料，推进了技术成果的转化应用。

2. 开展全区林业植物新品种权保护专项行动

按照国家林业和草原局、内蒙古自治区“双打办”的部署要求，组织开展了全区林业植物新品种权保护和制售假冒伪劣林木种苗专项行动，全区未发生侵犯林业植物新品种权和制售假冒伪劣林木种苗案件。组织开展了林业植物新品种权保护宣传培训及实施情况摸底调查，及时向国家林业和草原局、内蒙古自治区“双打办”报送打击侵犯林业植物新品种权和制售假冒伪劣林木种苗案件查处信息，并在局门户网站主动进行了公开。

3. 加强知识产权宣传工作

加强宣传和普及，利用网络、科技活动周等宣传和普及林草知识产权知识。充分利用会议、新闻媒体等形式广泛宣传保护林草知识产权和打击侵犯植物新品种权专项行动，大力宣传贯彻国家、自治区知识产权相关法律法规和政策。同时，结合林草科技培训、送科技下乡、专题培训等活动，大力宣传专利、植物新品种等知识产权保护知识，提高科技人员保护林草知识产权和打击植物新品种权行为的意识。（内蒙古自治区林业和草原局）

辽宁省林业和草原知识产权

1. 法律法规先行，加强植物新品种行政执法保护能力

辽宁省林业和草原局参与编制省级知识产权保护地方性法规工作。为贯彻落实 2020 年 9 月 28 日辽宁省委常委会精神，建立健全知识产权保护的立法体系，辽宁省知识产权局启动了《辽宁省知识产权保护条例》地方性法规编制工作，辽宁省林业和草原局作为编制成员单位，11 月举办了一次座谈会，经过认真调研，反复磋商，就执法主体、执法取证、植物新品种引导和预警等部分向省知识产权局提出了相关建议和意见。

提升植物新品种保护行政执法队伍能力素质。针对植物新品种保护执法从业人员，2020 年 10 月，辽宁省林业和草原局举办了植物新品种保护业务培训会，并对各市开展打击植物新品种权行为专项行动提出具体工作要求，规范了辽宁省查办侵犯植物新品种权案件行政执法程序，提升执法人员的业务素质。下发《辽宁省林木种苗打假和查办侵犯植物新品种权案件工作实施方案》，明确《辽宁省双打工作考核细则》，具体规定案件的类型、执法程序等，将平时考核与年终考核相结合，加强对各市的现场考核工作，对表现突出的市、县和个人予以表彰。

建立植物新品种保护信息公开制度。建立健全省、市、县三级植物新品种保护行政处罚案件信息公开制度，加强监督检查、情况通报与考核，做到应公开尽公开。充分利用广播、报刊、网络等传媒渠道，宣传注重创新、诚信经营的林木种子公司，曝光典型案件、震慑犯罪分子。大力宣传行政处罚案件信息公开的重要性，落实各市植物新品种保护负责人，开展行政处罚案件信息归集工作、建立行政处罚案件信息公开与归集长效机制。对辽宁省管辖区内 14 个市林业行政主管部门打击侵权假冒案件信息公开的电话和网址进行梳理、并在网上公开，公示率 100%。

2. 科技引领示范，加强知识产权和科技成果转化应用

开展知识产权转化运用。2019 年和 2020 年，辽宁省林业和草原局先后 4 次对‘辽瑞丰’核桃和‘圆大硕种’文冠果植物新品种转化项目进行实地调研和指导，对 2 个项目的前期规划设计、方案制定、母树扩繁，嫁接改造、采穗圃建立、业务培训等环节进行了有效的监督，履行了归口管理单位的相关职责，确保项目质量按计划实施。

加快科技成果转化推广应用。着重推进授权植物新品种的转化及应用。2019 年，已授权植物新品种‘金铃园枣’提质增产相关栽技术已通过认定，顺利进入推广项目成果库。辽宁省内相关高校持续加大植物新品种科研投入。大连大学先后在 20 余项国家省市科研项目资助 300 万元，培育了授权植物新品种 35 个，获授权发明专利 20 余项，目前已面向全国 32 个省（自治区、直辖市）推广种植 20 多万亩，扶持蓝莓种植企业 30 多家，种植户 3000 多户，经济效益和社会效益显著。大连民族大学先后投入了 2600 万元建设木本油料研究平台，在 40 余项国家省市科研项目资助下，培育了授权植物新品种 8 个，获授权发明专利 8 项，专利技术和品种已应用 30 余万亩，带动了 10 万人精准脱贫。

3. 加强配套措施，助力植物新品种生态产业提质增效

围绕地方标准抓配套措施。针对抗逆木本油料文冠果存在的低产低效现状，培育嫁接苗，实现文冠果规模化无性繁育，是改造辽西地区现有 10 万亩文冠果低产林的唯一途径。在辽宁省林业和草原局建议协调下，辽宁省市场监督管理局通过临时立项的方式，紧急制订了《文冠果低产林高接换优丰产改造技术》等 3 项技术规程，赶在春季造林前，为规模化繁育优质新品种‘辽冠 1 号’‘辽冠 8 号’提供技术保障和生产指导，实现文冠果低产实生林的高接换优丰产改造。

围绕食品安全抓配套措施。2020 年 7 月，辽宁省林业和草原局结合食用林产品质量安全工作，对辽宁省丹东和大连地区越橘属蓝莓新品种“森茂系列”品种进行的 10 批次农药残留检测，检测结果全部合格，对企业颁发了合格 CMA 认证报告，确保了可食用的植物新品种质量安全。举办了食用林产品质量安全业务培训会，会议强调了对植物新品种的质量安全问题，重点发展文冠果、沙棘、蓝莓等植物新品种优势产业，积极推动绿水青山转化为金山银山，提升了植物新品种质量安全重视程度，确保守住植物新品种食品安全底线。

围绕科研平台抓配套措施。2020 年 10 月，由大连民族大学牵头举办了文冠果产业国家创新联盟发展论坛。会议围绕文冠果良种和新品种培育、产业示范基地建设、打造乡村绿色产业链、培养技术林农及科技成果转化服务等方面进行探讨，发挥了文冠果产业国家创新联盟在科技创新及产业发展方面的引领作用。（辽宁省林业和草原局）

吉林省林业和草原知识产权

1. 健全组织，加强领导

吉林省林业和草原局根据国际、国内打击侵犯林草植物新品种权和假冒林木种苗工作（以下简称“双打工作”）的形势和要求，成立了林草行业双打工作领导小组，由主管局长挂帅，相关部门领导参与，统一领导、指挥林草行业双打工作，确保了全省林草行业植物新品种权保护工作的全面贯彻落实。

2. 明确职权，分工负责

吉林省林业和草原局根据双打工作，尤其是新品种权保护执法工作涉及多个部门的实际情况，明确全省由科技产业部门负责牵头林草植物新品种权保护工作，省林木种苗管理站负责侵犯新品种权的具体执法工作；同时要求各地、各单位要划分好各部门的工作权限，既要保证与省局的畅通对接，又要保证各部门之间的密切协作，形成合力，共同抓好林草植物新品种权保护工作。

3. 统一部署，集中打击

吉林省林业和草原局把植物新品种权保护工作纳入了年度重点工作，列支了专项经费，统一部署了集中打击侵犯林草业植物新品种工作。同时，按要求公开了打击侵犯新品种权工作举报电话、电子信箱，并指定专人负责。全年共检查苗木生产企业 172 家，苗木交易市场 35 家，没有侵犯林草植物新品种权的案件。

4. 强化培训，人才先行

目前有效的林草植物新品种权植物，大多属于南方树种，适宜在吉林省生长繁育的极少。但从着眼未来需要，要求各级有针对性地选拔一些专业人才充实执法队伍，同时聘请本地区专家、教授建立人才库，做好林草植物新品种保护工作的技术支撑，同时定期组织各层次培训，提高从业人员素质。（吉林省林业和草原局）

黑龙江省林业和草原知识产权

1. 加大培训力度，提升林草知识产权保护管理能力

加大林业和草原知识产权的培训力度，充分利用互联网技术采取网上培训方式进行知识产权法律法规的培训。2020 年 9 月 4 日，在哈尔滨市举办了全省植物新品种知识产权保护网络培训班，培训班聘请了省内植物新品种领域的专家对“植物新品种知识产权保护管理及执法”工作进行全面讲解。以前在开展知识产权培训时，只对各市（地）、县（市、区、管委会）林草主管部门分管负责人及相关工作人员进行培训，培训人员最多也就 200 多人。这次加大了培训的覆盖面，将各林场、林业站等基层单位从事植物新品种知识产权保护工作有关人员也纳入培训范围，培训人次达 4534 人次。通过培训使从事植物新品种知识产权保护管理人员初步了解植物新品种的概念及相关政策、法律法规，提高了打击侵犯植物新品种知识产权违法行为的能力，为今后林草知识产权保护工作奠定了坚实的基础。

2. 加大执法力度，提高知识产权保护能力

黑龙江省林业和草原局三定方案中，明确局科学技术和对外合作处为林草知识产权行政执法机构，还落实了一名二级调研员具体负责林业植物新品种知识产权保护工作。为了更好地落实林草知识产权保护工作，加大林草知识产权保护执法力度，营造良好的营商环境，下发了《黑龙江省林业和草原局办公室关于加强植物新品种保护的通知》（办〔2020〕509 号），要求各市地林业和草原主管部门在本地区范围内开展林业植物新品种知识产权保护工作。同时，黑龙江省林业和草原局派出检查组先后深入到黑河市、爱辉区、大兴安岭地区、呼玛县和齐齐哈尔市进行林业植物新品种知识产权摸底调查和专项执法检查，确保林草知识产权人的合法权益，营造良好公平的营商环境。（黑龙江省林业和草原局）

上海市林业知识产权

1. 加强知识产权保护执法

2019 年 7 月，为加强行政执法队伍建设，上海市绿化和市容管理局按照机构改革有关要求成立了执法稽查处。明确该处承担“依法查处擅自占用林地、迁移林木等重大毁林违法案件、植物新品种侵权和制售假冒伪劣林木种苗的违法行为，协调跨区域行政违法案件的查处”职能。按照国家林业和草原局植物新品种保护行政执法专项行动部署和“双打”工作的职能分工，将打击侵犯植物新品种权纳入执法稽查专项行动。2020 年结合春季造林质量专项检查等，组织开展打击侵犯植物新品种权专项行动，进一步加大了侵犯植物新品种权、假冒植物新品种以及制售假冒伪劣种子种苗案件的查处力度。

2. 促进植物新品种转化应用

上海植物园培育的 5 个茶花新品种已在企业进行许可，实现约 1000 亩规模的产业化生产，并在近几年逐步应用到上海的公园绿地中。上海市园林科学规划研究院采用项目的形式，与长三角的企业合作，逐步推进北美鹅掌楸、月季、玉兰等新品种的转化应用。

3. 开展知识产权保护宣传

充分利用网站、微信公众号、宣传资料等形式，广泛宣传《中华人民共和国种子法》和《中华人民共和国植物新品种保护条例》。在“中国（上海）国际园林景观产业贸易博览会”“上海知识产权宣传周”活动期间，有针对性地发放《中华人民共和国种子法》《中华人民共和国植物新品种保护条例》《林木良种——东方杉》等宣传材料，提高公众知法、懂法、守法意识，形成打击植物新品种侵权、假冒行为的舆论和高压态势，积极引导全社会尊重知识产权、合法使用植物新品种权。2020 年，上海植物园、辰山植物园和上海市园林科学规划设计院等单位共举办新品种保护与林木良种申请报告等各类知识产权培训和讲座 5 场，共有 300 余人次参与。其中，花菖蒲赏析专题讲座以线上线下相结合的方式举办，线上观看讲座人数近 2000 人次。（上海市绿化和市容管理局）

江苏省林业知识产权

1. 开展打击侵犯林业植物新品种专项行动

为进一步强化植物新品种保护和林草种苗市场监管，2020 年江苏省林业局积极参与制定《2020 年江苏省打击侵犯知识产权和制售假冒伪劣商品工作要点》，加大侵犯植物新品种权、假冒植物新品种及制售假冒伪劣种子种苗案件查处力度，严厉打击林业植物新品种侵权行为。6 月印发了《江苏省林业局办公室关于开展打击制售假劣林木种苗和侵犯植物新品种权行为工作的通知》（苏林办种〔2020〕9 号），部署开展“双打”工作，对各类苗圃、种苗电商、林木种苗花卉交易集散地和交易市场等区域开展执法检查，将侵权、假冒植物新品种作为监管重点。各市、县林业主管部门开展农作物种子质量年专项行动，以辖区苗圃、种苗交易市场为重点，开展林草种苗执法检查，加强林草种苗生产、销售环节监管，整治和查处制售假劣种苗和侵犯植物新品种权行为。2020 年江苏省林业主管部门未收到植物新品种侵权的投诉、举报。

2. 加强知识产权宣传培训

2020 年，在江苏省绿化委员会主办的刊物《江苏绿化》宣传普及植物新品种保护和品种审（认）定有关法律知识，厘清新品种和良种的基本概念、申请条件，从权利的本质、享有的权利、权利的数量和有效期等方面宣传普及新品种和良种的区别，并引导合理安排申请新品种权、品种审定的次序，进一步加强植物新品种保护工作。

8 月 31 日至 9 月 1 日，江苏省林业局在南京举办了全省林木种苗行政执法及植物新品种保护培训班。邀请国家林草局科技发展中心、南京森林警察学院的相关领导和教授，讲解植物新品种保护、种子法律法规解读、行政处罚程序、林木种子生产经营许可证核发及档案、标签管理等方面内容，进一步提高了参训人员的行政执法水平。各市林业站负责人和市、县具体从事林木种苗管理工作人员共 110 人参加了培训。

3. 开展植物新品种保护行政执法队伍调查

7 月 7 日，江苏省林业局印发《江苏省林业局办公室关于开展植物新品种保护行政执法队伍建设情况摸底调查的通知》，摸底调查机构改革后全省植物新品种保护行政执法队伍建设情况。据不完全统计，江苏省、市、县三级能够参加林草植物新品种行政执法的人员共 377 人，其中专职执法人员 111 人，持有执法证人员 359 人。目前，全省各市、县林业行政执法基本上综合在一起，没有专门的植物新品执法队伍或种苗执法队伍。根据调查结果，部分市、县明确了年度林业执法经费，多数市、县林业执法经费没有明确，统筹在办公经费中列支。省、市、县三级财政都没有明确林业植物新品种专项执法经费数额。省、市、县三级都没有配备植物新品种有关的专业技术鉴定设备。

4. 参与编制《江苏省“十四五”知识产权发展规划》

根据《省政府办公厅关于做好全省“十四五”省级专项规划编制工作的通知》要求，积极参与编制《江苏省“十四五”知识产权发展规划》，全面加强林业知识产权保护，促进知识产权与经济社会发展的深度融合，推动“强富美高”新江苏建设。（江苏省林业局）

浙江省林业知识产权

1. 强化品种创新，推动新品种转化应用

浙江省自2012年启动实施农业植物新品种选育重大科技专项以来，整合全省的育种科研力量和资源开展多学科跨单位的林业新品种选育协作攻关，依托省院（浙江省政府与中国林业科学研究院）合作和新品种选育重大专项不断攻克技术难关，通过选择、杂交、诱变以及基因工程等手段，创造遗传变异，改良遗传特性，培育出许多品质优良的林业植物新品种，并积极指导申请新品种权。以企业创新为主体的格局正逐渐形成，涌现出如永根杜鹃、森禾种业、森城种业、亿润花卉、宁波黄金韵茶业等一批优秀花卉种苗企业。国家林业和草原局在浙江建立植物新品种杭州测试站。加强新品种宣传推广，组织汇编浙江省20年来授权林业植物新品种名录，指导各地转化应用，效果日益显现，如‘红阳’等多个杜鹃属、‘金玉桂花’等新品种应用于G20杭州峰会市政建设，‘御黄’‘金钰’等彩色树种应用于国土绿化，不断提升绿化品质和生态景观效果，‘御金香’（山茶属）、‘亚林柿砧6号’（柿属）等新品种推广到全国各地，新品种的培育和转化应用正在成为浙江省林业科技拓宽“两山”转化通道、助力乡村振兴、建设美丽大花园的“重要窗口”。

2. 加强培训宣传，广泛营造氛围

浙江省林业局举办全省林木种苗与植物新品种保护、林业种苗新品种新技术等培训班，全省各市、县（市、区）负责林木种苗行政执法监管、植物新品种保护工作、重点林木良种基地及种质资源库管理等相关人员参加培训，邀请国家林业和草原局专家领导讲授林业植物新品种保护与执法，系统全面地解读知识产权和植物新品种保护执法政策。在“世界知识产权日”等重要节点组织开展林业知识产权宣传活动，编印《如何认识植物新品种》宣传册10000份，分发到全省各市、县和主要花卉苗木企业，发动育种专家深入基地、市场等面对面宣传林业植物新品种申报审批程序、品种类别、品种权人权益、相关法律法规等知识和讲授新品种栽培技术，提升了公众知识产权保护意识。金华市永根杜鹃花培育有限公司积极配合国家林业和草原局科技中心联合中国绿色时报社开展中国林草植物新品种传播行动——杜鹃新品种‘盛春8号’美艳赛西施；‘红阳’（杜鹃属）新品种荣获“2020年中国好品种”。

3. 加强新品种权保护，加大案件查处力度

组织开展打击侵犯林业植物新品种权专项行动，印发《浙江省林业局办公室关于组织开展2020年打击侵犯植物新品种权和制售假劣种苗工作的通知》《浙江省林业局关于开展全省林木种苗质量抽查工作的通知》，依法打击未经品种权人许可生产或销售林业授权品种繁殖材料、假冒林业授权品种、销售林业授权品种时未使用其注册登记名称等行为。走访新品种经营企业12家，调查120个植物新品种，未发现侵权假冒行为。省林业局科技处、省林业种苗管理总站樊民亮分别荣获浙江省2020年度知识产权保护工作成绩突出集体和个人，并通报表扬。按照《国家林业和草原局科技发展中心关于调查植物新品种保护行政执法队伍建设情况的函》要求，组织开展全省林业植物新品种保护行政执法队伍摸底调查，将调查结果及时上报。目前省林业局成立执法指导处，省林业局科技处承担林业植物新品种保护工作，国土绿化处、省林业种苗管理总站负责指导开展相关业务工作。按照2020年6月浙江省委办省政府印发《关于完善自然资源行政执法体制机制的实施意见》要求，各市、县正在组建自然资源行政执法队伍负责林业相关执法。

4. 加强制度创新，激发创新活力

省委、省政府出台《关于全面强化知识产权工作的意见》《全面强化知识产权保护行动计划（2020—2021年）》等文件，要求加强植物新品种领域知识产权保护工作。知识产权成为全省经济体制改革重点，并作为重要内容纳入“平安浙江”“营商环境评价”和省政府督查激励事项。省林业局将知识产权保护工作列入《2020年度各市森林浙江建设工作责任书》，明确作为省政府对各市政府森林浙江建设目标责任考核的内容之一，制度创新不断推进知识产权保护工作向纵深发展。同时，各地为激励创新，加大资金扶持力度，新品种年申请授权量呈增长趋势。如宁波市设有现代种业专项资金支持植物新品种权研发、推广，新品种权补助20万/个，自主知识产权品种推广补助10万/个，激发科技人员创新活力，宁波2020年获植物新品种权17件，列全省第一。（浙江省林业局）

安徽省林业知识产权

1. 加强林业知识产权宣传和培训

安徽省林业局出台了《关于深化林业科技创新支撑全国林长制改革示范区建设的实施意见》，积极推进林业科技创新，从源头上拓展知识产权的数量、提高知识产权的质量。11月底，在合肥举办了全省林业科技推广人员技术培训班，将林业植物新品种保护作为重点培训内容，各地负责林业知识产权保护工作的同志参加培训。12月中旬，举办了《中华人民共和国种子法》及其配套法规培训班，培训对象是各市、县（市、区）种苗站（科）长及从事林木种苗执法工作同志，共120人参加了培训，全面提高全省林木种苗知识产权行政执法及保护管理的工作能力和水平。开展“一日一技”在线技术服务，加大对林业知识产权的宣传和应用，推介林业先进适用技术150余项。

2. 组织开展打击侵犯林业植物新品种权专项行动

研究制定了《2020年安徽省林业局打击侵犯林业植物新品种权专项行动方案》和《2020年安徽省林业系统打击侵犯知识产权和制售假冒伪劣商品工作实施方案》，印发全省各地组织实施。各市、县林业行政主管部门根据行动方案要求，认真组织执法人员，开展了本行政区域内打击侵犯林业植物新品种权专项行动。范围主要是：打击未经植物品种权所有人许可，生产、繁殖或者销售林业授权品种的繁殖材料、假冒林业授权品种的行为，以商业目的将授权品种的繁殖材料重复使用于生产另一品种的繁殖材料，以及销售林业授权品种时未使用其注册登记名称的行为。尤其是对各种林木、花卉博览会、交易会等侵权高发的专业市场进行检查，严格加强监管，及时查处涉及植物品种权的违法行为。在安徽省林业局网站公布了专项行动举报电话、电子邮箱，明确专人负责，及时收集汇总全省侵权假冒行为线索。各地对林木种苗进行了质量抽查，省林木种苗总站对各地林草种苗质量检查开展情况进行督查，并开展了林木种苗“双随机、一公开”抽查，抽查合格率100%，有效维护了全省林业知识产权市场的稳定。

3. 加强知识产权行政执法人员配备和队伍建设

6月底，安徽省林业局印发《关于开展植物新品种保护行政执法队伍建设情况摸底调查的通知》，对全省林业系统林草植物新品种保护行政执法队伍建设现状开展摸底调查，目前全省各地认真落实《中华人民共和国种子法》和《中华人民共和国植物新品种保护条例》的规定，加强植物新品种保护执法机构建设，各市、县林业行政主管部门负责组织开展本行政区域的新品种保护执法工作。市级具体承办单位大多是林业科技推广机构和林木种苗站，县区级承办机构大多数是由林业执法大队统一开展执法工作。据统计，全省执法人员总数达1858人，专职执法人员640人，兼职执法人员1218人。加强行政执法装备建设，省级配备了单管扦样器、种子风选仪、电子天平、放大镜、种子净度台、恒温恒湿发芽箱、电热鼓风干燥箱、水分测定仪、无菌操作台等设备。部分地区配备了智能培养箱、电热恒温培养箱、电动筛选器、水分测定仪、生物光学显微镜、照相机等基础设备。（安徽省林业局）

福建省林业知识产权

1. 加强林业知识产权宣传

福建省林业局高度重视林业知识产权保护工作，根据《福建省知识产权工作领导小组办公室关于组织开展2020年福建省知识产权宣传周活动的通知》（闽知领办〔2020〕2号），下发《关于开展2020年福建省知识产权宣传周活动的通知》，组织各级林业部门结合实际，开展林业系统科技活动周、文化科技卫生“三下乡”、全国科普日等活动，通过广播、电视、报刊、网络等媒体以及发放小册子的形式，全方位、多层次宣传林业知识产权战略实施工作的重要意义、主要任务、取得成效及相关法律法规，提高了林业知识产权创造、运用、保护和管理能力。

2. 开展打击侵犯植物新品种权专项行动

根据国家林业和草原局部署，福建省林业局下发《福建省林业局关于开展2020年打击制售假劣种苗和保护植物新品种权工作的通知》（闽林科便函〔2020〕28号），在全省范围内组织开展打击侵犯林业植物新品种权专项行动。根据各市、县（区）林业行政执法上报情况，全年无涉及林业植物新品种的侵权案件。

3. 开展植物新品种保护行政执法队伍调查

根据国家林业和草原局《关于调查植物新品种保护行政执法队伍建设情况的函》（林技执字〔2020〕4号），下发《福建省林业局关于调查植物新品种保护行政执法队伍建设情况的通知》，组织开展摸底调查，并及时上报国家林业和草原局。福建省设区市（含平潭综合实验区）及县级林业主管部门的林业行政执法队伍，承担植物新品种保护行政执法职能，目前共设有84个植物新品种保护行政执法队伍（其中市级10个，县级74个），拥有执法人员数量1487人、持有执法证人员数量1316人、专职执法人员数量456人，年度执法经费612.95万元，为今后国家调整植物新品种保护行政执法政策提供了基础数据。

4. 加强林业知识产权培训

福建省林业局派员参加了国家林业和草原局举办的植物新品种行政执法、知识产权保护培训班，提高了林业知识产权保护和打击侵犯植物新品种权的执法管理水平。举办了全省林业科技业务视频培训班，强调推进打击制售假劣林木种苗和保护植物新品种权工作，邀请国家林业和草原局专家就林业植物新品种行政执法等作专题辅导，全省共300人分别在主会场和分会场参加培训。同时分层级举办培训，提高了林业知识产权保护工作的业务能力和水平。（福建省林业局）

江西省林业知识产权

1. 强化宣传普及，注重业务培训

江西省林业局在江西林科网开设植物新品种保护远程学习专栏，大力宣传林业植物新品种权保护相关知识，普及林业植物新品种法律法规，强化知识产权保护意识，营造保护知识产权氛围。12月14日，举办全省林业植物新品种保护培训班，就林草知识产权保护及转化运用、林草植物新品种保护行政执法等进行培训，提升林草知识产权保护及转化运用能力、打击新品种侵权假冒等林业行政执法能力。同时，安排人员参加国家林草局于11月在深圳举办的全国林草植物新品种保护培训班，并与相关专家学者和工作人员进行座谈交流，提升了认识和业务水平。

2. 开展专项行动，加大保护力度

7月28日，下发《省林业局关于集中开展2020年度打击侵犯林业植物新品种权专项行动方案》（赣林办发〔2020〕71号），启动全省打击林业植物新品种侵权假冒专项行动，打击未经品种权人许可而生产或销售林业授权品种的繁殖材料、假冒林业授权品种的行为，以及销售林业授权品种时未使用其注册登记名称的行为。在江西省政府门户网站公开该行动方案，在江西林科网公布侵权假冒情况举报电话和邮箱。各区市开展打击侵犯林业植物新品种权专项行动相关宣传报道。专项行动分为启动部署、征集线索、调查摸底、查处公开、汇总总结5个阶段。行动期间，全省未接到林业植物新品种侵权举报，未发现林业植物新品种侵权假冒现象。

3. 加快转化应用，发挥产权效益

在林业科技创新、科技推广等项目实施中，要求项目主持单位注重植物新品种选育，对于申报林业植物新品种转化应用的项目，江西省林业局在项目实施、后续资金等方面给予支持。江西省27个林业授权植物新品种中，已有18个得到转化应用，3个对外授权许可。（江西省林业局科技处）

山东省林业知识产权

1. 强化知识产权宣传培训

为提高全社会对植物新品种保护的重视程度和守法意识，积极宣传并推动植物新品种保护工作，2020年4月20~26日世界知识产权日宣传周期间，按照“知识产权与健康中国”的主题，组织业务骨干深入济南市等苗木集散地集中开展走访宣传，现场发放资料，讲解植物新品种权保护的内涵、授权条件、权利范围、侵权纠纷解决途径、种苗生产经营等相关规定，并进行了交流指导，进一步提高了企业保护植物新品种权的法律意识和依法生产经营的自觉性。其他各市也通过悬挂宣传条幅、制作专题展板、利用微信公众号等方式，开展“打击制售假劣林木种苗和侵犯植物新品种权”等林业知识产权宣传活动，取得了良好的宣传效果。

2. 组织开展打击侵犯植物新品种权专项行动

2020 年，山东省自然资源厅认真贯彻国务院、省政府和国家林业和草原局关于打击侵犯植物新品种权和制售假冒伪劣商品的一系列工作决策部署，积极克服新冠肺炎疫情影响，认真履行部门监管职责，扎实推进全省林草植物新品种权保护工作，集中查处林草植物新品种权侵权假冒违法行为。为组织开展好打击制售假劣林木种苗和保护植物新品种权工作，印发了《山东省自然资源厅办公室关于组织开展 2020 年打击制售假劣种苗和保护植物新品种权工作的通知》（鲁自然资办字〔2020〕26 号），要求各地充分认识打假工作的重要性，积极组织开展种苗普法和宣传培训，在辖区内各类场圃、种苗交易集散地和种苗交易市场等区域开展执法检查，严厉打击制售假劣种苗和侵犯植物新品种权等行为。2020 年未发生侵犯植物新品种权和假冒授权品种行为。

3. 加强植物新品种保护行政执法工作

根据《山东省人民政府关于在市场监管领域全面推行部门联合“双随机、一公开”监管的实施意见》（鲁政发〔2019〕10 号）、《山东省自然资源厅关于印发〈“双随机、一公开”监管工作实施方案〉〈“双随机、一公开”监管工作细则〉的通知》（鲁自然资字〔2019〕98 号）等有关要求，以不低于 5% 的抽查比例，重点检查受检单位开展林木种苗生产经营和质量情况，林业植物新品种保护情况等。针对森林公安转隶后，林业和草原行政执法职能划转，执法力量严重削弱等问题，对省、市、县三级林草植物新品种保护行政执法队伍建设现状进行了调查摸底，初步摸清了全省林业和草原行政执法现状、存在问题和制约因素，为下一步加强全省林业和草原行政执法理清了思路。（山东省自然资源厅）

河南省林业知识产权

1. 开展植物新品种保护执法专项行动

河南省林业局把林业知识产权保护工作纳入年度工作目标考核内容，制定了《河南省林业局关于印发植物新品种保护执法专项行动方案的通知》（豫林科字〔2020〕27 号）、《河南省林业局关于组织开展 2020 年打击制售假劣种苗和保护植物新品种权工作的通知》（豫林种字〔2020〕40 号），在全省范围内组织开展为期 6 个月的打击制售假劣林木种苗和保护植物新品种权专项行动。全省各地进一步细化实施方案，逐级分解任务，明确责任，落实到具体部门和人员。建立了投诉举报制度，向社会公布了举报电话和举报邮箱。严格执行案件季报制度，有查处案件的，由查处部门及时录入河南省打击侵权假冒领域行政执法与刑事司法衔接信息共享平台公开。10~11 月，省林业局科技处组织 2 个检查组，对全省林业系统植物新品种权保护工作开展情况进行了调研评估。通过专项执法检查和调研评估，整顿和规范了林木种苗生产、经营秩序，保障了知识产权所有者和使用者的合法权益。据统计，全省没有发现一起侵犯林业植物新品种权、生产销售假冒伪劣林木种苗案件。

2. 加强林业知识产权宣传

河南省林业局在送科技下乡活动中多次举办知识产权保护专题辅导讲座。2020 年 6 月 8~11 日，组织河南农业大学、河南省林业科学研究院等单位的林业专家，在南阳桐柏粉坊村、淅川县的金河、西簧、寺湾、毛堂、荆关等乡镇开展科技扶贫和植物新品种宣传活动。南阳、焦作利用“文化科技下乡”，在乡镇集市或人流密集地通过悬挂标语、发放宣传资料等进行宣传。共印发宣传材料、标语 4.6 万余份，制作宣传版面 470 块。

3. 开展林业植物新品种保护培训

为进一步规范行政执法程序，强化林业种苗和植物新品种保护执法。2020 年 6 月 29~30 日，在安阳市林州市组织举办了林业系统植物新品种保护培训班，参加人员 83 人。2020 年 12 月 9~11 日，在郑州组织举办了全省林业知识产权保护培训班，参加人员 89 人，有效地提升了全省林业系统植物新品种执法工作人员的执法意识和保护植物新品种执法能力，加强了植物新品种保护行政执法队伍建设，规范了植物新品种保护行政执法行为，确保相关法律法规和植物新品种保护制度的施行，促进了公正文明执法，切实维护品种权人的合法权益和政府公信力。（河南省林业局）

湖北省林业知识产权

1. 加强知识产权组织领导

湖北省林业局调整知识产权工作领导小组，办公室设在局科技合作处，有关林业知识产权的综合协调工作由科技合作处负责，林业品牌保护和林业地理标志产品申报工作由发展改革处负责，植物新品种保护由林场处负责。党组书记、局长刘新池于 2020 年 12 月 8 日专程到省种苗站调研植物新品种权保护工作，要求加强行业管理，打击侵权行为，提高种苗质量。

2. 加强知识产权宣传培训

为提升全省林木种苗行业管理水平，2020 年 9 月省林业局办公室举办了林业行政执法培训班，培训林业法治和执法人员 600 多人。12 月 11 日，以视频会议方式举办了全省林木种苗行政执法管理培训班，培训市州林业种苗经营管理和技术人员 300 多人。同时，利用“3·12”“3·15”“知识产权周”“科技周”等活动，通过印制宣传资料、悬挂横幅、制作展板、实地宣讲等方式，积极开展形式多样的林木种苗质量和林业植物新品种保护宣传活动。据不完全统计，全年在广播、电视、网络、报刊等媒体发布信息 100 余条，印发相关宣传资料 2 万余份，出动宣传车 500 台次。

3. 加强行政执法检查

2020 年 4~6 月，湖北省林业局部署开展 2020 年度全省林木种苗质量监督抽查和打击侵犯植物新品种权专项行动，组织抽查 391 个苗批，按时向国家林业和草原局上报了监督质量抽查结果，并督促各市、县及时整改抽查发现问题。9~12月，按照“双随机一公开”工作要求，对宜昌市、鄂州市、浠水县、武汉市、谷城县的7家林木种子生产企业进行了抽查，结果在湖北省“双随机、一公开”监管平台及时公开。在执法检查中，湖北省未发现植物新品种侵权假冒情况，日常工作中也没有受理过侵权假冒案件。

4. 加强植物新品种转化应用

湖北省林业科学研究院在湖北武汉、太子山等地建立了20余亩紫薇优良新品种比较试验林，同时在上海、河南、贵州、浙江、广西等省份进行了试种。为促进红花玉兰授权新品种的科技成果转化应用，实现惠农富农，红花玉兰团队通过“公司+基地+农户”模式，在湖北五峰带动建立红花玉兰大苗培育基地1.28万亩，培育红花玉兰绿化苗130余万株。当地缺乏劳力的农户，将土地流转给合作社，一亩地一年可增收600元，劳动力充足且有一定能力的农户种苗圃，每亩一年可增收6000元。2020年6月《中国绿色时报》对红花玉兰新品种做了专题报道。（湖北省林业局）

湖南省林业知识产权

1. 加强组织领导，健全知识产权保护领导体制

湖南省林业局将植物新品种权保护工作列入打击侵犯知识产权和制售假冒伪劣商品工作的重要内容，将“双打”工作作为年度重点工作进行专门部署，明确分工，成立了由分管局领导任组长，局科技外事处、种苗站负责人任副组长的“双打”工作领导小组。省、市、县都设立了专项行动举报电话、电子邮箱，明确专人负责，及时收集、汇总侵权案件线索，接受社会监督。

2. 加强制度建设，构建知识产权保护长效机制

湖南省林业局健全知识产权保护相关规章制度，不断加大信息公开力度，将侵犯林业植物新品种权案件纳入政府信息公开范围，对发现的违法线索及时调查取证，对认定的违法行为及时立案查处，并跟踪问效，及时曝光典型案例。进一步规范植物新品种权交易市场，全力推动植物新品种保护事业健康发展。湖南环境生物职业技术学院、湖南省林业科学院、湖南省植物园修订和完善了知识产权管理、奖励和成果转化管理办法，充分调动广大科技人员开展科学研究和科技成果转化及技术服务的积极性和创造性。

3. 加强行业监管，扎实开展执法专项行动

为从源头上做好植物新品种权管理工作，全省各地结合实际开展了摸底调查，及时了解植物新品种品种权人以及转化应用情况。专项行动期间，省林业局对部分林业植物新品种权交易活动进行了调查，高度关注植物新品种的发展动态和试种情况，并积极协助有关企业和个人维护其植物新品种权，向其提供相关法律、法规和政策咨询。湖南省森林公安机关按照公安部和省公安厅工作部署，多措并举，狠抓落实，扎实推进“昆仑2020”专项行动深入开展，取得明显成效。组织开展了2020年度林业行业打击侵犯植物新品种权和制售假冒伪劣林木种苗专项行动，对林业植物新品种侵权假冒行政处罚案件进行部署，重点检查了侵权高发的林业种苗交易市场，严厉打击未经品种权人许可，生产或销售林业授权品种的繁殖材料、假冒林业授权品种的行为，以及销售林业授权品种时未使用其注册登记名称的行为，开展了一系列打击侵犯植物新品种权行为活动。截至2020年底，全省林业系统未发现侵犯植物新品种权行为。

4. 加强宣传发动，提高知识产权保护意识

在知识产权宣传周期间，制定了2020年打击侵权植物新品种权宣传工作方案，组织开展了一系列宣传活动，在湖南林业信息网站建立了“双打信息”专栏，宣传相关政策、发布相关信息、报道工作情况。在中部林业产权交易服务中心发布部分最新拟转让的专利技术和科研成果，宣传推广知识产权转让平台。各市州林业局、局直各单位根据实际情况，围绕活动主题，因地制宜组织制定宣传活动方案，开展了相关宣传活动。

5. 加强业务培训，提升植物新品种保护行政执法能力

湖南省林业局对全省植物新品种保护管理以及行政执法人员进行了专项培训。2020年7月举办了省“双打”工作培训班，10月举办了知识产权保护培训班，11月举办了省“双打”工作暨育苗技术档案管理培训班，旨在提高湖南省林业植物新品种保护管理和行政执法人员业务水平，打造一支高水平的专业队伍，切实维护品种权人的切身利益。（湖南省林业局）

广东省林业知识产权

1. 开展打击侵犯林业植物新品种权专项行动

广东省林业局转发了《国家林草局办公室关于组织开展2020年打击制售假劣种苗和保护植物新品种权工作的通知》，结合广东省实际，对全省开展专项行动工作进行部署。公布打击侵犯林业植物新品种权专项行动举报电话、电子邮箱及负责人、联系人，及时收集侵权假冒行为线索。

2. 推进行政处罚案件信息公开及建立信息报送机制

继续推进全省林业系统行政处罚案件信息公开工作，在开展查办侵犯植物新品种权案件的工作过程中，发现有违法行为并符合立案条件的，及时立案查处。同时，做好行政执法与刑事司法的衔接，对构成犯罪的，依法移送司法机关。按月向省双打办报送林业部门查办案件统计表。

3. 加强林业植物新品种保护行政执法工作

近年来，广东省林业局加大查处侵犯林业植物新品种权案件工作力度。认真组织林业植物新品种保护宣传活动、林业植物新品种保护行政执法检查等工作，并在部门预算中提供了经费保障，保证了广东省林业植物新品种保护执法工作顺利开展。针对侵权举报，广东省林业局组织广州和佛山市林业部门开展摸底调查、联合检查等工作，积极处理举报情况。

‘棕榈四季茶花’新品种侵权行政执法案例。‘棕榈四季茶花’系列茶花新品种为棕榈生态城镇发展股份有限公司自主研发培育的新一代茶花品种群，并由广州棕科园艺开发有限公司全球独家代理开发。棕榈四季茶花自进入市场以来，广受消费者青睐，产品花期长，长势好，易栽培等优势得到市场的高度认可。也正因此，存在部分单位或人员肆意侵权生产、销售的行为，导致棕榈股份、广州棕科园艺及相关合作单位的合法权益受到侵害，严重扰乱了茶花产业的健康有序发展。为此广东省林业局组织广州和佛山市林业部门开展了一系列的打击侵权行为行动。

广州芳村花卉市场：这两年在市面上流通的侵权销售产品以价格低廉、质量低劣严重扰乱整个棕榈四季茶花市场运营体系。2020 年 6 月与 10 月，广州市林业和园林局与广州市公安局森林分局等单位高度重视下，分别两次就‘棕榈四季茶花’系列新品种被侵权销售事宜开展联合执法及宣传行动，执法工作人员走访多家侵权档口，对侵权人士或单位进行警告与普法宣传，并下发限期责令整改通知书。

南海平洲花木市场：2020 年 9 月 10 日，佛山市自然资源局、佛山市市场监督局、佛山市森林分局、佛山市自然资源局南海分局及桂城街道自然资源管理所等单位就‘棕榈四季茶花’系列新品种在南海平洲花木市场被侵权销售事宜开展联合执法及宣传活动，执法工作人员走访多家侵权花木档口，对侵权人士进行警告与普法宣传，并限期责令整改。

通过打击侵犯植物新品种权违法行为及普法宣传，更加有效地震慑违法者、保护消费者，增强公众对林业知识产权保护相关法律法规、政策的了解，加大林业知识产权的普及程度，提高社会各界对打击侵权假冒工作重要性、必要性的认识。

4. 建立健全打击侵犯植物新品种权网络

2019 年省政府印发《广东省举报侵犯知识产权和制售假冒伪劣商品违法行为奖励办法的通知》（粤府〔2019〕40 号），省市场监督局建立 96315 统一接受侵犯知识产权举报。广东省林业局迅速响应并建立了覆盖全省 21 个地市的打击侵犯林业知识产权网络，主动与市场监管局协调林业知识产权侵权举报机制，同时完善全省林业知识产权打击侵权网络。

5. 加强知识产权保护宣传培训

2020 年 5 月在湛江、惠州和肇庆举办送科技下乡活动，积极宣传林业知识产权保护知识。开展知识产权宣传周活动，提高公众知识产权保护意识。构建广东省林业知识产权微信群，及时将国家和省有关政策在群里进行转发，针对疫情情况，适时在群里开展植物新品种保护相关知识培训。2020 年 12 月，广东省林业局举办了全省林木种苗质量监管和植物新品种保护网络培训，进一步提高基层工作人员业务水平和执法能力。（广东省林业局）

广西壮族自治区林业知识产权

1. 完善知识产权管理制度激发创新活力

广西壮族自治区林业局指导相关科研单位建立健全知识产权管理制度，进一步激发科技人员发明创新的积极性。如广西壮族自治区林业科学研究院持续健全《广西林科院知识产权管理暂行办法》，建立院部知识产权专项资金，理顺了专利年费的经费渠道，一定程度上解决了专利因未缴年费失效的问题；同时强化目标考核，根据广西“发明专利倍增计划”的安排，每年年初与二层单位签订年度目标责任制，将专利申请量、授权量、成果转化数量纳入考核目标，并针对不同业务部门的具体特点制定不同的知识产权发展目标与措施，加强分类指导确保完成年度目标考核任务。

2. 开展打击侵犯植物新品种权专项行动

广西壮族自治区林业局印发《全区2020年打击制售假劣种苗和保护植物新品种权专项行动实施方案》，要求全区各地林业部门深入重点场所，对授权品种的繁殖、生产、销售环节开展摸底调查，查清侵权、假冒等违法情况。2020年9~10月，组织开展打击制售假冒伪劣油茶种苗和侵犯林业植物新品种权“铁拳2020”专项行动，共出动执法人员350人次，检查苗圃124个，下达执法检查整改通知书33份，已立案查处违法生产经营林木种苗案件2起，未发现有林业植物新品种侵权行为。有效形成打击植物新品种侵权、假冒行为的舆论氛围和高压态势，积极引导全社会尊重知识产权。

3. 加强知识产权成果转化推广应用

推进授权专利技术的转化及应用，促进科研院所与林业生产企业沟通联系，加快科技成果转化。如广西森林资源与生态环境监测中心对已获得的软件著作权等知识产权成果，通过技术许可等方式在全区推广运用。2020年共有12项科技成果许可提供国有林场、市县级林业主管部门、林业勘测设计单位、林业生产经营单位等30多家单位使用，并加强后续指导服务，各单位利用知识产权成果开展森林资源调查监测、变化图斑数据采集和分析等，大大地提高了工作效率和技术水平。

4. 加强林业知识产权宣传培训

广西壮族自治区林业局组织参与了2020年全国知识产权宣传周广西活动，以“知识产权与健康中国”为主题，结合野生动物保护与抗击新冠肺炎疫情形势，大力宣传习近平总书记关于保护野生动物的重要批示精神、全国人大常委会关于全面禁止非法野生动物交易革除滥食野生动物陋习的决定以及国家林业和草原局、自治区林业局贯彻落实国家最新政策的措施等内容，营造了浓厚的知识产权宣传周活动氛围。4月26日，组织广西林科院举办一期林业知识产权培训会议，邀请南宁市专利代理机构、广西标准化协会、自治区市场监管局以及广西林业系统的四位资深专家讲授植物新品种培育、林业知识产权管理、团体标准的编制、专利挖掘与布局等内容，培训科技术骨干80多人；9月29~30日，举办全区林业科技创新与推广应用培训班，重点对林业植物新品种基本知识、植物新品种法律法规、开展打假执法行动等内容进行讲解，林业系统共80余人参加了培训；全年多次选派科技、种苗等部门人员参加国家林业和草原局举办的林草植物新品种各类培训班，提高干部业务水平。广西壮族自治区林业科学研究院通过采取多种方式，与多家专利代理专业机构加强合作，借助专业机构的力量提高该专利申请的质量与水平；在林业科学研究院科技信息网站上开辟知识产权的专栏，内容设置有“知识产权ABC”“知识产权陈列馆”“工作动态”“政策法规”“他山之石”“典型案例”“影像长廊”等，通过搭建运营线上信息平台，开展提供知识产权宣传服务。（广西壮族自治区林业局）

海南省林业知识产权

1. 加强林业知识产权培训

海南省林业局于2020年10月举办“海南省植物新品种保护暨打击侵犯知识产权及制售假冒伪劣商品培训班”，培训对象包括海南省各市、县林业主管部门分管领导、林业龙头企业负责人和林木育种单位技术人员80名。

海南省林木种子（苗）总站于2020年9月24~25日举办了“林木种苗行政执法和许可证管理信息系统培训班”，本次培训对象为海南省各市县林业局（农委、农林局）林木种苗管理人员，及各市县龙头苗圃企业代表，培训人数120名。

2. 开展植物新品种执法监督

开展关键领域、重点环节、重点群体执法专项行动，知识产权侵权假冒现象得到有效遏制。印发了《海南省林业局办公室关于开展2020年度打击制售假劣种苗和保护植物新品种权工作的通知》，部署开展了相关执法行动，在海南省林业局网站上公示了举报电话、举报部门等信息，要求各市、县林业主管部门对辖区内植物新品种权进行摸底调查及报送有关植物新品种侵权案件情况，并列入在省级双打绩效考核评分事项。2020全年未接到林业领域侵权假冒违法等违法案件举报，在年底对各市县执法工作开展情况进行了绩效考核评分。

为进一步加强海南省林木种苗生产、流通、使用全过程质量监督，全面提升种苗生产和使用的质量，打击假冒伪劣种苗生产销售行为，2020年7月21日至8月3日，海南省林业局组织人员对临高、东方、白沙、保亭、五指山、定安等6个市、县共25家育苗单位进行为期14天的林木种苗质量重点抽查。（海南省林业局）

重庆市林业知识产权

1. 加强制度建设，促进工作落实

下发了《重庆市林业局2020年林业科技工作要点》（渝林科〔2020〕7号），明确了林业知识产权保护工作的具体内容：继续开展涉林相关专利、商标、林产品地理标志、植物新品种权的创造和统计工作。开展2020年度打击制售假冒伪劣林木种苗和侵犯植物新品种权行政执法工作，在全市集中开展打击未经品种权人许可，生产或销售林业授权新品种的繁殖材料、假冒林业授权新品种等行为。同时，针对机构改革后的新变化，重庆市林业局对全市林业“双打”工作领导小组成员及时进行了调整，明确分管局领导任组长，局科技处、市林木种苗站负责人任副组长，相关处室为成员单位，领导小组办公室设在市林业局科技处，负责具体日常工作，落实专项经费50万元。

2. 加强产权保护，促进高质量发展

积极开展植物新品种权保护工作，设立全市侵犯植物新品种权公开举报电话及邮箱，充分利用市林业局网站等媒介，加大公开力度。加强信息报送，积极收集各区县林业行政案件报表，按季度及时向市市场监管局及国家林业和草原局反馈。截至目前，我市没有发生侵犯林业植物新品种权相关案件。下发了《关于开展2020年林木种苗质量抽查工作的通知》(渝林种〔2020〕38号),针对2020年度重点造林工程使用的苗木和供苗单位依法生产、植物新品种权保护等情况,采取市级抽查和区县自查相结合的方式,加大监督力度。按照“双随机、一公开”原则,将抽查结果向社会予以公告。

3. 加强执法监督,推进规范执法

扎实开展打击侵犯制售假冒伪劣林木种苗和林业植物新品种权执法工作,下发了《重庆市林业局关于做好2020年度打击制售假冒伪劣林木种苗和侵犯植物新品种权行政执法工作的通知》(渝林科〔2020〕9号),对西南大学、重庆师范大学、重庆市林业科学研究院等涉林院校、科研单位进行了现场摸底。下发了《重庆市林业局关于开展2020年打击制售假冒伪劣林木种苗和侵犯植物新品种权行政执法专项调研的通知》(渝林种〔2020〕25号),抽派专门人员组成调研组,深入綦江区、荣昌区、梁平区等区县开展林业植物新品种行政执法现场调研。2020年7月,市林业局组织开展了对全市植物新品种行政执法队伍的摸底调查工作。据统计,截至目前重庆市省级植物新品种行政执法人员共9人,持有植物新品种执法证人员9人,年度执法经费20万元。全市38个区县植物新品种行政执法人员共337人,其中专职执法人员201人;持有植物新品种执法证人员475人,年度执法经费343.8万元。

4. 加强宣传培训,促进业务提升

组织现场培训,重点培训种苗质量监管、种苗行政执法程序规定及法律文书制作、种苗年报统计、林木种子生产经营许可证事中事后监管工作等内容。全年举办全市林木种苗质量监管暨年报统计培训班等专项培训3次,培训区县林业局种苗负责人及种苗执法人员300余人次。派员赴厦门参加全国林业植物新品种保护培训班,切实增强开展植物新品种保护的意识,提高工作能力和水平。认真开展涉林知识产权工作宣传,利用网络、报刊、微信等各类媒体广泛宣传开展全市林木种苗执法的重要性,组织人员开展宣传活动150余次,编印发放宣传资料3万余份(册),受教育群众达5万余人次。

5. 加强交流合作,推动共同发展

与四川省林业和草原局签订了成渝林草科技合作初步协议,建立成渝林木良种互信互认互通及联合开展打击制售假冒伪劣林木种苗和侵犯植物新品种权工作机制。加强成渝两地联合打击林木种苗及植物新品种保护行政执法机构协作,按照《中华人民共和国种子法》《中华人民共和国行政处罚法》《中华人民共和国植物新品种保护条例》《林业植物新品种保护行政执法办法》《林业行政处罚程序规定》等有关法律法规和政策规定,协同推进打击侵犯植物新品种权及其他涉及林木种苗案件的行政执法工作。建立成渝地区信息共享、迅速立案、结果互认的联动响应体系。建立定期会商机制。每年开展成渝两地植物新品种保护及执法培训会。(重庆市林业局)

四川省林业和草原知识产权

1. 开展打击侵犯植物新品种权专项行动

四川省林业和草原局成立了打击侵犯林草知识产权和制售假冒伪劣种苗工作领导小组,要求各地高度重视该项工作,落实专人负责。结合“4·26”知识产权宣传周活动，广泛宣传《四川省知识产权战略纲要》和《中华人民共和国种子法》。印发了《四川省林业和草原局关于开展打击制售假劣林草种苗和保护林业植物新品种权工作的通知》（川林科函〔2020〕534号），在全省组织开展了植物新品种侵权假冒行为调研，要求各市（州）认真走访收集线索，对收到的举报，及时会同有关执法人员进行调查取证，对涉嫌违法犯罪的，移送司法机关，做好行政执法与司法的衔接。截至2020年底，四川省未发生植物新品种侵权案件。

2. 推进权益改革，完善科技成果转移转化机制

四川省林业和草原局多次到省林业科学研究院与科研人员进行座谈调研，深入了解科研人员的要求，与林科院科技处一同研讨，结合四川省林业科学研究院职务科技成果权属混合所有制改革工作，制定了《四川省林业科学研究院技术服务项目管理办法》，对于科技成果权益分享、转移转化提出了明确的规定，极大保障了科技成果转化收益人的权益。与此同时，局里多次研究讨论如何对科研人员进行分类管理，既能保证有足够的科研力量从事基础研究，又能保障前沿性拓展工作的开展，目前正在制定科研院所的考核管理办法。

3. 贯彻落实《四川省强化知识产权保护实施方案推进计划》

印发了《四川省林业和草原局关于认真贯彻〈2020—2021年四川省强化知识产权保护实施方案推进计划〉做好相关工作的通知》（川林科函〔2020〕930号），将《2020年加快建设引领型知识强省推进计划》《2020—2021年贯彻落实四川省强化知识产权保护实施方案推进计划》《四川省知识产权信息报送制度》和《四川省知识产权保护激励办法》转发各地林草主管部门，明确要求各地从“深入宣传、营造氛围”“推进改革，激励创新”“区域联席，互动协作”“专项推进，规范市场”“提升能力，执法有序”和“信息公开，公正公平”六个方面入手，认真抓好落实，保障该项工作顺利有序推进。

4. 推进执法建设机制，联合开展区域行政执法工作

推进新品种保护行政执法建设。参照《国家林业局公开制售假冒伪劣商品和侵犯知识产权行政处罚案件信息工作实施细则》及时公开案件查处信息，确保相关法律法规和植物新品种保护制度的施行，切实维护品种权人的合法权益和政府公信力。开展了植物新品种执法调研，四川省共有植物新品种执法机构29个，其中省级执法机构1个，市（州）级执法机构5个，县（区）级执法机构23个。四川省有执法人员共计161人，其中专职执法人员15人，持有执法证的122人，并以《四川省林业和草原局关于报送植物新品种保护执法队伍建设情况的函》（川林科函〔2020〕615号）上报国家林业和草原局科技发展中心。

根据四川省林业和草原局与重庆市林业局签订的《筑牢长江上游重要生态屏障助推成渝地区双城经济圈建设合作协议》，四川省林业和草原局科技处（站）与重庆市科技处签订了《川渝地区联合开展打击侵犯植物新品种权行政执法工作合作协议》，准备从推进植物新品种保护工作方面入手，进行交流、互通有无、联合开展植物新品种保护专项行动，协同推进打击侵犯植物新品种权案件的行政执法工作。

5. 推进知识产权保护与运用

推荐植物新品种芙蓉‘锦绣紫’参与由林木种质资源利用国家创新联盟理事长单位（中国林业科学研究院林业研究所）和副理事长单位（《中国花卉报》社）共同发

起的"2020 中国好品种"评选活动，最终从申报的 100 余个新优品种脱颖而出，获得"2020 年度中国好品种"称号。

6. 认真完成履行领导小组交办的各项工作

四川省林业和草原局及时完成省知识产权工作领导小组布置安排的各项工作并以《四川省林业和草原局关于〈四川省强化知识产权保护工作实施方案（征求意见稿）〉修改意见的复函》《四川省林业和草原局关于〈再次征求四川省强化知识产权实施方案（征求意见稿）〉修改意见的复函》《四川省林业和草原局关于〈2020 年四川省打击清单知识产权和制售假冒伪劣商品工作要点〉修改意见的函》《四川省林业和草原局关于〈2020 年加快建设引领型知识产权强省推进计划〉等事宜的复函》《四川省林业和草原局关于报送 2020 年知识产权保护工作考核迎检材料的函》（川林科函〔2020〕86 号）函报工作领导小组。配合省知识产权促进中心完成《四川省知识产权白皮书（2020 年度）》中有关林草内容的编写工作。（四川省林业和草原局）

贵州省林业知识产权

1. 开展林业植物新品种保护行政执法专项行动

贵州省林业局将林业植物新品种保护行政执法工作作为年度重点工作进行安排部署，列入《贵州省林业局 2020 年工作要点》并印发至各市、自治州林业局、各县（市、区、特区）林业主管部门，要求贯彻落实。组织开展林业植物新品种执法保护专项行动。制定了《2020 年贵州省林业局打击侵犯林业植物新品种权工作方案》，全省各级林业主管部门开展了相关执法和宣传活动，规范了植物新品种交易市场，营造良好的激励创新，促进植物新品种培育环境。赴阿栗国际花卉市场（贵阳市乌当区）等经营场所开展了执法检查活动。以座谈和走访形式，检查是否存在违法行为，并开展林草植物新品种保护宣传，了解花卉市场植物新品种经营现状。

2. 搞好宣传培训，营造良好氛围

充分利用"3·15"消费者权益保护日、"4·26"知识产权日、"6·18"贵州生态日、"12·4"宪法宣传日组织各市（州）开展宣传打击林木种苗和植物新品种假冒侵权、解读政策、普及植物新品种保护知识。2 月，受新冠肺炎疫情影响，贵阳市通过 QQ 群、微信群以线上形式开展了林木种苗和植物新品种保护执法宣传，强化植物新品种保护执法培训。联合种苗站举办种苗和植物新品种执法能力素质提升培训班，向林木种苗管理机构、经营主体宣传植物新品种。

3. 强化监管力度，有效做好权益保护

在贵州省林业局官方网站公布植物新品种权侵权举报电话，积极联系省内植物新品种权人了解其授权品种应用情况，主动保护其合法权益。在贵州政务服务网智慧管理平台及时更新相关执法信息，接受社会监督。2020 年全省没有出现林业植物新品种侵权假冒行政处罚案件，没有出现应当受理未受理及受理后未及时查处，或未按要求公开案件查处信息，或应该移交司法机关未移交的情况。开设举报专栏，接受群众举报和反映，依法打击各类侵犯知识产权和制售假冒伪劣商品。

4. 开展全省植物新品种保护执法队伍摸底调查

根据国家林业和草原局科技发展中心《关于调查植物新品种保护行政执法队伍建设情况的函》（林技执字〔2020〕4 号）要求，贵州省林业局印发了《省林业局关于开展植物新品种保护行政执法队伍建设情况调查的通知》，组织相关部门完成了《贵州省林草植物新品种保护行政执法队伍摸底调查表》，对全省植物新品种保护执法队伍进行了全面了调查，并及时将有关情况上报国家林业和草原局。目前，贵州省共有 9 个市（州），88 个县（市、区、特区），现有林草植物新品种保护相关行政执法人员 1009 名，其中持有执法证人员 91 名，专职执法人员 163 名，2020 年执法经费合计 200.35 万元，有少量执法记录仪、游标卡尺等执法设备。（贵州省林业局）

云南省林业和草原知识产权

1. 加速林草知识产权成果转化推广

紧紧围绕林草生态建设和产业发展对技术的重大需求，以中央及省级推广项目为载体，投入资金 3869 万元，推广林草科技成果 63 项，建设林草科技示范基地 41 个，示范面积 17186 亩，辐射推广面积 44670 亩，培训林农 8582 人次，促进科技成果向生产力的转化运用，为林草产业发展和林农增收提供了科技支撑服务。

2. 开展打击制售假劣种苗和侵犯植物新品种权专项行动

云南省林业和草原局成立了 2020 年打击侵犯林业植物新品种权和制售假冒伪劣林木种苗专项整治行动工作领导小组，分管副局长任组长，局科技处、林场种苗处、林木种苗工作总站等为成员单位。于 2020 年 4~11 月在全省开展打击侵犯林业植物新品种权和制售假冒伪劣林木种苗专项整治行动，未发现林业植物新品种侵权案件，有力打击了林草知识产权违法行为，维护了植物新品种权人的合法权益。

3. 开展知识产权培训

为进一步规范林草行政执法工作，强化行政执法队伍能力建设，2020 年 10 月，云南省林业和草原局分别在昆明、石林举办植物新品种保护和林草行政执法培训会，共培训全省 16 个州（市）林木种苗管理机构负责人、技术人员、获植物新品种权的科研单位及种苗生产经营企业人员 73 人。培训以专家授课的方式，系统讲解了植物新品种保护、林草种苗现行法律法规、政策要点和执法流程，对林草知识产权保护的相关政策和打击侵权假冒工作考核指标要求等进行了现场解读。（云南省林业和草原局）

西藏自治区林业和草原知识产权

1. 切实加强调查研究

西藏自治区林业和草原局高度重视林草知识产权工作，特别是林木种苗打假工作，2020 年 3~4 月先后派出由领导带队的 5 个调研组，对林木种苗生产用种情况进行调研，及时解决林木种苗生产过程中的质量问题，督促基层林草主管部门切实做好整改工作。

2. 开展打击侵犯植物新品种权专项行动

按照《国家林业和草原局办公室关于组织开展2020年打击制售假劣种苗和保护植物新品种权工作的通知》（办场字〔2020〕59号）要求，结合西藏自治区林木种苗市场现状，西藏自治区林业和草原局组织基层林草主管部门开展了打击违法销售假冒伪劣林木种苗和侵犯植物新品种权专项整治行动。通过散发宣传资料，建立林木种苗案件举报、处置、反馈快速通道等方式，对林木种苗进行重点宣传，普及打假知识，提高农牧民群众的维权意识。

3. 举办知识产权培训班

为提高农牧民及基层林业技术人员打击侵权和假冒伪劣种苗的法律意识，共举办2期培训班，重点培训育苗、管护、病虫害防治和苗圃地管理等相关技能。全面推广育苗、管理和栽培技术，提高了农牧民和基层林业技术人员对引进林木种苗的法律意识，通过对基层技术人员的强化培训，让大家有更多接受新知识的机会，切实提高了林业基层人员的业务素质。(西藏自治区林业和草原局)

陕西省林业知识产权

1. 组织保障能力有效提升

陕西省林业局印发了《2020年打击侵犯林业植物新品种权和制售假冒伪劣林草种苗工作要点》等文件，对全省涉林知识产权保护工作进行了统一部署。成立了省林业局知识产权保护协调领导小组，主管局领导任组长，法规科技处、种苗处、省种苗站、质检中心等有关单位为成员单位，领导小组办公室设在法规科技处。加强人员和经费保障，协调专职工作人员2名，落实保护经费10万元，选聘法律顾问，有效确保了知识产权保护工作扎实有序开展。

2. 宣传教育力度不断加大

陕西省林业局印发了《关于转发做好2020年打击侵权假冒宣传工作的通知》等文件，不断加大涉林知识产权保护宣传力度，利用“科技之春”宣传月、科技文化卫生“三下乡”、打击侵权假冒集中宣传月等主题活动，向种苗生产经营者和广大群众宣传《中华人民共和国种子法》《陕西省实施〈中华人民共和国种子法〉办法》等法律法规。举办植物新品种保护管理、林木种苗质量管理、林业行政执法等业务培训班，邀请国家林业和草原局新品办、西北农林科大等专家授课。同时组织参加省知识产权保护相关培训，累计受训人员2000多人次，人员队伍业务能力普遍提高。

3. 植物新品种权保护规范有序

陕西省林业局印发了《2020年陕西省打击侵犯林业植物新品种权专项行动实施方案》，进一步明确了植物新品种保护专项行动目标、任务和时间节点。印发了《关于进一步做好全省林业植物新品种权摸底调查等工作的通知》（陕林策便字〔2020〕51号），开展了植物新品种权调查摸底，并积极与国家林业和草原局新品办联系，掌握陕西省植物新品种家底。2020年未发现授权品种侵权假冒行为。

4. 涉林法规制度和信息公开不断完善

健全涉林法律法规制度，全年配合省人大完成了《陕西省实施〈中华人民共和国种子法〉办法》等地方法规3部，配合国家林业和草原局完成了《食用林产品质量安全监测工作规范（2020年版）》等规范制度2个，印发《陕西省林业局行政执法公示办法）》。加强涉林信用体系建设，全年共印发《关于进一步加强涉林信用体系建设有关工作的通知》等文件5个，上传公示“双随机、一公开”监管信息30条，目前“信用中国（陕西）”平台累计公示共享涉林信用信息2125条。加强两法衔接平台信息公示共享，全年不断加强涉林知识产权保护等方面信息的收集整理，累计报送双打案件统计信息12条，动态类信息48条，综合分析类信息4条，其中两法衔接平台审核发布10条。

5. 涉林知识产权保护执法规范开展

印发《陕西省林业局（大熊猫国家公园陕西省管理局）行政执法改革方案》（陕林策发〔2020〕68号）等文件，举办行政执法人员换证培训，全面加强知识产权保护等涉林行政执法队伍建设。目前全省植物新品种权保护等行政执法队伍基本完整。组织开展打击涉林侵权假冒工作，各级林业部门通过公布举报电话，开展宣传教育，跨部门（区域）执法协作，以及探索运用大数据、互联网等技术手段，不断强化涉林双打工作，全年查办涉林双打案件3件。（陕西省林业局）

甘肃省林业和草原知识产权

1. 加强组织领导，制定工作方案

甘肃省林业和草原局认真贯彻落实《国家知识产权战略》《甘肃省知识产权战略实施纲要》《中共甘肃省委办公厅 甘肃省人民政府办公厅关于进一步加强知识产权保护的实施意见》，年初召开专题会议研究制定年度工作计划，严格按照国家林业和草原局开展林业植物新品种行政执法专项行动要求，研究部署全省林草系统植物新品种行政执法工作，印发《关于开展2020年度全省林业和草原植物新品种行政执法保护专项行动的通知》，明确年度植物新品种工作目标、重点任务，确定了专门机构，具体联系人和联系电话，为开展全省林业植物新品种执法保护专项行动提供了保证。积极配合做好甘肃省知识产权保护状况白皮书编制工作。

2. 认真开展植物新品种行政执法权专项行动

组织全省林草系统扎实开展植物新品种行政执法专项行动。局直各单位严格按照2020年度全省林业和草原植物新品种行政执法保护专项行动的通知要求，开展植物新品种行政执法工作。甘肃省林木种苗管理局组织人员，前往全省主要林木种苗和花卉生产基地和销售市场，对生产销售假冒、伪劣的行为进行专项检查，及时查处违法行为。同时，向生产经营者发放宣传单，帮助和督促他们了解植物新品种权的知识和有关法律法规等，增强合法生产和经营林木种苗的法律意识。甘肃省小陇山林业实验局制定了《林业植物新品种保护执法专项行动工作方案》；甘肃莲花山国家级自然保护区管理局、甘肃太子山国家级自然保护区管理局和甘肃敦煌阳关国家级自然保护区管理局等单位开展了保护区内植物新品种专项执法行动和新品种权违法调查摸底工作，均未发现植物新品种侵权行为。组织开展植物新品种行政执法队伍调查摸底工作，截至2020年底，甘肃省有植物新品种保护执法人员1441人，其中：省级941人，市级25人，县区级475人。

3. 加强植物新品种权保护行政执法培训

甘肃省林业和草原局高度重视植物新品种行政执法和保护培训工作，全力支持并组织各地各单位开展培训。2020年7月，在张掖举办了“全省植物新品种保护和林草种苗行政执法质量监管培训班”。省林业和草原局和局直单位负责植物新品种行政执法和保护工作人员，先后参加了国家林业和草原局在北戴河举办的植物新品种保护培训班、在深圳市举办的知识产权保护与管理培训班。

4. 加强部门协作，突出打击行动成效

为使专项打击行动取得良好成效，在行动期间，甘肃省林草局加强与省打假办、省知识产权战略实施工作联席部门间的沟通协调，进一步完善行政执法与刑事司法衔接，落实有关制度规定，将打击侵犯植物新品种权专项行动与其他有关的专项活动有机结合，形成合力，有效打击侵犯植物新品种权行为。同时，及时将行政执法中查办的涉嫌构成犯罪的案件移送司法机关处理，防止以罚代刑。有效遏制侵权、假冒植物新品种违法行为，规范植物新品种交易市场，保护品种权人合法权益，激励创新，促进植物新品种培育，推动植物新品种保护事业健康发展。

5. 采取有效形式，广泛宣传专项行动

利用各种形式和途径，有效发挥“两法衔接”信息平台作用，及时发布开展打击侵犯林业植物新品种权违法行为专项行动的有关信息。省林业和草原局、市州林业和草原局充分利用门户网站、新闻媒体，对专项行动进行跟踪报道，形成打击植物新品种侵权、假冒行为的舆论氛围和高压态势，积极引导全社会尊重知识产权，合法使用植物新品种。充分利用“3·12”植树节、“3·15”消费者权益日、“4·26”世界知识产权日等重要时间节点，深入城乡接合部和农村等重点区域，广泛开展专项宣传和执法检查活动，加大知识产权法律法规、行政法规及配套规章制度的宣传力度，发放宣传材料4000余份。努力营造知法、学法和用法的良好氛围，增强群众法制观念，提高依法保护合法权益的能力。（甘肃省林业和草原局）

青海省林业和草原知识产权

1. 加强软件正版化工作

青海省林业和草原局高度重视软件正版化工作，成立了以局长为组长、分管局领导具体负责、局属各单位、各处室负责人为成员的软件正版化工作领导小组，下设领导小组办公室，由分管领导抓具体工作。明确了局属各单位、各处室负责人为本单位软件正版化工作第一责任人，并要求各单位确定一名工作人员负责本单位软件正版化工作的日常管理和维护，将工作责任层层落实到个人，保证了软件正版化工作有序推进。

强化措施，加强管理。新采购的电脑严格按照《青海省林业和草原局软件资产管理办法》规定，采购、安装正版操作系统和办公软件，由局办公室负责开展此项工作的监督和查处。各单位建立了软件资产相关管理制度及软件正版化工作档案，建立完善软件资产的工作流程和联动机制，局办公室加强与资产部门、财务部门、技术部门的分工合作，确保软件资产管理工作有效运行。各单位加强对使用正版软件的教育培训。教育干部职工不得随意、人为地破坏正版软件，凡出现人为破坏正版软件的行为，视情节轻重按有关规定处理，并追究其单位主要负责人责任。

强化监管，严防严控。利用网络行为管理技术手段，加强正版软件使用日常监管，禁止使用人员私自安装或卸载正版软件。对已安装正版操作系统、正版办公软件和杀毒软件的计算机，利用计算机技术逐台制作镜像备份，确保计算机在出故障时，快速恢复。

2. 开展打击侵犯植物新品种权专项行动

青海省林业和草原局精心组织、研究对策、制定印发了《打击侵犯知识产权和制售假冒伪劣商品工作实施方案》。按照统一领导、部门联合行动的总体要求，组织人员重点查处侵权、假冒植物新品种权和无证生产、无标签生产、对经营林木种苗等行业和领域进行打击专项行动，以种苗生产经营集中地和制售假冒伪劣种苗案件高发地为重点整治区域，加大行政执法力度，层层落实、不留死角、不留隐患，维护正常市场秩序。从 7 月开始，按实施方案要求及时间节点安排了执法工作，通过深入基层开展调查摸排侵权专项行动，重点检查了林业植物新品种使用，生产经营许可制度、标签制度、生产经营和使用档案制度、质量检验制度等落实情况。

3. 加强知识产权宣传培训

利用普法宣传日、发放宣传资料等方式向重点地区广大群众宣传《青海省人民政府办公厅关于新形势下加强打击侵犯知识产权和制售假冒伪劣商品工作的实施意见》《中华人民共和国种子法》《植物新品种保护条例》等法律法规，全年发放宣传资料 860 余份。举办培训班 1 次。多次走访基层，与基层林业行政执法人员、专业技术人员、林农召开座谈会 10 余次。各市（州）根据青海省林业和草原局要求，也相继开展了不同层次的培训班。通过宣传和培训，提升了全体执法及管理人员的服务能力和工作水平，也提高了消费者识辨真假的维权能力，同时进一步提高了公众法律意识，积极引导全社会尊重知识产权，合法使用植物新品种，形成打击侵犯植物新品种侵权、假冒行为的舆论氛围和高压态势。

4. 强化措施，打扶结合，建立健全长效机制

严格市场准入，利用网络媒体公布侵权举报电话。对检查中出现的问题要求企业认真整改，并对检查情况进行了通报。同时成立了帮扶小组，指导企业完善生产及检测条件、管理制度、产品检验记录等，从而提高了经营者的责任意识和质量管理水平。（青海省林业和草原局）

宁夏回族自治区林业和草原知识产权

1. 明确任务目标，落实责任分工

为进一步实施知识产权战略，提升林草知识产权保护水平，宁夏回族自治区林业和草原局召开专题会议研究部署“双打”执法工作，印发《宁夏林草知识产权保护工作实施方案》《自治区林业和草原局办公室关于做好2020年全区林木种苗行政执法和质量检查工作的通知》等文件，进一步强化林业执法人员对打击侵犯植物新品种权和制售假冒伪劣林木种苗工作重要性的认识，明确各任务牵头单位和具体实施单位的责任，细化工作分工，形成了一级抓一级、层层抓落实的工作局面。

2. 加强植物新品种保护工作

开展植物新品种权摸底统计和林木良种品种审定、良种备案工作，杜绝林木品种知识产权侵权事件发生，做好林草植物新品种监督管理工作。完善林草“互联网+监管”系统对接建设，录入监管对象（植物新品种权人）信息资料，全年对植物新品种权人开展了“双随机、一公开”行政检查1次，不断加强宁夏枸杞、文冠果新品种的知识产权保护。近年来，全区没有接到侵犯植物新品种权的相关举报，未曾出现侵犯和假冒植物新品种权等违法案件，全区植物新品种权得到有效保护。

3. 强化知识产权保护宣传培训

举办“2020年全区林木种质资源普查工作暨林木种苗质量管理培训班”，对150余名林木种苗管理人员进行培训，达到了全区林木种苗从业人员培训全覆盖，提高全区林木种苗质量监管从业人员的业务技能和知识产权保护意识。结合“3·12”植树节，积极开展“知识产权保护”“植物新品种保护”“种苗执法”宣传活动并累计发放相关宣传资料5000余份，引导社会公众自觉遵守林木种苗和植物新品种相关法律法规。

4. 加强林草植物新品种执法队伍建设

根据《国家林业和草原局科技发展中心关于调查植物新品种保护行政执法队伍建设情况的函》（林技执发〔2020〕4号）要求，对宁夏林草种苗及植物新品种行政执法队伍建设现状进行了摸底调查，确定县级林草部门打击侵犯植物新品种权及制售假劣种苗工作负责人。机构改革后，省级林草主管部门和地县级林草主管部门林草执法队伍相对较薄弱。目前，全区林草种苗及植物新品种行政执法人员（均为兼职）共有179人，持有执法证人员123人。执法经费从公用经费中列支（宁夏回族自治区林业和草原局）

新疆维吾尔自治区林业和草原知识产权

1. 完善知识产权政策体系

新疆维吾尔自治区林业和草原局研究制定了《自治区林业和草原局贯彻落实〈自治区党委办公厅 自治区人民政府办公厅关于强化知识产权保护的实施意见〉任务分工方案》（新林科字〔2020〕630号），明确自治区林草局系统各部门知识产权保护任务分工。下发《关于组织开展2020年打击制售假劣种苗和保护植物新品种权工作的通知》（新林办函〔2020〕375号），对年度打击制售假劣种苗和保护植物新品种权工作进行安排部署，并长期在自治区林业和草原局门户网站上公布打击制售假劣种苗和保护植物新品种权举报方式，动员社会力量参与监督，完善监督机制。修订印发了《林草种子生产经营许可随机抽查工作细则》（新林规〔2020〕1号），进一步加强了林草种子生产经营许可的事中事后监管，规范了随机抽查工作。

2. 加强知识产权保护和运用

加大种苗交易市场和电商平台管理力度，9月28日，以“云上花博 苗旅融合”为主题的第九届新疆苗木花卉博览会在呼图壁县举办，首次尝试“线上办会、线上参展”，通过“云展示”“云对接”“云洽谈”“云签约”等信息化技术手段，在线上展示新疆苗木花卉产业及旅游业发展情况，同时展示了新疆的区域、产业、市场、环境和经济等方面的优势。为新疆苗木花卉市场和企业搭建了一个寻求合作、宣传品牌、促进销售、加快发展的平台。全疆各地州市林草系统及种苗花卉代表2000余人在线上参加了本届苗博会，云上签约项目共5个，签约总金额达5.07亿元。对全区林业和草原植物新品种情况开展摸底调查，新疆现有‘天山祥云’‘天山霞光’‘新叶1号’‘天演98杨’‘天演99杨’‘天演2000杨’‘蟠枣’‘天瑞’等8个授权植物新品种。

3. 加大知识产权保护执法力度

2020年，新疆维吾尔自治区林业和草原局印发《关于开展2020年全区林草质量抽查工作的通知》（新林办函〔2020〕57号），委托自治区林草种质资源中心对巴州、昌吉州、塔城地区、阿勒泰地区4个地州14个县市的2020年春季造林苗木质量进行抽查，指导各地强化种源管理，并与造林工作做好衔接。委托自治区草原总站对伊犁州、巴州、塔城地区、阿勒泰地区、喀什地区和乌鲁木齐市6个地区（州、市）用于退牧还草、生态修复项目用种和草种企业生产经营的草种质量开展了质量抽查工作。2020年9月，在自治区林业和草原局法规改革处现场监督下，自治区林业和草原局国有林场和种苗管理处组织开展了“双随机抽查”现场抽签工作，共抽取6名执法人员和14个被检单位，并于当日完成网上公示。截至目前，未发生制售假劣种苗和植物新品种侵权违法案件。结合国家林业和草原局相关要求，对本区域内自治区、地区（州、市）、县（市）三级负责林草植物新品种行政执法队伍情况进行摸底调查，重点摸清执法机构、执法人员数量、经费规模等底数。

4. 加大知识产权宣传培训

12月19日，新疆维吾尔自治区林业和草原局以视频形式对全疆种苗行业和植物新品种权保护相关负责人和相关工作人员，开展了种苗行业管理、林草品种审（认）定、林草行政许可、林木种质资源及植物新品种保护等方面的培训。学习宣传植物新品种相关的法律法规，增强法律意识，合法使用林草植物新品种。（新疆维吾尔自治区林业和草原局）

中国吉林森林工业集团林业知识产权

1. 建立知识产权工作专项资金

吉林森工集团建立了知识产权工作专项资金，投入10万元，专门用于知识产权创造、运用、保护和管理各环节工作，切实保障知识产权工作有效运转。

2. 加强知识产权工作的宣传培训

组织开展了林草知识产权宣传周活动，宣传普及林草知识产权知识。充分发挥信息网络平台的作用，广泛宣传国家林业和草原局对林草知识产权工作的最新文件精神，推动知识产权工作。为提高科技管理人员和林业从业人员的业务素质，不断加强人才队伍建设，定期组织各层次业务培训、技术讲座。

3. 完善知识产权管理规章制度

制定了《中国吉林森林工业集团有限责任公司科技研发工作管理办法》和《中国吉林森林工业集团有限责任公司知识产权管理办法》，指导、鼓励集团所属企业积极开展科技创新和技术成果转化，为进一步推进集团知识产权工作提供了强有力的制度保障。同时，注重加强对档案的安全保管，实行专人管理，保证产品技术文件按时归档，防止知识产权泄密。（中国吉林森林工业集团）

长白山森工集团林业知识产权

1. 定期开展品牌续展工作

为推动集团所属各分子公司林特产品品牌化发展，将集团“美人松”牌商标授权白河林业分公司使用。经过对集团商标的定期监测，发现该商标将于 2020 年 5 月 21 日到期。为防止他人恶意抢注及保证该商标的正常使用，向国家知识产权局商标局递交了“美人松”牌商标的续展申请。2020 年 6 月，正式获批“美人松”牌商标的《续展注册证明》。“美人松”牌商标第 5 类、第 19 类、第 28 类、第 3 类、第 20 类、第 29 类、第 30 类续展注册有效期从 2020 年 6 月延续至 2031 年 6 月。

2. 知识产权成果获奖和转化应用

新元木业的“纳米 TiO_2 改性木器漆应用研究”“三层实木复合框架结构地板技术研究”，延边林业科学研究院的“朝鲜淫羊藿人工栽培技术研究”3 项成果被评为中国林业产业创新奖。延边林业科学研究院的“蓝靛果良种选育及区域化实验”“蚕蛹北冬虫夏草工厂化栽培技术”成果分别荣获吉林省科学技术三等奖。“蓝靛果忍冬无性选育及栽培技术研究”“东北红豆杉无性系选择技术研究”成果分别荣获吉林省林业科技进步二、三等奖。新元木业的“三层实木难燃地板技术研究”、延边兴林生物科技的“硬杂阔叶枝条林内制作蜜环菌栽培种及天麻林下栽培技术研究”、延边林业科学研究院的“蓝靛果良种选育及区域化实验”成果分别荣获延边州科学技术进步二、三等奖。延边林业科学研究院的“四种杜鹃人工栽培技术研究”成果转让给吉林市林业科学研究院使用，成果转让费 10 万元。（长白山森工集团）

中国龙江森林工业集团林业知识产权

1. 完善品牌梳理，推进制度建设

龙江森工集团积极组织对集团公司及权属单位现拥有的商标进行了梳理及备案，包括品牌及专利主要覆盖的市场范围、行业排名、管理模式、发展目标、荣誉称号等。为了加强集团知识产权工作及商标规范使用的管理，制定了《中国龙江森林工业集团有限公司商标管理办法》，对未来实施商标管理策略、提高品牌知名度、争创全国驰名商标打下坚实基础。制定了《中国龙江森林工业集团有限公司科技创新项目管理办法》，对提高集团公司核心竞争力、增强企业科技创新能力具有重要意义。

2. 全力推动软件正版化工作

2020 年，龙江森工集团按照黑龙江省版权局、黑龙江省国资委《关于推进省属出资企业软件正版化工作的通知》的要求，成立了森工集团推进软件正版化工作领导小组，由集团主要领导任领导小组组长，全面清查集团公司计算机资产，配置正版检测软件工具，制定正版软件采购计划，通过黑龙江省阳光采购平台公开采购了 400 套 Windows 专业版操作系统和 400 套 WPS office 专业版办公软件，随即安排逐一安装，要求每个人签署了《使用正版软件承诺书》，实现了集团公司本部软件全面正版化。

3. 积极开展培训工作，焕发品牌新活力

双鸭山林业局有限公司培育有东北王矿泉水品牌，该品牌于 1994 年注册并使用，曾被黑龙江省工商行政管理局评为“黑龙江省著名商标”。为更好开展品牌工作，2020 年度下半年公司邀请了双鸭山市工商行政管理局商标科和执法部门为全体员工讲解商标法有关知识和保护公司的产品以及商标权方面的知识。2020 年 9 月参加黑龙江省 2019—2020 年度重点商标保护名录推荐活动，并注册申请办理新增产品条码等业务，不断增强品牌影响力和竞争力，东北王牌锂型矿泉水由原来的年产量 3000t 增加到现在的年产量 6000t 左右。

4. 坚持质量导向，纵向深挖关键知识产权价值

桦南林业局大力发展紫苏产业，积极开展商标申报、专利申报、著作申报工作，经过两年多时间，于 2020 年 10 月，获得国家知识产权局颁发的“桦南紫苏”地理标志证明商标。

5. 加强市场交流，努力实现品牌价值最大化

林口林业局为打造“绿都林韵”“雪乡林韵”山葡萄酒品牌，在积极做好本地市场的前提下，又多次参加省内外各种葡萄酒博览会，先后参加了烟台国际葡萄酒博览会、成都糖酒会、天津（环渤海）国际葡萄酒展、中国义乌国际森林产品博览会、中国哈尔滨国际经济贸易洽谈会、济南秋季糖酒会等，并在烟台国际葡萄酒博览会上，获得“中国好红酒”的荣誉称号。

6. 借势新媒介，开创营销新格局

由于疫情导致线下销售停摆，直播带货时代正式开启，森林食品集团借助“直播”的强劲东风，“黑森”品牌再创发展新态势，开创森林食品集团营销全新格局。森林食品集团采取“内部融合、外部联合”的方式，对黑森旗舰店升级，开辟销售展示区、体验区、直播区和生态会客区，将黑森旗舰店打造成品牌展示体验区。同时，保持直播常态化，布局线上渠道，抓住品牌直播的下一站风口，实现“品效合一”。（中国龙江森林工业集团有限公司）

2020年林业和草原专利统计分析

专利分为发明专利、实用新型和外观设计3种类型。发明专利是指对产品、方法或者其改进所提出的新的技术方案。实用新型是指对产品的形状、构造或者其结合所提出的适于实用的新的技术方案。外观设计是指对产品的形状、图案或者其结合以及色彩与形状、图案的结合所作出的富有美感并适于工业应用的新设计。

一、林业相关专利分析

国家林业和草原局知识产权研究中心组织专家，研究整理形成了一批与林业相关的关键词和国际专利分类号，采用关键词与国际专利分类号相结合的方式检索数据，并进行数据整理，形成最终的林业相关专利数据。

1. 总量分析

2020年，国家知识产权局专利数据库公开的林业相关专利量91923件，年度专利量首次突破9万件，近3年的专利量都维持在8万件以上。十三五期间（2016—2020年）的林业相关专利共有376996件，同比增长176.49%。截至2020年底，林业相关专利公开量共计610813件（表5，图1）。

表 5　1985—2020 年林业相关专利公开量统计　　单位：件

年份	专利总量	发明专利	实用新型	外观设计
1985	8	6	1	1
1986	198	112	85	1
1987	396	195	191	10
1988	506	177	320	9
1989	619	229	366	24
1990	620	279	300	41
1991	752	250	442	60
1992	1130	322	731	77
1993	971	405	485	81
1994	1383	605	711	67
1995	1378	566	681	131
1996	1505	676	625	204
1997	1688	691	706	291
1998	1962	769	784	409
1999	2702	772	1336	594
2000	2791	872	1295	624
2001	3275	1134	1356	785
2002	3769	1246	1465	1058
2003	4755	1758	1621	1376
2004	4507	1856	1526	1125
2005	6506	3452	1808	1246
2006	7645	3388	2488	1769
2007	9560	4334	3052	2174
2008	11452	5322	3928	2202
2009	13739	6355	3968	3416
2010	13651	5466	3785	4400
2011	14232	7640	4776	1816
2012	18763	11449	6256	1058
2013	26453	14293	9636	2524
2014	31835	20065	9620	2150
2015	45066	27518	14199	3349
2016	52628	31086	18458	3084
2017	65260	40717	21337	3206
2018	86842	47113	35551	4178
2019	80343	39818	36847	3678
2020	91923	30633	56260	5030
合计	610813	311569	246996	52248

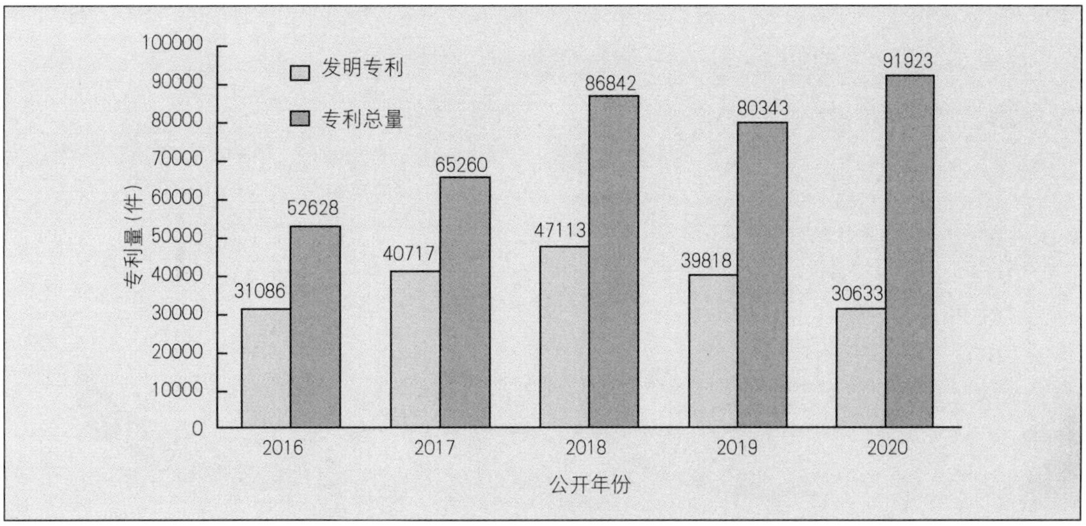

图 1　2016—2020 年林业相关专利公开量统计

2. 发展趋势分析

林业相关专利申请始于 1985 年。这一年我国刚刚开始实施专利法和建立专利制度。1985—1998 年林业专利技术发展十分缓慢，每年公开的林业相关专利量不超过 2000 件；1999—2011 年林业专利量平稳增长，每年公开的林业相关专利量从 1999 年的 2000 多件逐渐增长为 2010 年的 1 万多件；2012—2018 年期间，林业专利量迅猛增长，每年公开的林业专利量由 2012 年的 1 万多件攀升到 2018 年的 8 万多件；2018 年以来林业专利量趋于稳定，年度专利量维持在 8 万 ~9 万件（图 2）。

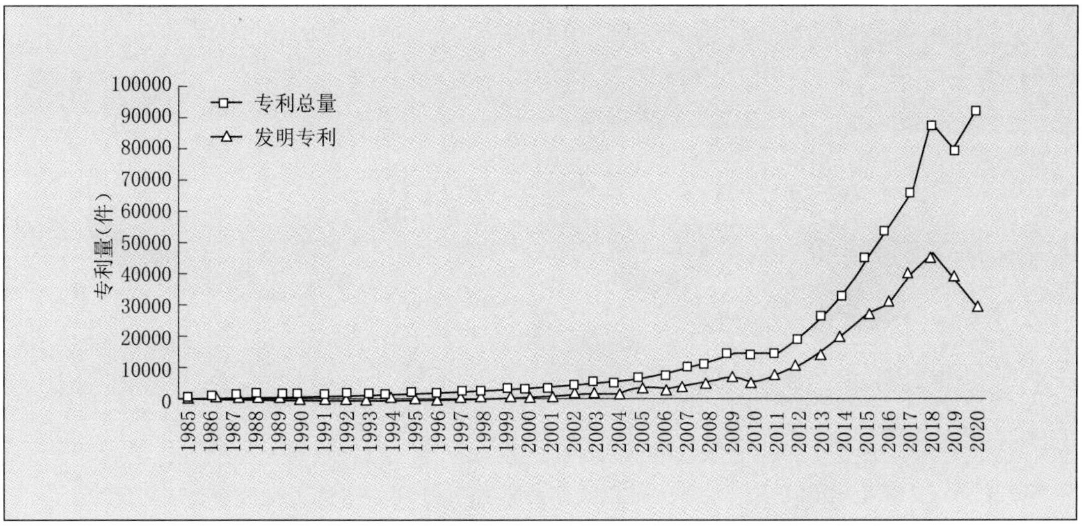

图 2　1985—2020 年林业相关专利量发展趋势

3. 专利类型分析

2020 年，林业相关专利共 91923 件，其中发明专利 30633 件（33.33%），实用新型专利 56260 件（61.20%），外观设计 5030 件（5.47%）。2011—2019 年林业相关专利中发明专利所占比重均保持在 50%~64%，2020 年尽管林业专利总量突破 9 万件，但专利增长主要来自实用新型专利，发明专利占比有所下降。截至 2020 年底，林业相关专利共 610813 件，其中发明专利 311569 件，占林业相关专利总量的 51.01%，实用新型

246996 件（40.44%），外观设计 52248 件（8.55%）（图 3）。十三五期间，林业发明专利的比重由十二五期间的 59.38% 下降至 50.23%。

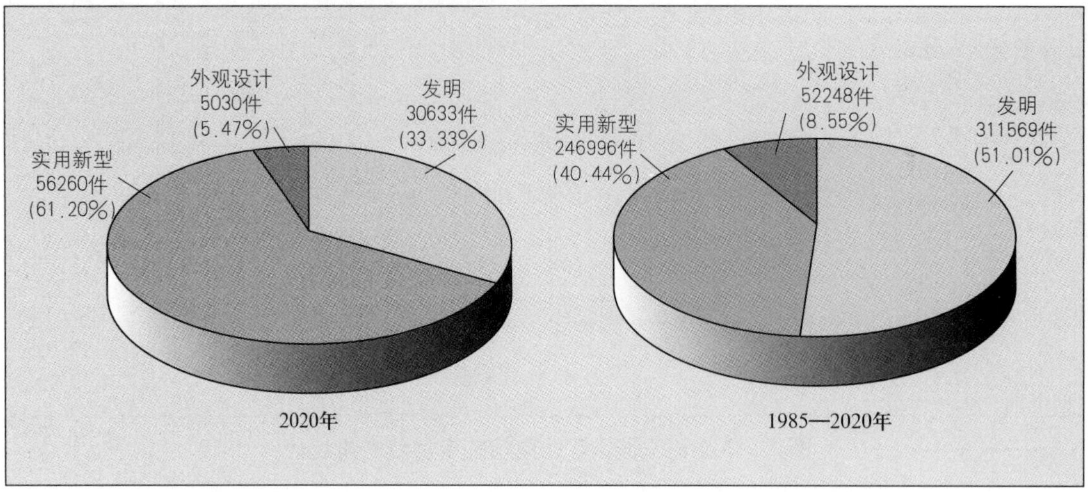

图 3　2020 年、1985—2020 年林业相关专利的专利类型统计

4. 申请人构成分析

林业专利的创造主体主要是企业。2020 年林业相关专利申请人中企业、高等院校和科研院所所占比重分别为 53.54%、17.59% 和 8.08%。截至 2020 年底，林业相关专利申请人中企业、高等院校和科研院所所占比重分别为 48.37%、16.66% 和 10.17%（图 4）。近年来高等院校的林业专利数量比重稳步提升，增长较快。

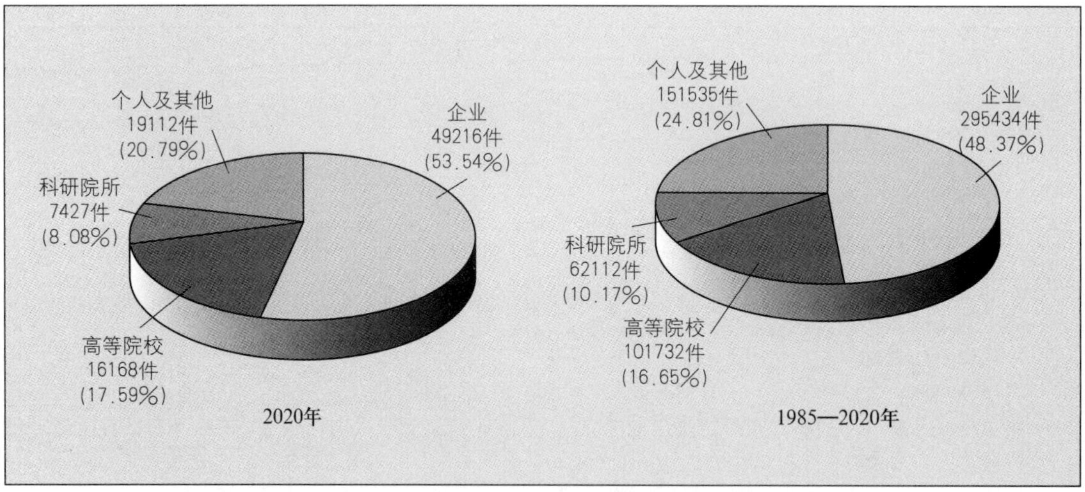

图 4　2020 年、1985—2020 年林业相关专利的申请人构成统计

5. 地域分析

对全国 31 个省（自治区、直辖市）的林业相关专利申请公开量的分析结果显示，2020 年各省（自治区、直辖市）公开的林业相关专利中，江苏的专利量最多，共 14569 件，其次是广东（8385 件）和浙江（8181 件），排名前 10 位的省（直辖市）还包括山东（5855 件）、福建（5422 件）、安徽（4366 件）、北京（3496 件）、河南（3470 件）、湖南（3261 件）、河北（2940 件）。截至 2020 年底，江苏和浙江的专利量遥遥领先，分别是 76842 件和 66950 件，其次是广东（48046 件）、安徽（38267 件）、山东（37545件）、福建（30400）、北京（29457件）、四川（21450件）、广西（21128件），均在2万件以上（表6）。

表6 1985—2020年全国各省（自治区、直辖市）的专利公开量统计 单位：件

排名	省（自治区、直辖市）	专利总量	公开年份				
			2016	2017	2018	2019	2020
1	江　苏	76842	6356	6818	10543	11964	14569
2	浙　江	66950	5592	6031	10885	7927	8181
3	广　东	48046	3063	4698	7342	6319	8385
4	安　徽	38267	5619	6553	6830	4121	4366
5	山　东	37545	3666	4036	4341	4590	5855
6	福　建	30400	3278	3413	4833	4044	5422
7	北　京	29457	2456	2683	3098	3332	3496
8	四　川	21450	1861	2607	3751	2923	2921
9	广　西	21128	2543	4264	3717	1971	1716
10	河　南	19794	1417	2588	3576	3105	3470
11	湖　南	18566	1328	1860	2309	2983	3261
12	黑龙江	17748	1698	2014	2005	2148	2566
13	陕　西	17661	1426	1882	2162	3010	2439
14	上　海	15059	966	1077	1327	1592	1911
15	湖　北	14624	1219	1559	2123	2267	2460
16	云　南	14057	1028	1565	2056	2433	2518
17	河　北	12725	766	1125	1742	1853	2940
18	辽　宁	11588	755	781	1124	1259	1554
19	江　西	11449	748	990	2229	2029	2872
20	天　津	11157	1151	1103	1578	1373	1391
21	贵　州	10762	896	1828	2348	1847	1434
22	重　庆	10696	1436	1657	1453	1392	1338
23	甘　肃	7372	673	777	1226	1335	1477
24	吉　林	6425	480	628	757	690	807
25	山　西	5684	390	518	749	759	921
26	新　疆	4946	461	597	599	510	577
27	宁　夏	3903	258	403	549	750	791
28	内蒙古	3124	193	226	430	434	675
29	海　南	1965	131	119	210	296	481
30	青　海	1644	134	167	238	286	332
31	西　藏	336	16	27	34	62	102

6. 林业重点领域专利分析

按森林培育、木材加工、林业机械、竹藤产业、木地板产业、林产化工和林业生物质能源7个主要领域对林业相关专利进行统计分析。2020年，森林培育领域专利公开量为11185件、木材加工13215件、林业机械8399件、竹藤产业6409件、木地板产业1354件、林产化工2478件、林业生物质能源1428件（表3，图5）。

截至2020年底，专利量最多的是森林培育和木材加工，分别为73040件和71790件，其次是竹藤产业（58311件）和林业机械（46737件）。7个林业重点领域中发明专利比重最高的是林产化工、林业生物质能源和森林培育，分别为71.80%、62.80%和61.34%，其次是木材加工（43.75%）、林业机械（42.93%）、竹藤产业（38.57%）和木地板产业（29.80%）（表7，图5）。

表7　1985—2020年林业重点领域专利公开量统计　　单位：件

领域分类	专利总量				2020年专利量			
	发明专利	实用新型	外观设计	合计	发明专利	实用新型	外观设计	合计
森林培育	44803	27326	911	73040	4099	6915	171	11185
木材加工	31408	40345	37	71790	3983	9223	9	13215
林业机械	20066	26558	113	46737	2605	5774	20	8399
竹藤产业	22489	17731	18091	58311	1992	2739	1678	6409
木地板产业	4046	6787	2744	13577	380	919	55	1354
林产化工	15751	5936	250	21937	1361	1097	20	2478
林业生物质能源	7792	4538	78	12408	590	831	7	1428

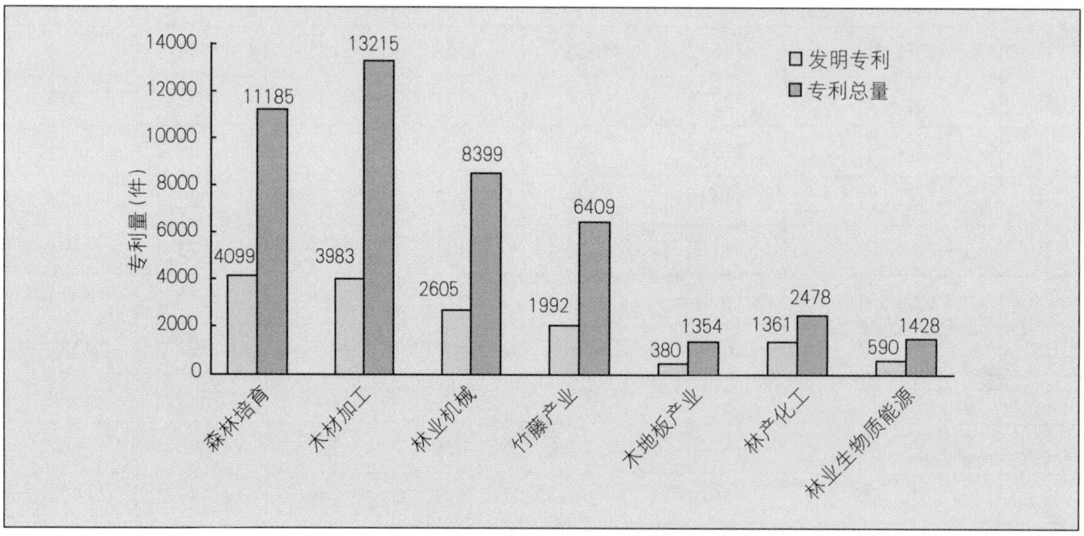

图5　2020年林业重点领域专利公开量统计

二、林业科研院所和高等院校专利分析

本报告中的林业科研院所是指林业系统的科研机构，主要包括国家、省（自治区、直辖市）、市、县4级林业科研和开发机构，不包括各类农林科学院。林业高等院校包括各类林业高校和农林高校。专利分析包括林业高校和农林高校的所有专利的原因主要是由于许多农林高校，如西北农林科技大学、浙江农林科技大学等农林高校的前身

均为林业高校，因此学校拥有大量的林业领域专利。此外，许多林业高校的专业越来越趋于综合化，也拥有大量其他领域专利，为了保证专利数据的客观性，本报告对林业高校和农林高校的所有专利进行了统计分析。

1. 总量分析

2020 年，全国林业科研院所的专利公开量为 1613 件，其中发明专利公开量为 757 件，占其专利公开总量 46.93%；林业高等院校的专利公开量为 9179 件，其中发明专利 2690 件，占其专利公开总量的 29.31%。截至 2020 年底，林业科研院所的专利公开量共计 11539 件，其中发明专利公开量 7900 件，占其专利公开总量的 68.46%；林业高等院校的专利公开量共计 48300 件，其中发明专利公开量 25436 件，占其专利公开总量的 52.66%（表 8，图 6）。

表 8　1985—2020 年林业科研院所和高等院校的专利公开量统计　　单位：件

公开年份	科研院所				高等院校			
	发明专利	实用新型	外观设计	合计	发明专利	实用新型	外观设计	合计
1985	1	0	0	1	0	0	0	0
1986	9	5	0	14	1	1	0	2
1987	12	8	0	20	3	5	0	8
1988	9	12	0	21	6	2	0	8
1989	11	7	0	18	3	9	0	12
1990	13	13	0	26	6	4	0	10
1991	14	6	2	22	3	11	0	14
1992	12	22	1	35	13	8	0	21
1993	9	5	0	14	10	8	0	18
1994	11	9	0	20	3	7	0	10
1995	14	7	1	22	6	6	0	12
1996	10	6	3	19	8	11	0	19
1997	10	10	1	21	6	6	0	12
1998	11	3	0	14	9	10	0	19
1999	9	11	0	20	5	10	0	15
2000	5	14	0	19	12	14	0	26
2001	12	18	0	30	12	21	0	33
2002	9	1	0	10	21	14	0	35
2003	24	17	1	42	49	18	0	67
2004	31	17	3	51	58	22	0	80
2005	41	12	4	57	161	33	0	194
2006	66	17	1	84	194	39	0	233
2007	106	13	1	120	305	31	2	338
2008	172	56	1	229	440	63	55	558
2009	200	62	0	262	569	102	48	719

（续）

公开年份	科研院所				高等院校			
	发明专利	实用新型	外观设计	合计	发明专利	实用新型	外观设计	合计
2010	197	68	11	276	685	164	22	871
2011	280	101	3	384	845	382	82	1309
2012	396	96	7	499	1328	485	298	2111
2013	451	128	10	589	1476	882	445	2803
2014	561	136	2	699	1813	692	343	2848
2015	699	215	13	927	2050	921	363	3334
2016	672	285	16	973	2234	1121	227	3582
2017	966	304	12	1282	2794	1400	388	4582
2018	944	483	23	1450	3318	2287	816	6421
2019	1156	448	52	1656	4300	3689	808	8797
2020	757	799	57	1613	2690	5654	835	9179
合计	7900	3414	225	11539	25436	18132	4732	48300

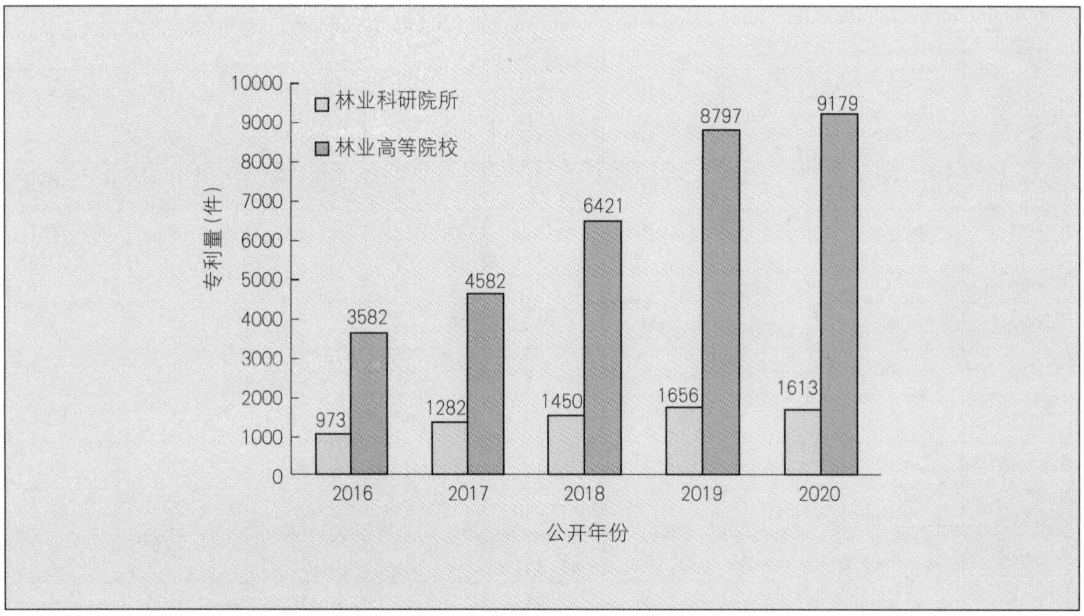

图 6　2016—2020 年林业科研院所和高等院校专利公开量统计

2. 发展趋势分析

林业科研院所和高等院校的专利发展趋势可以划分为 3 个阶段，第一阶段为 1985—2003 年，每年的专利量不足 100 件，增长十分缓慢；第二阶段为 2004—2010 年，每年专利量 200~1000 件，增长较为迅速；第三阶段为 2011—2020 年，专利量迅猛增长，由 2011 年的 1500 多件增至 2020 年 1 万多件。自 2011 年以来，林业高等院校的专利增长速度明显超过了林业科研院所，二者专利量之间的差距逐步拉大（图 7）。

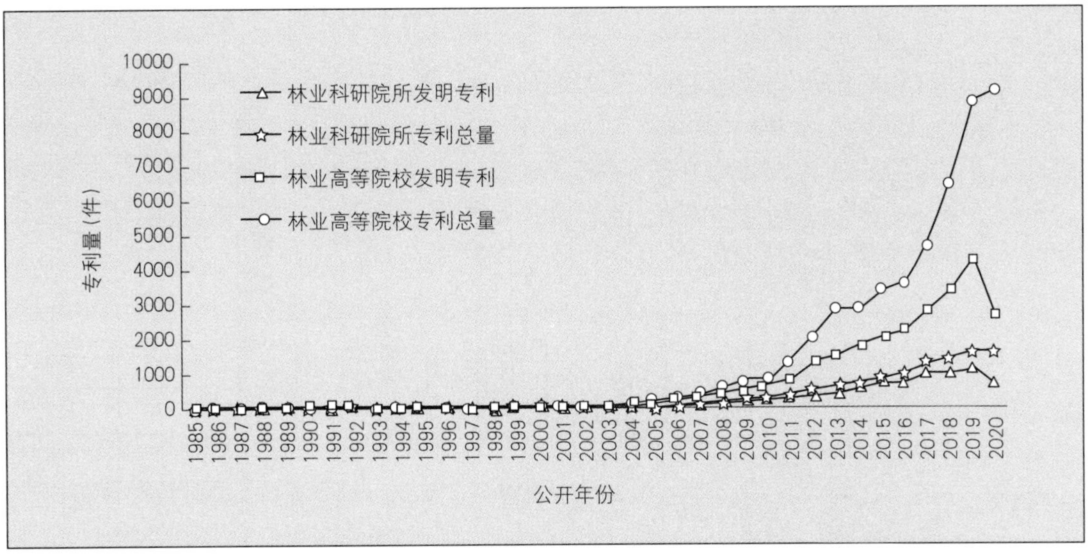

图 7　1985—2020 年林业科研院所和高等院校的专利公开量发展趋势

3. 发明专利授权情况分析

2020 年，林业科研院所发明专利授权共计 433 件，林业高等院校发明专利授权共计 1282 件。

截至 2020 年底，林业科研院所共获得发明专利授权 3268 件，占林业科研院所发明专利申请总量的 41.37%；林业高等院校共获得发明专利授权 9747 件，占林业高等院校发明专利申请总量的 38.32%（表 9，图 8，图 9）。

表 9　1985—2020 年林业科研院所和高等院校的发明专利授权量统计　　单位：件

授权年份	科研院所	高等院校	授权年份	科研院所	高等院校
1985	1	0	2003	8	6
1986	0	0	2004	11	25
1987	2	1	2005	13	38
1988	3	1	2006	26	60
1989	9	2	2007	39	85
1990	4	2	2008	32	114
1991	5	1	2009	75	188
1992	9	2	2010	105	266
1993	4	2	2011	160	465
1994	2	6	2012	181	636
1995	4	3	2013	234	688
1996	2	3	2014	239	709
1997	1	1	2015	296	917
1998	2	1	2016	324	1075
1999	4	5	2017	390	1047
2000	3	3	2018	341	1027
2001	5	6	2019	297	1076
2002	4	4	2020	433	1282
			合计	3268	9747

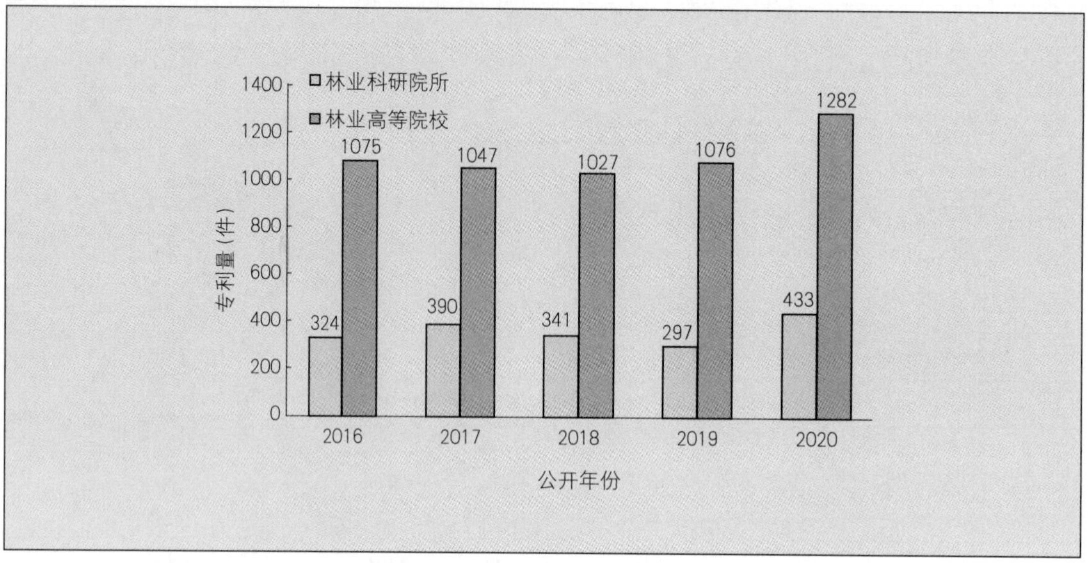

图 8　2016—2020 年林业科研院所和高等院校发明专利授权量统计

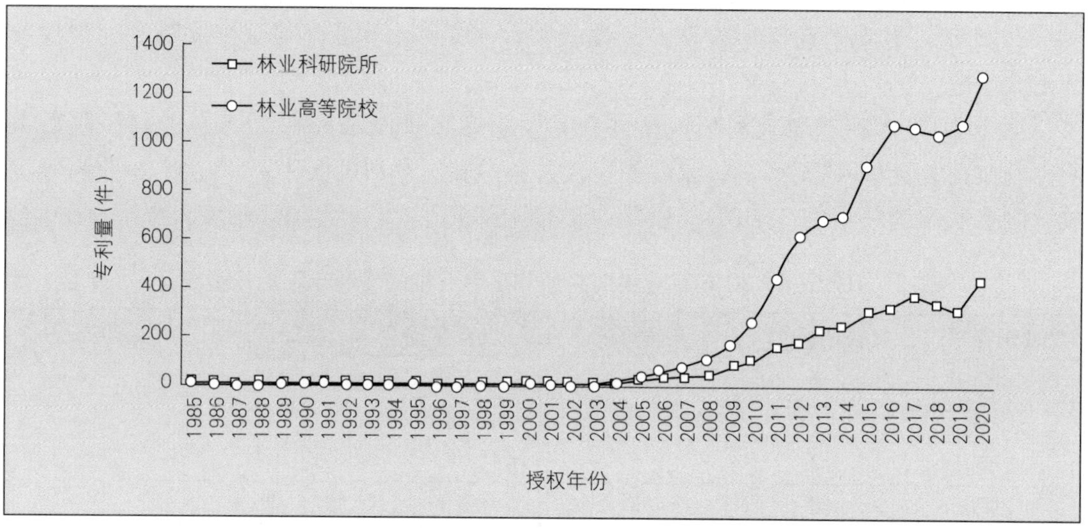

图 9　1985—2020 年林业科研院所和高等院校授权发明专利发展趋势

三、草原相关专利分析

国家林业和草原局知识产权研究中心组织专家，研究整理形成了一批与草原相关的关键词和国际专利分类号，采用关键词与国际专利分类号相结合的方式检索数据，并进行数据清洗和整理，形成最终的草原相关专利数据。

1. 总量分析

2020 年，国家知识产权局专利数据库公开的草原相关专利量 11704 件，近 3 的专利量都维持在 1 万件以上。十三五期间（2016—2020 年）的草原相关专利共有 51171 件，同比增长 113.25%。截至 2020 年底，草原相关专利公开量共计 88757 件（表 10，图 10）。

表 10　1985—2020 年草原相关专利公开量统计　　单位：件

年份	专利总量	发明专利	实用新型	外观设计
1986	37	31	6	0
1987	75	60	14	1
1988	72	47	25	0
1989	77	57	19	1
1990	86	61	22	3
1991	109	71	37	1
1992	134	86	45	3
1993	149	100	37	12
1994	166	136	28	2
1995	169	110	46	13
1996	181	125	44	12
1997	244	188	48	8
1998	277	214	51	12
1999	321	203	106	12
2000	325	210	82	33
2001	447	288	119	40
2002	518	307	148	63
2003	622	362	183	77
2004	636	370	163	103
2005	955	670	185	100
2006	1237	705	294	238
2007	1181	703	308	170
2008	1339	758	332	249
2009	1826	1087	370	369
2010	2407	1380	564	463
2011	2633	1653	571	409
2012	3881	2520	762	599
2013	4630	2777	1140	713
2014	5565	3828	1187	550
2015	7287	4866	1884	537
2016	7814	5278	2174	362
2017	9646	6832	2449	365
2018	11926	7267	4133	526
2019	10081	5766	3814	501
2020	11704	4737	5705	1262
合计	88757	53853	27095	7809

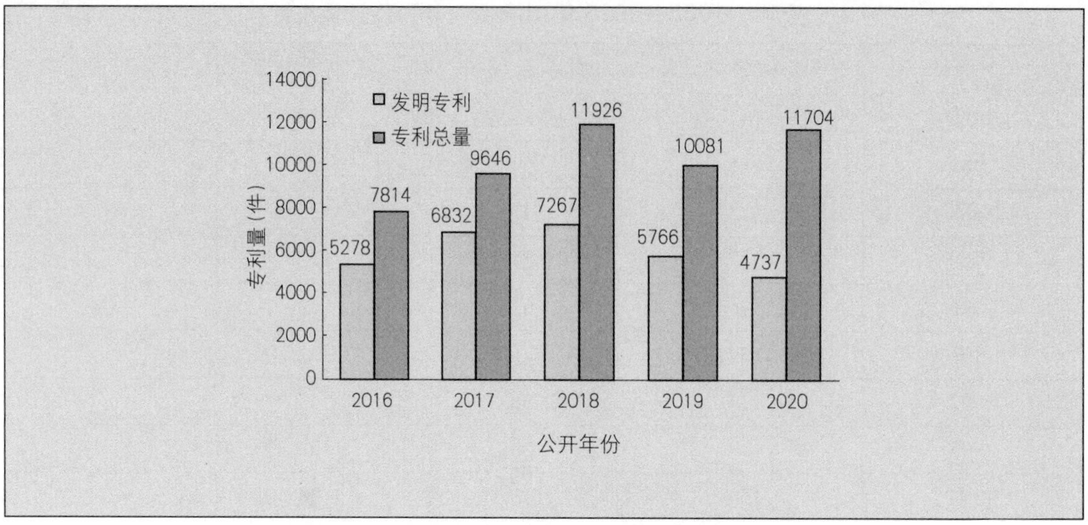

图 10　2015—2020 年草原相关专利公开量统计

2. 发展趋势分析

1986—2004 年草原专利技术发展十分缓慢，每年公开的草原相关专利量不超过 700 件；2005—2011 年草原专利量平稳增长，每年公开的草原相关专利量从 2005 年的 900 多件逐渐增长为 2011 年的 2000 多件；2012—2018 年期间，草原专利量迅猛增长，每年公开的草原专利量由 2012 年的 1000 多件攀升到 2018 年的 1 万多件；近 3 年来草原专利量趋于稳定，每年仍保持在 1 万件左右（图 11）。

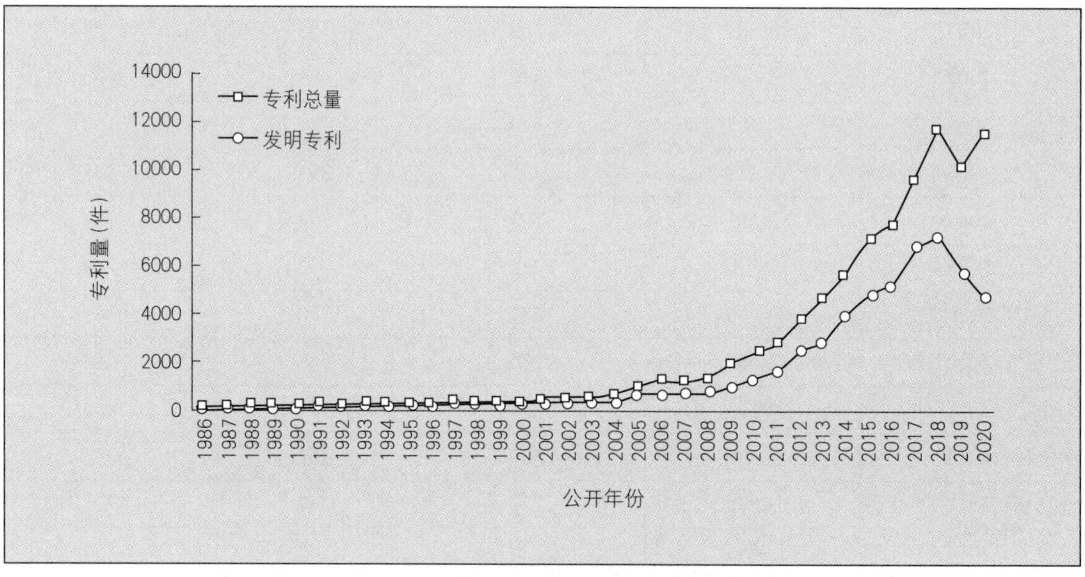

图 11　1985—2020 年草原相关专利量发展趋势

3. 专利类型分析

2020 年，草原相关专利共 11704 件，其中发明专利 4737 件（40.47%），实用新型专利 5705 件（48.75%），外观设计 1262 件（10.78%）。截至 2020 年底，草原相关专利共 88757 件，其中发明专利 53853 件，占草原相关专利总量的 60.67%，实用新型 27095 件（30.53%），外观设计 7809 件（8.80%）（图 12）。

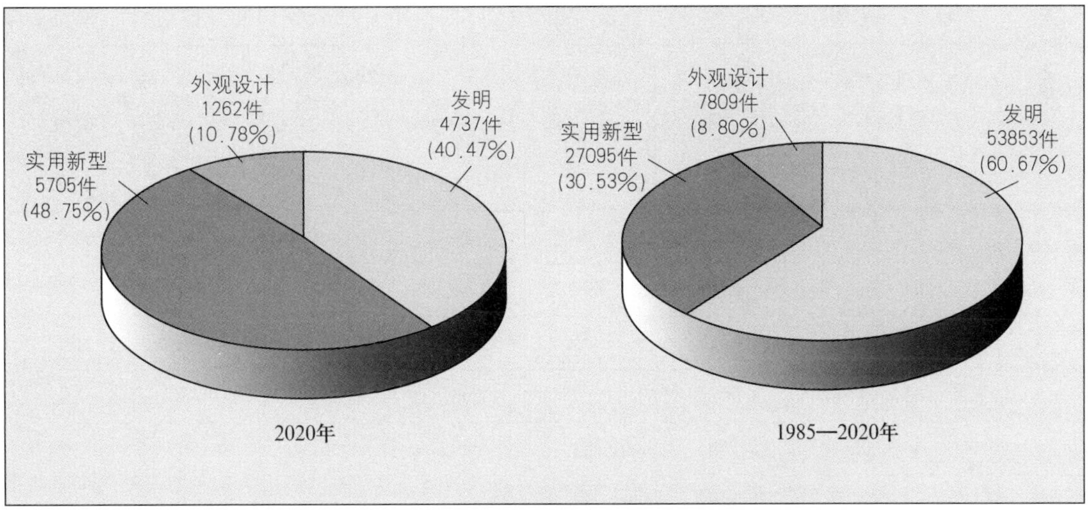

图 12　2020 年、1985—2020 年草原相关专利的专利类型统计

4. 申请人构成分析

草原专利的创造主体主要是企业。2020 年草原相关专利申请人中企业、高等院校和科研院所所占比重分别为 56.90%、10.34% 和 14.29%。截至 2020 年底，草原相关专利申请人中企业、高等院校和科研院所所占比重分别 50.59%、10.77% 和 7.75%（图 13）。

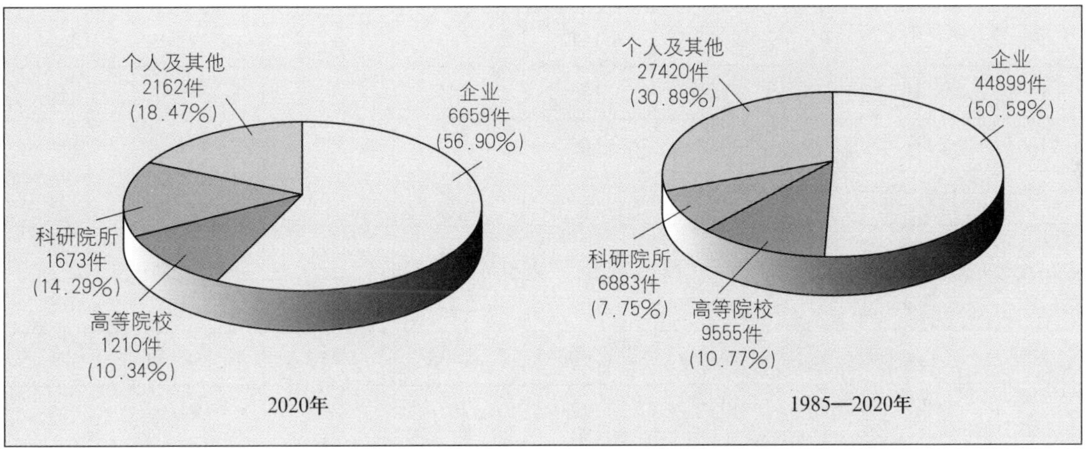

图 13　2020 年、1985—2020 年草原相关专利的申请人构成统计

5. 地域分析

对全国 31 个省（自治区、直辖市）的草原相关专利申请公开量的分析结果显示，2020 年各省（自治区、直辖市）公开的草原相关专利中，江苏的专利量最多，共 1752 件，其次是浙江（1285 件）和广东（1090 件），排名前 10 位的省（自治区、直辖市）还包括山东（780 件）、安徽（602 件）、河南（456 件）、福建（422 件）、北京（394 件）、河北（356 件）、内蒙古（330 件）。截至 2020 年底，江苏的专利量最多，共 14058 件，其次是浙江（9626 件），此外山东、广东、安徽、北京、河南的草原专利公开量也较多，均在 3000 以上（表 11）。（马文君）

表 11 1985—2020 年全国各省（自治区、直辖市）草原专利公开量统计 单位：件

排名	省（自治区、直辖市）	专利总量	公开年份				
			2016	2017	2018	2019	2020
1	江 苏	14058	1246	1545	1649	1476	1752
2	浙 江	9626	740	960	1344	1040	1285
3	山 东	6598	672	665	783	732	780
4	广 东	6238	455	728	1033	736	1090
5	安 徽	5521	752	1066	1092	587	602
6	北 京	3506	301	293	361	379	394
7	河 南	3002	211	307	455	421	456
8	福 建	2741	357	375	457	283	422
9	广 西	2625	412	511	385	209	176
10	四 川	2599	238	258	421	318	323
11	湖 南	2207	151	223	288	385	322
12	湖 北	2114	147	219	414	321	284
13	黑龙江	2019	295	261	165	176	231
14	上 海	2017	157	150	170	191	269
15	甘 肃	1823	146	185	359	343	318
16	辽 宁	1781	106	97	229	159	157
17	内蒙古	1753	124	182	248	214	330
18	天 津	1600	164	204	181	190	164
19	河 北	1565	106	122	187	231	356
20	陕 西	1463	90	143	210	206	174
21	贵 州	1370	112	187	237	191	190
22	云 南	1233	82	121	164	156	278
23	江 西	1158	90	111	202	202	252
24	新 疆	942	96	101	98	98	118
25	吉 林	748	44	72	89	97	93
26	山 西	616	42	39	92	93	108
27	重 庆	468	201	193	197	158	150
28	宁 夏	466	26	69	80	73	115
29	青 海	371	15	16	56	83	124
30	海 南	277	21	29	14	44	74
31	西 藏	134	2	8	28	36	44

2020 年林业植物新品种统计分析

植物新品种是指经过人工培育或者对发现的野生植物加以开发，具有新颖性、特异性、一致性和稳定性并适当命名的植物品种。

一、总量分析

2020 年国家林业和草原局植物新品种保护办公室共受理植物新品种权申请 1047 件，授予植物新品种权 441 件。截至 2020 年底，国家林业和草原局已受理国内外植物新品种申请 5566 件，授予植物新品种权 2643 件。自 2012 年以来，林业植物新品种的年度授权量一直保持在 150 件以上，2018 年林业植物新品种的年度授权量首次突破 400 件。

“十三五”期间（2016—2020 年）林业植物新品种的申请量和授权量分别达到 3778 件和 1640 件，比“十二五”增长 254.74% 和 140.12%（表 12，图 14）。

表 12　1999—2020 年林业植物新品种申请量和授权量统计　　单位：件

年度	申请量			授权量		
	国内申请人	国外申请人	合计	国内品种权人	国外品种权人	合计
1999	181	1	182	6	0	6
2000	7	4	11	18	5	23
2001	8	2	10	19	0	19
2002	13	4	17	1	0	1
2003	14	35	49	7	0	7
2004	17	19	36	16	0	16
2005	41	32	73	19	22	41
2006	22	29	51	8	0	8
2007	35	26	61	33	45	78
2008	57	20	77	35	5	40
2009	62	5	67	42	13	55
2010	85	4	89	26	0	26
2011	123	16	139	11	0	11
2012	196	26	222	169	0	169
2013	169	8	177	115	43	158
2014	243	11	254	150	19	169
2015	208	65	273	164	12	176
2016	328	72	400	178	17	195
2017	516	107	623	153	7	160
2018	720	186	906	359	46	405
2019	656	146	802	351	88	439
2020	897	150	1047	332	109	441
合计	4598	968	5566	2212	431	2643

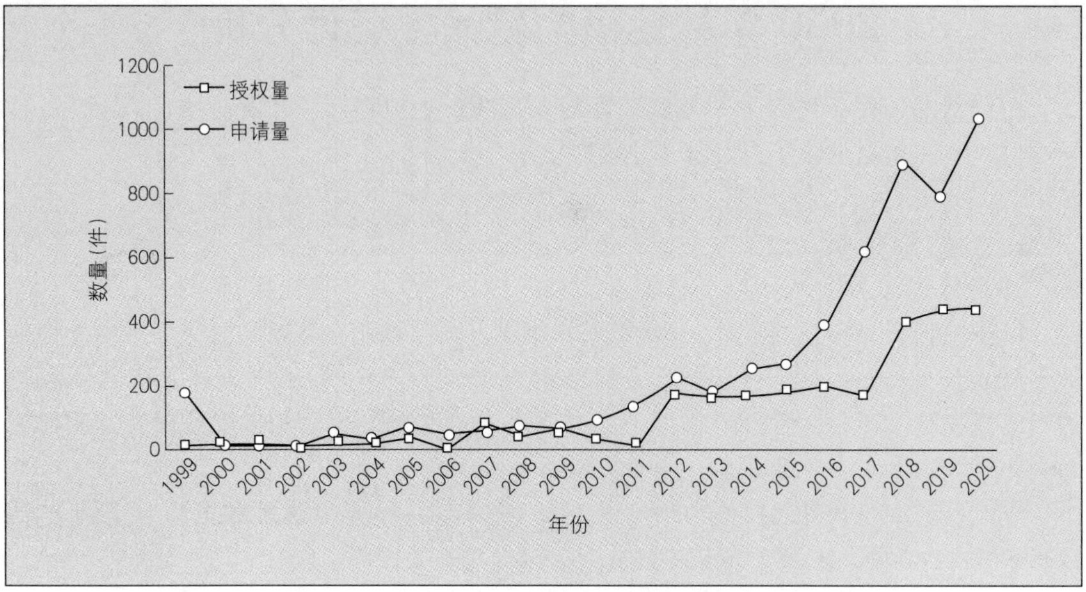

图 14　1999—2020 年林业植物新品种申请量和授权量变化趋势

二、授权品种分析

1. 植物类别分析

林业授权植物新品种的植物类别以木本观赏植物为主，2020 年，林业授权植物新品种中，观赏植物 257 件，占年度授权总量的 58.28%，其次是林木 89 件（20.18%）、经济林 77 件（17.46%）、竹 1 件（0.23%）。截至 2020 年底，在林业授权植物新品种中观赏植物 1679 件，占总量的 63.53%，其次是林木 472 件（17.86%）、经济林 397 件（15.02%）（表 13，图 15）。

表 13　1999—2020 年林业授权植物新品种中不同植物类别的授权量统计　单位：件

年份	林木	经济林	观赏植物	竹	木质藤本	其他	合计
1999	6	0	0	0	0	0	6
2000	3	0	20	0	0	0	23
2001	2	2	14	0	0	1	19
2002	0	1	0	0	0	0	1
2003	6	1	0	0	0	0	7
2004	6	4	5	0	0	1	16
2005	3	1	34	0	0	3	41
2006	5	0	3	0	0	0	8
2007	7	1	70	0	0	0	78
2008	10	6	19	1	0	4	40
2009	14	1	39	0	0	1	55
2010	10	6	10	0	0	0	26

（续）

年份	林木	经济林	观赏植物	竹	木质藤本	其他	合计
2011	2	1	5	0	0	3	11
2012	27	20	113	0	2	7	169
2013	34	9	114	1	0	0	158
2014	24	13	121	1	0	10	169
2015	31	28	106	1	2	8	176
2016	44	40	104	2	3	2	195
2017	18	17	120	1	1	3	160
2018	62	99	238	2	3	1	405
2019	69	70	287	1	0	12	439
2020	89	77	257	1	0	17	441
合计	472	397	1679	11	11	73	2643

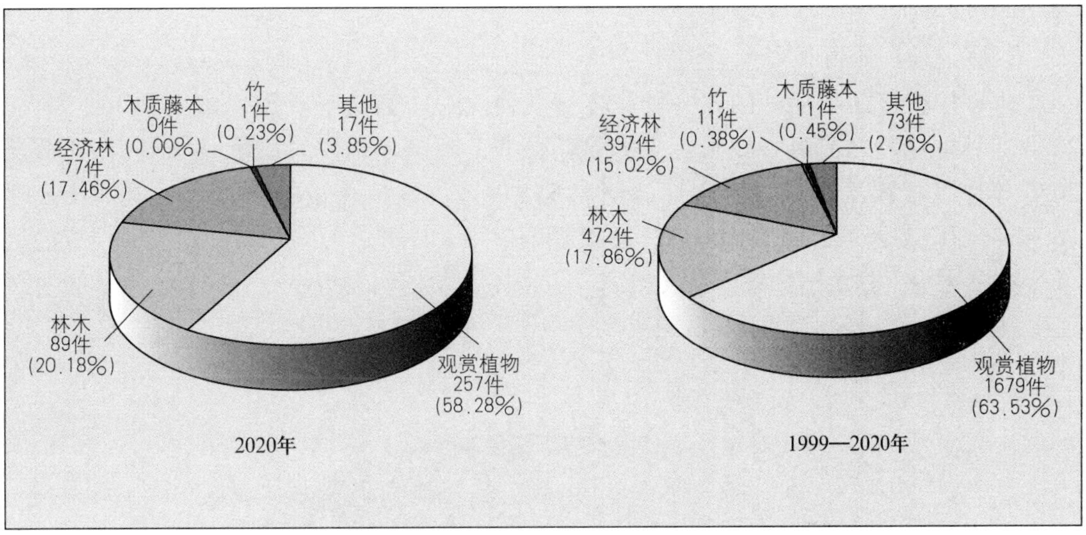

图 15　2020 年、1999—2020 年林业授权植物新品种的不同植物类别统计

2. 申请国家分析

2020 年，国内申请人获得林业植物新品种权 332 件，占年度授权总量的 75.28%，授权品种以蔷薇属、紫薇、杨属、桂花、越橘属为主；在国外申请人中，有 8 个国家的品种权人获得林业植物新品种授权 109 件，占年度授权总量的 24.72%，授权品种以蔷薇属为主，其次是越橘属。截至 2020 年底，国内申请人获得林业植物新品种权 2212 件，占授权总量的 83.69%，授权品种以蔷薇属、杨属、山茶属、杜鹃属为主，其次是紫薇和芍药属；国外共有 11 个国家的品种权人在中国获得林业植物新品种权 431 件，占授权总量的 16.31%，授权品种以蔷薇属为主，其次是越橘属、大戟属和悬钩子属，授权量最多的国家是荷兰，共 132 件，其次是德国（69 件）、法国（64 件）、美国（59 件）、英国（37 件）、丹麦（32 件）、澳大利亚（21 件）（表 14）。

表 14　1999—2020 年林业授权植物新品种中各国的授权量统计　　单位：件

排名	国家	1999—2020年授权总量	2020年授权量	主要植物属种
1	中国	2212	332	蔷薇属、杨属、山茶属、杜鹃属
2	荷兰	132	31	蔷薇属
3	德国	69	5	蔷薇属、大戟属
4	法国	64	18	蔷薇属
4	美国	59	20	越橘属、悬钩子属、大戟属、槭属
6	英国	37	3	蔷薇属
7	丹麦	32	9	蔷薇属
8	澳大利亚	21	20	越橘属、大戟属
9	比利时	6	0	杜鹃属
10	日本	6	3	杜鹃属
11	意大利	4	0	蔷薇属
12	新西兰	1	0	蔷薇属
合计		2643	441	

3. 属（种）分析

林业授权植物新品种的属（种）以蔷薇属为主，其次是杨属、山茶属、杜鹃属。2020 年林业植物新品种授权量最多的是蔷薇属，其次是越橘属和紫薇（图 16）。截至 2020 年底，授权量最多的依次是蔷薇属 552 件，占授权总量的 20.89%，杨属 168 件（6.36%）、山茶属 125 件（4.73%）、杜鹃属 117 件（4.43%）。国外品种权人的授权品种以蔷薇属为主，其次是越橘属和大戟属，主要是观赏植物（表 15，图 17）。

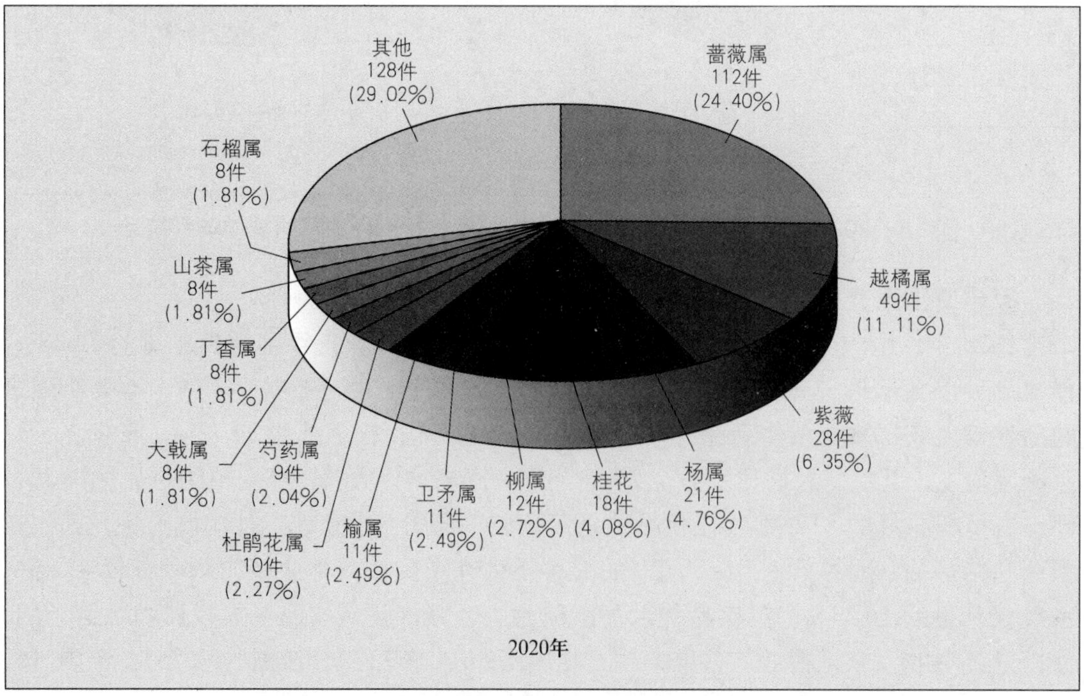

图 16　2020 年林业授权植物新品种的属（种）统计

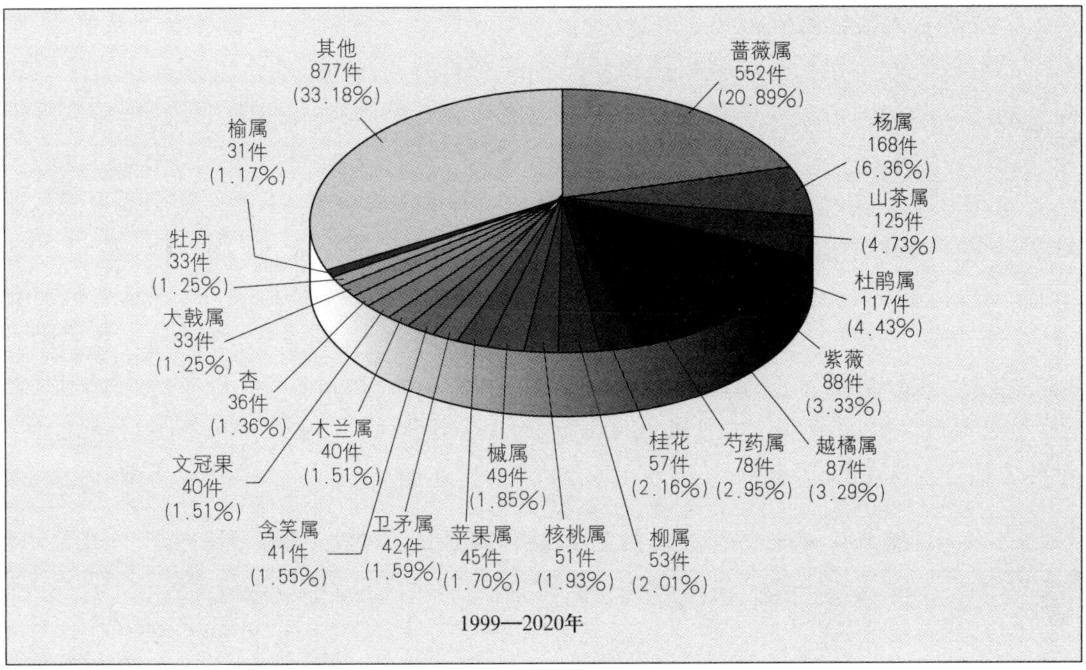

图 17　1999—2020 年林业授权植物新品种的属（种）统计

表 15　1999—2020 年各国授权品种的属（种）授权量统计　　单位：件

属（种）	1999—2020年授权总量												
	中国	荷兰	德国	法国	美国	英国	丹麦	澳大利亚	比利时	日本	意大利	新西兰	合计
蔷薇属	238	124	54	64	0	33	32	2	0	0	4	1	552
杨属	168	0	0	0	0	0	0	0	0	0	0	0	168
山茶属	125	0	0	0	0	0	0	0	0	0	0	0	125
杜鹃属	108	0	0	0	0	0	0	0	6	3	0	0	117
紫薇	88	0	0	0	0	0	0	0	0	0	0	0	88
越橘属	48	0	0	0	26	0	0	13	0	0	0	0	87
芍药属	78	0	0	0	0	0	0	0	0	0	0	0	78
桂花	57	0	0	0	0	0	0	0	0	0	0	0	57
柳属	53	0	0	0	0	0	0	0	0	0	0	0	53
核桃属	51	0	0	0	0	0	0	0	0	0	0	0	51
槭属	45	0	0	0	4	0	0	0	0	0	0	0	49
苹果属	45	0	0	0	0	0	0	0	0	0	0	0	45
卫矛属	42	0	0	0	0	0	0	0	0	0	0	0	42
含笑属	41	0	0	0	0	0	0	0	0	0	0	0	41
木兰属	40	0	0	0	0	0	0	0	0	0	0	0	40
文冠果	40	0	0	0	0	0	0	0	0	0	0	0	40
杏	34	0	0	0	2	0	0	0	0	0	0	0	36
大戟属	3	2	15	0	7	0	0	6	0	0	0	0	33
牡丹	33	0	0	0	0	0	0	0	0	0	0	0	33
榆属	31	0	0	0	0	0	0	0	0	0	0	0	31
其他	844	6	0	0	20	4	0	0	0	3	0	0	877
合计	2212	132	69	64	59	37	32	21	6	6	4	1	2643

4. 品种权人授权量分析

品种权人分析包括每件授权植物新品种的所有共同品种权人，并对品种权人（机构）的不同写法、历史变迁和异名进行了规范化加工整理，以保持统计数据的完整性和准确性。

2020 年林业植物新品种授权量最多的是北京林业大学，共 31 件，其次是中国林业科学研究院（27 件）；排名前 18 的品种权人中有 6 家外国企业，占比 1/3。截至 2020 年底，林业植物新品种授权总量最多的是北京林业大学，共 194 件，其次是中国林业科学研究院（176 件）和山东省林业科学研究院（114 件）；排名前 15 的品种权人中有 3 家外国企业，分别是迪瑞特知识产权公司（De Ruiter Intellectual Property B.V.）（56 件）、法国玫兰国际有限公司（Meilland International S. A）（39 件）和德国科德斯月季育种公司（W. Korder'Sohne）（32 件）（表 16）。

表 16　1999—2020 年林业授权植物品种的品种权人授权量统计　　单位：件

序号	1999—2020年授权总量		序号	2020年授权量	
	品种权人	授权量		品种权人	授权量
1	北京林业大学	194	1	北京林业大学	31
2	中国林业科学研究院	176	2	中国林业科学研究院	27
3	山东省林业科学研究院	114	3	湖南省林业科学院	19
4	中国科学院	78	4	大连森茂现代农业有限公司	18
5	南京林业大学	59	5	长沙湘莹园林科技有限公司	16
6	山东农业大学	56	6	尼尔普国际有限公司(NIRP INTERNATIONAL SA)	15
6	迪瑞特知识产权公司（De Ruiter Intellectual Property B.V.）	56	7	山蓝色果园企业有限公司（Mountain Blue Orchards Pty Ltd）	13
8	湖南省林业科学院	52	8	英特普兰特月季育种公司（Interplant Roses B.V.）	12
9	云南省农业科学院	42	9	焦传礼	11
10	昆明杨月季园艺有限责任公司	39	10	福建新发现农业发展有限公司	10
10	法国玫兰国际有限公司（Meilland International S. A.）	39	10	荷兰多盟集团公司（Dummen Group B.V., Holland）	10
10	江苏省林业科学研究院	39	12	大连大学	9
13	棕榈生态城镇发展股份有限公司	36	12	丹麦永恒月季公司（ROSES FOREVER ApS, Denmark）	9
14	德国科德斯月季育种公司（W. Korder'Sohne）	32	12	迪瑞特知识产权公司（De Ruiter Intellectual Property B. V.）	9
14	云南锦苑花卉产业股份有限公司	32	12	云南锦苑花卉产业股份有限公司	9
			12	云南省农业科学院花卉研究所	9
			12	浙江农林大学	9
			12	中国科学院	9

5. 品种权人构成分析

品种权人构成分析以第一品种权人类型进行统计。2020 年，林业植物新品种的品种权人以企业为主，共获得植物新品种权 219 件（49.66%），其次是科研院所 107 件（24.26%）和高等院校 74 件（16.78%）。截至 2020 年底，林业植物新品种的品种权人以企业和科研院所为主，分别获得植物新品种权 1047 件和 761 件，分别占总量的 39.61% 和 28.79%，其次是高等院校 463 件（17.52%）（图 18，表 17）。

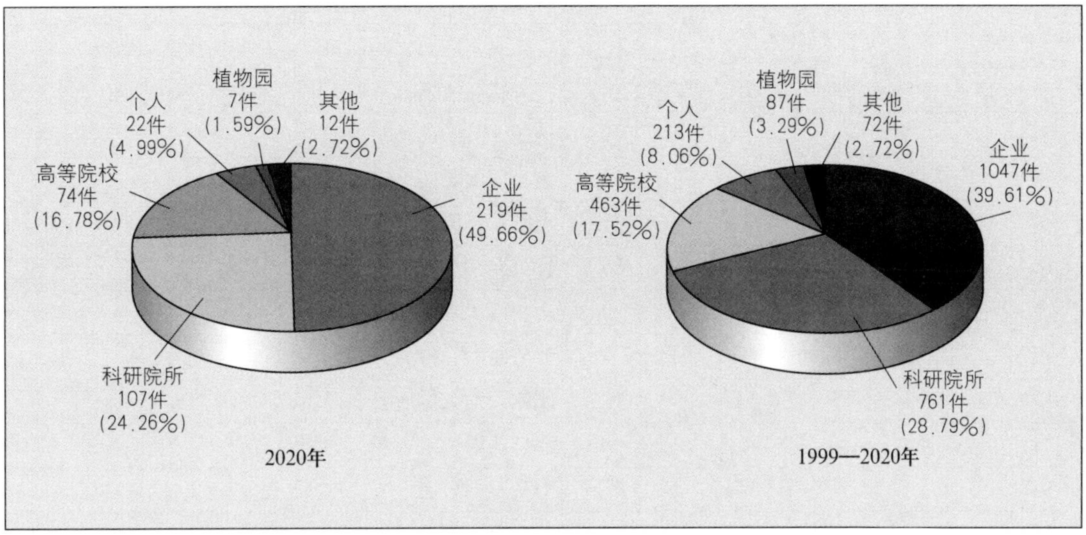

图 18　2020 年、1999—2020 年林业授权植物新品种品种权人构成统计

表 17　1999—2020 年林业授权品种中不同植物类别品种权人授权量统计　单位：件

植物类别	企业	科研院所	高等院校	个人	植物园	其他	合计
观赏植物	814	295	255	150	86	51	1651
林木	107	237	113	42	1	8	508
经济林	89	200	79	18	0	9	395
其他	33	17	11	3	0	3	67
木质藤本	4	3	3	0	0	1	11
竹	0	9	2	0	0	0	11
合计	1047	761	463	213	87	72	2643

6. 授权品种地域分析

2020 年，全国共有 25 个省（自治区、直辖市）获得林业植物新品种权，授权量最多的是北京，共 45 件，占国内授权总量的 13.55%，其次是浙江（40 件）、山东（35 件）和云南（34 件）。截至 2020 年底，全国共有 28 个省（自治区、直辖市）获得林业植物新品种权，授权量最多的是北京，共 414 件，占国内授权总量的 18.72%，其次是山东、浙江和云南。北京以杨属、山东以柳属、浙江以杜鹃属、云南以蔷薇属为主要授权品种（表 18）。

表 18 1999—2020 年全国各省（自治区、直辖市）新品种授权量统计 单位：件

序号	省（自治区、直辖市）	1999—2020 年授权总量	2020年授权量	主要属（种）
1	北 京	414	45	杨属、蔷薇属、芍药属、文冠果、牡丹
2	山 东	315	35	柳属、白蜡树属、槐属、核桃属、苹果属、杏、银杏
3	浙 江	266	40	杜鹃属、紫薇、山茶属、槭属、木兰属
4	云 南	203	34	蔷薇属、杜鹃属、含笑属、绣球属、山茶属
5	江 苏	143	16	苹果属、柳属、落羽杉属
6	广 东	136	8	山茶属、桉属
7	河 南	127	12	杨属、卫矛属、紫荆属
8	湖 南	74	19	紫薇、山茶属
9	河 北	66	21	榆属、板栗、枣属
10	辽 宁	64	26	越橘属
11	上 海	48	0	山茶属、木瓜属
12	甘 肃	47	3	芍药属、牡丹
13	福 建	43	17	桂花、紫金牛属
14	黑龙江	41	8	锦带花属、丁香属、杨属
15	广 西	39	13	桂花、山茶属
16	江 西	25	3	南酸枣
17	宁 夏	25	2	枸杞属、文冠果
18	陕 西	24	2	杨属、卫矛属
19	湖 北	20	6	悬铃木属、紫薇属
20	内蒙古	20	3	杨属、圆柏属
21	四 川	19	3	核桃属
22	安 徽	17	4	楝属
23	山 西	16	8	皂荚属、核桃属
24	新 疆	7	1	杨属、蔷薇属
25	贵 州	5	1	蔷薇属
26	天 津	4	2	杨属
27	吉 林	3	0	越橘属
28	重 庆	1	0	桂花
	合 计	2212	332	

三、品种申请分析

2020 年，林业植物新品种申请量共 1047 件，其中国内申请 897 件，占申请量的 85.67%，国外申请 150 件（14.33%）。截至 2020 年底，林业植物新品种申请量共 5566 件，其中国内申请 4598 件，占申请量的 82.61%，国外申请 968 件（17.39%）。

1. 属（种）分析

2020 年，林业植物新品种申请以蔷薇属为主，共 215 件，占年度申请总量的 20.53%，其次是李属 71 件（6.78%）、芍药属 54 件（5.16%）、越橘属 43 件（4.11%）（图 19）。

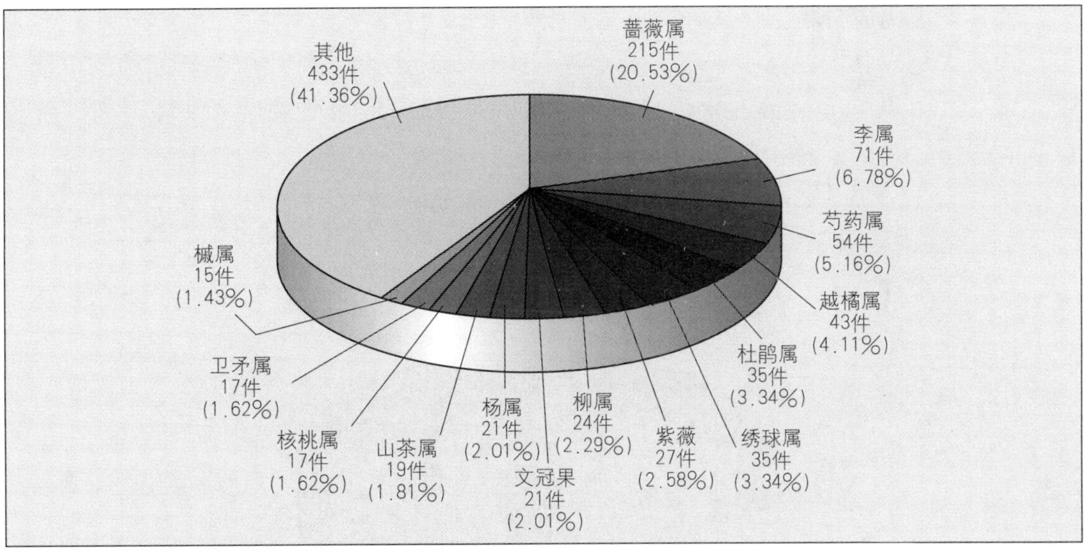

图 19　2020 年申请的林业植物新品种属（种）统计

2. 申请人分析

品种申请人分析包括每件植物新品种的所有共同申请人，并对申请人（机构）的不同写法、历史变迁和异名进行了规范化加工整理，以保持统计数据的完整性和准确性。

2020 年全国共有 341 位申请人申请了林业植物新品种，排名前 3 的是中国农业科学院（65 件）、北京林业大学（52 件）、中国林业科学研究院（46 件），排名前 15 的国外申请人共 3 个，分别是荷兰英特普兰特月季育种公司（Interplant Roses B.V.）（24 件）、迪瑞特知识产权公司（De Ruiter Intellectual Property B.V.）（19 件）、多盟集团公司（Dümmen Group B.V.）（19 件）（表 19）。

表 19　2020 年林业植物新品种申请人的申请量统计　　单位：件

序号	申请人	申请量	主要属（种）
1	中国农业科学院	65	芍药属、石榴属
2	北京林业大学	52	柳属、杨属
3	中国林业科学研究院	46	杨属
4	中国科学院	32	铁线莲属
5	江苏省林业科学研究院	26	柳属
5	南京林业大学	26	李属
7	荷兰英特普兰特月季育种公司（Interplant Roses B. V.）	24	蔷薇属
8	湖南省林业科学院	22	紫薇
8	长沙湘莹园林科技有限公司	22	紫薇
10	云南锦科花卉工程研究中心有限公司	21	蔷薇属
11	迪瑞特知识产权公司（De Ruiter Intellectual Property B. V.）	19	蔷薇属
11	多盟集团公司（Dümmen Group B.V.）	19	蔷薇属
13	苏州市华冠园创园艺科技有限公司	18	蔷薇属
13	中南林业科技大学	18	红豆杉属
15	福建丹樱生态农业发展有限公司	17	李属

3. 申请人构成分析

申请人构成分析以第一申请人类型进行统计。2020 年，林业植物新品种的申请人以企业为主，共 446 件，占申请总量的 42.60%，其次是科研院所 339 件，高等院校 143 件，个人 61 件，植物园 28 件（图 20）。

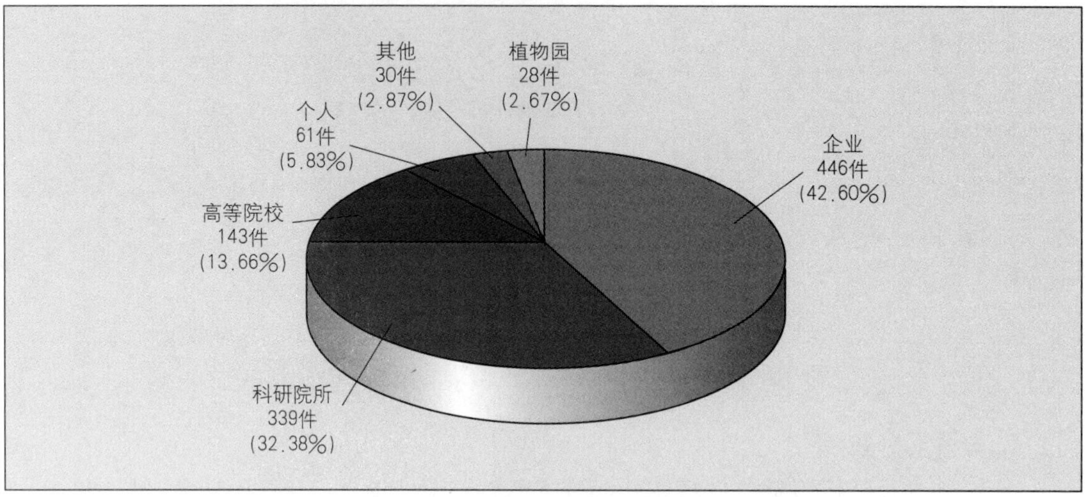

图 20　2020 年林业植物新品种申请人构成统计

4. 申请人地域分析

从申请人国家来看，2020 年共有 10 个国家申请了林业植物新品种，按申请量依次是荷兰（84 件）、美国（24 件）、法国（12 件）、德国（11 件）、日本（10 件）、英国（3 件）、澳大利亚（2 件）、丹麦（2 件）、以色列（1 件）、意大利（1 件）。

从国内申请人的地域分布来看，申请量最多的是北京，共 132 件，占国内申请量的 14.72%，其次是江苏（95 件）、山东（93 件）、云南（77 件）、浙江（73 件）、福建（65 件）、河南（59 件）、湖南（51 件）（图 21）。（马文君、段经华）

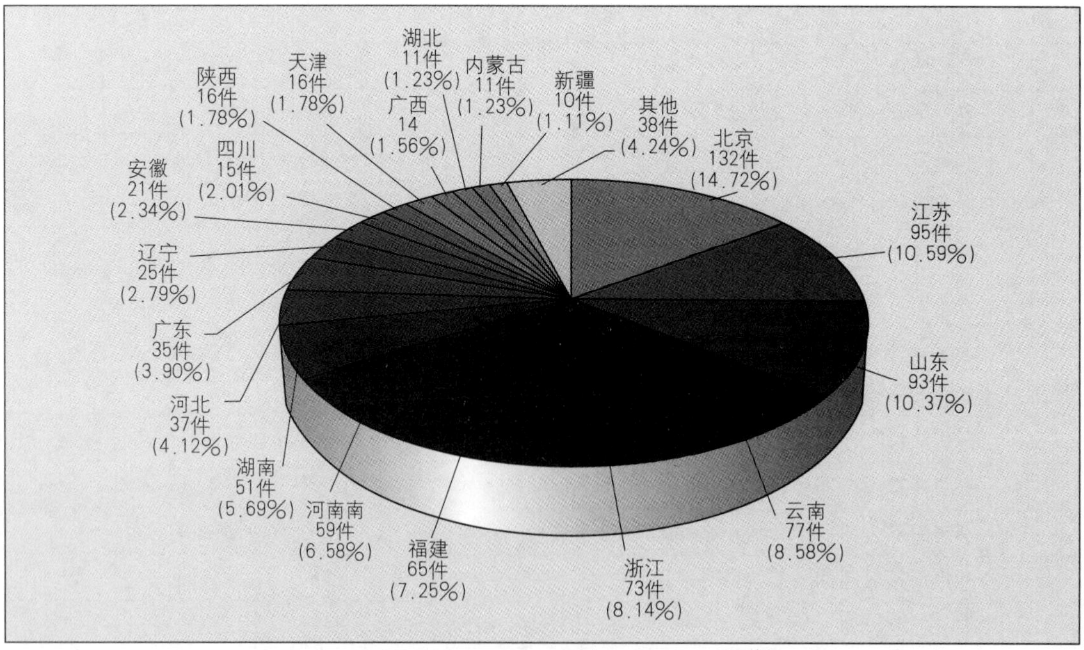

图 21　2020 年国内林业植物新品种申请人地域分布

2020 年林产品地理标志统计分析

林产品地理标志是指林产品来源于特定地域，产品品质和相关特性主要取决于该地域的自然生态环境和历史人文因素，并经审核批准以地域名称冠名的特有林产品标志。地理标志属于特定领域的知识产权，许多林产品都具有地理标志特性。

根据农业农村部网站和国家知识产权局公告统计，2020 年注册和登记的林产品地理标志共 206 件，占林产品地理标志总量的 15.5%。2020 年，核桃、枣和板栗的地理标志数量较多，分别为 9 件、9 件和 7 件。

截至 2020 年底，我国已注册和登记的林产品地理标志共 1325 件，主要有核桃、枣、板栗、木耳和花椒等。从林产品地理标志地域分布来看，四川和山东的地理标志数量较多，分别占总量的 9.9% 和 9.4%（图 22，表 20，表 21）。（范圣明）

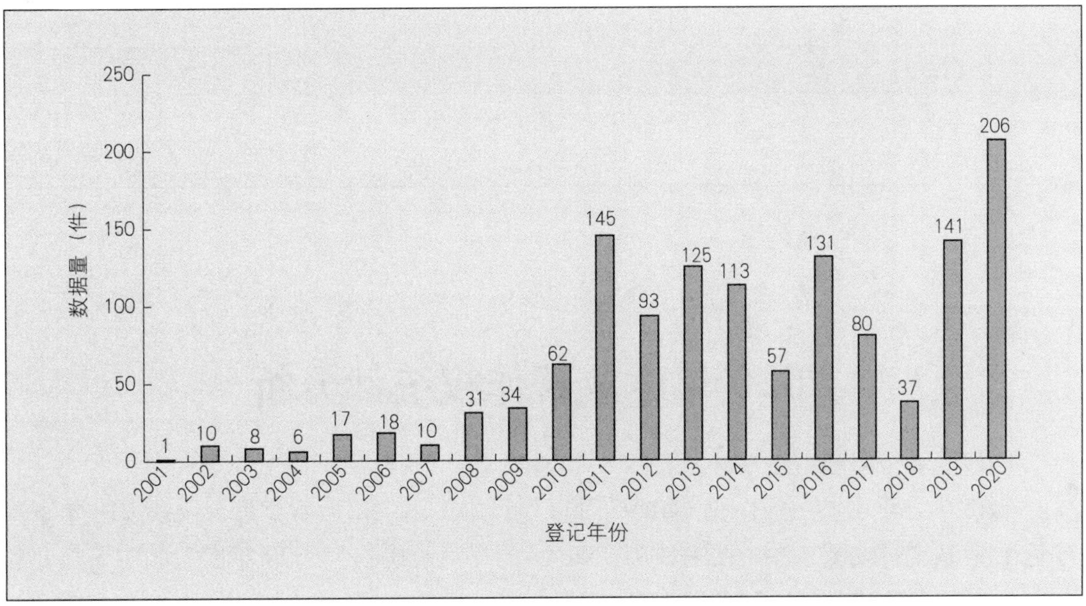

图 22　2001—2020 年注册和登记的林产品地理标志数量统计

表 20　2001—2020 年主要林产品地理标志登记量统计

产品类别	累计总量	2019年	2020年
核桃	132	6	9
枣	127	2	9
板栗	75	3	7
木耳	48	5	5
花椒	46	5	5
杏	43	0	6
枸杞	26	3	0
油茶（含茶油）	25	2	6
其他	803	115	159
合计	1325	141	206

表 21　2001—2020 年主要省份林产品地理标志登记量统计

省份	累计总量	2019年	2020年
四川	131	16	17
山东	124	7	14
河北	67	6	15
湖北	64	7	5
浙江	63	12	19
福建	59	9	12
陕西	58	0	4
甘肃	57	8	13
安徽	57	3	8
云南	51	6	3
山西	51	7	7
其他	543	60	89
合计	1325	141	206

2020 年林业著作权统计分析

1. 林业和草原图书

2020 年，全国共出版图书 240495 种（引自中国图书出版数据库），比 2019 年下降了近 14%。脱贫攻坚主题类图书成为 2020 年的重点出版物。2020 年出版的主要林业和草原图书共 390 种。

适逢习近平总书记提出“两山理论”15 周年之际，中国林业出版社在京组织召开《推进绿色发展，实现全面小康——绿水青山就是金山银山理论研究与实践探索》出版暨“生态文明建设文库”专家研讨会。专家指出，“生态文明建设文库”从生态文明建设理论研究、实践成效、典型示范、模式推广、知识普及等方面均做出了积极表述。文库两批 19 种图书的出版，为宣传贯彻党中央“五位一体”总体布局，大力推进生态文明建设，宣传林业草原生态建设所取得的巨大成就，营造了良好氛围，凝聚了强大力量。

2020 年度列入国家出版基金拟资助项目的林草相关学科重点图书主要有：《保护地生态资产评估和生态补偿理论与实践》《中国沙漠志·库姆塔格沙漠卷》《植物与生物相互作用总论》《人造板及其制品甲醛释放量检测技术体系》《乡土草抗逆生物学》《国家植物标本馆种子图谱（上册）》《中华虎凤蝶生态图鉴》《中国热带传粉与访花昆虫和蜜粉源植物大图鉴》《中国动物志 昆虫纲 膜翅目 茧蜂科（三）》《圆竹家具学》《城市土壤演变及其生态环境效应》（第二版）和《世界蝴蝶兰属植物》等。

2020 年，第九届梁希科普奖获奖作品中，中国林业出版社出版的《植物的智慧——自然教育家的探索与发现随笔》获科普作品二等奖，《北京湿地植物知多少》获科普作品三等奖。

2. 林业软件著作权

软件著作权是指软件的开发者或者其他权利人依据有关著作权法律的规定，对于软件作品所享有的各项专有权利。软件著作权经过登记后，软件著作权人享有发表权、开发者身份权、使用权、使用许可权和获得报酬权。林业软件著作权指与林业相关的软件著作权。

根据中国版权保护中心计算机软件著作权登记公告统计，2020 年林业软件著作权登记共 2141 项，2020 年登记量排名前 3 的软件著作权人分别是：南京林业大学（708 项）、西南林业大学（264 项）和西北农林科技大学（245 项）。

截至 2020 年底，登记的林业软件著作权共 13640 项，其中 2020 年的软件著作权登记量占 15.7%。软件著作权人主要来自林业高等院校、科研院所及相关的林业企业。林业软件著作权登记总量排名前 5 的软件著作权人分别是北京林业大学（2353 项）、南京林业大学（2234 项）、西北农林科技大学（1371 项）、中国林业科学研究院（581 项）和浙江农林大学（467 项）（表 22）。（孙小满、范圣明）

表 22　2001—2020 年林业软件著作权登记量统计

序号	软件著作权人	累计登记总量	2019年登记量	2020年登记量
1	北京林业大学	2353	478	213
2	南京林业大学	2234	796	708
3	西北农林科技大学	1371	303	245
4	中国林业科学研究院	581	61	87
5	浙江农林大学	467	88	80
6	西南林业大学	419	61	264
7	东北林业大学	405	77	50
8	中南林业科技大学	363	31	67
9	其他	5447	1883	427
合计		13640	3778	2141

附　表

附表1　2020年林业授权植物新品种

附表2　2020年林业植物新品种申请

附表3　2020年林产品地理标志

附表4　2020年主要林业和草原图书

附表5　2020年林业和草原科研院所软件著作权

附表6　2020年林业和草原科研院所授权发明专利

附表1　2020年林业授权植物新品种

序号	品种权号	品种名称	属（种）	品种权人	培育人	申请号	申请日	授权日
1	20200183	阿珀富（APF-45）	悬钩子属	阿肯色大学董事会（The Board of Trustees of the University of Arkansas）	约翰·鲁本·克拉克（John Reuben Clark）	20160026	20160128	20201229
2	20200101	芳篱	栀子属	安徽润一生态建设有限公司、南京林业大学	汪小飞、赵昌恒、王贤荣、伊贤贵、段一凡、李蒙、陈林	20180678	20181018	20200729
3	20200102	芳姿	栀子属	安徽润一生态建设有限公司、南京林业大学	赵昌恒、汪小飞、王贤荣、伊贤贵、段一凡、李蒙、陈林	20180679	20181018	20200729
4	20200004	本朴丽帕（Bonpripapcom）	大戟属	澳大利亚本雅植物有限公司（Bonza Botanicals Pty Ltd）	安德鲁·伯纽兹（Andrew Bernuetz）	20140251	20141222	20200729
5	20200005	本朴丽莉（Bonprilipcom）	大戟属	澳大利亚本雅植物有限公司（Bonza Botanicals Pty Ltd）	安德鲁·伯纽兹（Andrew Bernuetz）	20140252	20141222	20200729
6	20200006	本朴丽披（Bonpripicom）	大戟属	澳大利亚本雅植物有限公司（Bonza Botanicals Pty Ltd）	安德鲁·伯纽兹（Andrew Bernuetz）	20140253	20141222	20200729
7	20200007	本朴丽德（Bompridepcom）	大戟属	澳大利亚本雅植物有限公司（Bonza Botanicals Pty Ltd）	安德鲁·伯纽兹（Andrew Bernuetz）	20140254	20141222	20200729
8	20200038	本朴丽 9276（BONPRI9276）	大戟属	澳大利亚本雅植物有限公司（Bonza Botanicals Pty Ltd）	安德鲁·伯纽兹（Andrew Bernuetz）	20170428	20170804	20200729
9	20200039	本朴丽 515（BONPRI515）	大戟属	澳大利亚本雅植物有限公司（Bonza Botanicals Pty Ltd）	安德鲁·伯纽兹（Andrew Bernuetz）	20170429	20170804	20200729
10	20200342	甘杞 1 号	枸杞属	白银市农业技术服务中心	申培增、关参政、刘镇中、王明武、周鹏祖、张建金、赵树春、陈启辉、杨海荣、杨莉、刘春、郭晓兰、刘庆祖、高永琳、刘宇珍、张曰镜	20190194	20190129	20201229
11	20200412	荷塔	梓树属	保定筑邦园林景观工程有限公司	高龙肖、岳彩伟	20190705	20191011	20201229
12	20200413	绿塔	梓树属	保定筑邦园林景观工程有限公司	高龙肖、岳彩伟、谢启章	20190706	20191011	20201229
13	20200143	京莲粉	芍药属	北京国色牡丹科技有限公司	成信云、陶熙文、王旭	20190295	20190411	20200729
14	20200144	京玉秀	芍药属	北京国色牡丹科技有限公司	成信云、陶熙文、王旭	20190298	20190411	20200729
15	20200145	京冠辉红	芍药属	北京国色牡丹科技有限公司	陶熙文、成信云、王旭	20190299	20190411	20200729
16	20200146	京月满	芍药属	北京国色牡丹科技有限公司	陶熙文、成信云、王旭	20190303	20190411	20200729

（续）

序号	品种权号	品种名称	属（种）	品种权人	培育人	申请号	申请日	授权日
17	20200020	微影凝斜	蔷薇属	北京林业大学	潘会堂、徐庭亮、张启翔、谭炯锐、甄妮、罗乐、于超、赵红霞、吴钰滢、程堂仁、王佳	20160229	20160904	20200729
18	20200128	景林 7 号	杨属	北京林业大学	张德强、宋跃朋、杜庆章、张锋、权明洋、张志毅	20190267	20190328	20200729
19	20200129	景林 8 号	杨属	北京林业大学	张德强、宋跃朋、杜庆章、孙静、肖亮、张志毅	20190268	20190328	20200729
20	20200130	景林 9 号	杨属	北京林业大学	张德强、宋跃朋、杜庆章、张锋、卢文杰、张志毅	20190269	20190328	20200729
21	20200131	景林 10 号	杨属	北京林业大学	张德强、杜庆章、宋跃朋、孙静、马开峰、张志毅	20190270	20190328	20200729
22	20200132	景林 11 号	杨属	北京林业大学	张德强、杜庆章、宋跃朋、谢剑波、马开峰、张志毅	20190271	20190328	20200729
23	20200133	景林 12 号	杨属	北京林业大学	张德强、杜庆章、宋跃朋、权明洋、卜琛皞、张志毅	20190272	20190328	20200729
24	20200134	傲霜斗暑 1 号	杨属	北京林业大学	张德强、宋跃朋、卫尊征、杜庆章、次东、卢文杰	20190273	20190328	20200729
25	20200135	傲霜斗暑 2 号	杨属	北京林业大学	张德强、宋跃朋、卫尊征、杜庆章、卜琛皞、徐煲铧	20190274	20190328	20200729
26	20200136	傲霜斗暑 3 号	杨属	北京林业大学	张德强、杜庆章、徐煲铧、卫尊征、宋跃朋、肖亮	20190275	20190328	20200729
27	20200137	傲霜斗暑 4 号	杨属	北京林业大学	张德强、杜庆章、次东、徐煲铧、宋跃朋、权明洋	20190276	20190328	20200729
28	20200138	傲霜斗暑 5 号	杨属	北京林业大学	张德强、宋跃朋、谢剑波、次东、张锋、杜庆章	20190277	20190328	20200729
29	20200139	傲霜斗暑 6 号	杨属	北京林业大学	张德强、杜庆章、谢剑波、次东、孙静、宋跃朋	20190278	20190328	20200729
30	20200140	京红	芍药属	北京林业大学	成仿云、郭鑫、钟原	20190283	20190411	20200729
31	20200141	京山云岫	芍药属	北京林业大学	成仿云、钟原、郭鑫	20190286	20190411	20200729
32	20200142	京云熙	芍药属	北京林业大学	钟原、成仿云、郭鑫	20190293	20190411	20200729

（续）

序号	品种权号	品种名称	属（种）	品种权人	培育人	申请号	申请日	授权日
33	20200190	百媚丛生	蔷薇属	北京林业大学	潘会堂、徐庭亮、张启翔、于超、罗乐、谭炯锐、甄妮、赵红霞、程堂仁、王佳	20160227	20160904	20201229
34	20200191	捻指莲台	蔷薇属	北京林业大学	罗乐、张启翔、于超、潘会堂、徐庭亮、谭炯锐、甄妮、赵红霞、程堂仁、王佳	20160231	20160904	20201229
35	20200208	缤粉佳人	紫薇属	北京林业大学	潘会堂、叶远俊、张启翔、蔡明、鞠易倩、冯露、吴际洋、程堂仁、王佳	20170384	20170719	20201229
36	20200346	绿地毯	紫薇属	北京林业大学	潘会堂、鞠易倩、冯露、张启翔、张烨、梁晓涵、蔡明、郑唐春、程堂仁、王佳	20190208	20190228	20201229
37	20200147	京粉岚	芍药属	北京林业大学、北京国色牡丹科技有限公司	成仿云、成信云、陶熙文、钟原	20190304	20190411	20200729
38	20200148	京优满	芍药属	北京林业大学、北京国色牡丹科技有限公司	成仿云、成信云、陶熙文、钟原、郭鑫	20190307	20190411	20200729
39	20200312	粤硕菩提	无患子属	北京林业大学、福建源华林业生物科技有限公司	贾黎明、孙操稳、高媛、陈仲、刘济铭、翁学煌、余剑平、高世轮、赵国春、刘诗琦、张赟齐	20180903	20181218	20201229
40	20200154	云裳	紫薇属	北京林业大学、广西壮族自治区林业科学研究院	林茂、蔡明、李进华、胡玲、唐庆、张启翔、孙利娜、潘会堂、孙开道、程堂仁、王佳	20190322	20190418	20200729
41	20200210	粉面香妃	蔷薇属	北京林业大学、江苏苏北花卉股份有限公司	潘会堂、吴钰滢、徐庭亮、张启翔、罗乐、于超、程堂仁、王佳、李生、蔡勇、乔亚西、王李亮	20170388	20170719	20201229
42	20200034	金公主 5 号	文冠果	北京林业大学、辽宁思路文冠果业科技开发有限公司、北京思路文冠果科技开发有限公司	向秋虹、李世安、徐红江、王馨蕊、周祎鸣、王俊杰、关文彬	20170343	20170630	20200729
43	20200033	金公主 4 号	文冠果	北京林业大学、内蒙古文冠庄园农业科技发展有限公司、辽宁思路文冠果业科技开发有限公司	王青、段利明、郭强、郭庆、周祎鸣、王俊杰、向秋虹、王馨蕊、关文彬	20170342	20170630	20200729
44	20200035	公主 8 号	文冠果	北京林业大学、内蒙古文冠庄园农业科技发展有限公司、辽宁思路文冠果业科技开发有限公司	周祎鸣、郭庆、郭强、段利明、王馨蕊、向秋虹、王俊杰、关文彬	20170346	20170630	20200729

（续）

序号	品种权号	品种名称	属（种）	品种权人	培育人	申请号	申请日	授权日
45	20200201	泰达秋月	蔷薇属	北京林业大学、上海市园林科学规划研究院、天津泰达盐碱地绿化研究中心有限公司	田晓明、贾桂霞、张冬梅、王振宇、张清、张浪	20170269	20170601	20201229
46	20200202	泰达天使	蔷薇属	北京林业大学、上海市园林科学规划研究院、天津泰达盐碱地绿化研究中心有限公司	田晓明、贾桂霞、张冬梅、王振宇、张清、张浪	20170270	20170601	20201229
47	20200053	雪夫人	蔷薇属	北京市园林科学研究院	冯慧、吉乃喆、周燕、巢阳、王茂良、李纳新、丛日晨、卜燕华、华莹	20170587	20171114	20200729
48	20200268	黄钻	蔷薇属	北京市园林科学研究院	巢阳、丛日晨、赵世伟、张西西	20180497	20180828	20201229
49	20200248	京欧 3 号	李属	北京中医药大学、保定市金欧药材种植农民专业合作社	李卫东、刘保旺	20180104	20180118	20201229
50	20200301	京欧 4 号	李属	北京中医药大学、保定市金欧药材种植农民专业合作社	李卫东、刘保旺	20180715	20181104	20201229
51	20200437	尹棘 1 号	枣属	沧州市农林科学院	孙文元、孙一、黄素芳、李俊英、芮松青、赵忠祥、赵花其、陈健、曹平平、薛文、李亚卉、王梅、武婷、郭维新、王连鹏、王云计、李雅静	20190780	20191101	20201229
52	20200311	福枣	枣	褚发朝、杜秀格	褚发朝、刘孟军、杜吉格	20180894	20181213	20201229
53	20200070	逐梦	越橘属	大连大学、大连森茂现代农业有限公司	徐国辉、王贺新、安琪、彭恒晨、周可欣	20180283	20180603	20200729
54	20200092	岭南智选	越橘属	大连大学、大连森茂现代农业有限公司	徐国辉、雷蕾、高丽霞、王贺新、吴小南、周可欣	20180580	20180904	20200729
55	20200096	岭南先锋	越橘属	大连大学、大连森茂现代农业有限公司	徐国辉、安琪、王贺新、娄鑫、周可欣、高丽霞	20180612	20180913	20200729
56	20200185	连大之夏	越橘属	大连大学、大连森茂现代农业有限公司	徐国辉、罗霖锜、雷蕾、娄鑫、安琪、彭恒辰、王贺新	20160107	20160601	20201229
57	20200258	连大之海	越橘属	大连大学、大连森茂现代农业有限公司	徐国辉、雷蕾、安琪、王碟、彭恒辰、吴小南、王贺新	20180276	20180603	20201229
58	20200273	连大之春	越橘属	大连大学、大连森茂现代农业有限公司	徐国辉、雷蕾、吴小南、付香、娄鑫、彭恒辰、王贺新	20180573	20180904	20201229

（续）

序号	品种权号	品种名称	属（种）	品种权人	培育人	申请号	申请日	授权日
59	20200299	云朵	越橘属	大连大学、大连森茂现代农业有限公司	王贺新、彭恒辰、李逸菲、徐国辉、雷蕾、安琪、丁文芹	20180689	20181020	20201229
60	20200300	新潮	越橘属	大连大学、大连森茂现代农业有限公司	徐国辉、崔勇、纪艳风、黄子莹、廖成家、卢丽丽、隋智、王贺新	20180698	20181020	20201229
61	20200246	金叶朴	朴属	大连金谷园林绿化工程有限公司	刘钦生、于广琴、刘宇	20180092	20180115	20201229
62	20200247	中华朴	朴属	大连金谷园林绿化工程有限公司	刘钦生、于广琴、刘宇	20180093	20180115	20201229
63	20200385	辽冠 1 号	文冠果	大连民族大学、朝阳市燕都农业科学技术研究所、辽宁省林业发展服务中心	孟庆洲、阮成江、杨晓竹、杜维、丁健、刘晓静、田秀铭、孙吉旺、丁立娜	20190653	20190916	20201229
64	20200087	岭南嘉宝	越橘属	大连森茂现代农业有限公司	刘国玲、王贺新、徐国辉、赵丽娜、谷岩	20180548	20180904	20200729
65	20200088	猎艳	越橘属	大连森茂现代农业有限公司	王贺新、徐国辉、刘国玲、赵丽娜、雷蕾	20180552	20180904	20200729
66	20200089	岭雾	越橘属	大连森茂现代农业有限公司	王贺新、徐国辉、姜长辉、刘国玲、赵丽娜、高日日、谷岩	20180556	20180904	20200729
67	20200090	岭雪	越橘属	大连森茂现代农业有限公司	王贺新、徐国辉、高日日、刘国玲	20180559	20180904	20200729
68	20200091	香溢	越橘属	大连森茂现代农业有限公司	王贺新、徐国辉、徐银双、刘国玲、赵丽娜、高日日	20180570	20180904	20200729
69	20200184	碧玉	越橘属	大连森茂现代农业有限公司	王贺新、徐国辉、陈英敏、王一舒	20160106	20160601	20201229
70	20200257	蓝玛瑙	越橘属	大连森茂现代农业有限公司	王贺新、徐国辉、王一舒、陈英敏	20180275	20180603	20201229
71	20200272	蓝鲸	越橘属	大连森茂现代农业有限公司	赵丽娜、王贺新、徐国辉、刘国玲	20180560	20180904	20201229
72	20200274	胜美	越橘属	大连森茂现代农业有限公司	王贺新、徐国辉、王一舒、赵丽娜、陈英敏	20180578	20180904	20201229
73	20200069	致远	越橘属	大连森茂现代农业有限公司、大连大学	徐国辉、王贺新、陈英敏、周可欣	20180282	20180603	20200729
74	20200177	奥斯普鲁特（AUSPLUTO）	蔷薇属	大卫奥斯汀月季公司（David Austin Roses Limited）	大卫奥斯汀（David Austin）	20150148	20150818	20201229
75	20200009	奥斯特劳丝（AUSTRUSS）	蔷薇属	大卫奥斯汀月季公司（David Austin Roses Limited）	奥斯特劳丝（AUSTRUSS）	20150147	20150818	20200729

（续）

序号	品种权号	品种名称	属（种）	品种权人	培育人	申请号	申请日	授权日
76	20200010	艾维驰 12（EVER CHI12）	蔷薇属	丹麦永恒玫瑰公司（ROSES FOREVER ApS）	哈雷·艾克路德（Harley Eskelund）	20150205	20151012	20200729
77	20200179	艾维驰 16（EVERCHI16）	蔷薇属	丹麦永恒玫瑰公司（ROSES FOREVER ApS）	哈雷·艾克路德（Harley Eskelund）	20150208	20151012	20201229
78	20200180	艾维驰 27（EVERCHI27）	蔷薇属	丹麦永恒玫瑰公司（ROSES FOREVER ApS）	哈雷·艾克路德（Harley Eskelund）	20150216	20151012	20201229
79	20200018	艾维驰 103（EVERCH103）	蔷薇属	丹麦永恒月季公司（ROSES FOREVER ApS, Denmark）	洛萨·艾斯克伦德（Rosa Eskelund）	20160176	20160721	20200729
80	20200019	艾维驰 105（EVERCH105）	蔷薇属	丹麦永恒月季公司（ROSES FOREVER ApS, Denmark）	洛萨·艾斯克伦德（Rosa Eskelund）	20160178	20160721	20200729
81	20200186	艾维驰 133（EVERCH133）	蔷薇属	丹麦永恒月季公司（ROSES FOREVER ApS, Denmark）	洛萨·艾斯克伦德（Rosa Eskelund）	20160182	20160724	20201229
82	20200187	艾维驰 119（EVERCH119）	蔷薇属	丹麦永恒月季公司（ROSES FOREVER ApS, Denmark）	洛萨·艾斯克伦德（Rosa Eskelund）	20160220	20160827	20201229
83	20200188	艾维驰 130（EVERCH130）	蔷薇属	丹麦永恒月季公司（ROSES FOREVER ApS, Denmark）	洛萨·艾斯克伦德（Rosa Eskelund）	20160221	20160827	20201229
84	20200189	艾维驰 132（EVERCH132）	蔷薇属	丹麦永恒月季公司（ROSES FOREVER ApS, Denmark）	洛萨·艾斯克伦德（Rosa Eskelund）	20160223	20160827	20201229
85	20200178	德瑞斯蓝十三（DrisBlueThirteen）	越橘属	德瑞斯克公司（Driscoll's, Inc.）	布赖恩·K·卡斯特（Brian K. Caster）、阿伦·德雷珀（Arlen Draper）、珍妮弗·K·伊佐（Jennifer K. Izzo）、乔治·罗德里格斯·阿卡沙（Jorge Rodriguez Alcazar）	20150174	20150906	20201229
86	20200211	德瑞斯蓝十四（DrisBlueFourteen）	越橘属	德瑞斯克公司（Driscoll's, Inc.）	布赖恩·K·卡斯特（Brian K. Caster）、珍妮弗·K·伊佐（Jennifer K. Izzo）、阿伦·德雷珀（Arlen Draper）、布鲁斯·D·莫维（Bruce D. Mowrey）、玛塔·巴皮蒂斯塔（Marta Baptista）	20170395	20170721	20201229
87	20200165	银鹿	枫香属	德兴市荣兴苗木有限责任公司	周建荣、周卫荣、周卫信、王樟富、蔡同想、徐建锋、俞建国	20190629	20190903	20200729

（续）

序号	品种权号	品种名称	属（种）	品种权人	培育人	申请号	申请日	授权日
88	20200195	瑞克夫 1398B（RUICF1398B）	蔷薇属	迪瑞特知识产权公司（De Ruiter Intellectual Property B.V.）	汉克·德·格罗特（H. C. A. de Groot）	20170174	20170412	20201229
89	20200196	瑞驰 2583A（RUICI2583A）	蔷薇属	迪瑞特知识产权公司（De Ruiter Intellectual Property B.V.）	汉克·德·格罗特（H. C. A. de Groot）	20170175	20170412	20201229
90	20200200	瑞克德 0999A（RUICD0999A）	蔷薇属	迪瑞特知识产权公司（De Ruiter Intellectual Property B.V.）	汉克·德·格罗特（H. C. A. de Groot）	20170266	20170526	20201229
91	20200252	瑞克慕 1601A（RUICM1601A）	蔷薇属	迪瑞特知识产权公司（De Ruiter Intellectual Property B.V.）	汉克·德·格罗特（H. C. A. de Groot）	20180174	20180326	20201229
92	20200259	瑞克恩 1063A（RUICN1063A）	蔷薇属	迪瑞特知识产权公司（De Ruiter Intellectual Property B.V.）	汉克·德·格罗特（H. C. A. de Groot）	20180324	20180613	20201229
93	20200260	瑞可 2003A（RUICO2003A）	蔷薇属	迪瑞特知识产权公司（De Ruiter Intellectual Property B.V.）	汉克·德·格罗特（H. C. A. de Groot）	20180325	20180613	20201229
94	20200269	瑞克恩 0068A（RUICN0068A）	蔷薇属	迪瑞特知识产权公司（De Ruiter Intellectual Property B.V.）	汉克·德·格罗特（H. C. A. de Groot）	20180499	20180828	20201229
95	20200297	瑞克 1999A（RUICK1999A）	蔷薇属	迪瑞特知识产权公司（De Ruiter Intellectual Property B.V.）	汉克·德·格罗特（H. C. A. de Groot）	20180667	20181011	20201229
96	20200298	瑞慕克 0029（RUIMCR0029）	蔷薇属	迪瑞特知识产权公司（De Ruiter Intellectual Property B.V.）	汉克·德·格罗特（H. C. A. de Groot）	20180668	20181011	20201229
97	20200388	辉煌 1 号	杨属	东北林业大学	姜静、刘桂丰、李艺迪、江慧欣、陈肃、顾宸瑞、李慧玉、黄海娇、董京祥	20190657	20190916	20201229
98	20200389	蓝精灵	忍冬属	东北农业大学	霍俊伟、秦栋、谢福春	20190659	20190917	20201229
99	20200390	乌蓝	忍冬属	东北农业大学	霍俊伟、秦栋、谢福春	20190660	20190917	20201229
100	20200156	好运来	桂花	东阳市歌山镇绿峰珍稀花卉苗木场	胡祖兰、胡文翠	20190335	20190425	20200729
101	20200434	艺峰婷美 2 号	卫矛属	杜林峰	杜林峰、邹慧芳、马秋建、杜军安	20190755	20191028	20201229
102	20200036	玫密缇乐斯（MEIMIRTYLUS）	蔷薇属	法国玫兰国际有限公司（Meilland International S. A）	阿兰·安东尼·玫兰（Alain Antoine Meilland）	20170376	20170714	20200729
103	20200197	戴尔福布兰（Delfumblan）	蔷薇属	法国乔治斯·戴尔巴德月季有限公司（Société Nouvelle Pépinières & Roseraies Georges DELBARD）	阿诺德·戴尔巴德（Arnaud delbard）	20170197	20170420	20201229

（续）

序号	品种权号	品种名称	属（种）	品种权人	培育人	申请号	申请日	授权日
104	20200198	戴尔思普拉噶（Delspraga）	蔷薇属	法国乔治斯·戴尔巴德月季有限公司（Société Nouvelle Pépinières & Roseraies Georges Delbard）	阿诺德·戴尔巴德（Arnaud delbard）	20170198	20170420	20201229
105	20200209	粉玲珑	紫薇属	福建金硕生物科技有限公司、北京林业大学	潘隆应、朱娜、张启翔、潘会堂、蔡明、叶远俊、程堂仁、王佳	20170385	20170719	20201229
106	20200275	醉胭脂	桂花	福建新发现农业发展有限公司	陈日才、吴启民、吴其超、王聪成、王一、詹正钿、陈朝暖、陈小芳、陈菁菁	20180584	20180904	20201229
107	20200276	黄钻	桂花	福建新发现农业发展有限公司	陈日才、吴启民、王聪成、詹正钿、陈朝暖、吴其超、王一、陈小芳、陈菁菁	20180585	20180904	20201229
108	20200278	秋枝俏	桂花	福建新发现农业发展有限公司	陈日才、吴启民、王聪成、詹正钿、陈朝暖、吴其超、王一、陈小芳、陈菁菁	20180587	20180904	20201229
109	20200279	紫衣美人	桂花	福建新发现农业发展有限公司	陈日才、吴启民、王聪成、詹正钿、陈朝暖、吴其超、王一、陈小芳、陈菁菁	20180588	20180904	20201229
110	20200281	醒胭脂	桂花	福建新发现农业发展有限公司	陈日才、吴启民、王聪成、詹正钿、陈朝暖、吴其超、王一、陈小芳、陈菁菁	20180590	20180904	20201229
111	20200283	九彩香妃	桂花	福建新发现农业发展有限公司	陈日才、吴启民、王聪成、詹正钿、陈朝暖、吴其超、王一、陈小芳、陈菁菁	20180592	20180904	20201229
112	20200391	霓裳羽衣	油杉属	福建新发现农业发展有限公司	陈日才	20190668	20190920	20201229
113	20200392	娇姝	油杉属	福建新发现农业发展有限公司	陈日才	20190669	20190920	20201229
114	20200393	洛丽塔	油杉属	福建新发现农业发展有限公司	陈日才	20190670	20190920	20201229
115	20200394	卷云	紫金牛属	福建新发现农业发展有限公司	陈日才	20190671	20190920	20201229
116	20200262	中云2号	云杉属	甘肃省小陇山林业实验局林业科学研究所、中国林业科学研究院林业研究所	马建伟、安三平、王军辉、欧阳芳群、王丽芳、贾子瑞、麻文俊、杨桂娟、许娜、杜彦昌、鲜小军、胡勐鸿	20180363	20180706	20201229
117	20200032	太空（GRA71230）	蔷薇属	格兰迪月季种植有限公司（Grandiflora Nurseries Pty. Ltd.）、英特普兰特公司（Interplant Roses B. V.）	H·E·希路德斯 (H. E. Schreuders)	20170205	20170503	20200729
118	20200251	新桐1号	泡桐属	广东新桐林业科技有限公司	陈政璋、徐健、谢佩珍	20180154	20180226	20201229
119	20200358	婉玲玉	桂花	广西荔浦彩叶桂花新品种开发有限公司、浙江理工大学	黄新纪、胡绍庆、周陈媛、李东泽、崔祺、王炳宏	20190418	20190625	20201229

（续）

序号	品种权号	品种名称	属（种）	品种权人	培育人	申请号	申请日	授权日
120	20200328	紫韵	簕竹属	广西壮族自治区林业科学研究院	黄大勇、李立杰、徐振国、黄大志、韦丽颜	20190115	20181226	20201229
121	20200384	桂樟1号	樟属	广西壮族自治区林业科学研究院	安家成、陆顺忠、杨素华、朱昌叁、梁晓静、邱米	20190649	20190911	20201229
122	20200379	紫绮	野牡丹属	广州普邦园林股份有限公司、中山大学	曾凤、周仁超、谭广文、赵阳阳、周秋杰、智雪珂、罗帅、刘晓洲、张信坚、路秉翰、李冰敏	20190624	20190830	20201229
123	20200313	康乐红	野牡丹属	广州市绿化公司、中山大学	黄颂谊、周仁超、沈海岑、陈峥、黄桂莲	20180904	20181218	20201229
124	20200365	立融一号	花椒属	贵州立融农业科技发展有限公司	陈廷仁	20190500	20190812	20201229
125	20200303	红烛	石榴属	国家林业和草原局调查规划设计院、枣庄市秋艳石榴研究所	郭祁、李体松、罗华、侯乐峰	20180813	20181205	20201229
126	20200304	赤艳	石榴属	国家林业和草原局调查规划设计院、枣庄市秋艳石榴研究所	郭祁、罗华、李体松、侯乐峰	20180814	20181205	20201229
127	20200329	晶红1号	卫矛属	河北恒和农业科技有限公司	张士夺、储博彦、赵玉芬、张晶、张建业	20190120	20181228	20201229
128	20200330	晶红2号	卫矛属	河北恒和农业科技有限公司	张士夺、储博彦、赵玉芬、张建业、张晶	20190121	20181228	20201229
129	20200378	丽园珍珠14号	枣属	河北农业大学	申连英、毛永民、王晓玲、赵海峰、仇晓靖、王刚、申科宣、赵树卫	20190622	20190828	20201229
130	20200374	丽园珍珠7号	枣属	河北农业大学、河北禾木丽园农业科技股份有限公司	申连英、毛永民、王晓玲、赵海峰、仇晓靖、王刚、申科宣、赵树卫	20190618	20190828	20201229
131	20200375	丽园珍珠8号	枣属	河北农业大学、河北禾木丽园农业科技股份有限公司	申连英、毛永民、王晓玲、赵海峰、仇晓靖、王刚、申科宣、赵树卫	20190619	20190828	20201229
132	20200376	丽园珍珠9号	枣属	河北农业大学、河北禾木丽园农业科技股份有限公司	申连英、毛永民、王晓玲、赵海峰、仇晓靖、王刚、申科宣、赵树卫	20190620	20190828	20201229
133	20200377	丽园珍珠10号	枣属	河北农业大学、河北禾木丽园农业科技股份有限公司	申连英、毛永民、王晓玲、赵海峰、仇晓靖、王刚、申科宣、赵树卫	20190621	20190828	20201229
134	20200339	燕栗1号	板栗	河北省农林科学院昌黎果树研究所	郭燕、王广鹏、李颖、张树航、张馨方	20190187	20190128	20201229
135	20200340	燕栗2号	板栗	河北省农林科学院昌黎果树研究所	李颖、王广鹏、张树航、张馨方、郭燕	20190188	20190128	20201229

（续）

序号	品种权号	品种名称	属（种）	品种权人	培育人	申请号	申请日	授权日
136	20200341	燕栗 4 号	板栗	河北省农林科学院昌黎果树研究所	张树航、王广鹏、李颖、郭燕、张馨方	20190189	20190128	20201229
137	20200104	冀早红	杏	河北省农林科学院石家庄果树研究所	武晓红、陈雪峰、景辰娟、王端、赵习平	20180801	20181126	20200729
138	20200302	金玉	蜡梅	河南省林业科学研究院、鄢陵县林业科学研究所	沈植国、尚忠海、岳长平、丁鑫、王安亭、孙萌、程建明、汤正辉、汪世忠、尚苗苗、沈希辉、刘建科、柴德勇	20180809	20181203	20201229
139	20200250	皂福 1 号	皂荚属	河南师范大学、山东泰瑞药业有限公司、卫辉市豫皂种植专业合作社	李建军、赵喜亭、于飞、常翠芳、张光田、崔世昌、孙瑞斌、马静潇 、叶承霖、常筱沛	20180122	20180203	20201229
140	20200241	奥莱格拉斯（Olijgrass）	蔷薇属	荷兰多盟集团公司（Dummen Group B. V.）	菲利普·韦斯（Philipp Veys）	20180070	20180104	20201229
141	20200242	莱克斯多塞梯（Lexadosetihw）	蔷薇属	荷兰多盟集团公司（Dummen Group B. V.）	菲利普·韦斯（Philipp Veys）	20180072	20180104	20201229
142	20200243	莱克斯维（Lexyvi）	蔷薇属	荷兰多盟集团公司（Dummen Group B. V.）	菲利普·韦斯（Philipp Veys）	20180086	20180112	20201229
143	20200244	莱克斯罗茨旺（Lexrotswons）	蔷薇属	荷兰多盟集团公司（Dummen Group B. V.）	菲利普·韦斯（Philipp Veys）	20180087	20180112	20201229
144	20200245	道若千里甫（Dorocherryav）	蔷薇属	荷兰多盟集团公司（Dummen Group B. V.）	菲利普·韦斯（Philipp Veys）	20180091	20180112	20201229
145	20200015	派尔 1409（PER1409）	大戟属	荷兰多盟集团公司（Dummen Group B. V., Holland）	露丝（Ruth Kobayashi）	20160128	20160620	20200729
146	20200016	派尔 1360（PER1360）	大戟属	荷兰多盟集团公司（Dummen Group B. V., Holland）	露丝（Ruth Kobayashi）	20160129	20160620	20200729
147	20200055	奥莱瑞耶（Olijreye）	蔷薇属	荷兰多盟集团公司（Dummen Group B. V., Holland）	菲利普·韦斯（Philipp Veys）	20180071	20180104	20200729
148	20200056	道若斯普莱（Dorospley）	蔷薇属	荷兰多盟集团公司（Dummen Group B. V., Holland）	菲利普·韦斯（Philipp Veys）	20180073	20180104	20200729
149	20200057	奥莱艾佛拉（Olijeyeflash）	蔷薇属	荷兰多盟集团公司（Dummen Group B. V., Holland）	菲利普·韦斯（Philipp Veys）	20180088	20180112	20200729

（续）

序号	品种权号	品种名称	属（种）	品种权人	培育人	申请号	申请日	授权日
150	20200054	浩特马布里（Hortmabrid）	绣球属	荷兰考斯特控股公司（Kolster Holding BV, The Netherlands）、荷兰浩特乌育种公司（Horteve Breeding B.V.）	C·P·艾维林思（Cornelis Pieter Eveleens）	20170620	20171130	20200729
151	20200075	流光溢彩	丁香属	黑龙江省森林植物园	郁永英、李长海、宋佳庚、翟晓鸥、宋莹莹、张少琳、王颖、姜远翩	20180460	20180803	20200729
152	20200076	金翠	丁香属	黑龙江省森林植物园	郁永英、李长海、宋佳庚、翟晓鸥、宋莹莹、张少琳、王颖、姜远翩	20180461	20180803	20200729
153	20200077	金翅	丁香属	黑龙江省森林植物园	郁永英、李长海、宋佳庚、翟晓鸥、宋莹莹、张少琳、王颖、姜远翩	20180462	20180803	20200729
154	20200078	金贝壳	丁香属	黑龙江省森林植物园	郁永英、李长海、宋佳庚、翟晓鸥、宋莹莹、张少琳、王颖、姜远翩	20180463	20180803	20200729
155	20200074	碧玉映月	丁香属	黑龙江省森林植物园、黑龙江碧云科技开发有限公司	郁永英、李长海、宋佳庚、翟晓鸥、宋莹莹、张少琳、王颖、姜远翩、刘凤英	20180459	20180803	20200729
156	20200111	紫韵	杜鹃属	虹越花卉股份有限公司	方永根	20180870	20181210	20200729
157	20200350	陆佳	核桃属	胡聪林、罗建勋、胡聪元	胡聪林、罗建勋、胡聪元	20190247	20190320	20201229
158	20200418	红妆	紫薇	湖北省林业科学研究院	杨彦伶、李振芳、马林江、彭婵、张新叶、黄国伟、王瑞文、徐红梅、陈慧玲	20190718	20191015	20201229
159	20200436	芳伶	紫薇	湖北省林业科学研究院	杨彦伶、李振芳、马林江、彭婵、张新叶、黄国伟、王瑞文、徐红梅、陈慧玲	20190770	20191031	20201229
160	20200431	湘西红	紫薇	湖南省林业科学院、湘西土家族苗族自治州林业科技推广站、湘西土家族苗族自治州营林管理站	王晓明、向魁文、钟少伟、和红晓、乔中全、曾慧杰、蔡能、李永欣、王湘莹	20190741	20191017	20201229
161	20200285	紫怡	紫薇	湖南省林业科学院、长沙湘莹园林科技有限公司	曾慧杰、王晓明、乔中全、蔡能、陈艺、李永欣、刘思思、王湘莹	20180598	20180904	20201229
162	20200286	紫幻	紫薇	湖南省林业科学院、长沙湘莹园林科技有限公司	刘思思、王晓明、曾慧杰、乔中全、李永欣、蔡能、王湘莹、陈艺	20180604	20180904	20201229
163	20200287	紫魁	紫薇	湖南省林业科学院、长沙湘莹园林科技有限公司	王晓明、乔中全、曾慧杰、李永欣、蔡能、王湘莹、刘思思、陈艺	20180605	20180904	20201229
164	20200288	紫恋	紫薇	湖南省林业科学院、长沙湘莹园林科技有限公司	李永欣、王晓明、蔡能、曾慧杰、乔中全、刘思思、陈艺、王湘莹	20180606	20180904	20201229

（续）

序号	品种权号	品种名称	属（种）	品种权人	培育人	申请号	申请日	授权日
165	20200419	紫玲	紫薇	湖南省林业科学院、长沙湘莹园林科技有限公司	王晓明、蔡能、乔中全、曾慧杰、李永欣、王湘莹、刘思思、陈艺、王惠	20190723	20191017	20201229
166	20200420	紫娇	紫薇	湖南省林业科学院、长沙湘莹园林科技有限公司	王晓明、乔中全、李永欣、王湘莹、蔡能、曾慧杰、王惠	20190724	20191017	20201229
167	20200421	白云	紫薇	湖南省林业科学院、长沙湘莹园林科技有限公司	乔中全、曾慧杰、王晓明、蔡能、李永欣、王湘莹、陈艺、刘思思、王惠	20190727	20191017	20201229
168	20200422	紫黛	紫薇	湖南省林业科学院、长沙湘莹园林科技有限公司	乔中全、蔡能、王晓明、曾慧杰、李永欣、王湘莹、刘思思、陈艺、王惠	20190728	20191017	20201229
169	20200423	紫佳人	紫薇	湖南省林业科学院、长沙湘莹园林科技有限公司	乔中全、王晓明、李永欣、曾慧杰、蔡能、王湘莹、刘思思、陈艺、王惠	20190729	20191017	20201229
170	20200424	芙蓉红	紫薇	湖南省林业科学院、长沙湘莹园林科技有限公司	王湘莹、王晓明、乔中全、蔡能、李永欣、曾慧杰、陈艺、刘思思、王惠	20190730	20191017	20201229
171	20200425	钰琦红	紫薇	湖南省林业科学院、长沙湘莹园林科技有限公司	王湘莹、王晓明、乔中全、蔡能、曾慧杰、李永欣、刘思思、陈艺、王惠	20190732	20191017	20201229
172	20200426	红宝石	紫薇	湖南省林业科学院、长沙湘莹园林科技有限公司	曾慧杰、王晓明、乔中全、蔡能、李永欣、王湘莹、刘思思、陈艺、张翼、王惠	20190733	20191017	20201229
173	20200427	潇湘红	紫薇	湖南省林业科学院、长沙湘莹园林科技有限公司	蔡能、王晓明、李永欣、乔中全、曾慧杰、王湘莹、陈艺、刘思思、王惠	20190737	20191017	20201229
174	20200428	紫翠	紫薇	湖南省林业科学院、长沙湘莹园林科技有限公司	蔡能、乔中全、王晓明、李永欣、王湘莹、曾慧杰、刘思思、陈艺、王惠	20190738	20191017	20201229
175	20200429	紫悦	紫薇	湖南省林业科学院、长沙湘莹园林科技有限公司	蔡能、乔中全、王湘莹、王晓明、曾慧杰、李永欣、刘思思、陈艺、王惠	20190739	20191017	20201229
176	20200430	紫芙蓉	紫薇	湖南省林业科学院、长沙湘莹园林科技有限公司	陈艺、王晓明、蔡能、乔中全、曾慧杰、李永欣、刘思思、王湘莹、王惠	20190740	20191017	20201229
177	20200103	雅韵	栲属	湖南省森林植物园	颜立红、蒋利媛、田晓明、向光锋、何友军、李高飞	20180726	20181106	20200729
178	20200414	华农瑞风	悬铃木属	华中农业大学	包满珠、张佳琪、刘国锋	20190714	20191015	20201229
179	20200415	华农青龙	悬铃木属	华中农业大学	包满珠、刘国锋、张佳琪	20190715	20191015	20201229
180	20200416	华农清风	悬铃木属	华中农业大学	包满珠、张佳琪、刘国锋	20190716	20191015	20201229

（续）

序号	品种权号	品种名称	属（种）	品种权人	培育人	申请号	申请日	授权日
181	20200417	华农丽风	悬铃木属	华中农业大学、武汉市花木公司	包满珠、张佳琪、刘国锋、沙飞、杨海牛、刘芳	20190717	20191015	20201229
182	20200161	云起	李属	嘉善县笠歌生态科技有限公司	王壹、方腾、周建荣、李萍、周卫荣、周卫信、高春喜	20190561	20190820	20200729
183	20200105	滨海秋韵	榆属	江苏省林业科学研究院	王保松、窦全琴、刘云鹏、郑纪伟、教忠意、王伟伟	20180862	20181208	20200729
184	20200106	滨海彩豹	榆属	江苏省林业科学研究院	陈庆生、王保松、窦全琴、郑纪伟、王伟伟、教忠意	20180863	20181208	20200729
185	20200107	滨海丹霞	榆属	江苏省林业科学研究院	王保松、王伟伟、窦全琴、隋德宗、蒋泽平、姜开朋	20180864	20181208	20200729
186	20200108	滨海霜红	榆属	江苏省林业科学研究院	窦全琴、王保松、王伟伟、隋德宗、陈庆生、姜开朋	20180865	20181208	20200729
187	20200109	滨海紫焰	榆属	江苏省林业科学研究院	王伟伟、窦全琴、王保松、陈庆生、隋德宗、蒋泽平	20180866	20181208	20200729
188	20200110	滨海魔幻	榆属	江苏省林业科学研究院	窦全琴、陈庆生、王保松、王伟伟、教忠意、郑纪伟	20180867	20181208	20200729
189	20200119	绯云照水	乌桕属	江苏省林业科学研究院	教忠意、隋德宗、唐凌凌、潘森、何旭东、郑纪伟、王伟伟、王保松、万庆宏、姜开朋	20190246	20190319	20200729
190	20200166	绿瀑	槭属	江苏省林业科学研究院	吕运舟、邢玮、江浩、李茹、董筱昀、黄利斌	20190707	20191012	20200729
191	20200240	中山彩韵	杨属	江苏省中国科学院植物研究所	庄维兵、张保民、王忠、张兆杰	20180039	20171228	20201229
192	20200409	中山杉 111	落羽杉属	江苏省中国科学院植物研究所	殷云龙、徐建华、於朝广、徐和宝、王紫阳	20190694	20190927	20201229
193	20200410	中山杉 125	落羽杉属	江苏省中国科学院植物研究所	殷云龙、徐建华、於朝广、徐和宝、杨颖	20190695	20190927	20201229
194	20200037	珠含粉阁	蔷薇属	江苏苏北花卉股份有限公司	李生、潘会堂、蔡勇、乔亚西、王李亮、吴钰滢、徐庭亮、张启翔、罗乐、于超、程堂仁、王佳	20170387	20170719	20200729
195	20200353	齐云山 16 号	南酸枣	江西齐云山食品有限公司	陈后荣、陈周海、凌华山、刘继延、林富荣、刘志高、古和群	20190343	20190502	20201229

（续）

序号	品种权号	品种名称	属（种）	品种权人	培育人	申请号	申请日	授权日
196	20200354	齐云山 18 号	南酸枣	江西齐云山食品有限公司	陈后荣、陈周海、刘继延、林富荣、凌华山、刘志高、古和群	20190344	20190502	20201229
197	20200265	珀尔（Pearl）	悬钩子属	浆果世界加有限公司（Berryworld Plus Limited）	皮特·文森（Peter Vinson）	20180446	20180720	20201229
198	20200395	盐柳 2 号	柳属	焦传礼	焦传礼、刘世杰、杨欢、党东雨	20190674	20190920	20201229
199	20200396	仁居柳 3 号	柳属	焦传礼	焦传礼、杨欢、杨光、刘世杰	20190675	20190920	20201229
200	20200397	仁居柳 4 号	柳属	焦传礼	焦传礼、杨欢、刘世杰	20190676	20190920	20201229
201	20200398	仁居柳 5 号	柳属	焦传礼	焦传礼、杨欢、刘世杰	20190677	20190920	20201229
202	20200399	仁居柳 6 号	柳属	焦传礼	焦传礼、刘世杰、杨欢	20190678	20190920	20201229
203	20200400	仁居柳 7 号	柳属	焦传礼	焦传礼、刘世杰、杨欢	20190679	20190920	20201229
204	20200401	仁居柳 8 号	柳属	焦传礼	焦传礼、杨欢、刘世杰	20190680	20190920	20201229
205	20200402	仁居柳 9 号	柳属	焦传礼	焦传礼、杨欢、刘世杰	20190681	20190920	20201229
206	20200403	渤海柳 17 号	柳属	焦传礼	焦传礼、党东雨、杨欢、刘世杰	20190682	20190920	20201229
207	20200404	渤海柳 26 号	柳属	焦传礼	焦传礼、党东雨、卢振宇、刘世杰	20190683	20190920	20201229
208	20200405	渤海柳 27 号	柳属	焦传礼	焦传礼、卢振宇、焦世铭、刘世杰	20190684	20190920	20201229
209	20200438	白洼 3 号	榆属	金乡县国有白洼林场、山东省林木种苗和花卉站	武香、唐国梁、翟单单、李景涛、段春玲、周继磊	20190797	20191118	20201229
210	20200440	白洼 5 号	榆属	金乡县国有白洼林场、山东省林木种苗和花卉站	周继磊、唐国梁、武香、李景涛、翟单单、段春玲	20190799	20191118	20201229
211	20200441	白洼 6 号	榆属	金乡县国有白洼林场、山东省林木种苗和花卉站	唐国梁、李景涛、武香、翟单单、周继磊、段春玲	20190800	20191118	20201229
212	20200199	科鲜 0142（KORcut0142）	蔷薇属	科德斯月季育种公司（W. Kordes' Söhne Rosenschulen GmbH & Co KG）	威廉 - 亚历山大·科德斯（Wilhelm-Alexander Kordes）、蒂姆 - 赫尔曼·科德斯（Tim-Hermann Kordes）、约翰·文森特·科德斯（John Vincent Kordes）	20170208	20170503	20201229
213	20200212	科盆 034（KORpot034）	蔷薇属	科德斯月季育种公司（W. Kordes' Söhne Rosenschulen GmbH & Co KG）	威廉 - 亚历山大·科德斯（Wilhelm-Alexander Kordes）、蒂姆 - 赫尔曼·科德斯（Tim-Hermann Kordes）、玛格丽特·科德斯（Margarita Kordes）	20170432	20170808	20201229

（续）

序号	品种权号	品种名称	属（种）	品种权人	培育人	申请号	申请日	授权日
214	20200213	科盆 060（KORpot060）	蔷薇属	科德斯月季育种公司（W. Kordes' Söhne Rosenschulen GmbH & Co KG）	蒂姆-赫尔曼·科德斯（Tim-Hermann Kordes）、约翰-文森特·科德斯（John Vincent Kordes）、威廉·科德斯（Wilhelm Kordes）	20170436	20170808	20201229
215	20200214	科盆 064（KORpot064）	蔷薇属	科德斯月季育种公司（W. Kordes' Söhne Rosenschulen GmbH & Co KG）	蒂姆-赫尔曼·科德斯（Tim-Hermann Kordes）、约翰-文森特·科德斯（John Vincent Kordes）、威廉·科德斯（Wilhelm Kordes）	20170437	20170808	20201229
216	20200040	科盆 055（KORpot055）	蔷薇属	科德斯月季育种公司（W. Kordes' Söhne Rosenschulen GmbH & Co KG）	蒂姆-赫尔曼·科德斯（Tim-Hermann Kordes）、约翰-文森特·科德斯（John Vincent Kordes）、威廉·科德斯（Wilhelm Kordes）	20170435	20170808	20200729
217	20200324	绿绣球	白蜡树属	李承水	李承水、丰震、李燕	20190098	20181223	20201229
218	20200325	岱绿	白蜡树属	李承水	李承水、丰震、李燕	20190099	20181223	20201229
219	20200326	红盔缨	柳属	李承水	李承水、丰震、李燕	20190101	20181223	20201229
220	20200369	金山	冬青属	李庆光、林一心、王春云	李庆光、林一心、王春云	20190527	20190817	20201229
221	20200359	坤云金球	桂花	荔浦市林业局、广西荔浦彩叶桂花新品种开发有限公司	王炳宏、黄新纪、黄坤云、蒋小玲、周陈媛、黄小栩	20190420	20190625	20201229
222	20200271	连柏 1 号	乌桕属	连云港市农业科学院	刘兴满、葛金涛、郑旭、赵文静、缪美华	20180545	20180903	20201229
223	20200086	皖西仙霞	杜鹃属	六安市郁花园园艺有限公司	陈响、郁书俊、方永根	20180543	20180903	20200729
224	20200071	皋城仙子	杜鹃属	六安市郁花园园艺有限公司、皖西学院	陈响、陈小福、郁书俊	20180347	20180703	20200729
225	20200335	金奎一串红	花椒属	陇南市武都区金奎一串红无刺花椒种植农民专业合作社	王全奎、张金权、张海娟、杨高红	20190159	20190118	20201229
226	20200225	贝 06-50 富乐 -1（BB06-50FL-1）	越橘属	美国贝利蓝莓有限公司（Berry Blue LLC. USA）	埃德蒙德·J·威乐（Edmund J. Wheeler）	20170547	20171028	20201229
227	20200051	普和美（PIIHM-II）	绣球属	美国贝利苗圃公司（Bailey Nursery, Inc., USA）	米切尔·A·迪尔（Michael A. Dirr）	20170566	20171103	20200729
228	20200001	辛提拉（Scintilla）	越橘属	美国佛罗里达基金种业公司（Florida Foundation Seed Producers, Inc., USA）	保罗·里仁（Dr. Paul M. Lyrene）	20140095	20140623	20200729

（续）

序号	品种权号	品种名称	属（种）	品种权人	培育人	申请号	申请日	授权日
229	20200002	法町（Farthing）	越橘属	美国佛罗里达基金种业公司（Florida Foundation Seed Producers,Inc.,USA）	保罗 · 里仁 (Dr.Paul M.Lyrene)	20140096	20140623	20200729
230	20200008	富乐 96-43（FL96-43）	越橘属	美国佛罗旦达基金种业公司（Florida Foundation Seed Producers,Inc.,USA）	保罗 · 里仁（Dr. Paul M. Lyrene）	20150006	20141228	20200729
231	20200011	富乐 01-173（FL01-173）	越橘属	美国佛罗里达基金种业公司（Florida Foundation Seed Producers,Inc.,USA）	保罗 · 里仁（Dr. Paul M. Lyrene）	20160114	20160609	20200729
232	20200012	富乐 02-40（FL02-40）	越橘属	美国佛罗里达基金种业公司（Florida Foundation Seed Producers,Inc.,USA）	保罗 · 里仁（Dr. Paul M. Lyrene）	20160115	20160609	20200729
233	20200013	富乐 03-291（FL03-291）	越橘属	美国佛罗里达基金种业公司（Florida Foundation Seed Producers,Inc.,USA）	保罗 · 里仁（Dr. Paul M. Lyrene）	20160116	20160609	20200729
234	20200014	富乐 04-235（FL04-235）	越橘属	美国佛罗里达基金种业公司（Florida Foundation Seed Producers,Inc.,USA）	保罗 · 里仁（Dr. Paul M. Lyrene）	20160117	20160609	20200729
235	20200017	富乐 05-627（FL05-627）	越橘属	美国佛罗里达基金种业公司（Florida Foundation Seed Producers,Inc.,USA）	保罗 · 里仁（Dr. Paul M. Lyrene）	20160158	20160704	20200729
236	20200217	文图拉（Ventura）	越橘属	美国秋溪农场苗圃有限公司（Fall Creek Farm and Nursery, Inc., USA）	大卫·M·布莱尔顿（David M. Brazelton）、亚当·L·瓦格纳（Adam L.Wagner）	20170514	20170920	20201229
237	20200218	波卢丽本（Blue Ribbon）	越橘属	美国秋溪农场苗圃有限公司（Fall Creek Farm and Nursery, Inc., USA）	大卫·M·布莱尔顿（David M. Brazelton）、亚当·L·瓦格纳（Adam L.Wagner）	20170515	20170920	20201229
238	20200219	淘普谢尔夫（Top Shelf）	越橘属	美国秋溪农场苗圃有限公司（Fall Creek Farm and Nursery, Inc., USA）	大卫·M·布莱尔顿（David M. Brazelton）、亚当·L·瓦格纳（Adam L. Wagner）	20170516	20170920	20201229
239	20200220	奥乌提姆（Overtime）	越橘属	美国秋溪农场苗圃有限公司（Fall Creek Farm and Nursery, Inc., USA）	大卫·M·布莱尔顿（David M. Brazelton）、亚当·L·瓦格纳（Adam L. Wagner）	20170519	20170920	20201229
240	20200044	拉斯特考（Last Call）	越橘属	美国秋溪农场苗圃有限公司（Fall Creek Farm and Nursery, Inc., USA）	大卫·M·布莱尔顿（David M. Brazelton）、亚当·L·瓦格纳（Adam L. Wagner）	20170517	20170920	20200729
241	20200045	克劳科沃（Clockwork）	越橘属	美国秋溪农场苗圃有限公司（Fall Creek Farm and Nursery, Inc., USA）	大卫·M·布莱尔顿（David M. Brazelton）、亚当·L·瓦格纳（Adam L. Wagner）	20170518	20170920	20200729
242	20200046	卡哥（Cargo）	越橘属	美国秋溪农场苗圃有限公司（Fall Creek Farm and Nursery, Inc., USA）	大卫·M·布莱尔顿（David M. Brazelton）、亚当·L·瓦格纳（Adam L. Wagner）	20170520	20170920	20200729
243	20200360	南林彩云	桂花	南京林业大学	王良桂、杨秀莲、岳远征、施婷婷	20190447	20190713	20201229
244	20200361	南林彩锦	桂花	南京林业大学	杨秀莲、王良桂、岳远征、施婷婷	20190448	20190713	20201229
245	20200362	南林彩玉	桂花	南京林业大学	岳远征、王良桂、杨秀莲、施婷婷	20190449	20190713	20201229

（续）

序号	品种权号	品种名称	属（种）	品种权人	培育人	申请号	申请日	授权日
246	20200049	邕韵	木槿属	南宁市园林科研所、南宁圣特生物科技有限公司	黄旭光、王坤煌、罗恩波、秦玲、阮俊、王卫南、陆炎松、廖堂贵、邓海菊	20170549	20171028	20200729
247	20200050	邕粉佳丽	木槿属	南宁市园林科研所、南宁圣特生物科技有限公司	黄旭光、阮俊、王卫南、秦玲、罗恩波、王坤煌、姜立甫、黄丽丹、黄英群	20170550	20171028	20200729
248	20200072	火凤凰	木槿属	南宁市园林科研所、南宁圣特生物科技有限公司	黄旭光、秦玲、阮俊、王坤煌、廖志兵、陆仟、杨思霞、苏友赛、李金华	20180357	20180703	20200729
249	20200115	蒙树赤梅	卫矛属	内蒙古和盛生态科技研究院有限公司、蒙树生态建设集团有限公司	赵泉胜、铁英、田菊、刘洋	20190141	20190107	20200729
250	20200116	蒙树赤星	卫矛属	内蒙古和盛生态科技研究院有限公司、蒙树生态建设集团有限公司	赵泉胜、铁英、田菊、刘洋	20190142	20190107	20200729
251	20200270	尼尔托宝（NIRPTURBO）	蔷薇属	尼尔普国际有限公司（NIRP INTERNATIONAL SA）	亚历山德罗·吉奥恩（Alessandro Ghione）	20180542	20180903	20201229
252	20200289	尼尔拜尔（NIRPBER）	蔷薇属	尼尔普国际有限公司（NIRP INTERNATIONAL SA）	亚历山德罗·吉奥恩（Alessandro Ghione）	20180623	20180914	20201229
253	20200290	尼尔菲特（NIRPHIT）	蔷薇属	尼尔普国际有限公司（NIRP INTERNATIONAL SA）	亚历山德罗·吉奥恩（Alessandro Ghione）	20180628	20180914	20201229
254	20200291	尼尔普涛（NIRPTOR）	蔷薇属	尼尔普国际有限公司（NIRP INTERNATIONAL SA）	亚历山德罗·吉奥恩（Alessandro Ghione）	20180631	20180914	20201229
255	20200292	尼尔普曼（NIRPMANT）	蔷薇属	尼尔普国际有限公司（NIRP INTERNATIONAL SA）	亚历山德罗·吉奥恩（Alessandro Ghione）	20180638	20180914	20201229
256	20200293	尼尔普木（NIRPMUT）	蔷薇属	尼尔普国际有限公司（NIRP INTERNATIONAL SA）	亚历山德罗·吉奥恩（Alessandro Ghione）	20180639	20180914	20201229
257	20200294	尼尔泡普（NIRPOP）	蔷薇属	尼尔普国际有限公司（NIRP INTERNATIONAL SA）	亚历山德罗·吉奥恩（Alessandro Ghione）	20180640	20180914	20201229
258	20200295	尼尔普塔（NIRPTAG）	蔷薇属	尼尔普国际有限公司（NIRP INTERNATIONAL SA）	亚历山德罗·吉奥恩（Alessandro Ghione）	20180643	20180914	20201229
259	20200305	尼尔普 RPR（NIRPRPR）	蔷薇属	尼尔普国际有限公司（NIRP INTERNATIONAL SA）	亚历山德罗·吉奥恩（Alessandro Ghione）	20180839	20181207	20201229
260	20200306	曼塔维尔（MANTAVEL）	蔷薇属	尼尔普国际有限公司（NIRP INTERNATIONAL SA）	亚历山德罗·吉奥恩（Alessandro Ghione）	20180845	20181207	20201229

（续）

序号	品种权号	品种名称	属（种）	品种权人	培育人	申请号	申请日	授权日
261	20200307	尼尔帕勒特（NIRPALERT）	蔷薇属	尼尔普国际有限公司（NIRP INTERNATIONAL SA）	亚历山德罗·吉奥恩（Alessandro Ghione）	20180846	20181207	20201229
262	20200308	尼尔普 H2O（NIRPH2O）	蔷薇属	尼尔普国际有限公司（NIRP INTERNATIONAL SA）	亚历山德罗·吉奥恩（Alessandro Ghione）	20180847	20181207	20201229
263	20200309	尼尔普莱特（NIRPRIGHT）	蔷薇属	尼尔普国际有限公司（NIRP INTERNATIONAL SA）	亚历山德罗·吉奥恩（Alessandro Ghione）	20180852	20171207	20201229
264	20200310	尼尔普泰棱（NIRPTALENT）	蔷薇属	尼尔普国际有限公司（NIRP INTERNATIONAL SA）	亚历山德罗·吉奥恩（Alessandro Ghione）	20180855	20181207	20201229
265	20200327	尼尔普冉佳（NIRPRANJA）	蔷薇属	尼尔普国际有限公司（NIRP INTERNATIONAL SA）	亚历山德罗·吉奥恩（Alessandro Ghione）	20190107	20181225	20201229
266	20200162	彩褶	槭属	宁波城市职业技术学院	祝志勇、林乐静、姚海栗、叶国庆	20190604	20190827	20200729
267	20200163	四明梦幻	槭属	宁波城市职业技术学院	林乐静、黄艾、祝志勇、夏乐家、叶国庆	20190605	20190827	20200729
268	20200164	春缃	槭属	宁波城市职业技术学院	祝志勇、林乐静、林立、刘峰、叶国庆	20190606	20190827	20200729
269	20200121	四明紫墨	山茶属	宁波黄金韵茶业科技有限公司	张龙杰、胡涨吉、张完林、王荣芬、王开荣、梁月荣、郑新强	20190260	20190328	20200729
270	20200124	五彩中华	山茶属	宁波黄金韵茶业科技有限公司	王开荣、张龙杰、王荣芬、梁月荣、胡涨吉、郑新强、张完林	20190263	20190328	20200729
271	20200126	四季金韵	山茶属	宁波黄金韵茶业科技有限公司	郑新强、张龙杰、王荣芬、胡涨吉、张完林、梁月荣、王开荣	20190265	20190328	20200729
272	20200127	乌御金茗	山茶属	宁波黄金韵茶业科技有限公司	张龙杰、王开荣、胡涨吉、王荣芬、梁月荣、郑新强、张完林	20190266	20190328	20200729
273	20200120	千秋墨	山茶属	宁波黄金韵茶业科技有限公司、余姚市农业技术推广服务总站	王开荣、李明、张龙杰、梁月荣、吴颖、郑新强、王荣芬、胡涨吉	20190259	20190328	20200729
274	20200122	四明紫霞	山茶属	宁波黄金韵茶业科技有限公司、余姚市农业技术推广服务总站	梁月荣、王开荣、张龙杰、李明、吴颖、王荣芬、郑新强、胡涨吉	20190261	20190328	20200729
275	20200123	虞舜红	山茶属	宁波黄金韵茶业科技有限公司、余姚市农业技术推广服务总站	李明、张龙杰、梁月荣、吴颖、郑新强、王荣芬、胡涨吉、王开荣	20190262	20190328	20200729
276	20200125	金川红妃	山茶属	宁波黄金韵茶业科技有限公司、余姚市农业技术推广服务总站	张龙杰、吴颖、梁月荣、李明、王开荣、胡涨吉、王荣芬、郑新强	20190264	20190328	20200729

（续）

序号	品种权号	品种名称	属（种）	品种权人	培育人	申请号	申请日	授权日
277	20200149	羽扇	冬青属	宁波市农业科学研究院	章建红、王建军、沈登锋、蒋笑丽、洪春桃	20190315	20190416	20200729
278	20200150	幸福公主	冬青属	宁波市农业科学研究院	章建红、赵绮、洪春桃、沈登锋、严春风	20190316	20190416	20200729
279	20200151	利剑	冬青属	宁波市农业科学研究院	章建红、李修鹏、沈登锋、蒋笑丽、魏斌	20190317	20190416	20200729
280	20200152	丁克骑士	冬青属	宁波市农业科学研究院	章建红、沈登锋、严春风、魏斌、蒋笑丽	20190318	20190416	20200729
281	20200153	大龟甲	冬青属	宁波市农业科学研究院	章建红、沈登锋、赵绮、洪春桃、魏斌	20190319	20190416	20200729
282	20200155	碧圆	冬青属	宁波市农业科学研究院	章建红、李修鹏、沈登锋、洪春桃、魏斌	20190326	20190418	20200729
283	20200343	五星杨	杨属	宁夏宏斌绿化苗木有限公司、宁夏宏斌快长苗木专业合作社	宗洪斌	20190196	20190213	20201229
284	20200383	磐月榧	榧树属	磐安县南谷生态农特产品开发有限公司、浙江农林大学、东阳市香榧研究所	陈红星、张敏、胡文翠、程诗明、张苏炯、厉锋、杜敏红、韩宁林、傅三中、唐海英	20190630	20190903	20201229
285	20200364	磐大榧	榧树属	磐安县农家缘香榧专业合作社、浙江省林业科学研究院、景宁嘉树农业科技开发有限公司	陈红星、程诗明、张敏、张苏炯、徐晓锋、傅志华、陈江芳、陈慧斌、陈素贞、李秋龙	20190482	20190804	20201229
286	20200372	玉山果榧	榧树属	磐安县药乡蜂谷生态农林有限公司、浙江农林大学、浙江省林业科学研究院	陈红星、张敏、程诗明、张苏炯、倪伟成、张龙满、徐晓锋、楼新良、陈秀元	20190564	20190821	20201229
287	20200366	雪月	流苏树属	山东农业大学	李际红、曲凯、国浩平、刘佳庚、周文玲、王宝锐、侯丽丽、郭海丽、王如月	20190516	20190813	20201229
288	20200367	雪丽	流苏树属	山东农业大学	李际红、国浩平、曲凯、刘佳庚、周文玲、王宝锐、侯丽丽、郭海丽、王如月	20190519	20190813	20201229
289	20200368	暴马	流苏树属	山东农业大学	李际红、国浩平、曲凯、刘佳庚、周文玲、王宝锐、侯丽丽、郭海丽、王如月	20190523	20190813	20201229
290	20200347	岱红 1 号	石榴属	山东省果树研究所	尹燕雷、冯立娟、杨雪梅、唐海霞、王菲、焦其庆、王传增、武冲	20190224	20190314	20201229

（续）

序号	品种权号	品种名称	属（种）	品种权人	培育人	申请号	申请日	授权日
291	20200348	鲁青 1 号	石榴属	山东省果树研究所	尹燕雷、冯立娟、杨雪梅、唐海霞、王传增、王菲、焦其庆、武冲	20190227	20190314	20201229
292	20200349	鲁青 2 号	石榴属	山东省果树研究所	尹燕雷、冯立娟、杨雪梅、唐海霞、王传增、王菲、焦其庆、武冲	20190228	20190314	20201229
293	20200439	白洼 4 号	榆属	山东省林木种苗和花卉站、金乡县国有白洼林场	李景涛、唐国梁、武香、翟单单、段春玲、周继磊	20190798	20191118	20201229
294	20200205	华蜡 1 号	白蜡树属	山东省林业科学研究院	刘翠兰、吴德军、王因花、李庆华、燕丽萍、王开芳、李善文、任飞、杨庆山、李丽、王吉贵、毛秀红	20170279	20170601	20201229
295	20200206	鲁绒	白蜡树属	山东省林业科学研究院	燕丽萍、吴德军、王因花、任飞、刘翠兰、李庆华、王开芳、姚俊修、王振猛、臧真荣、高嘉、王吉贵、毛秀红	20170280	20170601	20201229
296	20200118	里德利 4507（Ridley 4507）	越橘属	山蓝色果园企业有限公司（Mountain Blue Orchards Pty Ltd）	里德利贝尔（Ridley Bell）	20190155	20190115	20200729
297	20200021	里德利 1111（Ridley 1111）	越橘属	山蓝色果园企业有限公司（Mountain Blue Orchards Pty Ltd）	里德利贝尔（Ridley Bell）	20160242	20160905	20200729
298	20200025	里德利 4514（Ridley 4514）	越橘属	山蓝色果园企业有限公司（Mountain Blue Orchards Pty Ltd）	里德利贝尔（Ridley Bell）	20170128	20170320	20200729
299	20200026	里德利 1812（Ridley 1812）	越橘属	山蓝色果园企业有限公司（Mountain Blue Orchards Pty Ltd）	里德利贝尔（Ridley Bell）	20170129	20170320	20200729
300	20200027	里德利 1403（Ridley 1403）	越橘属	山蓝色果园企业有限公司（Mountain Blue Orchards Pty Ltd）	里德利贝尔（Ridley Bell）	20170130	20170320	20200729
301	20200028	里德利 3402（Ridley 3402）	越橘属	山蓝色果园企业有限公司（Mountain Blue Orchards Pty Ltd）	里德利贝尔（Ridley Bell）	20170131	20170320	20200729
302	20200029	里德利 0501（Ridley 0501）	越橘属	山蓝色果园企业有限公司（Mountain Blue Orchards Pty Ltd）	里德利贝尔（Ridley Bell）	20170132	20170320	20200729
303	20200058	里德利 1105（Ridley 1105）	越橘属	山蓝色果园企业有限公司（Mountain Blue Orchards Pty Ltd）	里德利贝尔（Ridley Bell）	20180129	20180206	20200729
304	20200059	里德利 4408（Ridley 4408）	越橘属	山蓝色果园企业有限公司（Mountain Blue Orchards Pty Ltd）	里德利贝尔（Ridley Bell）	20180130	20180206	20200729

（续）

序号	品种权号	品种名称	属（种）	品种权人	培育人	申请号	申请日	授权日
305	20200063	里德利 1607（Ridley 1607）	越橘属	山蓝色果园企业有限公司（Mountain Blue Orchards Pty Ltd）	里德利贝尔（Ridley Bell）	20180216	20180425	20200729
306	20200064	里德利 1602（Ridley 1602）	越橘属	山蓝色果园企业有限公司（Mountain Blue Orchards Pty Ltd）	里德利贝尔（Ridley Bell）	20180217	20180425	20200729
307	20200065	里德利 4609（Ridley 4609）	越橘属	山蓝色果园企业有限公司（Mountain Blue Orchards Pty Ltd）	里德利贝尔（Ridley Bell）	20180218	20180425	20200729
308	20200066	里德利 1212（Ridley 1212）	越橘属	山蓝色果园企业有限公司（Mountain Blue Orchards Pty Ltd）	里德利贝尔（Ridley Bell）	20180219	20180425	20200729
309	20200157	河东一号	皂荚属	山西绿源春生态林业有限公司、中国林业科学研究院林业研究所	雷永元、闫义定、林富荣、郑勇奇、郭文英、李斌、闫桂兰	20190369	20190530	20200729
310	20200266	晋欧 2 号	李属	山西农业大学	王鹏飞、杜俊杰、张建成、穆霄鹏、曹琴	20180448	20180723	20201229
311	20200267	晋欧 3 号	李属	山西农业大学	杜俊杰、王鹏飞、张建成、穆霄鹏、曹琴	20180449	20180723	20201229
312	20200331	博凯 1 号	卫矛属	时凯	时凯、储博彦、赵玉芬、时庆春	20190122	20181228	20201229
313	20200355	美人椒	花椒属	四川省林业科学研究院、四川安龙天然林技术有限责任公司	徐惠、吴宗兴、宋小军、彭晓曦、王丽华、梁颇、熊量	20190345	20190514	20201229
314	20200406	紫烟	乌桕属	苏州工业园区园林绿化工程有限公司	龚伟、孔芬、徐丽娅、朱建清、赵崇九、陈鑫、徐瑞、连佩锋、董筱昀、黄利斌	20190689	20190925	20201229
315	20200097	粉黛	蔷薇属	苏州市华冠园创园艺科技有限公司	姜正之	20180669	20181011	20200729
316	20200098	雀之舞	蔷薇属	苏州市华冠园创园艺科技有限公司	姜正之	20180670	20181011	20200729
317	20200099	空蒙	蔷薇属	苏州市华冠园创园艺科技有限公司	姜正之	20180671	20181011	20200729
318	20200172	东岳佳宝	槭属	泰安市泰山林业科学研究院、泰安时代园林科技开发有限公司	李承秀、王迎、颜卫东、孙忠奎、杜辉、王峰、杨波、罗磊、孔凡伟、张林	20120215	20121205	20201229
319	20200229	福缘	青檀属	泰安市泰山林业科学研究院、泰安时代园林科技开发有限公司	杜辉、李杰、盛振兴、李承秀、于永畅、杨波、王郑昊、任红剑、乔谦、张林	20170592	20171116	20201229
320	20200230	鸿羽	青檀属	泰安市泰山林业科学研究院、泰安时代园林科技开发有限公司	张林、孙忠奎、王峰、程甜甜、朱翠翠、乔谦、张安琪、于永畅、任红剑、王富金	20170593	20171116	20201229
321	20200231	无量	青檀属	泰安市泰山林业科学研究院、泰安时代园林科技开发有限公司	王峰、张安琪、王郑昊、陈荣伟、张靖、孙芳、胡杰、赵青松、谢学阳、张林	20170594	20171116	20201229

（续）

序号	品种权号	品种名称	属（种）	品种权人	培育人	申请号	申请日	授权日
322	20200232	慧光	青檀属	泰安市泰山林业科学研究院、泰安时代园林科技开发有限公司	孙忠奎、王郑昊、李承秀、朱翠翠、胡杰、任红剑、孙芳、程甜甜、杜辉、张林	20170595	20171116	20201229
323	20200233	金玉缘	青檀属	泰安市泰山林业科学研究院、泰安时代园林科技开发有限公司	程甜甜、朱翠翠、孙忠奎、王郑昊、仲凤维、张安琪、燕语、郭伟、张攀、张林	20170596	20171116	20201229
324	20200203	泰达火焰	蔷薇属	天津泰达盐碱地绿化研究中心有限公司、天津泰达绿化集团有限公司	秘洪雷、田晓明、张清、于璐、王鹏山、慈华聪、张楚涵	20170271	20170601	20201229
325	20200204	泰达之恋	蔷薇属	天津泰达盐碱地绿化研究中心有限公司、天津泰达绿化集团有限公司	张清、田晓明、秘洪雷、慈华聪、王鹏山、于璐、张楚涵	20170272	20170601	20201229
326	20200215	甜心芭比	蔷薇属	通海锦海农业科技发展有限公司、玉溪市农业科学院	董春富、张军云、张钟、张建康、王文智、杨世先、胡颖、胡丽琴	20170460	20170901	20201229
327	20200023	强盛	紫薇	王柏盛	王柏盛	20170022	20161216	20200729
328	20200386	孝核 1 号	核桃属	孝义市碧山核桃科技有限公司、山西省林业科学研究院	王贵、刘峰、张彩红、武静、贺奇、刘欣萍、燕晓晖、任晓平	20190654	20190916	20201229
329	20200387	孝核 2 号	核桃属	孝义市碧山核桃科技有限公司、山西省林业科学研究院	王贵、武静、贺奇、张彩红、梁同灵、王斌、梁新民	20190655	20190916	20201229
330	20200411	天瑞	榆属	新疆瑞绎昕生态园林技术有限公司、乌鲁木齐市米东区姚氏苗圃	赵春刚、姚精昀、王立生、李培闪、常红涛、吕平、李博源	20190702	20191010	20201229
331	20200435	艺峰玉晶	卫矛属	许昌汇绿园林科技有限公司	杜林峰、邹慧芳、马秋建、杜军安、杜军峰、杜合清、孙玉杰、邹群芳	20190758	20191028	20201229
332	20200373	四季春 6 号	紫荆属	鄢陵中林园林工程有限公司、河南四季春园林艺术工程有限公司、许昌樱桐生态园林有限公司	张林、刘双枝、张文馨	20190594	20190826	20201229
333	20200344	傲雪青	卫矛属	杨新社、杨瑞	杨新社、杨瑞	20190198	20190221	20201229
334	20200345	傲雪翠	卫矛属	杨新社、杨瑞	杨新社、杨瑞	20190199	20190221	20201229
335	20200067	小王子	蔷薇属	宜良多彩盆栽有限公司	刘天平、胡明飞、罗开春、何云县、卢燕	20180226	20180517	20200729
336	20200068	金香玉	蔷薇属	宜良多彩盆栽有限公司	刘天平、胡明飞、罗开春、何云县、卢燕	20180231	20180517	20200729

（续）

序号	品种权号	品种名称	属（种）	品种权人	培育人	申请号	申请日	授权日
337	20200253	烟火	蔷薇属	宜良多彩盆栽有限公司	刘天平、胡明飞、罗开春、何云县、卢燕	20180225	20180517	20201229
338	20200254	初恋	蔷薇属	宜良多彩盆栽有限公司	刘天平、胡明飞、罗开春、何云县、卢燕	20180227	20180517	20201229
339	20200255	千寻	蔷薇属	宜良多彩盆栽有限公司	刘天平、胡明飞、罗开春、何云县、卢燕	20180229	20180517	20201229
340	20200256	香草	蔷薇属	宜良多彩盆栽有限公司	刘天平、胡明飞、罗开春、何云县、卢燕	20180230	20180517	20201229
341	20200314	美人	蔷薇属	宜良多彩盆栽有限公司	刘天平、胡明飞、何云县、卢燕、叶晓念	20190039	20181218	20201229
342	20200370	曼妙	李属	英德市旺地樱花种植有限公司、广州红树林生态科技有限公司、韶关市旺地樱花种植有限公司	胡晓敏、叶小玲、何宗儒、朱军、张晓明、苏捷	20190541	20190819	20201229
343	20200371	鹊桥仙子	李属	英德市旺地樱花种植有限公司、韶关市旺地樱花种植有限公司、广州红树林生态科技有限公司	叶小玲、胡晓敏、何宗儒、朱军、张晓明、苏捷	20190542	20190819	20201229
344	20200030	英特斯缤霍夫拉（Interspinhofla）	蔷薇属	英特普兰特公司（Interplant B. V.）	A·J·H·范·多伊萨姆（ir. A.J.H. van Doesum）	20170203	20170503	20200729
345	20200031	英特洛夫拉（Intertrofla）	蔷薇属	英特普兰特公司（Interplant B. V.）	A·J·H·范·多伊萨姆（ir. A.J.H. van Doesum）	20170204	20170503	20200729
346	20200207	英特罗诺托夫（Interonotov）	蔷薇属	英特普兰特公司（Interplant Roses B.V.）	A·J·H·范·多伊萨姆（ir.A.J.H.van Doesum）	20170293	20170605	20201229
347	20200221	英特乐沃尔格（Interlowolg）	蔷薇属	英特普兰特月季育种公司（Interplant Roses B.V.）	范·多伊萨姆（ir.A.J.H.van Doesum）	20170538	20171017	20201229
348	20200234	英特克林班（Intercreenban）	蔷薇属	英特普兰特月季育种公司（Interplant Roses B.V.）	范·多伊萨姆（ir.A.J.H.van Doesum）	20180018	20171222	20201229
349	20200235	英特洛朱毕丽（Interlojubile）	蔷薇属	英特普兰特月季育种公司（Interplant Roses B.V.）	范·多伊萨姆（ir.A.J.H.van Doesum）	20180020	20171222	20201229
350	20200236	英特瑞拉奇夫（Interrelatcif）	蔷薇属	英特普兰特月季育种公司（Interplant Roses B.V.）	范·多伊萨姆（ir.A.J.H.van Doesum）	20180021	20171222	20201229

（续）

序号	品种权号	品种名称	属（种）	品种权人	培育人	申请号	申请日	授权日
351	20200237	英特斯宾尼克萨普（Interspiniksup）	蔷薇属	英特普兰特月季育种公司（Interplant Roses B.V.）	范·多伊萨姆（ir.A.J.H.van Doesum）	20180022	20171222	20201229
352	20200238	英特川尼洛克（Intertroneeloc）	蔷薇属	英特普兰特月季育种公司（Interplant Roses B.V.）	范·多伊萨姆（ir.A.J.H.van Doesum）	20180023	20171222	20201229
353	20200239	英特卓瑞夫丽司（Intertrorevlis）	蔷薇属	英特普兰特月季育种公司（Interplant Roses B.V.）	范·多伊萨姆（ir.A.J.H.van Doesum）	20180024	20171222	20201229
354	20200249	格拉 11874（GRA11874）	蔷薇属	英特普兰特月季育种公司（Interplant Roses B.V.）、格兰迪月季种植有限公司（Grandiflora Nurseries Pty. Ltd.）	H·E·希路德斯（H. E. Schreuders）	20180115	20180124	20201229
355	20200194	卢桉 1 号	桉属	永兴县捷兴林业发展有限公司、中国林业科学研究院热带林业研究所、国家林业和草原局桉树研究开发中心	卢维勇、曾炳山、方良、容世清、裘珍飞	20170138	20170324	20201229
356	20200022	小洁	蔷薇属	云南锦科花卉工程研究中心有限公司	倪功、曹荣根、田连通、白云评、乔丽婷、阳明祥、何琼	20160376	20161125	20200729
357	20200192	阿黑	蔷薇属	云南锦科花卉工程研究中心有限公司	倪功、曹荣根、田连通、白云评、乔丽婷、阳明祥、何琼	20160379	20161125	20201229
358	20200193	紫韵	蔷薇属	云南锦科花卉工程研究中心有限公司	倪功、曹荣根、田连通、白云评、乔丽婷、阳明祥、何琼	20170034	20161227	20201229
359	20200226	紫晶	蔷薇属	云南锦科花卉工程研究中心有限公司	倪功、曹荣根、田连通、白云评、乔丽婷、阳明祥、何琼	20170561	20171102	20201229
360	20200227	凤蝶	蔷薇属	云南锦科花卉工程研究中心有限公司	倪功、曹荣根、田连通、白云评、乔丽婷、阳明祥、何琼	20170563	20171102	20201229
361	20200003	皇妃	蔷薇属	云南锦苑花卉产业股份有限公司	倪功、曹荣根、田连通、白云评、乔丽婷、何琼、阳明祥	20140235	20141206	20200729
362	20200168	圣火	蔷薇属	云南锦苑花卉产业股份有限公司	倪功、曹荣根、田连通、白云评、乔丽婷、阳明祥	20110128	20111110	20201229
363	20200169	金粉	蔷薇属	云南锦苑花卉产业股份有限公司	倪功、曹荣根、田连通、白云评、乔丽婷、阳明祥	20110133	20111110	20201229
364	20200170	锦红	蔷薇属	云南锦苑花卉产业股份有限公司	倪功、曹荣根、田连通、白云评、乔丽婷、阳明祥	20120199	20121201	20201229

（续）

序号	品种权号	品种名称	属（种）	品种权人	培育人	申请号	申请日	授权日
365	20200171	红钻	蔷薇属	云南锦苑花卉产业股份有限公司	倪功、曹荣根、田连通、白云评、乔丽婷、阳明祥	20120202	20121201	20201229
366	20200173	紫玉	蔷薇属	云南锦苑花卉产业股份有限公司	倪功、曹荣根、田连通、白云评、乔丽婷、何琼、阳明祥	20140237	20141206	20201229
367	20200167	云洁	蔷薇属	云南锦苑花卉产业股份有限公司、石林锦苑康乃馨有限公司	李淑斌、倪功、曹荣根、李飞鹏、杜福顺、田连通、白云评、乔丽婷、阳明祥	20110126	20111110	20201229
368	20200181	彩云之歌	蔷薇属	云南锦苑花卉产业股份有限公司、云南锦科花卉工程研究中心有限公司	倪功、曹荣根、田连通、白云评、乔丽婷、阳明祥	20150251	20151203	20201229
369	20200182	情投意合	蔷薇属	云南锦苑花卉产业股份有限公司、云南锦科花卉工程研究中心有限公司	倪功、曹荣根、田连通、白云评、乔丽婷、阳明祥	20160022	20160121	20201229
370	20200047	芮宁	蔷薇属	云南省农业科学院花卉研究所	周宁宁、王其刚、唐开学、张颢、蹇洪英、李淑斌、陈敏、邱显钦、晏慧君、张婷	20170542	20171023	20200729
371	20200048	四季粉	蔷薇属	云南省农业科学院花卉研究所	晏慧君、王其刚、蹇洪英、张颢、邱显钦、陈敏、唐开学、李淑斌、张婷、周宁宁	20170545	20171023	20200729
372	20200052	梦幻云锦	蔷薇属	云南省农业科学院花卉研究所	李树发、宋杰、李世峰、蔡艳飞、陆琳、黎霞、田联通	20170575	20171109	20200729
373	20200222	满堂红	蔷薇属	云南省农业科学院花卉研究所	周宁宁、王其刚、唐开学、张颢、蹇洪英、李淑斌、陈敏、邱显钦、晏慧君、张婷	20170541	20171023	20201229
374	20200223	雨漱春	蔷薇属	云南省农业科学院花卉研究所	陈敏、王其刚、邱显钦、唐开学、晏慧君、张颢、蹇洪英、周宁宁、李淑斌、张婷	20170543	20171023	20201229
375	20200224	芳华	蔷薇属	云南省农业科学院花卉研究所	蹇洪英、王其刚、张婷、晏慧君、周宁宁、李淑斌、陈敏、邱显钦、张颢、唐开学、黎霞、杨维	20170546	20171023	20201229
376	20200228	梦幻花容	蔷薇属	云南省农业科学院花卉研究所	李绅崇、宋杰、李树发、彭绿春、李世峰、李进昆、乔丽婷	20170576	20171109	20201229
377	20200296	黄金甲	蔷薇属	云南省农业科学院花卉研究所	邱显钦、唐开学、张颢、王其刚、陈敏、蹇洪英、晏慧君、周宁宁、李淑斌	20180661	20181009	20201229

（续）

序号	品种权号	品种名称	属（种）	品种权人	培育人	申请号	申请日	授权日
378	20200024	梦魅	蔷薇属	云南云秀花卉有限公司、云南省农业科学院花卉研究所	蹇洪英、王其刚、段金辉、李清云、晏慧君、周宁宁、陈敏、薛祖旺、李淑斌、唐开学、张颢、邱显钦、段云晟	20170026	20161226	20200729
379	20200277	艳阳	桂花	漳州新发现农业发展有限公司	陈日才、陈朝暖、陈小芳、陈菁菁	20180586	20180904	20201229
380	20200280	墨染丹青	桂花	漳州新发现农业发展有限公司	陈日才、陈朝暖、陈小芳、陈菁菁	20180589	20180904	20201229
381	20200282	黑王子	桂花	漳州新发现农业发展有限公司	陈日才、陈朝暖、陈小芳、陈菁菁	20180591	20180904	20201229
382	20200284	金状元	桂花	漳州新发现农业发展有限公司	陈日才、陈朝暖、陈小芳、陈菁菁	20180593	20180904	20201229
383	20200315	女儿芯	紫薇	浙江东海岸园艺有限公司、浙江鸿翔园林绿化工程有限公司	沈鸿明、沈劲余、朱王微、张晓杰、李盼盼、朱雪娟、潘小宇、马国其	20190061	20181220	20201229
384	20200316	橡叶舞娘	紫薇	浙江东海岸园艺有限公司、浙江鸿翔园林绿化工程有限公司	沈劲余、沈鸿明、朱雪娟、费也君、薛桂芳、朱王微、张晓杰、李盼盼	20190064	20181220	20201229
385	20200317	萝莉	紫薇	浙江东海岸园艺有限公司、浙江鸿翔园林绿化工程有限公司	沈鸿明、沈劲余、张晓杰、李盼盼、朱王微、薛桂芳、王菁蕾、宋鑫远	20190065	20181220	20201229
386	20200318	米叶佳欣	紫薇	浙江东海岸园艺有限公司、浙江鸿翔园林绿化工程有限公司	沈鸿明、沈劲余、张晓杰、朱王微、李盼盼、薛桂芳、沈文超、马宇宁	20190066	20181220	20201229
387	20200333	孔雀开屏	紫薇	浙江东海岸园艺有限公司、浙江鸿翔园林绿化工程有限公司	沈劲余、沈鸿明、顾翠花、张晓杰、薛桂芳、李盼盼、朱王微、顾敏洁	20190138	20190104	20201229
388	20200356	四季红	桂花	浙江理工大学、广西荔浦彩叶桂花新品种开发有限公司	胡绍庆、黄新纪、李东泽、黄坤云、崔祺	20190416	20190625	20201229
389	20200357	如雪	桂花	浙江理工大学、广西荔浦彩叶桂花新品种开发有限公司	胡绍庆、黄新纪、李东泽、黄坤云、崔祺	20190417	20190625	20201229
390	20200079	素雅绿萼	梅	浙江农林大学	赵宏波、董彬、张超、付建新	20180532	20180903	20200729
391	20200080	丽颜朱砂	梅	浙江农林大学	赵宏波、董彬、张超、付建新	20180533	20180903	20200729
392	20200081	艳朱砂	梅	浙江农林大学	赵宏波、董彬、张超、付建新	20180535	20180903	20200729
393	20200082	大黄素	蜡梅	浙江农林大学	赵宏波、董彬、张超、付建新	20180536	20180903	20200729
394	20200083	鹅黄甜心	蜡梅	浙江农林大学	赵宏波、董彬、张超、付建新	20180537	20180903	20200729
395	20200084	集素妆	蜡梅	浙江农林大学	赵宏波、董彬、张超、付建新	20180538	20180903	20200729
396	20200085	玉面素心	蜡梅	浙江农林大学	赵宏波、董彬、张超、付建新	20180539	20180903	20200729

（续）

序号	品种权号	品种名称	属（种）	品种权人	培育人	申请号	申请日	授权日
397	20200319	紫贵妃	紫薇	浙江森城种业有限公司、浙江东海岸园艺有限公司	沈劲余、沈鸿明、朱王微、张晓杰、李盼盼、薛桂芳、朱雪娟、费也君	20190083	20181220	20201229
398	20200332	少女芯	紫薇	浙江森城种业有限公司、浙江东海岸园艺有限公司	沈鸿明、薛桂芳、朱王微、张晓杰、顾敏洁、李庄华、张成燕、顾翠花	20190137	20190104	20201229
399	20200334	落樱缤纷	紫薇	浙江森城种业有限公司、浙江鸿翔园林绿化工程有限公司	沈鸿明、薛桂芳、朱王微、张晓杰、顾敏洁、李庄华、张成燕、顾翠花	20190139	20190104	20201229
400	20200117	黄金丙	乌桕属	浙江森禾集团股份有限公司	王春、郑勇平、张光泉、刘丹丹	20190148	20190114	20200729
401	20200094	流光溢彩	杜鹃属	中国科学院昆明植物研究所	马永鹏、张长芹、田晓玲、魏薇	20180609	20180907	20200729
402	20200095	繁星	杜鹃属	中国科学院昆明植物研究所	马永鹏、张长芹、魏薇、孙育红	20180610	20180907	20200729
403	20200093	素锦年华	杜鹃属	中国科学院昆明植物研究所、云南农业大学	马永鹏、张长芹、张敬丽、田晓玲	20180608	20180907	20200729
404	20200112	盛京红	丁香属	中国科学院沈阳应用生态研究所	张粤、苏道岩、陈玮、赵大伟、黄彦青	20190133	20190102	20200729
405	20200113	盛京黄	丁香属	中国科学院沈阳应用生态研究所	陈玮、张粤、李岩、赵大伟、苏道岩	20190134	20190102	20200729
406	20200114	盛京紫	丁香属	中国科学院沈阳应用生态研究所	何兴元、张粤、赵大伟、陈玮、苏道岩	20190135	20190102	20200729
407	20200174	中翅 1 号	胡颓子属	中国林业科学研究院、中国林业科学研究院黄河三角洲综合试验中心、天津绿茵景观生态建设股份有限公司	张华新、刘正祥、杨秀艳、祁永、杨丕俊、赵罕、武海雯、朱建峰、王计平	20150110	20150618	20201229
408	20200175	中翅 2 号	胡颓子属	中国林业科学研究院、中国林业科学研究院黄河三角洲综合试验中心、天津绿茵景观生态建设股份有限公司	张华新、赵罕、杨秀艳、杨丕俊、刘正祥、武海雯、朱建峰、王计平、祁永	20150111	20150618	20201229
409	20200176	中翅 3 号	胡颓子属	中国林业科学研究院、中国林业科学研究院黄河三角洲综合试验中心、天津绿茵景观生态建设股份有限公司	张华新、赵罕、杨秀艳、杨丕俊、刘正祥、武海雯、朱建峰、王计平、祁永	20150112	20150618	20201229
410	20200351	京通 1 号	杨属	中国林业科学研究院林业研究所	胡建军、王留强、彭霄鹏、王丽娟	20190336	20190426	20201229
411	20200352	京通 2 号	杨属	中国林业科学研究院林业研究所	胡建军、赵树堂、唐芳、宋学勤、刘颖丽	20190337	20190426	20201229
412	20200363	中旱 1 号杨	杨属	中国林业科学研究院林业研究所	苏晓华、张冰玉、黄秦军、丁昌俊、李爱平、张伟溪	20190459	20190725	20201229
413	20200380	华北 1 号	杨属	中国林业科学研究院林业研究所	胡建军、赵自成、苏雪辉、李喜林、于自力、张智勇	20190626	20190902	20201229

（续）

序号	品种权号	品种名称	属（种）	品种权人	培育人	申请号	申请日	授权日
414	20200381	华北 2 号	杨属	中国林业科学研究院林业研究所	胡建军、赵自成、李喜林、苏雪辉、王金艳、吴冲	20190627	20190902	20201229
415	20200382	华北 3 号	杨属	中国林业科学研究院林业研究所	胡建军、赵自成、王志彬、刘海翔、赵岩、刘志刚、王军军	20190628	20190902	20201229
416	20200261	中云 1 号	云杉属	中国林业科学研究院林业研究所、甘肃省小陇山林业实验局林业科学研究所	王军辉、欧阳芳群、马建伟、安三平、王丽芳、麻文俊、许娜 、杜彦昌 、鲜小军、胡勐鸿	20180362	20180706	20201229
417	20200263	中云 15 号	云杉属	中国林业科学研究院林业研究所、甘肃省小陇山林业实验局林业科学研究所	王军辉、马建伟、安三平、王丽芳、欧阳芳群、贾子瑞、麻文俊、杨桂娟、许娜、杜彦昌、鲜小军、胡勐鸿	20180364	20180706	20201229
418	20200264	中云 17 号	云杉属	中国林业科学研究院林业研究所、青海省大通县东峡林场	王军辉、欧阳芳群、赵万启、祁生秀、蔡启山、贾子瑞、陈海庆、张路风	20180365	20180706	20201229
419	20200158	河东二号	皂荚属	中国林业科学研究院林业研究所、山西绿源春生态林业有限公司	林富荣、雷永元、闫义定、郑勇奇、郭文英、李斌、闫桂兰	20190370	20190530	20200729
420	20200159	河东三号	皂荚属	中国林业科学研究院林业研究所、山西绿源春生态林业有限公司	林富荣、雷永元、闫义定、郑勇奇、郭文英、李斌、闫桂兰	20190371	20190530	20200729
421	20200160	河东四号	皂荚属	中国林业科学研究院林业研究所、山西绿源春生态林业有限公司	郑勇奇、雷永元、闫义定、林富荣、郭文英、李斌、闫桂兰	20190372	20190530	20200729
422	20200432	中石 1 号	文冠果	中国林业科学研究院林业研究所、彰武县德亚文冠果专业合作社、辽宁省林业发展服务中心	毕泉鑫、崔德石、王利兵、张凯、于海燕、戴立、孙涤非、曹颖、关煜涵、崔天鹏、刘肖娟	20190743	20191021	20201229
423	20200433	中石 7 号	文冠果	中国林业科学研究院林业研究所、彰武县德亚文冠果专业合作社、辽宁省林业发展服务中心	王利兵、崔德石、毕泉鑫、张凯、于海燕、戴立、孙涤非、曹颖、关煜涵、崔天鹏、刘肖娟	20190744	20191021	20201229
424	20200041	热桉 3 号	桉属	中国林业科学研究院热带林业研究所、福建省长泰岩溪国有林场、福建省漳州市速生丰产林基地管理中心	甘四明、翁启杰、汤建福、王炳南、周长品、李发根、李梅、周建清、洪长福	20170440	20170815	20200729
425	20200042	热桉 4 号	桉属	中国林业科学研究院热带林业研究所、福建省长泰岩溪国有林场、福建省漳州市速生丰产林基地管理中心	甘四明、李发根、翁启杰、周长品、李梅、汤建福、王炳南、周建清、洪长福	20170441	20170815	20200729
426	20200043	热桉 5 号	桉属	中国林业科学研究院热带林业研究所、福建省长泰岩溪国有林场、福建省漳州市速生丰产林基地管理中心	甘四明、周长品、翁启杰、李发根、李梅、汤建福、王炳南、周建清、洪长福	20170442	20170815	20200729

（续）

序号	品种权号	品种名称	属（种）	品种权人	培育人	申请号	申请日	授权日
427	20200321	红尘之恋	蔷薇属	中国农业科学院蔬菜花卉研究所、云南探花农业科技开发有限公司	葛红、杨树华、贾瑞冬、赵鑫、李秋香、陈举	20190090	20181221	20201229
428	20200322	花木兰	蔷薇属	中国农业科学院蔬菜花卉研究所、云南探花农业科技开发有限公司	葛红、杨树华、贾瑞冬、赵鑫、李秋香、陈举、李锦斌	20190091	20181221	20201229
429	20200323	乳酪蛋糕	蔷薇属	中国农业科学院蔬菜花卉研究所、云南探花农业科技开发有限公司	葛红、杨树华、贾瑞冬、赵鑫、李秋香、陈举	20190092	20181221	20201229
430	20200320	粉色回忆	蔷薇属	中国农业科学院蔬菜花卉研究所、云南鑫海汇花业有限公司	葛红、杨树华、贾瑞冬、赵鑫、李秋香、朱应雄	20190089	20181221	20201229
431	20200100	中杏 6 号	杏	中国农业科学院郑州果树研究所	陈玉玲、夏乐晗、冯义彬、黄振宇、回经涛、徐善坤、李玉峰、陈占营	20180672	20181015	20200729
432	20200336	中石榴 4 号	石榴属	中国农业科学院郑州果树研究所	曹尚银、李好先、骆翔	20190178	20190123	20201229
433	20200337	中石榴 5 号	石榴属	中国农业科学院郑州果树研究所	曹尚银、李好先、骆翔	20190179	20190123	20201229
434	20200338	中石榴 8 号	石榴属	中国农业科学院郑州果树研究所	曹尚银、李好先、骆翔、陈利娜	20190180	20190123	20201229
435	20200216	杞鑫 4 号	枸杞属	中宁县杞鑫枸杞苗木专业合作社	郭玉琴、祁伟、刘冰、何月红、乔彩云、朱金忠、亢彦东、王学军、武永存、邢学武	20170492	20170905	20201229
436	20200073	桂叶银紫	杜鹃属	重庆市南山植物园管理处	权俊萍、张绍林、谭崇平、刘家艳、刘宇、秦海英、田波	20180358	20180705	20200729
437	20200060	普罗米嫩斯（Prominence）	杜鹃属	株式会社赤塚植物园（Akatsuka Garden Co., Ltd.）	仓林雪夫（Yukio Kurabayashi）	20180201	20180330	20200729
438	20200061	斯威特哈特（Sweetheart）	杜鹃属	株式会社赤塚植物园（Akatsuka Garden Co., Ltd.）	仓林雪夫（Yukio Kurabayashi）	20180202	20180330	20200729
439	20200062	斯多贝瑞桑迪（Strawberry Sundae）	杜鹃属	株式会社赤塚植物园（Akatsuka Garden Co., Ltd.）	仓林雪夫（Yukio Kurabayashi）	20180203	20180330	20200729
440	20200407	锦玉 1 号	卫矛属	淄博市川林彩叶卫矛新品种研究所、储博彦	邓运川、冯献滨、杨进、翟慎学、储博彦	20190691	20190927	20201229
441	20200408	锦玉 2 号	卫矛属	淄博市川林彩叶卫矛新品种研究所、戚刚业	翟慎学、王建刚、翟红莲、戚刚业、于立滨、伍会萍、李娜、王志飞、储博彦	20190692	20190927	20201229

数据来源：国家林业和草原局植物新品种保护办公室。

附表2 2020年林业植物新品种申请

序号	申请号	品种名称	属（种）	申请人	培育人	申请日
1	20200542	艾必斯塔（IRBstar）	蔷薇属	E·G·希尔公司（E.G. Hill Company Inc.）	迪恩·如勒（Dean Rule）	20200717
2	20200543	希尔斯塔（HILstar）	蔷薇属	E·G·希尔公司（E.G. Hill Company Inc.）	迪恩·如勒（Dean Rule）	20200717
3	20200544	扎斯普瑞（ZARspray）	蔷薇属	E·G·希尔公司（E.G. Hill Company Inc.）	迪恩·如勒（Dean Rule）	20200717
4	20200671	希尔普拉姆（HILplum）	蔷薇属	E·G·希尔公司（E.G. Hill Company Inc.）	迪恩·如勒（Dean Rule）	20200821
5	20200122	阿帕夫 122（APF122）	悬钩子属	阿肯色大学理事会（The Board of Trustees of The University of Arkansas）	约翰·鲁本·克拉克（John Reuben Clark）、艾伦·汤普森（Ellen Thompson）、马里奥·阿瓜斯 - 阿尔瓦拉多（Mario Aguas-Alvarado）	20200114
6	20200307	班宾诺 2（BAMBINO2）	榕属	爱德华 J·M·V·D· 柯南普（Mr. Eduard. J.M. Van der Knaap）	爱德华 J·M·V·D·柯南普	20200430
7	20200520	艳红	槭属	安徽东方金桥农林科技股份有限公司、安徽东方金桥种苗科技有限公司、安徽省林业科技推广总站	丁增成、丁燕、陈峰	20200715
8	20200209	皖娇	杜鹃属	安徽农业大学	王华、邓新义	20200331
9	20200196	美雪	木犀属	安徽润一生态建设有限公司、段一凡	汪小飞、王贤荣、赵昌恒、段一凡、王玉义	20200316
10	20200294	红琊栎	栎属	安徽省林业科学研究院	吴中能、王新洋、郃建武、王懿君、刘俊龙、苗婷婷、张春祥、曹志华、孙慧、陈郢	20200416
11	20200210	格拉 14525（GRA14525）	蔷薇属	澳大利亚巨花苗圃有限公司（Grandiflora Nurseries Pty. Ltd.）	H·E·舒德尔斯（H. E. Schreuders）	20200331
12	20200211	格拉 14741（GRA14741）	蔷薇属	澳大利亚巨花苗圃有限公司（Grandiflora Nurseries Pty. Ltd.）	H·E·舒德尔斯（H. E. Schreuders）	20200331
13	20200059	栓皮榆	榆属	保定筑邦园林景观工程有限公司	高龙肖、岳彩伟	20191217
14	20200060	筑梓 1 号	梓树属	保定筑邦园林景观工程有限公司	高龙肖、岳彩伟	20191217
15	20200065	香妃	梓树属	保定筑邦园林景观工程有限公司	岳彩伟、高龙肖、谢启章	20191225
16	20200066	科尔沁金杨	杨属	保定筑邦园林景观工程有限公司	岳彩伟、高龙肖、谢启章	20191225
17	20200067	太行大叶榆	榆属	保定筑邦园林景观工程有限公司	岳彩伟、高龙肖、谢启章	20191225
18	20200068	直立美脉榆	榆属	保定筑邦园林景观工程有限公司	岳彩伟、高龙肖、谢启章	20191225
19	20200170	高原翠柳	柳属	北京林业大学	周金星、罗久富、普布次仁、王玉婷	20200313

（续）

序号	申请号	品种名称	属（种）	申请人	培育人	申请日
20	20200171	高原华柳	柳属	北京林业大学	周金星、罗久富、拉顿、格桑曲珍、王玉婷	20200313
21	20200172	高原贞柳	柳属	北京林业大学	周金星、罗久富	20200313
22	20200173	高原珠柳	柳属	北京林业大学	周金星、罗久富、拉顿、赵俊、格桑曲珍	20200313
23	20200174	高原嘉柳	柳属	北京林业大学	周金星、罗久富、普布次仁、柯裕州	20200313
24	20200175	高原袅柳	柳属	北京林业大学	周金星、罗久富	20200313
25	20200176	高原琼柳	柳属	北京林业大学	周金星、罗久富、米玛次仁、柯裕州、赵俊	20200313
26	20200177	高原丹柳	柳属	北京林业大学	周金星、罗久富、李桂静	20200313
27	20200178	高原茸柳	柳属	北京林业大学	周金星、罗久富、王丽娜、徐赟、郭耀允	20200313
28	20200179	高原灰柳	柳属	北京林业大学	周金星、罗久富、徐赟、王丽娜、尤勇刚	20200313
29	20200180	高原郁柳	柳属	北京林业大学	周金星、罗久富、米玛次仁、拉顿、赵俊	20200313
30	20200466	林心相印	蔷薇属	北京林业大学	于超、罗乐、周利君、程璧瑄、潘会堂、张启翔	20200702
31	20200467	月下萤火	蔷薇属	北京林业大学	于超、罗乐、程璧瑄、周利君、潘会堂、张启翔	20200702
32	20200572	京枫 1 号	枫香属	北京林业大学	张金凤、赵健、张炎、齐帅征、孔立生、范英明、张亚东、申东方、胡冬梅	20200730
33	20200573	京枫 2 号	枫香属	北京林业大学	张金凤、赵健、张炎、齐帅征、孔立生、范英明、刘学增、张红喜、康向阳	20200730
34	20200574	京枫 3 号	枫香属	北京林业大学	张金凤、范英明、张炎、齐帅征、孔立生、赵健	20200730
35	20200575	京枫 4 号	枫香属	北京林业大学	张金凤、赵健、张炎、齐帅征、范英明、孔立生、陈思源、江帅菲、李云	20200730
36	20200576	京枫 5 号	枫香属	北京林业大学	张金凤、齐帅征、张炎、范英明、赵健、王泽伟、董明亮、何清伟、孔立生	20200730
37	20200759	京黑 1 号	杨属	北京林业大学	张金凤、奚晓军、郭丽琴、许雯婷、赵健、范英明、齐帅征、陈思源	20200914
38	20200760	京青 1 号	杨属	北京林业大学	张金凤、郭丽琴、赵健、许雯婷、张炎、范英明、黄超、江帅菲	20200914
39	20200761	京青 2 号	杨属	北京林业大学	赵健、郭丽琴、张金凤、许雯婷、张炎、范英明、陈思源、李泓萱	20200914

（续）

序号	申请号	品种名称	属（种）	申请人	培育人	申请日
40	20200762	京青 3 号	杨属	北京林业大学	赵健、郭丽琴、张金凤、许雯婷、张炎、范英明、齐帅征、闫继琛	20200914
41	20200763	京青 4 号	杨属	北京林业大学	赵健、郭丽琴、张金凤、许雯婷、张炎、范英明、齐帅征、陈晓艺	20200914
42	20200978	丽国 1 号杨	杨属	北京林业大学	王君、康向阳、冯祥元、张金旺、宋连君、康春凤、马鸿文、阿茹娜、李代丽	20201117
43	20200979	丽国 2 号杨	杨属	北京林业大学	康向阳、王君、张金旺、宋连君、冯祥元、李代丽、马鸿文、赵大庆、杜鹃	20201117
44	20200980	丽国 3 号杨	杨属	北京林业大学	王君、康向阳、李代丽、冯祥元、张金旺、马鸿文、宋连君、铁龙、杨文静	20201117
45	20200981	北林槐 5 号	刺槐属	北京林业大学	李云、孙宇涵、董黎、王少明、徐虎智、徐兰成、薄文浩、刘晓迪	20201117
46	20200982	北林槐 6 号	刺槐属	北京林业大学	李云、孙宇涵、董黎、王少明、徐虎智、唐兴峰、曹森、徐兰成	20201117
47	20200983	北林槐 7 号	刺槐属	北京林业大学	李云、孙宇涵、董黎、王少明、徐虎智、胡艳琳、郭琪、徐兰成	20201117
48	20200984	北林槐 8 号	刺槐属	北京林业大学	李云、孙宇涵、董黎、王少明、徐虎智、管随峰、韩超、徐兰成	20201117
49	20200985	北林槐 9 号	刺槐属	北京林业大学	李云、孙宇涵、董黎、王少明、徐虎智、唐兴峰、李秀宇、徐兰成	20201117
50	20200207	京沧 6 号	枣	北京林业大学、沧州市农林科学院、沧县国家枣树良种基地	庞晓明、王继贵、薄文浩、曹明、黄素芳、付晶、孔德仓、李颖岳、李美育	20200330
51	20200208	京沧 8 号	枣	北京林业大学、沧州市农林科学院、沧县国家枣树良种基地	庞晓明、王继贵、薄文浩、曹明、黄素芳、付晶、孔德仓、李颖岳、李美育	20200330
52	20200853	圆圆	无患子属	北京林业大学、福建源华林业生物科技有限公司	贾黎明、郑玉琳、刘济铭、陈仲、徐圆圆、史双龙、赵国春、王昕、王立宪、兰天、翁学煌、罗水晶、张端光	20201018
53	20200854	红昕	无患子属	北京林业大学、福建源华林业生物科技有限公司	贾黎明、刘济铭、陈仲、王昕、孙操稳、郑玉琳、赵国春、刘诗琦、何秋阳、翁学煌、罗水晶、张端光	20201018

（续）

序号	申请号	品种名称	属（种）	申请人	培育人	申请日
54	20200855	琳珑	无患子属	北京林业大学、福建源华林业生物科技有限公司	贾黎明、刘济铭、郑玉琳、孙操稳、陈仲、王昕、王立宪、芮雪、史双龙、翁学煌、罗水晶、张端光	20201018
55	20200856	稳稳	无患子属	北京林业大学、福建源华林业生物科技有限公司	贾黎明、刘济铭、孙操稳、陈仲、郑玉琳、史双龙、王昕、王立宪、翁学煌、张端光、罗水晶	20201018
56	20200418	和谐 1 号杨	毛白杨	北京林业大学、冠县国有毛白杨林场、威县林木良种繁育基地	康向阳、张平冬、李赟、张锋、田书勇、宋连君	20200624
57	20200419	和谐 2 号杨	毛白杨	北京林业大学、冠县国有毛白杨林场、威县林木良种繁育基地	康向阳、张平冬、李赟、李青华、王洪峰、宋连君	20200624
58	20200420	和谐 3 号杨	毛白杨	北京林业大学、冠县国有毛白杨林场、威县林木良种繁育基地	张平冬、康向阳、张锋、田书勇、李赟、张海林、宋连君	20200624
59	20200421	和谐 4 号杨	毛白杨	北京林业大学、冠县国有毛白杨林场、威县林木良种繁育基地	张平冬、康向阳、李赟、李青华、李心磊、宋连君	20200624
60	20200422	和谐 5 号杨	毛白杨	北京林业大学、冠县国有毛白杨林场、威县林木良种繁育基地	张平冬、康向阳、李赟、张海林、李心磊、宋连君	20200624
61	20200282	京桂 1 号桉	桉属	北京林业大学、广西壮族自治区国有东门林场	康向阳、杨珺、邱炳发、兰俊、王建忠、熊涛、张磊、詹定举、唐再生、刘鑫	20200412
62	20200283	京桂 2 号桉	桉属	北京林业大学、广西壮族自治区国有东门林场	康向阳、杨珺、兰俊、王建忠、邱炳发、张磊、熊涛、黎怀玲、覃卫星、罗成龙	20200412
63	20200284	京桂 3 号桉	桉属	北京林业大学、广西壮族自治区国有东门林场	杨珺、康向阳、王建忠、兰俊、张磊、邱炳发、熊涛、唐再生、覃林波、赵英伟	20200412
64	20200285	京桂 4 号桉	桉属	北京林业大学、广西壮族自治区国有东门林场	杨珺、康向阳、熊涛、邱炳发、王建忠、兰俊、张磊、刘鑫、李丽芳、卫忠诚	20200412
65	20200286	京桂 5 号桉	桉属	北京林业大学、广西壮族自治区国有东门林场	杨珺、康向阳、兰俊、熊涛、邱炳发、王建忠、张磊、唐再生、李卫发、姚秀冬	20200412
66	20200287	京桂 6 号桉	桉属	北京林业大学、广西壮族自治区国有东门林场	康向阳、杨珺、王建忠、张磊、兰俊、邱炳发、熊涛、黎怀玲、黄六帖、彭智邦	20200412
67	20200932	紫明灯	丁香属	北京蒙树生态环境工程有限公司	赵泉胜、田菊、马黎明、王志刚	20201025
68	20200702	首善之花	蔷薇属	北京纳波湾园艺有限公司	王波	20200830
69	20200703	长城歌谣	蔷薇属	北京纳波湾园艺有限公司	王波、祁阁洲、王文雅	20200830

（续）

序号	申请号	品种名称	属（种）	申请人	培育人	申请日
70	20200704	夏都之光	蔷薇属	北京纳波湾园艺有限公司	王波、祁阁洲、王文雅	20200830
71	20200289	娇颜	胡枝子属	北京农学院	杨晓红、冷平生、李伟、胡增辉	20200412
72	20200290	扶风	胡枝子属	北京农学院	杨晓红、张克中、李伟、崔金腾、葛伟	20200412
73	20201034	虎爪栗	板栗	北京农学院	秦岭、张卿、王金宝、曹庆芹、刘建玲、邢宇、刘海涛、刘阳	20201204
74	20201035	京暑红	板栗	北京农学院	秦岭、曹庆芹、张卿、邢宇、刘建玲、刘海涛、王金宝	20201204
75	20200004	金星	杨属	北京农业职业学院	石进朝	20191202
76	20201033	怀北无花	板栗	北京市怀柔区板栗技术试验与推广站	刘建玲、邢宇、赵永廉、秦岭、刘阳、王金宝、曹庆芹、刘海涛、张卿、孙玮玮、何久艳	20201204
77	20200958	京玉 2 号	枣属	北京市林业果树科学研究院	潘青华、张玉平、胡广隆	20201110
78	20200992	佳甜	山楂属	北京市林业果树科学研究院	董宁光、郑书旗、张锐、王敏	20201119
79	20200959	平安葫芦枣	枣属	北京市林业果树科学研究院、北京市水源保护林试验工作站	潘青华、张俊民、张玉平、胡广隆	20201110
80	20200960	水枣	枣属	北京市林业果树科学研究院、涿鹿县林业和草原局、涿鹿神林果业有限公司	张玉平、李雪峰、刘汉芬、潘青华、周晨虹	20201110
81	20200273	首发宝槭	槭属	北京市首发天人生态景观有限公司	李义强、张军、范程豪、吴斌、曹玉海、杨华、崔文超、耿雪萌、陈晓雪、刁岩、刘小鸿、张玉爽	20200411
82	20200274	首发欣杨	毛白杨	北京市首发天人生态景观有限公司	李义强、张军、范程豪、关超、曹玉海、朱立娟、崔文超、耿雪萌、陈晓雪、张岩、郭千恩、张玉爽	20200411
83	20200785	紫玉	丁香属	北京市植物园、中国园林博物馆北京筹备办公室	陈进勇、孟昕、樊金龙、朱莹	20200918
84	20200786	紫霞	丁香属	北京市植物园、中国园林博物馆北京筹备办公室	陈进勇、孟昕、樊金龙、朱莹	20200918
85	20200700	妫水女神	蔷薇属	北京益卉农业科学研究院有限责任公司	王波、王付兴、付鑫淼	20200830
86	20200701	海坨之声	蔷薇属	北京益卉农业科学研究院有限责任公司	王波、王付兴、付鑫淼	20200830
87	20200898	京欧 5 号	李属	北京中医药大学、保定市金欧药材种植农民专业合作社	李卫东、郝建伟	20201025

（续）

序号	申请号	品种名称	属（种）	申请人	培育人	申请日
88	20200899	京欧 6 号	李属	北京中医药大学、保定市金欧药材种植农民专业合作社	李卫东、郝建伟	20201025
89	20200734	黄土坡	忍冬属	北京中医药大学、北京黄土坡种植专业合作社	李卫东、杨鉴煦	20200904
90	20200733	贵遵 1 号	忍冬属	北京中医药大学、绥阳县绥花树形金银花农业发展有限公司	李卫东、尼胜礼	20200904
91	20200897	北中 2 号	忍冬属	北京中医药大学、邢台麓馨农业发展有限公司	李卫东、尼胜礼	20201025
92	20200509	金红 1 号	忍冬属	北京中医药大学、邢台麓鑫农业发展有限公司	李卫东、尼胜礼	20200714
93	20200510	北中 1 号	忍冬属	北京中医药大学、邢台麓鑫农业发展有限公司	李卫东、尼胜礼	20200714
94	20200549	恩斯海 2（NCHA2）	绣球属	北卡罗来纳州立大学（North Carolina State University）	托马斯·兰尼（Thomas Ranney）	20200720
95	20200550	恩斯海 3（NCHA3）	绣球属	北卡罗来纳州立大学（North Carolina State University）	托马斯·兰尼（Thomas Ranney）	20200720
96	20200551	恩斯海 4（NCHA4）	绣球属	北卡罗来纳州立大学（North Carolina State University）	托马斯·兰尼（Thomas Ranney）	20200720
97	20200337	尹棘 2 号	枣属	沧州市农林科学院	孙文元、孙一、李俊英、芮松青、王梅、黄素芳、李雅静、陈健、赵忠祥、郭维新、王连鹏	20200512
98	20200338	尹棘 3 号	枣属	沧州市农林科学院	孙文元、孙一、李俊英、芮松青、王梅、黄素芳、李雅静、陈健、赵忠祥、郭维新、王连鹏	20200512
99	20200339	尹棘 4 号	枣属	沧州市农林科学院	孙文元、孙一、黄素芳、李俊英、芮松青、赵忠祥、赵花其、陈健、曹平平、薛文、李亚卉、王梅、武婷、郭维新、王连鹏、王云计、李雅静	20200512
100	20200340	尹棘 5 号	枣属	沧州市农林科学院	孙文元、孙一、李俊英、芮松青、黄素芳、李雅静、赵忠祥、郭维新、王连鹏	20200512
101	20200341	尹棘 6 号	枣属	沧州市农林科学院	孙文元、孙一、李俊英、芮松青、黄素芳、李雅静、赵忠祥、郭维新、王连鹏	20200512
102	20200686	红蕾雪	苹果属	昌邑海棠苗木专业合作社、山东省林业科学研究院、昌邑市林业发展中心	许景伟、胡丁猛、王立辉、姚兴海、囤兴建、明建芹、王清华、刘浦孝	20200826

（续）

序号	申请号	品种名称	属（种）	申请人	培育人	申请日
103	20200200	红秀	苹果属	昌邑市围子镇立辉苗木场、昌邑市林业发展中心	姚兴海、朱升祥、齐伟婧、张兴涛、郭斐、王忠华、王立辉、明建芹、李珊、邱燕	20200317
104	20200201	红艳	苹果属	昌邑市围子镇立辉苗木场、昌邑市林业发展中心	朱升祥、姚兴海、齐伟婧、张兴涛、郭光智、张航燕、王忠华、李珊、王立辉、明建芹	20200317
105	20200202	碧玉	苹果属	昌邑市围子镇立辉苗木场、昌邑市林业发展中心	齐伟婧、王国斌、张兴涛、张恒亮、王忠华、徐伟红、朱升祥、明建芹、王立辉、姚兴海	20200317
106	20200953	粉萝	紫藤属	昌邑远华园艺有限公司	朱腾、姚兴海、朱风芹、陶化兵、李松林	20201108
107	20200954	艳萝	紫藤属	昌邑远华园艺有限公司	朱腾、姚兴海、朱风芹、陶化兵、李松林	20201108
108	20200823	岭南紫蝶	紫薇	郴州市林业科学研究所、长沙湘莹园林科技有限公司	何才生、李茂娟、王华龙、曹凤鸣、曹炜、王曦、侯德平、刘海石、王惠	20201009
109	20200824	岭南粉韵	紫薇	郴州市林业科学研究所、长沙湘莹园林科技有限公司	李茂娟，何才生、刘海石、崔强、张海霞、邓少华、廖祯妮、刘娟娟、王惠	20201009
110	20200825	岭南贵妃	紫薇	郴州市林业科学研究所、长沙湘莹园林科技有限公司	刘海石、何才生、李茂娟、徐毓泽、刘超、曾玉祥、谷阳、朱志全、王惠	20201009
111	20200306	东方红	大戟属	陈彩兰	陈元涛、陈彩兰	20200428
112	20200232	永达含笑	含笑属	成都恩威道源文化旅游开发有限公司	肖永达、薛维洪	20200401
113	20200181	锦碧玉	木槿属	成都市植物园	周安华、朱章顺、李方文、石小庆、刘晓莉、刘川华、高远平、杨苑钊、马娇、杨昌文	20200311
114	20200182	彩霞	木槿属	成都市植物园	周安华、李方文、朱章顺、石小庆、高远平、刘晓莉、刘川华、杨苑钊、马娇、杨昌文	20200311
115	20200183	金秋颂	木槿属	成都市植物园	周安华、朱章顺、李方文、石小庆、刘晓莉、高远平、刘川华、杨苑钊、王莹、杨昌文	20200311
116	20200184	锦蕊	木槿属	成都市植物园	周安华、李方文、朱章顺、石小庆、刘晓莉、刘川华、高远平、杨苑钊、曾心美、杨昌文	20200311
117	20200185	金秋红	木槿属	成都市植物园	周安华、朱章顺、李方文、高远平、石小庆、刘晓莉、刘川华、杨苑钊、王莹、杨昌文	20200311
118	20200736	蒙樱 1 号	李属	赤峰市林业科学研究院	程瑞春、李显玉、乌志颜、张岱松、张丽、齐鑫淼、许成国、李晓宇、段磊	20200907
119	20200770	三川页	杏	赤峰市林业科学研究院	李显玉、乔明武、赵鸥、阿拉坦图雅、穆喜云、段磊	20200917

（续）

序号	申请号	品种名称	属（种）	申请人	培育人	申请日
120	20200787	蒙樱 2 号	李属	赤峰市林业科学研究院	程瑞春、李显玉、乌志颜、张岱松、李晓宇、齐鑫淼、许成国、赵明智、王艳刚	20200920
121	20200858	炎黄	李属	滁州中樱生态农业科技有限公司、南京林业大学、南京山樱生态农业有限公司	王宇、伊贤贵、陈发军、王贤荣、司家朋、李蒙	20201020
122	20200859	如山	李属	滁州中樱生态农业科技有限公司、南京林业大学、南京山樱生态农业有限公司	王宇、伊贤贵、陈发军、王贤荣、司家朋、李蒙	20201020
123	20200861	小雅	李属	滁州中樱生态农业科技有限公司、南京林业大学、南京山樱生态农业有限公司	王宇、伊贤贵、陈发军、王贤荣、司家朋、李蒙	20201020
124	20201039	金桐力壹号	椴树属	大连金谷园林绿化工程有限公司	刘钦生、于广琴、刘宇、苏琴、刘春华、于广明	20201209
125	20201040	传奇	椴树属	大连金谷园林绿化工程有限公司	刘钦生、于广琴、刘宇、苏琴、刘春华、于广明	20201209
126	20201041	红珊瑚	栎属	大连金谷园林绿化工程有限公司	刘钦生、于广琴、刘宇、厉晓慈、钟志会、翟虹	20201209
127	20201042	红狐	栎属	大连金谷园林绿化工程有限公司	刘钦生、于广琴、刘宇、厉晓慈、钟志会、翟虹	20201209
128	20200705	辽冠 3 号	文冠果	大连民族大学、辽宁文冠实业开发有限公、辽宁省林业发展服务中心	阮成江、杨长文、丁健、杜维、颜如雪、丁立娜、颜秉舟、顾生金	20200831
129	20200706	辽冠 7 号	文冠果	大连民族大学、辽宁文冠实业开发有限公、辽宁省林业发展服务中心	阮成江、颜如雪、丁立娜、杜维、丁健、杨长文、颜秉舟、顾生金	20200831
130	20200203	辽冠 8 号	文冠果	大连民族大学、辽宁文冠实业开发有限公司	阮成江、颜如雪、杜维、颜秉舟、丁健、杨长文、顾生金	20200318
131	20200317	金爵	越橘属	大连森茂现代农业有限公司	王贺新、徐国辉	20200501
132	20200318	天幕蓝	越橘属	大连森茂现代农业有限公司	王贺新、徐国辉	20200501
133	20200319	新大陆	越橘属	大连森茂现代农业有限公司	王贺新、徐国辉	20200501
134	20200320	新星	越橘属	大连森茂现代农业有限公司	王贺新、徐国辉	20200501
135	20200321	珍珠蓝	越橘属	大连森茂现代农业有限公司	王贺新、徐国辉	20200501
136	20200322	果辉	越橘属	大连森茂现代农业有限公司	王贺新、徐国辉	20200501
137	20200323	蓝汐	越橘属	大连森茂现代农业有限公司	王贺新、徐国辉	20200501
138	20200324	梦幻	越橘属	大连森茂现代农业有限公司	王贺新、徐国辉	20200501
139	20200325	新爵	越橘属	大连森茂现代农业有限公司	王贺新、徐国辉	20200501
140	20200326	蓝之梦	越橘属	大连森茂现代农业有限公司	王贺新、徐国辉	20200501

（续）

序号	申请号	品种名称	属（种）	申请人	培育人	申请日
141	20200327	朝霞	越橘属	大连森茂现代农业有限公司	王贺新、徐国辉	20200501
142	20200328	王储	越橘属	大连森茂现代农业有限公司	王贺新、徐国辉	20200501
143	20200329	莱卡	越橘属	大连森茂现代农业有限公司	王贺新、徐国辉	20200501
144	20200869	浮屠	银杏	丹东茂绿丰农业科技食品有限公司	陈允斗	20201022
145	20200411	亚当尼克双橙（Adonicus Double Orange）	木槿属	丹麦格拉芙育种公司（GRAFF BREEDING A/S）	保罗·格拉芙（Poul Graff）	20200615
146	20200412	HIQ16 派迪（HIQ 16 PETIT）	木槿属	丹麦格拉芙育种公司（GRAFF BREEDING A/S）	保罗·格拉芙（Poul Graff）	20200615
147	20200486	坦 08622（TAN08622）	蔷薇属	德国坦涛月季育种公司（Rosen Tantau KG, Germany）	克里斯汀安·埃维尔斯（Christian Evers）	20200708
148	20200487	坦 10167（TAN10167）	蔷薇属	德国坦涛月季育种公司（Rosen Tantau KG, Germany）	克里斯汀安·埃维尔斯（Christian Evers）	20200708
149	20200488	坦 12269（TAN12269）	蔷薇属	德国坦涛月季育种公司（Rosen Tantau KG, Germany）	克里斯汀安·埃维尔斯（Christian Evers）	20200708
150	20200489	坦 12388（TAN12388）	蔷薇属	德国坦涛月季育种公司（Rosen Tantau KG, Germany）	克里斯汀安·埃维尔斯（Christian Evers）	20200708
151	20200490	坦 13053（TAN13053）	蔷薇属	德国坦涛月季育种公司（Rosen Tantau KG, Germany）	克里斯汀安·埃维尔斯（Christian Evers）	20200708
152	20200491	坦 13161（TAN13161）	蔷薇属	德国坦涛月季育种公司（Rosen Tantau KG, Germany）	克里斯汀安·埃维尔斯（Christian Evers）	20200708
153	20200492	坦 08051EDV2（TAN08051EDV2）	蔷薇属	德国坦涛月季育种公司（Rosen Tantau KG, Germany）	克里斯汀安·埃维尔斯（Christian Evers）	20200708
154	20200601	坦 08736（TAN08736）	蔷薇属	德国坦涛月季育种公司（Rosen Tantau KG, Germany）	克里斯汀安·埃维尔斯（Christian Evers）	20200806
155	20200255	德瑞斯蓝二十（Dris Blue Twenty）	越橘属	德瑞斯克公司（Driscoll’s, Inc.）	布赖恩·K·卡斯特（Brian K. Caster）、珍妮弗·K·伊佐（Jennifer K. Izzo）、布鲁斯·莫里（Bruce Mowrey）、玛尔塔·巴蒂斯塔（Marta Baptista）	20190305
156	20200623	德瑞斯蓝二十一（Dris Blue Twenty-One）	越橘属	德瑞斯克公司（Driscoll’s, Inc.）	布赖恩·K·卡斯特（Brian K. Caster）、珍妮弗·K·伊佐（Jennifer K. Izzo）	20191210

（续）

序号	申请号	品种名称	属（种）	申请人	培育人	申请日
157	20200738	德瑞斯黑二十（DrisBlackTwenty）	悬钩子属	德瑞斯克公司（Driscoll's, Inc.）	加文·R·西尔斯（Gavin R. Sills）、马克·F·克苏哈（Mark F. Crusha）、米塞尔·博尼法西奥·罗梅罗·埃斯科比多（Missael Bonifacio Romero Escobedo）	20200907
158	20200739	德瑞斯红十七（DrisRaspSeventeen）	悬钩子属	德瑞斯克公司（Driscoll's, Inc.）	马提亚斯·维腾（Matthias Vitten）、路易斯·米格尔·罗德里格兹·马丁内兹（Luis Miguel Rodriguez Martinez）、凯尔·拉克（Kyle Rak）、詹姆斯·海里格（James Heilig）	20191119
159	20200740	德瑞斯蓝二十二（DrisBlueTwentyTwo）	越橘属	德瑞斯克公司（Driscoll's, Inc.）	布鲁斯·D·莫里（Bruce D. Mowrey）、伊斯尔·基伯（Esther Kibbe）、玛塔·C·巴蒂斯塔（Marta C. Baptista）、雷蒙德·L·雅各布三世（Raymond L. Jacobs Ⅲ）、莎拉·伍尔（Sarah Wool）、詹姆斯·奥尔姆斯特德（James Olmstead）	20200123
160	20200741	德瑞斯蓝二十三（DrisBlueTwentyThree）	越橘属	德瑞斯克公司（Driscoll's, Inc.）	布鲁斯·D·莫里（Bruce D. Mowrey）、伊斯尔·基伯（Esther Kibbe）、玛塔·C·巴蒂斯塔（Marta C. Baptista）、雷蒙德·L·雅各布三世（Raymond L. Jacobs Ⅲ）、莎拉·伍尔（Sarah Wool）、詹姆斯·奥尔姆斯特德（James Olmstead）	20200203
161	20200434	情缘	檵木属	德兴市荣兴苗木有限责任公司	周建荣、周卫荣、周卫信、王樟富、倪尉廷	20200628
162	20200435	十里香	山矾属	德兴市荣兴苗木有限责任公司	周建荣、周卫荣、周卫信、王樟富、倪尉廷	20200628
163	20200251	瑞克 2024A（RUICK2024A）	蔷薇属	迪瑞特知识产权公司（De Ruiter Intellectual Property B.V.）	汉克·德·格罗特（H.C.A. de Groot）	20200407
164	20200252	瑞斯 2557A（RUICI2557A）	蔷薇属	迪瑞特知识产权公司（De Ruiter Intellectual Property B.V.）	汉克·德·格罗特（H.C.A. de Groot）	20200407
165	20200253	瑞可吉 1247A（RUICJ1247A）	蔷薇属	迪瑞特知识产权公司（De Ruiter Intellectual Property B.V.）	汉克·德·格罗特（H.C.A. de Groot）	20200407
166	20200254	瑞克恩 1433A（RUICN1433A）	蔷薇属	迪瑞特知识产权公司（De Ruiter Intellectual Property B.V.）	汉克·德·格罗特（H.C.A. de Groot）	20200407
167	20200404	瑞珀 1782A（RUICP1782A）	蔷薇属	迪瑞特知识产权公司（De Ruiter Intellectual Property B.V.）	汉克·德·格罗特（H.C.A. de Groot）	20200612
168	20200405	瑞克拉 1224A（RUICL1224A）	蔷薇属	迪瑞特知识产权公司（De Ruiter Intellectual Property B.V.）	汉克·德·格罗特（H.C.A. de Groot）	20200612

（续）

序号	申请号	品种名称	属（种）	申请人	培育人	申请日
169	20200478	瑞可 01625A（RUICO1625A）	蔷薇属	迪瑞特知识产权公司（De Ruiter Intellectual Property B.V.）	汉克·德·格罗特（H.C.A. de Groot）	20200705
170	20200479	瑞克拉 1521A（RUICL1521A）	蔷薇属	迪瑞特知识产权公司（De Ruiter Intellectual Property B.V.）	汉克·德·格罗特（H.C.A. de Groot）	20200705
171	20200480	瑞克慕 0032A（RUICM0032A）	蔷薇属	迪瑞特知识产权公司（De Ruiter Intellectual Property B.V.）	汉克·德·格罗特（H.C.A. de Groot）	20200705
172	20200481	瑞克普 0135B（RUICP0135B）	蔷薇属	迪瑞特知识产权公司（De Ruiter Intellectual Property B.V.）	汉克·德·格罗特（H.C.A. de Groot）	20200705
173	20200961	瑞克恩 1053B（RUICN1053B）	蔷薇属	迪瑞特知识产权公司（De Ruiter Intellectual Property B.V.）	汉克·德·格罗特（H.C.A. de Groot）	20201111
174	20200962	瑞克格 1434A（RUICG1434A）	蔷薇属	迪瑞特知识产权公司（De Ruiter Intellectual Property B.V.）	汉克·德·格罗特（H.C.A. de Groot）	20201111
175	20200963	瑞克拉 1202A（RUICL1202A）	蔷薇属	迪瑞特知识产权公司（De Ruiter Intellectual Property B.V.）	汉克·德·格罗特（H.C.A. de Groot）	20201111
176	20200964	瑞慕克 0004（RUIMCR0004）	蔷薇属	迪瑞特知识产权公司（De Ruiter Intellectual Property B.V.）	汉克·德·格罗特（H.C.A. de Groot）	20201111
177	20201003	瑞可 2068A（RUICO2068A）	蔷薇属	迪瑞特知识产权公司（De Ruiter Intellectual Property B.V.）	汉克·德·格罗特（H.C.A. de Groot）	20201125
178	20201004	瑞克优 2031A（RUICQ2031A）	蔷薇属	迪瑞特知识产权公司（De Ruiter Intellectual Property B.V.）	汉克·德·格罗特（H.C.A. de Groot）	20201125
179	20201005	瑞克优 2117A（RUICQ2117A）	蔷薇属	迪瑞特知识产权公司（De Ruiter Intellectual Property B.V.）	汉克·德·格罗特（H.C.A. de Groot）	20201125
180	20201006	瑞克优 2700A（RUICQ2700A）	蔷薇属	迪瑞特知识产权公司（De Ruiter Intellectual Property B.V.）	汉克·德·格罗特（H.C.A. de Groot）	20201125
181	20201007	瑞斯 1247A（RUICI1247A）	蔷薇属	迪瑞特知识产权公司（De Ruiter Intellectual Property B.V.）	汉克·德·格罗特（H.C.A. de Groot）	20201125
182	20200383	朝霞 3 号	桦木属	东北林业大学	姜静、刘桂丰、杨蕴力、陈肃、顾宸瑞、李慧玉、李天芳	20200603
183	20200384	凤尾 1 号	桦木属	东北林业大学	姜静、刘桂丰、韩锐、陈肃、李天芳、李慧玉	20200603
184	20200603	奥莱萨斯尔（Olijsahisl）	蔷薇属	多盟集团公司（Dümmen Group B.V.）	菲利普·威斯（Philippe Veys）	20200807

（续）

序号	申请号	品种名称	属（种）	申请人	培育人	申请日
185	20200604	多盟慕卡塔（Doromutcat）	蔷薇属	多盟集团公司（Dümmen Group B.V.）	菲利普·威斯（Philippe Veys）	20200807
186	20200605	多盟斯卡塔（Doroswcata）	蔷薇属	多盟集团公司（Dümmen Group B.V.）	法比安·塔珀（Fabian Topper）	20200807
187	20200606	多盟普瑞珀（Doropriper）	蔷薇属	多盟集团公司（Dümmen Group B.V.）	西尔万·卡穆斯塔（Silvan Kamstra）	20200807
188	20200302	莱克亚莱格（Lexaylug）	蔷薇属	多盟集团公司（Dümmen Group B.V.）	西尔万·卡穆斯塔（Silvan Kamstra）	20200424
189	20200303	多盟波纳普（Dorobonap）	蔷薇属	多盟集团公司（Dümmen Group B.V.）	菲利普·威斯（Philippe Veys）	20200424
190	20200304	奥莱斯潘娜（Olijespana）	蔷薇属	多盟集团公司（Dümmen Group B.V.）	菲利普·威斯（Philippe Veys）	20200424
191	20200245	奥莱布特森（Olijbutsen）	蔷薇属	多盟集团公司（Dümmen Group B.V.）	菲利普·威斯（Philippe Veys）	20200407
192	20200246	多盟哈尼阿维（Dorohoneyav）	蔷薇属	多盟集团公司（Dümmen Group B.V.）	菲利普·威斯（Philippe Veys）	20200407
193	20200247	多盟肯达（Dorokinda）	蔷薇属	多盟集团公司（Dümmen Group B.V.）	菲利普·威斯（Philippe Veys）	20200407
194	20200248	多盟麦斯（Doromais）	蔷薇属	多盟集团公司（Dümmen Group B.V.）	西尔万·卡穆斯塔（Silvan Kamstra）	20200407
195	20200249	多盟芙如（Doroferu）	蔷薇属	多盟集团公司（Dümmen Group B.V.）	菲利普·威斯（Philippe Veys）	20200407
196	20200250	莱克斯特奈普（Lexytnelp）	蔷薇属	多盟集团公司（Dümmen Group B.V.）	西尔万·卡穆斯塔（Silvan Kamstra）	20200407
197	20200365	奥莱博尼塔森（Olijbonitasen）	蔷薇属	多盟集团公司（Dümmen Group B.V.）	菲利普·威斯（Philippe Veys）	20200525
198	20200366	多盟赫利尔（Dorohelior）	蔷薇属	多盟集团公司（Dümmen Group B.V.）	西尔万·卡穆斯塔（Silvan Kamstra）	20200525
199	20200367	多盟克拉森（Doroclasen）	蔷薇属	多盟集团公司（Dümmen Group B.V.）	菲利普·威斯（Philippe Veys）	20200525
200	20200368	莱克姆帕斯（Lexemerpus）	蔷薇属	多盟集团公司（Dümmen Group B.V.）	西尔万·卡穆斯塔（Silvan Kamstra）	20200525
201	20200369	莱克诺塔乐维（Lexnoitalever）	蔷薇属	多盟集团公司（Dümmen Group B.V.）	西尔万·卡穆斯塔（Silvan Kamstra）	20200525
202	20200370	赛维卡诺（Selvulcano）	蔷薇属	多盟集团公司（Dümmen Group B.V.）	R·H·A·格里岑（R.H.A. Gerritzen）	20200525
203	20200600	橙梦丽兹（Orange Retz）	鹅耳枥属	法国狄福芯园艺公司（Hortival Diffusion SAS）	杰恩·布隆德茹（Jean Blondeau）	20200806
204	20200139	玫佳度（MEIAGADOU）	蔷薇属	法国玫兰国际有限公司（MeillanD International S.A）	阿兰·安东尼·玫兰（Alain Antoine Meilland）	20200119

（续）

序号	申请号	品种名称	属（种）	申请人	培育人	申请日
205	20200140	玫拉德纳（MEIRADENA）	蔷薇属	法国玫兰国际有限公司（Meilland International S.A）	阿兰·安东尼·玫兰（Alain Antoine Meilland）威廉·J·拉德勒（William J. Radler）	20200119
206	20200243	玫万吉（MEIWANGY）	蔷薇属	法国玫兰国际有限公司（Meilland International S.A）	阿兰·安东尼·玫兰（Alain Antoine Meilland）	20200407
207	20200244	玫维恩娜（MEIVHIENNA）	蔷薇属	法国玫兰国际有限公司（Meilland International S.A）	阿兰·安东尼·玫兰（Alain Antoine Meilland）	20200407
208	20200095	曲美	卫矛属	樊英利、杨敏生、杜向前	樊英利、杨敏生、杜向前	20200102
209	20200904	黄金富贵榕	榕属	佛山市三水阳特园艺有限公司	蒋雄辉、黎东均、张花、王奎、詹启成	20201029
210	20200395	火焰烈香	山茶属	福建不耕农业科技有限公司、福建农林大学	陈志清、项光果、陈湘杰、吕鸿、翟俊文、吴沙沙	20200605
211	20200346	粉嫣	李属	福建丹樱生态农业发展有限公司	王珉、阙平、林荣光、王琳、林玮捷、胡坚平	20200522
212	20200347	霓裳	李属	福建丹樱生态农业发展有限公司	林荣光、王珉、王琳、林玮捷、阙平、胡坚平	20200522
213	20200348	丹妃	李属	福建丹樱生态农业发展有限公司	林荣光、王珉、王琳、林玮捷、阙平、胡坚平	20200522
214	20200349	元霞	李属	福建丹樱生态农业发展有限公司	王珉、林荣光、王琳、林玮捷、阙平、胡坚平	20200522
215	20200350	妃子笑	李属	福建丹樱生态农业发展有限公司	王珉、林荣光、阙平、林玮捷、胡坚平、王星榕	20200522
216	20200351	元绯	李属	福建丹樱生态农业发展有限公司	胡坚平、林荣光、王琳、王珉、林玮捷、阙平	20200522
217	20200352	春彤	李属	福建丹樱生态农业发展有限公司	王珉、阙平、林荣光、林玮捷、胡坚平、王琳	20200522
218	20200353	盈春	李属	福建丹樱生态农业发展有限公司	林荣光、王珉、胡坚平、阙平、王琳、林玮捷	20200522
219	20200354	云裳	李属	福建丹樱生态农业发展有限公司	王琳、王星榕、阙平、林荣光、王珉、林玮捷	20200522
220	20200355	雪里红	李属	福建丹樱生态农业发展有限公司	林荣光、王珉、王琳、林玮捷、阙平、胡坚平	20200522
221	20200356	清韵	李属	福建丹樱生态农业发展有限公司	阙平、林荣光、王珉、王琳、王星榕、胡坚平	20200522
222	20200357	元红	李属	福建丹樱生态农业发展有限公司	王珉、林玮捷、阙平、胡坚平、林荣光、王琳	20200522
223	20200358	东韵	李属	福建丹樱生态农业发展有限公司	王琳、林荣光、王珉、阙平、林玮捷、胡坚平、王星榕	20200522
224	20200359	双莲	李属	福建丹樱生态农业发展有限公司	王珉、王琳、林荣光、林玮捷、胡坚平	20200522
225	20200360	粉韵	李属	福建丹樱生态农业发展有限公司	王珉、林荣光、王琳、林玮捷、阙平、胡坚平	20200522
226	20200361	闽春红	李属	福建丹樱生态农业发展有限公司	王珉、林玮捷、阙平、胡坚平、林荣光、王琳	20200522

（续）

序号	申请号	品种名称	属（种）	申请人	培育人	申请日
227	20200362	晚霞红	李属	福建丹樱生态农业发展有限公司	王珉、林荣光、林玮捷、阙平、胡坚平、王琳	20200522
228	20200262	吉祥龙	木麻黄属	福建省惠安赤湖国有防护林场	李茂瑾、吴惠忠、林伟东、王小红、李秀明、苏亲桂、吴柳清、黄金塔、陈江海	20200410
229	20200950	春香	山茶属	福建省龙岩市秀峰茶花有限公司	张陈环、张森行、游鸣飞、王大庄	20201107
230	20200951	大庄秋香	山茶属	福建省龙岩市秀峰茶花有限公司	张陈环、游鸣飞、王大庄	20201107
231	20200952	秀峰一号	山茶属	福建省龙岩市秀峰茶花有限公司	张陈环、张寿丰、段明霞	20201107
232	20200693	粉佳人	紫金牛属	福建省武平县盛金花场、福建农林大学	艾叶、兰思仁、彭东辉、罗盛金、黄捷、刘梓富、王星孚	20200828
233	20200696	福满堂	紫金牛属	福建省武平县盛金花场、福建农林大学	刘梓富、彭东辉、兰思仁、王星孚、陈桂珍、罗盛金、谢亮秀、邢玥	20200828
234	20200698	金果	紫金牛属	福建省武平县盛金花场、福建农林大学	王星孚、彭东辉、兰思仁、罗盛金、刘梓富、王永华、陈斌	20200828
235	20200263	笑红梅	桂花	福建新发现农业发展有限公司	陈日才、陈朝暖、陈小芳、陈菁菁	20200410
236	20200264	荷仙子	桂花	福建新发现农业发展有限公司	陈日才、陈朝暖、陈小芳、陈菁菁	20200410
237	20200265	黑法师	桂花	福建新发现农业发展有限公司	陈日才、陈朝暖、陈小芳、陈菁菁	20200410
238	20200266	四芒星	桂花	福建新发现农业发展有限公司	陈日才、陈朝暖、陈小芳、陈菁菁	20200410
239	20200267	紫玲珑	桂花	福建新发现农业发展有限公司	陈日才、陈朝暖、陈小芳、陈菁菁	20200410
240	20200268	冠金	桂花	福建新发现农业发展有限公司	陈日才、陈朝暖、陈小芳、陈菁菁	20200410
241	20200269	彩云	桂花	福建新发现农业发展有限公司	陈日才、陈朝暖、陈小芳、陈菁菁	20200410
242	20200084	东山红霞	杜鹃属	福建洋塔园艺有限公司	游文聪、方永根、黄泽春、魏磊、鄢宏宇、刘生财	20191230
243	20200085	古田红	杜鹃属	福建洋塔园艺有限公司	游文聪、方永根、黄泽春、陈孝丑、魏观希、林春平	20191230
244	20200086	翠屏春晓	杜鹃属	福建洋塔园艺有限公司	陈发兴、游文聪、陈秋玲、卫梅、陈孝丑、方永根	20191230
245	20200087	玉田晨曲	杜鹃属	福建洋塔园艺有限公司	刘生财、方永根、游文聪、魏观希、魏磊、鄢宏宇	20191230
246	20200088	翠屏春玉	杜鹃属	福建洋塔园艺有限公司	游文聪、张丽玉、方永根、张经宋、林春平、戴丽新	20191230
247	20200089	临水玉凤	杜鹃属	福建洋塔园艺有限公司	游文聪、方永根、张经宋、戴丽新、陈发兴、黄泽春	20191230

（续）

序号	申请号	品种名称	属（种）	申请人	培育人	申请日
248	20200857	媛华	无患子属	福建源华林业生物科技有限公司、北京林业大学	贾黎明、刘济铭、高媛、陈仲、孙操稳、高世轮、赵国春、刘诗琦、徐圆圆、翁学煌、罗水晶、张端光	20201018
249	20200048	金羞红	女贞属	阜阳市奇新珍园林工程有限公司	王新留	20191211
250	20200049	巨女贞	女贞属	阜阳市奇新珍园林工程有限公司	王新留	20191211
251	20200050	镶金石楠	石楠属	阜阳市奇新珍园林工程有限公司	王新留	20191211
252	20200051	黄袍石楠	石楠属	阜阳市奇新珍园林工程有限公司	王新留	20191211
253	20200052	彩妆	臭椿属	阜阳市奇新珍园林工程有限公司	王新留	20191211
254	20200521	建南 1 号	卫矛属	高建设、冯天爽、张正振	高建设、冯天爽、张正振、姚飞、刘春和、高伟、王浩、伍红见、冯天玉、杜贞星、王传亮、高悦鹏	20200716
255	20200522	建南 2 号	卫矛属	高伟、刘春和、伍红见	高伟、刘春和、伍红见、高建设、冯天爽、张正振、姚飞、王浩、冯天玉、杜贞星、王传亮、高悦鹏	20200716
256	20200524	建南 4 号	卫矛属	高悦鹏、王传亮、杜贞星	高悦鹏、王传亮、杜贞星、姚飞、王浩、冯天玉、高伟、刘春和、伍红见、高建设、冯天爽、张正振	20200716
257	20200298	黄冠	木棉属	广东省林业科学研究院	潘文、朱报著、王裕霞、张卫华、杨晓慧、徐放	20200423
258	20200299	金色年华	木棉属	广东省林业科学研究院	朱报著、徐斌、潘文、杨会肖、廖焕琴	20200423
259	20200300	黄丝带	木棉属	广东省林业科学研究院	潘文、朱报著、徐斌、张卫华、廖焕琴、杨会肖	20200423
260	20200301	星耀	木棉属	广东省林业科学研究院	朱报著、王裕霞、潘文、徐放、杨晓慧	20200423
261	20200075	绿茸	牡竹属	广西壮族自治区林业科学研究院	徐振国、黄大勇、梁晓静	20191230
262	20201008	华柳相思 1 号	金合欢属	广西壮族自治区林业科学研究院	彭玉华、曹艳云、郝海坤、黄志玲、申文辉、何琴飞、欧芷阳、谭长强、陆国导	20201126
263	20201009	华玉相思 1 号	金合欢属	广西壮族自治区林业科学研究院	曹艳云、彭玉华、郝海坤、黄志玲、申文辉、何琴飞、欧芷阳、谭长强、陆国导	20201126
264	20201010	华玉相思 2 号	金合欢属	广西壮族自治区林业科学研究院	曹艳云、郝海坤、黄志玲、彭玉华、申文辉、何琴飞、欧芷阳、谭长强、黄小荣	20201126
265	20201011	锦羽相思 1 号	金合欢属	广西壮族自治区林业科学研究院	曹艳云、黄志玲、申文辉、彭玉华、郝海坤、谭长强、何琴飞、欧芷阳、陆国导	20201126
266	20201012	锦羽相思 2 号	金合欢属	广西壮族自治区林业科学研究院	曹艳云、申文辉、黄小荣、何琴飞、欧芷阳、谭长强、黄志玲、郝海坤、彭玉华	20201126

（续）

序号	申请号	品种名称	属（种）	申请人	培育人	申请日
267	20201013	青云相思 1 号	金合欢属	广西壮族自治区林业科学研究院	曹艳云、何琴飞、蒙芳、谭长强、郝海坤、黄志玲、彭玉华、黄小荣、欧芷阳	20201126
268	20201014	青云相思 2 号	金合欢属	广西壮族自治区林业科学研究院	曹艳云、欧芷阳、黄志玲、黄小荣、申文辉、郝海坤、何琴飞、蒙芳、彭玉华	20201126
269	20200564	桂罗 1 号	罗汉松属	广西壮族自治区林业科学研究院、北海市林业科学研究所	安家成、王华新、张海、黎军、杨艳华、马继耀、龚建英、李丽琴、黄仁梅、陈宝玲	20200722
270	20200565	桂罗 2 号	罗汉松属	广西壮族自治区林业科学研究院、北海市林业科学研究所	王华新、安家成、黎军、张海、陈平先、马继耀、龙定建、花林福、林晓娴、唐遒冥	20200722
271	20200566	桂罗 3 号	罗汉松属	广西壮族自治区林业科学研究院、北海市林业科学研究所	安家成、王华新、张海、黎军、马继耀、杨艳华、龚建英、李华、覃旭晗、许靖诗	20200722
272	20200567	桂罗 4 号	罗汉松属	广西壮族自治区林业科学研究院、北海市林业科学研究所	王华新、安家成、黎军、张海、马继耀、陈平先、唐遒冥、林秀庆、莫柳莹、汪小玉	20200722
273	20201031	富直 1 号	楠属	广西壮族自治区林业科学研究院、融水苗族自治县国营贝江河林场	梁瑞龙、欧汉彪、李娟、林建勇、董利军、谭文婧、贺锦锋	20201203
274	20200064	紫韵	野牡丹属	广州市绿化公司、中山大学	黄颂谊、周仁超、金海湘、黄桂莲、丰盈、邓建忠、刘莹、周秋杰	20191223
275	20200457	南国佳人	李属	广州天适集团有限公司、广州旺地园林工程有限公司、韶关市旺地樱花种植有限公司	叶小玲、胡晓敏、何宗儒、朱军、冯钦钊、熊海坚、叶超宏	20200629
276	20200456	春色	李属	广州天适集团有限公司、广州旺地园林工程有限公司、英德市旺地樱花种植有限公司	胡晓敏、叶小玲、叶超宏、陈端妮、朱军、杨梓滨、高珊、熊海坚	20200629
277	20200446	英姿	李属	广州旺地园林工程有限公司、广州天适集团有限公司、英德市旺地樱花种植有限公司	朱军、胡晓敏、叶小玲、陈端妮、杨梓滨、高珊、熊海坚、苏捷	20200629
278	20200448	惊鸿	李属	广州旺地园林工程有限公司、广州天适集团有限公司、英德市旺地樱花种植有限公司	胡晓敏、叶小玲、陈端妮、朱军、高珊、杨梓滨、熊海坚	20200629
279	20200137	金方 1 号	方竹属	贵州大学	苟光前、代朝霞、郑涛、李家雪、朱潇	20200117
280	20200138	金方 3 号	方竹属	贵州大学	代朝霞、苟光前、王灯、彭买买、刘艳江	20200117

（续）

序号	申请号	品种名称	属（种）	申请人	培育人	申请日
281	20200344	绯云	山茶属	贵州省茶叶研究所	郭燕、陈正武、陈娟、杨春、乔大河、李燕、林开勤、梁思慧	20200519
282	20200345	碧玉	山茶属	贵州省茶叶研究所	杨春、陈正武、陈娟、郭燕、李燕、乔大河、林开勤、梁思慧	20200519
283	20200592	奢香 1 号	杜鹃属	贵州师范大学	龚记熠、李欲轲、唐明、张习敏、孙威、乙引、刘杰	20200805
284	20200593	奢香 2 号	杜鹃属	贵州师范大学	刘杰、张宇斌、汤晓辛、唐婧、乙引	20200805
285	20200239	怡香翠	牡竹属	国际竹藤中心	高健、孙茂盛、张兴波	20200404
286	20200820	景华 1 号	刚竹属	国际竹藤中心、安徽省林业科学研究院、安徽省广德市林业科学研究所	高健、吴中能、曹志华、李娟、马艳军、方明刚、蔡新玲、江泽慧	20201009
287	20200821	景华 2 号	刚竹属	国际竹藤中心、安徽省林业科学研究院、安徽省广德市林业科学研究所	高健、吴中能、曹志华、李娟、牟少华、方明刚、蔡新玲、江泽慧	20201009
288	20200822	景华 3 号	刚竹属	国际竹藤中心、安徽省林业科学研究院、安徽省广德市林业科学研究所	高健、吴中能、曹志华、牟少华、李娟、彭常福、刘俊龙、江泽慧	20201009
289	20200678	金丝龙鳞	刚竹属	国际竹藤中心、扬州大禹风景竹园	高健、禹在定、禹迎春	20200824
290	20200679	金枝玉叶	刚竹属	国际竹藤中心、扬州大禹风景竹园	高健、禹在定、禹迎春	20200824
291	20200680	黄秆红竹	刚竹属	国际竹藤中心、扬州大禹风景竹园	高健、禹在定、禹迎春	20200824
292	20200104	绿之源	刚竹属	国际竹藤中心安徽太平实验中心、博爱县竹子科学研究所、王云磊	岳祥华、张玲、王云磊	20200108
293	20200105	新桉 7 号	桉属	国家林业和草原局桉树研究开发中心	谢耀坚、罗建中、卢万鸿、林彦、王楚彪、高丽琼	20200110
294	20200106	新桉 8 号	桉属	国家林业和草原局桉树研究开发中心	罗建中、卢万鸿、林彦、王楚彪、高丽琼、谢耀坚	20200110
295	20200107	新桉 9 号	桉属	国家林业和草原局桉树研究开发中心	卢万鸿、林彦、王楚彪、罗建中、高丽琼、谢耀坚	20200110
296	20200108	新桉 10 号	桉属	国家林业和草原局桉树研究开发中心	林彦、王楚彪、罗建中、卢万鸿、高丽琼、谢耀坚	20200110
297	20200109	新桉 11 号	桉属	国家林业和草原局桉树研究开发中心	王楚彪、罗建中、卢万鸿、林彦、高丽琼、谢耀坚	20200110
298	20200376	中柿雄 1 号	柿	国家林业和草原局泡桐研究开发中心	孙鹏、索玉静、韩卫娟、刁松锋、李华威、傅建敏、李芳东	20200529
299	20200629	中桐 10 号	泡桐属	国家林业和草原局泡桐研究开发中心	李芳东、王保平、乔杰、冯延芝、赵阳、周海江、杨超伟、崔鸿侠、李荣幸、陈兴国、赵兴慈、熊启云	20200817

（续）

序号	申请号	品种名称	属（种）	申请人	培育人	申请日
300	20200630	中桐 11 号	泡桐属	国家林业和草原局泡桐研究开发中心	王保平、乔杰、赵阳、唐万鹏、杨超伟、冯延芝、李芳东、周海江、段伟、陈兴红、伊焕、薛艳春	20200817
301	20200631	中桐 12 号	泡桐属	国家林业和草原局泡桐研究开发中心	乔杰、李玲、王保平、赵阳、冯延芝、周海江、杨超伟、庞宏东、李芳东、陈明泉、李荣幸、赵冬	20200817
302	20200632	中桐 19 号	泡桐属	国家林业和草原局泡桐研究开发中心	冯延芝、乔杰、杨超伟、王保平、周海江、赵阳、杨代贵、王炜炜、李芳东、李荣幸、张坤峰、杨帆	20200817
303	20200633	中桐 20 号	泡桐属	国家林业和草原局泡桐研究开发中心	赵阳、王保平、冯延芝、乔杰、唐万鹏、李芳东、李荣幸、周海江、杨超伟、崔令军、胡建硕、王志勇	20200817
304	20200729	华仲 21 号	杜仲	国家林业和草原局泡桐研究开发中心	王璐、杜兰英、杜红岩、刘攀峰、杜庆鑫、孙志强、庆军、何凤	20200904
305	20200730	华仲 22 号	杜仲	国家林业和草原局泡桐研究开发中心	刘攀峰、杜庆鑫、王璐、杜兰英、杜红岩、孙志强、庆军、何凤	20200904
306	20200731	华仲 23 号	杜仲	国家林业和草原局泡桐研究开发中心	杜庆鑫、刘攀峰、王璐、杜兰英、杜红岩、孙志强、庆军、何凤	20200904
307	20200732	华仲 24 号	杜仲	国家林业和草原局泡桐研究开发中心	杜红岩、王璐、杜兰英、刘攀峰、杜庆鑫、孙志强、庆军、何凤	20200904
308	20201043	中柿 6 号	柿	国家林业和草原局泡桐研究开发中心	韩卫娟、傅建敏、孙鹏、刁松锋、李华威、索玉静	20201209
309	20200681	国润 6 号	李属	国润民富科技发展有限公司	刘志国、鲍重卓	20200826
310	20200682	国润 8 号	李属	国润民富科技发展有限公司	刘志国、鲍重卓	20200826
311	20200742	国润 3 号	李属	国润民富科技发展有限公司	刘志国、鲍重卓	20200907
312	20200743	国润 4 号	李属	国润民富科技发展有限公司	刘志国、鲍重卓	20200907
313	20200744	国润 5 号	李属	国润民富科技发展有限公司	刘志国、鲍重卓	20200907
314	20200745	国润 9 号	李属	国润民富科技发展有限公司	刘志国、鲍重卓	20200907
315	20200746	国润 10 号	李属	国润民富科技发展有限公司	刘志国、鲍重卓	20200907
316	20200971	金焰槭	槭属	杭州啄木鸟古树救护有限公司、沈波	陈一锋、沈波、刘志高、陈林、吴云晓、赵梦恬、沈洁	20201112
317	20200044	笑脸卫矛	卫矛属	河北省林业科学研究院	黄印冉、闫淑芳、冯树香、刘易超、黄晓旭、樊彦聪、陈丽英、代嵩华、黄印朋	20191211
318	20200595	盐星	苹果属	河北省农林科学院滨海农业研究所	孙宇、胡爱双、肖丹丹、王文成	20200805

（续）

序号	申请号	品种名称	属（种）	申请人	培育人	申请日
319	20200905	燕栗 3 号	板栗	河北省农林科学院昌黎果树研究所	张馨方、王广鹏、张树航、李颖、郭燕、李杰、高倩、刘师源	20201029
320	20200906	燕栗 5 号	板栗	河北省农林科学院昌黎果树研究所	张树航、王广鹏、李颖、郭燕、张馨方、李杰、刘师源、高倩	20201029
321	20200531	夏日香雪	胡枝子属	河北燕青农业科技有限公司	杨彦青、庞曼、郭艳超	20200716
322	20200866	黑美人	接骨木属	河南卡乐夫园艺有限公司、河南省格兰德市政园林科技有限公司	程建明、沈植国、韩健、武方方、沈希辉、王腾飞	20201020
323	20200867	烈焰	接骨木属	河南卡乐夫园艺有限公司、河南省格兰德市政园林科技有限公司	沈希辉、程建明、沈植国、韩健、武方方、王腾飞	20201020
324	20200865	紫嫣	接骨木属	河南省格兰德市政园林科技有限公司、河南卡乐夫园艺有限公司	韩健、沈植国、程建明、沈希辉、武方方、王腾飞	20201020
325	20201021	鹤迎 1 号	素馨属	河南省鹤城迎春花研究院有限公司	张志华、马淑芳、郭朝蓝、王玉华、李辉、王金梅、高天、邱玲	20201127
326	20201022	鹤迎 2 号	素馨属	河南省鹤城迎春花研究院有限公司	郭朝蓝、张志华、王玉华、马淑芳、李永生、蔡金海、李玉生、刘秀云、张志琴	20201127
327	20200559	金穗	接骨木属	河南省林业科学研究院	沈植国、丁鑫、张和臣、田丽、赵肃然、李春明、孙萌、侯志华、陈彦伟	20200722
328	20200561	红宝石	接骨木属	河南省林业科学研究院	孙萌、汤正辉、程建明、王超、王冉、马俊青、金钰、张纪堂、张春萍	20200722
329	20200563	卵叶红	接骨木属	河南省林业科学研究院	沈植国、丁鑫、武方方、田丽、赵肃然、董希玲、汤正辉、陈超、苏爱平	20200722
330	20200620	玲珑	木兰属	河南省林业科学研究院	刘艳萍、范定臣、祝亚军、骆玉平、田丽、赵英普	20200810
331	20200621	翡翠	木兰属	河南省林业科学研究院	刘艳萍、范定臣、杨伟敏、祝亚军、骆玉平、马常云	20200810
332	20200560	早紫	接骨木属	河南省林业科学研究院、河南卡乐夫园艺有限公司	丁鑫、沈植国、张和臣、曹应伟、张纪堂、武方方、王冉、张春萍、陈超	20200722
333	20200562	黑宝石	接骨木属	河南省林业科学研究院、河南卡乐夫园艺有限公司	汤正辉、孙萌、沈希辉、程建明、王超、夏鹏云、金钰、曹应伟、侯志华	20200722
334	20200582	豫荚 3 号	皂荚属	河南省林业科学研究院、南召县林业局、南召县金豆皂业有限公司	范定臣、臧明杰、杨伟敏、周虎、刘艳萍、田彦、侯志华、毕学伟、吴永军、王保杰、辛华、樊清圃	20200804

（续）

序号	申请号	品种名称	属（种）	申请人	培育人	申请日
335	20200407	锦毓石楠	石楠属	河南省农业科学院园艺研究所	王利民、董晓宇、符真珠、张和臣、蒋卉、王慧娟、李艳敏、高杰、袁欣、王耀瑭、冯乃曦	20200612
336	20200830	金钰构树	构属	河南省农业科学院园艺研究所	张和臣、符真珠、孟月娥、董晓宇、蒋卉、王慧娟、李艳敏、高杰、王利民、袁欣	20201010
337	20200908	永楸一号	梓树属	河南盛霖苗木科技有限公司	刘炳毅、刘伟、丁成会、刘宏源	20201029
338	20200416	四季春 7 号	紫荆属	河南四季春园林艺术工程有限公司、鄢陵中林园林工程有限公司、许昌樱桐生态园林有限公司	张林、刘双枝、张文馨	20200624
339	20200417	双馨	紫荆属	河南四季春园林艺术工程有限公司、鄢陵中林园林工程有限公司、许昌樱桐生态园林有限公司	张林、刘双枝、张文馨	20200624
340	20200750	贝肯朋来（BKPONAI）	大戟属	荷兰贝肯坎普植物有限公司（Beekenkamp Plants B.V.）	安妮·考莱利雅·贝肯坎普（Annie Cornelia Beekenkamp）	20200913
341	20200751	贝肯朋贝（BKPONBF）	大戟属	荷兰贝肯坎普植物有限公司（Beekenkamp Plants B.V.）	安妮·考莱利雅·贝肯坎普（Annie Cornelia Beekenkamp）	20200913
342	20200752	贝肯朋乐（BKPONLR）	大戟属	荷兰贝肯坎普植物有限公司（Beekenkamp Plants B.V.）	安妮·考莱利雅·贝肯坎普（Annie Cornelia Beekenkamp）	20200913
343	20200143	道若希普诺（Dorchypno）	蔷薇属	荷兰多盟集团公司（Dummen Group B.V.）	菲利普·韦斯（Philipp Veys）	20200205
344	20200186	西露丝 42384（SCH42384）	蔷薇属	荷兰西露丝花卉控股有限公司（Piet Schreurs Holding B.V.）	P·N·J·西露丝（Petrus Nicolaas Johannes Schreurs）	20200313
345	20200204	西露 83483（SCH83483）	蔷薇属	荷兰西露丝花卉控股有限公司（Piet Schreurs Holding B.V.）	P·N·J·西露丝（Petrus Nicolaas Johannes Schreurs）	20200320
346	20200205	西露 88566（SCH88566）	蔷薇属	荷兰西露丝花卉控股有限公司（Piet Schreurs Holding B.V.）	P·N·J·西露丝（Petrus Nicolaas Johannes Schreurs）	20200320
347	20200494	西露丝 70787（SCH70787）	蔷薇属	荷兰西露丝花卉控股有限公司（Piet Schreurs Holding B.V.）	P·N·J·西露丝（Petrus Nicolaas Johannes Schreurs）	20200709
348	20200495	西露丝 78234（SCH78234）	蔷薇属	荷兰西露丝花卉控股有限公司（Piet Schreurs Holding B.V.）	P·N·J·西露丝（Petrus Nicolaas Johannes Schreurs）	20200709
349	20200496	西露丝 82959（SCH82959）	蔷薇属	荷兰西露丝花卉控股有限公司（Piet Schreurs Holding B.V.）	P·N·J·西露丝（Petrus Nicolaas Johannes Schreurs）	20200709

（续）

序号	申请号	品种名称	属（种）	申请人	培育人	申请日
350	20200497	西露丝 85712（SCH85712）	蔷薇属	荷兰西露丝花卉控股有限公司（Piet Schreurs Holding B.V.）	P·N·J·西露丝（Petrus Nicolaas Johannes Schreurs）	20200709
351	20200791	西露丝 80693（SCH80693）	蔷薇属	荷兰西露丝花卉控股有限公司（Piet Schreurs Holding B.V.）	P·N·J·西露丝（Petrus Nicolaas Johannes Schreurs）	20200924
352	20200792	西露丝 85200（SCH85200）	蔷薇属	荷兰西露丝花卉控股有限公司（Piet Schreurs Holding B.V.）	P·N·J·西露丝（Petrus Nicolaas Johannes Schreurs）	20200924
353	20200793	西露丝 88431（SCH88431）	蔷薇属	荷兰西露丝花卉控股有限公司（Piet Schreurs Holding B.V.）	P·N·J·西露丝（Petrus Nicolaas Johannes Schreurs）	20200924
354	20200794	西露丝 88448（SCH88448）	蔷薇属	荷兰西露丝花卉控股有限公司（Piet Schreurs Holding B.V.）	P·N·J·西露丝（Petrus Nicolaas Johannes Schreurs）	20200924
355	20200795	西露丝 88470（SCH88470）	蔷薇属	荷兰西露丝花卉控股有限公司（Piet Schreurs Holding B.V.）	P·N·J·西露丝（Petrus Nicolaas Johannes Schreurs）	20200924
356	20200754	萨克迪福劳斯（Saxdifioros）	绣球属	荷兰绣球育种家联合会有限公司（Hydrangea Breeders Association B.V.）	卡特琳·梅乐（Katrin Meinl）	20200913
357	20200755	荷 214902（H214902）	绣球属	荷兰绣球育种家联合会有限公司（Hydrangea Breeders Association B.V.）	尼尔斯·亚孜（Niels Arts）	20200913
358	20200756	荷 215906（H215906）	绣球属	荷兰绣球育种家联合会有限公司（Hydrangea Breeders Association B.V.）	尼尔斯·亚孜（Niels Arts）	20200913
359	20200757	荷 218925（H218925）	绣球属	荷兰绣球育种家联合会有限公司（Hydrangea Breeders Association B.V.）	尼尔斯·亚孜（Niels Arts）	20200913
360	20200187	爱普开 472114（IPK472114）	蔷薇属	荷兰英特普兰特月季育种公司（Interplant Roses B.V.）	范·多伊萨姆（ir. A.J.H. van Doesum）	20200313
361	20200188	爱普特 276214（IPT276214）	蔷薇属	荷兰英特普兰特月季育种公司（Interplant Roses B.V.）	范·多伊萨姆（ir. A.J.H. van Doesum）	20200313
362	20200189	爱普特 285914（IPT285914）	蔷薇属	荷兰英特普兰特月季育种公司（Interplant Roses B.V.）	范·多伊萨姆（ir. A.J.H. van Doesum）	20200313
363	20200212	爱普开 090916（IPK090916）	蔷薇属	荷兰英特普兰特月季育种公司（Interplant Roses B.V.）	范·多伊萨姆（ir. A.J.H. van Doesum）	20200331
364	20200213	爱普开 155216（IPK155216）	蔷薇属	荷兰英特普兰特月季育种公司（Interplant Roses B.V.）	范·多伊萨姆（ir. A.J.H. van Doesum）	20200331

（续）

序号	申请号	品种名称	属（种）	申请人	培育人	申请日
365	20200308	爱普特 240814（IPT240814）	蔷薇属	荷兰英特普兰特月季育种公司（Interplant Roses B.V.）	范·多伊萨姆（ir. A.J.H. van Doesum）	20200430
366	20200309	爱普特 153014（IPT153014）	蔷薇属	荷兰英特普兰特月季育种公司（Interplant Roses B.V.）	范·多伊萨姆（ir. A.J.H. van Doesum）	20200430
367	20200310	爱普特 124215（IPT124215）	蔷薇属	荷兰英特普兰特月季育种公司（Interplant Roses B.V.）	范·多伊萨姆（ir. A.J.H. van Doesum）	20200430
368	20200311	爱普特 035215（IPT035215）	蔷薇属	荷兰英特普兰特月季育种公司（Interplant Roses B.V.）	范·多伊萨姆（ir. A.J.H. van Doesum）	20200430
369	20200312	爱普特 032414（IPT032414）	蔷薇属	荷兰英特普兰特月季育种公司（Interplant Roses B.V.）	范·多伊萨姆（ir. A.J.H. van Doesum）	20200430
370	20200313	爱普开 107416（IPK107416）	蔷薇属	荷兰英特普兰特月季育种公司（Interplant Roses B.V.）	范·多伊萨姆（ir. A.J.H. van Doesum）	20200430
371	20200314	英特慕思红（INTERMUXPRED）	蔷薇属	荷兰英特普兰特月季育种公司（Interplant Roses B.V.）	范·多伊萨姆（ir. A.J.H. van Doesum）	20200430
372	20200330	爱普特 234014（IPT234014）	蔷薇属	荷兰英特普兰特月季育种公司（Interplant Roses B.V.）	范·多伊萨姆（ir. A.J.H. van Doesum）	20200507
373	20200942	爱普开 234513（IPK234513）	蔷薇属	荷兰英特普兰特月季育种公司（Interplant Roses B.V.）	范·多伊萨姆（ir. A.J.H. van Doesum）	20201106
374	20200943	爱普开 061814（IPK061814）	蔷薇属	荷兰英特普兰特月季育种公司（Interplant Roses B.V.）	范·多伊萨姆（ir. A.J.H. van Doesum）	20201106
375	20200944	爱普开 086014（IPK086014）	蔷薇属	荷兰英特普兰特月季育种公司（Interplant Roses B.V.）	范·多伊萨姆（ir. A.J.H. van Doesum）	20201106
376	20200579	伊榛 1 号	榛属	黑龙江省林业科学院伊春分院	倪柏春	20200803
377	20200580	伊榛 2 号	榛属	黑龙江省林业科学院伊春分院	倪柏春	20200803
378	20200747	龙靛 5 号	忍冬属	黑龙江省农业科学院园艺分院	王柏林、董畅、张启昌、杨瑞华、王禹、覃杨、鲁会玲、肖丽珍、张睿	20200908
379	20200986	春晖	李属	黑龙江省森林植物园	郁永英、李长海、李洪林、翟晓鸥、宋莹莹、张少琳、姜远翮	20201118
380	20200987	春光	荚蒾属	黑龙江省森林植物园	郁永英、李长海、李洪林、翟晓鸥、宋莹莹、张少琳、姜远翮	20201118

（续）

序号	申请号	品种名称	属（种）	申请人	培育人	申请日
381	20200988	白河之恋	花楸属	黑龙江省森林植物园	郁永英、李长海、李洪林、翟晓鸥、宋莹莹、张少琳、姜远翾	20201118
382	20200483	衡蜡一号	白蜡树属	衡水市林业科学研究所、河北农业大学、衡水市中心苗圃场	张会恰、杨敏生、杨爱颖、吴娜、孟丁丁、杜向前、任晔、李轩、宋爱红、张彦杰、孟丽	20200706
383	20200484	衡蜡二号	白蜡树属	衡水市林业科学研究所、河北农业大学、衡水市中心苗圃场	张会恰、杨敏生、吴娜、杨爱颖、孟丁丁、陈红刚、辛芳英、孟丽、穆丽英、张锐、李轩	20200706
384	20200485	衡蜡三号	白蜡树属	衡水市林业科学研究所、河北农业大学、衡水市中心苗圃场	张会恰、杨敏生、吴娜、杨爱颖、孟丁丁、王桂景、孙春雨、何立焕、王玉才、张绍杰	20200706
385	20200602	楚林保鑫	核桃属	湖北省林业科学研究院、保康县核桃技术推广中心	徐永杰、王其竹、廖舒、付亚男、徐春永、姜德志、徐朝煜、李孝鑫、王代全、陈万胜、赵勇	20200807
386	20200801	湘栗 5 号	板栗	湖南省林业科学院	陈景震、胡伟、李力、吉悦娜、杨艳、王昊、李培旺、李党训	20200927
387	20200889	潇湘艳舞	紫薇	湖南省林业科学院、湖南彩霞园林绿化有限公司、长沙湘莹园林科技有限公司	王晓明、黄佳丽、乔中全、曾慧杰、李永欣、蔡能、陈艺、王惠	20201022
388	20200870	红冠	檵木属	湖南省林业科学院、湖南省林业种苗中心、长沙湘莹园林科技有限公司	王晓明、陈艺、王湘莹、曾慧杰、彭晓锋、乔中全、蔡能、李永欣、熊利、王惠	20201022
389	20200871	红裳	檵木属	湖南省林业科学院、湖南省林业种苗中心、长沙湘莹园林科技有限公司	王晓明、曾慧杰、蔡能、王湘莹、彭晓锋、乔中全、李永欣、陈艺、熊利、王惠	20201022
390	20200872	红韵	檵木属	湖南省林业科学院、湖南省林业种苗中心、长沙湘莹园林科技有限公司	王晓明、李永欣、乔中全、曾慧杰、彭晓锋、陈艺、蔡能、王湘莹、熊利、王惠	20201022
391	20200874	太空花	忍冬属	湖南省林业科学院、隆回县农业综合服务中心、长沙湘莹园林科技有限公司	王晓明、曾慧杰、乔中全、伍世民、陈艺、蔡能、李永欣、王颖、王惠	20201022
392	20200886	潇湘彩蝶	紫薇	湖南省林业科学院、湘西自治州林学会、长沙湘莹园林科技有限公司	王晓明、钟少伟、向魁文、和红晓、李永欣、蔡能，曾慧杰、乔中全、王惠	20201022
393	20200887	潇湘紫裳	紫薇	湖南省林业科学院、湘西自治州林学会、长沙湘莹园林科技有限公司	王晓明、向魁文、李永欣、蔡能、曾慧杰、乔中全、陈艺、王惠	20201022
394	20200873	龙瑶	忍冬属	湖南省林业科学院、溆浦森鑫特色农业开发有限公司、湖南特腾苗木有限公司	曾慧杰、王晓明、乔中全、邹代旭、刘武、蔡能、李永欣、王湘莹、陈艺	20201022
395	20200875	舞彩	石楠属	湖南省林业科学院、长沙湘莹园林科技有限公司	王晓明、陈艺、王湘莹、曾慧杰、乔中全、蔡能、李永欣、王惠	20201022

（续）

序号	申请号	品种名称	属（种）	申请人	培育人	申请日
396	20200876	潇湘红魁	紫薇	湖南省林业科学院、长沙湘莹园林科技有限公司	长沙湘莹园林科技有限公司	20201022
397	20200877	潇湘惊艳	紫薇	湖南省林业科学院、长沙湘莹园林科技有限公司	王晓明、乔中全、曾慧杰、王湘莹、李永欣、蔡能、陈艺、王惠	20201022
398	20200878	潇湘紫珠	紫薇	湖南省林业科学院、长沙湘莹园林科技有限公司	王晓明、曾慧杰、蔡能、王湘莹、乔中全、李永欣、陈艺、王惠	20201022
399	20200879	潇湘美人	紫薇	湖南省林业科学院、长沙湘莹园林科技有限公司	王湘莹、王晓明、蔡能、乔中全、曾慧杰、李永欣、陈艺、王惠	20201022
400	20200880	潇湘粉韵	紫薇	湖南省林业科学院、长沙湘莹园林科技有限公司	李永欣、王晓明、蔡能、曾慧杰、乔中全、陈艺、王湘莹、王惠	20201022
401	20200881	潇湘红馨	紫薇	湖南省林业科学院、长沙湘莹园林科技有限公司	李永欣、王晓明、蔡能、曾慧杰、乔中全、刘思思、陈艺、王湘莹、王惠	20201022
402	20200882	潇湘紫星	紫薇	湖南省林业科学院、长沙湘莹园林科技有限公司	李永欣、王晓明、蔡能、曾慧杰、乔中全、刘思思、陈艺、王湘莹、王惠	20201022
403	20200883	潇湘红霞	紫薇	湖南省林业科学院、长沙湘莹园林科技有限公司	蔡能、王晓明、乔中全、曾慧杰、李永欣、王湘莹、陈艺、王惠	20201022
404	20200884	潇湘雪蝶	紫薇	湖南省林业科学院、长沙湘莹园林科技有限公司	乔中全、王晓明、曾慧杰、蔡能、李永欣、陈艺、王湘莹、王惠	20201022
405	20200885	潇湘艳紫	紫薇	湖南省林业科学院、长沙湘莹园林科技有限公司	曾慧杰、王晓明、乔中全、蔡能、李永欣、王湘莹、陈艺、王惠	20201022
406	20200888	潇湘粉蝶	紫薇	湖南省林业科学院、长沙湘莹园林科技有限公司、益阳南洞庭湖自然保护区管理局	王晓明、李清平、李永欣、蔡能、乔中全、曾慧杰、陈艺、王惠	20201022
407	20200568	湘樱缤纷	李属	湖南省森林植物园	吴思政、柏文富、禹霖、李建挥、聂东伶	20200723
408	20200591	紫娴	紫薇	华南农业大学	邓小梅、奚如春	20200804
409	20200590	紫妍（重名）	紫薇	华南农业大学、广东春源生态园林科技发展有限公司	邓小梅、奚如春、徐春燕、邓演文	20200804
410	20200589	紫娟	紫薇	华南农业大学、广州市林业和园林科学研究院	邓小梅、代色平、奚如春、阮琳、李晓东	20200804
411	20200498	娇乐	杜鹃属	华南农业大学、六安市郁花园园艺有限公司	郁书君、郁晓涵	20200709

（续）

序号	申请号	品种名称	属（种）	申请人	培育人	申请日
412	20200993	粉晕雪梅	梅	华中农业大学	张杰、张俊卫、包满珠	20201119
413	20200994	华农早粉	梅	华中农业大学	张俊卫、张杰、包满珠	20201119
414	20200924	杏让	蔷薇属	华中农业大学、苏州市华冠园创园艺科技有限公司	傅小鹏、杨绍宗、姜正之、吴全淑、李谋亮	20201031
415	20200925	燕脂	蔷薇属	华中农业大学、苏州市华冠园创园艺科技有限公司	傅小鹏、杨绍宗、姜正之、吴全淑、李谋亮	20201031
416	20200197	青玉	箬竹属	黄山市徽顶箬叶有限公司、汪金富、段一凡	汪小飞、汪金富、段一凡	20200316
417	20200198	赤玉	箬竹属	黄山市徽顶箬叶有限公司、汪金富、段一凡	汪小飞、汪金富、段一凡	20200316
418	20200199	墨玉	箬竹属	黄山市徽顶箬叶有限公司、汪金富、段一凡	汪小飞、汪金富、段一凡	20200316
419	20200571	吉龙 1 号	樟属	吉安市林业科学研究所	甘青、李茂军、彭招兰、周日巍、黄逢龙、蒋志茵、周琴、杨亮、龚伟、吴雪松、贺珑、董文浩	20200729
420	20200162	茵罗莎蒂（Enrosadira）	悬钩子属	吉尔伯特·莫拉利、阿尔多·泰克	阿尔多·泰克	20200225
421	20200836	防川 1 号	蔷薇属	吉林翠绿农业综合开发有限公司	许刚、张吉清	20201016
422	20200837	防川 4 号	蔷薇属	吉林翠绿农业综合开发有限公司	许刚、张吉清	20201016
423	20200838	防川 7 号	蔷薇属	吉林翠绿农业综合开发有限公司	许刚、张吉清	20201016
424	20200890	北爵	越橘属	吉林农业大学	孙海悦、陈丽、李亚东	20201022
425	20200891	东爵	越橘属	吉林农业大学	李亚东、陈丽、孙海悦	20201022
426	20200995	宝玉	大戟属	济南大益农业科技有限公司	朱建镛	20201123
427	20200996	翠玉	大戟属	济南大益农业科技有限公司	朱建镛、杨胜安	20201123
428	20200061	上农 1 号	杨属	江苏庆丰林业发展有限公司	贾祖春、方伍生、吕晓明、施士争、王红玲	20191220
429	20200062	向阳	泡桐属	江苏省林业科学研究院	王红玲、施士争、黄瑞芳、谭军、刘博	20191220
430	20200063	旋律	泡桐属	江苏省林业科学研究院	黄瑞芳、施士争、王红玲、刘旭、蔡卫佳	20191220
431	20200070	仙僮一号	蔷薇属	江苏省林业科学研究院	汪有良、蒋泽平、黄利斌	20191225
432	20200071	仙僮二号	蔷薇属	江苏省林业科学研究院	汪有良、蒋泽平、黄利斌	20191225
433	20200231	苏枫 2020	槭属	江苏省林业科学研究院	窦全琴	20200401

（续）

序号	申请号	品种名称	属（种）	申请人	培育人	申请日
434	20200413	苏柳 2011	柳属	江苏省林业科学研究院	周洁、王保松、施士争、黄瑞芳	20200615
435	20200414	苏柳 2031	柳属	江苏省林业科学研究院	周洁、王保松、隋德宗、王伟伟	20200615
436	20200415	苏柳 2032	柳属	江苏省林业科学研究院	周洁、王保松、王红玲、王伟伟	20200615
437	20200468	苏柳 2012	柳属	江苏省林业科学研究院	何旭东、王保松、隋德宗、王伟伟	20200702
438	20200469	苏柳 2013	柳属	江苏省林业科学研究院	教忠意、王保松、何旭东、郑纪伟	20200702
439	20200470	苏柳 2041	柳属	江苏省林业科学研究院	何旭东、王红玲、黄瑞芳、施士争	20200702
440	20200471	苏柳 2042	柳属	江苏省林业科学研究院	周洁、隋德宗、王伟伟、姜开朋	20200702
441	20200472	苏柳 2043	柳属	江苏省林业科学研究院	教忠意、王红玲、黄瑞芳、施士争	20200702
442	20200683	金粉世家	栎属	江苏省林业科学研究院	孙海楠、汪有良、黄利斌、董筱昀	20200826
443	20200684	满天星	栎属	江苏省林业科学研究院	董筱昀、黄利斌、邢玮、李茹、吕运舟、孙海楠、杨勇、杨建军	20200826
444	20200805	秋橙 1 号	乌桕属	江苏省林业科学研究院	董筱昀、黄利斌、吕运舟、梁珍海、孙海楠、杨建军、罗国庠	20200928
445	20200806	花可期	乌桕属	江苏省林业科学研究院	董筱昀、彭明松、黄利斌、吕运舟、梁珍海	20200928
446	20200955	碧缃碎	臭椿属	江苏省林业科学研究院	邢玮、李茹、季永华、张珺、董筱昀、王红玲、杨瑛	20201109
447	20200389	苏榉金灿	榉属	江苏省林业科学研究院、溧阳映山红花木园艺有限公司	窦全琴、温爱香、陈惠忠、胡云	20200605
448	20200390	苏榉锦绣	榉属	江苏省林业科学研究院、溧阳映山红花木园艺有限公司	窦全琴、温爱香、陈惠忠、胡云	20200605
449	20200391	苏榉锦华	榉属	江苏省林业科学研究院、溧阳映山红花木园艺有限公司	窦全琴、温爱香、陈惠忠、胡云	20200605
450	20200392	苏枫丹霞	槭属	江苏省林业科学研究院、溧阳映山红花木园艺有限公司	窦全琴、陈惠忠	20200605
451	20200393	苏枫灿烂	槭属	江苏省林业科学研究院、溧阳映山红花木园艺有限公司	窦全琴、陈惠忠、王成	20200605
452	20200394	苏枫绯红	槭属	江苏省林业科学研究院、溧阳映山红花木园艺有限公司	窦全琴、陈惠忠	20200605

（续）

序号	申请号	品种名称	属（种）	申请人	培育人	申请日
453	20200936	金阳	槭属	江苏省农业科学院	闻婧、李倩中、马秋月、李淑顺、朱璐、颜坤元、黎瑞	20201102
454	20200622	灵云妃舞	紫薇属	江苏省农业科学院宿迁农科所	谭军、王昊、刘博、蔡卫佳、刘威、陈芬、刘旭、罗桂杰	20200811
455	20200096	桃之夭夭	铁线莲属	江苏省中国科学院植物研究所	李林芳、王淑安、李亚、王鹏、高露璐、杨如同、汪庆、李素梅、吕芬妮	20200103
456	20200097	金陵紫云	铁线莲属	江苏省中国科学院植物研究所	李林芳、李亚、王淑安、王鹏、高露璐、杨如同、汪庆、李素梅、吕芬妮	20200103
457	20200098	金玫	紫薇	江苏省中国科学院植物研究所	王鹏、王淑安、李亚、李林芳、杨如同、汪庆	20200103
458	20200099	粉金	紫薇	江苏省中国科学院植物研究所	汪庆、王淑安、李亚、王鹏、李林芳、杨如同	20200103
459	20200100	紫铜	紫薇	江苏省中国科学院植物研究所	王淑安、王鹏、杨如同、李林芳、李亚、汪庆	20200103
460	20200597	中山玉星	含笑属	江苏省中国科学院植物研究所	殷云龙、於朝广、王芝权、王紫阳、徐建华、施钦、杨颖、顾春笋、芦治国、王年鹤、孙明义	20200805
461	20200598	中山玉娇	含笑属	江苏省中国科学院植物研究所	殷云龙、於朝广、王芝权、王紫阳、徐建华、施钦、杨颖、顾春笋、芦治国、王年鹤、孙明义	20200805
462	20200599	中山玉露	含笑属	江苏省中国科学院植物研究所	殷云龙、於朝广、王芝权、王紫阳、徐建华、施钦、杨颖、顾春笋、芦治国、王年鹤、孙明义	20200805
463	20200737	绿舞	槭属	江苏省中国科学院植物研究所	刘科伟、杨虹、顾永华、佟海英、李乃伟、杨军、李冬玲	20200907
464	20200775	可卿	铁线莲属	江苏省中国科学院植物研究所	李林芳、王淑安、李亚、王鹏、李素梅、高露璐、杨如同、汪庆、吕芬妮	20200918
465	20200776	昭君	铁线莲属	江苏省中国科学院植物研究所	李林芳、王淑安、李亚、王鹏、李素梅、高露璐、杨如同、汪庆、吕芬妮	20200918
466	20200777	惜春	铁线莲属	江苏省中国科学院植物研究所	李林芳、李亚、王淑安、王鹏、李素梅、高露璐、杨如同、汪庆、吕芬妮	20200918
467	20200778	关雎	铁线莲属	江苏省中国科学院植物研究所	李林芳、李亚、王淑安、王鹏、李素梅、高露璐、杨如同、汪庆、吕芬妮	20200918
468	20200779	紫鹃	铁线莲属	江苏省中国科学院植物研究所	李林芳、王淑安、李亚、王鹏、李素梅、高露璐、杨如同、汪庆、吕芬妮	20200918

（续）

序号	申请号	品种名称	属（种）	申请人	培育人	申请日
469	20200780	妙玉	铁线莲属	江苏省中国科学院植物研究所	李林芳、李亚、王淑安、王鹏、李素梅、高露璐、杨如同、汪庆、吕芬妮	20200918
470	20200781	宝钗	铁线莲属	江苏省中国科学院植物研究所	李林芳、李亚、王淑安、王鹏、李素梅、高露璐、杨如同、汪庆、吕芬妮	20200918
471	20200782	巧姐	铁线莲属	江苏省中国科学院植物研究所	李林芳、王淑安、李亚、王鹏、李素梅、高露璐、杨如同、汪庆、吕芬妮	20200918
472	20200123	中植 1 号	越橘属	江苏省中国科学院植物研究所、南京林业大学、江苏中植生态农林科技集团股份有限公司	李维林、吴文龙、闾连飞、张春红、赵慧芳、朱宁、王小敏、杨海燕、黄正金、刘洪霞	20200114
473	20200124	中植 2 号	越橘属	江苏省中国科学院植物研究所、南京林业大学、江苏中植生态农林科技集团股份有限公司	吴文龙、闾连飞、李维林、张春红、赵慧芳、朱宁、王小敏、杨海燕、黄正金、刘洪霞	20200114
474	20200125	中植 3 号	越橘属	江苏省中国科学院植物研究所、南京林业大学、江苏中植生态农林科技集团股份有限公司	闾连飞、吴文龙、李维林、张春红、赵慧芳、朱宁、王小敏、杨海燕、黄正金、刘洪霞	20200114
475	20200126	中植 4 号	越橘属	江苏省中国科学院植物研究所、南京林业大学、江苏中植生态农林科技集团股份有限公司	吴文龙、闾连飞、李维林、张春红、赵慧芳、朱宁、王小敏、杨海燕、黄正金、刘洪霞	20200114
476	20200127	硕丰 2 号	悬钩子属	江苏省中国科学院植物研究所、南京林业大学、江苏中植生态植物科学研究院有限公司	张春红、吴文龙、闾连飞、李维林、赵慧芳、朱宁、王小敏、杨海燕、黄正金、刘洪霞	20200114
477	20200128	早黑	悬钩子属	江苏省中国科学院植物研究所、南京林业大学、江苏中植生态植物科学研究院有限公司	吴文龙、张春红、闾连飞、李维林、赵慧芳、朱宁、王小敏、杨海燕、黄正金、刘洪霞	20200114
478	20200129	晚丰	悬钩子属	江苏省中国科学院植物研究所、南京林业大学、江苏中植生态植物科学研究院有限公司	李维林、张春红、吴文龙、闾连飞、赵慧芳、朱宁、王小敏、杨海燕、黄正金、刘洪霞	20200114
479	20200812	春霞	槭属	江苏省中国科学院植物研究所、沈寿大	刘科伟、沈寿大、杨虹、顾永华、佟海英、李乃伟、李冬玲、杨军	20200929
480	20200850	西子霞舞	蔷薇属	姜正之	姜正之	20201016
481	20200851	粉融香雪	蔷薇属	姜正之	姜正之	20201016

（续）

序号	申请号	品种名称	属（种）	申请人	培育人	申请日
482	20200852	佳人有约	蔷薇属	姜正之	姜正之	20201016
483	20200624	仲思枣	枣	解涛	解巨胜、解涛	20200815
484	20200007	红冠	杜鹃属	金华市永根杜鹃花培育有限公司	方永根、汤荣堂、郑国良、黄飞来	20191209
485	20200008	红狮子	杜鹃属	金华市永根杜鹃花培育有限公司	方永根、汤荣堂、郑国良、黄飞来	20191209
486	20200009	早春五彩	杜鹃属	金华市永根杜鹃花培育有限公司	方永根、郑国良、汤荣堂	20191209
487	20200010	蜻蜓	杜鹃属	金华市永根杜鹃花培育有限公司	方永根、郑国良、黄飞来、汤荣堂	20191209
488	20200011	淡妆浓抹	杜鹃属	金华市永根杜鹃花培育有限公司	方永根、郑国良、黄飞来、汤荣堂	20191209
489	20200012	红艳	杜鹃属	金华市永根杜鹃花培育有限公司	方永根、黄飞来、汤荣堂、郑国良	20191209
490	20200013	太极	杜鹃属	金华市永根杜鹃花培育有限公司	方永根、黄飞来、汤荣堂、郑国良	20191209
491	20200014	金艳	杜鹃属	金华市永根杜鹃花培育有限公司	方永根	20191209
492	20200015	红绣球	杜鹃属	金华市永根杜鹃花培育有限公司	方永根	20191209
493	20200596	甘杞 2 号	枸杞属	靖远县农业技术推广中心	许臻文、樊东隆、张建金、许论文、赵树春、孙冰洁、张克鹏、李振谋、朱静、张斌祥、朱正明、王金平、刘占强、李永堂、朱久锋、张永洋	20200805
494	20200342	NPCW19280（NPCW19280）	大戟属	克莱姆 + 索恩股份有限公司（Klemm + Sohn GmbH & Co. KG）	奎多·乌·图布夫（Guido von Tubeuf）	20200514
495	20200343	NPCW19282（NPCW19282）	大戟属	克莱姆 + 索恩股份有限公司（Klemm + Sohn GmbH & Co. KG）	奎多·乌·图布夫（Guido von Tubeuf）	20200514
496	20200111	彩虹塔	绣球属	昆明南国山花园艺科技有限责任公司	杨玉勇	20200112
497	20200112	红塔	绣球属	昆明南国山花园艺科技有限责任公司	杨玉勇	20200112
498	20200113	金山	绣球属	昆明南国山花园艺科技有限责任公司	杨玉勇	20200112
499	20200114	蓝水晶	绣球属	昆明南国山花园艺科技有限责任公司	杨玉勇	20200112
500	20200115	白塔	绣球属	昆明南国山花园艺科技有限责任公司	杨玉勇	20200112
501	20200116	紫水晶	绣球属	昆明南国山花园艺科技有限责任公司	杨玉勇	20200112
502	20200117	瑞雪	绣球属	昆明南国山花园艺科技有限责任公司	杨玉勇	20200112
503	20200118	蓝韵	绣球属	昆明南国山花园艺科技有限责任公司	杨玉勇	20200112
504	20200119	蓝天	绣球属	昆明南国山花园艺科技有限责任公司	杨玉勇	20200112

（续）

序号	申请号	品种名称	属（种）	申请人	培育人	申请日
505	20200120	白雪	绣球属	昆明南国山花园艺科技有限责任公司	杨玉勇	20200112
506	20200121	象牙塔	绣球属	昆明南国山花园艺科技有限责任公司	杨玉勇	20200112
507	20200831	华林桐 6 号	泡桐属	雷凯、赵丹宁、杨元林	雷凯、赵丹宁、杨元林、雷自星、杨金明、韦运武、李囡囡、王睿、王宇甦	20201011
508	20200689	冬月金	卫矛属	李庆洲、李硕涵、胡静洋	李庆洲、李硕涵、胡静洋	20200826
509	20200688	章丘红	卫矛属	李硕涵、胡静洋、李庆洲	李硕涵、胡静洋、李庆洲	20200826
510	20200735	丽润 2 号	悬钩子属	丽水市本润农业有限公司、丽水市农林科学研究院、丽水市农作物总站	华金渭、胡理滨、陈军华、吴剑锋、谢建秋、李艳、黄海华	20200906
511	20200426	国捷	杏	辽宁省果树科学研究所	徐铭、刘威生、张玉萍、刘宁、章秋平、刘硕、张玉君、马小雪	20200627
512	20200427	国锦	杏	辽宁省果树科学研究所	刘威生、徐铭、张玉萍、刘宁、章秋平、刘硕、张玉君、马小雪	20200627
513	20200997	辽青 1 号	杨属	辽宁省杨树研究所	蔄胜军、刘巍、彭儒胜、梁德军、尹杰、宋立志、彭建东、党伟	20201124
514	20200998	辽青 2 号	杨属	辽宁省杨树研究所	蔄胜军、刘巍、彭儒胜、梁德军、尹杰、宋立志、彭建东、周成	20201124
515	20200334	林山 1 号	红豆杉属	临武县宝源生态农业开发有限公司、中南林业科技大学	陈林山、文亚峰、闫亚丹、陈桂兰、金晓玲	20200511
516	20200336	林山 3 号	红豆杉属	临武县宝源生态农业开发有限公司、中南林业科技大学	金晓玲、陈林山、文亚峰、闫亚丹、陈桂兰	20200511
517	20200947	宝钧夏风	山茶属	龙岩市花木南园艺有限公司	张陈环、游鸣飞、王大庄	20201107
518	20200948	宝扇	山茶属	龙岩市花木南园艺有限公司	张陈环、张寿丰、段明霞	20201107
519	20200949	春晓	山茶属	龙岩市花木南园艺有限公司	张陈环、游鸣飞、王大庄	20201107
520	20200547	天紫 1 号	核桃属	略阳县锦绣农业发展有限公司	高临棋、胡风成、柏文科、张红	20200720
521	20200548	汉紫 1 号	杜仲	略阳县锦绣农业发展有限公司	高临棋、柏文科、胡风成、张红	20200720
522	20200493	贝 06-126VC-4（BB06-126VC-4）	越橘属	美国贝利蓝莓有限公司（Berry Blue LLC. USA）	埃德蒙德·J·威乐（Edmund J. Wheeler）；詹姆斯·F·汉考克（James F. Hancock）；玛丽亚·P·巴纳多斯（Maria Pilar Banados）	20200708

（续）

序号	申请号	品种名称	属（种）	申请人	培育人	申请日
523	20200083	佛罗 98-325（FL98-325）	越橘属	美国佛罗里达基金种业公司 Florida Foundation Seed Producers, Inc.	保罗·M·林纳（Paul M. Lyrene）	20191230
524	20200154	富 13-083（FC13-083）	越橘属	美国秋溪农场苗圃有限公司（Fall Creek Farm and Nursery, Inc., USA）	大卫·M·布莱尔顿（David M. Brazelton）、亚当·L·瓦格纳（Adam L. Wagner）、温蒂·莱特（Wendy Light）、彼特·S·布切丝（Peter Stefan Boches）	20200224
525	20200155	富 13-122（FC13-122）	越橘属	美国秋溪农场苗圃有限公司（Fall Creek Farm and Nursery, Inc., USA）	大卫·M·布莱尔顿（David M. Brazelton）、亚当·L·瓦格纳（Adam L. Wagner）、彼特·S·布切丝（Peter Stefan Boches）	20200224
526	20200156	富美 12-045（FCM12-045）	越橘属	美国秋溪农场苗圃有限公司（Fall Creek Farm and Nursery, Inc., USA）	大卫·M·布莱尔顿（David M. Brazelton）、亚当·L·瓦格纳（Adam L. Wagner）、彼特·S·布切丝（Peter Stefan Boches）、安东尼奥·A·A·波姆多（Antonio A. Alamo Bermudo）	20200220
527	20200157	富美 12-087（FCM12-087）	越橘属	美国秋溪农场苗圃有限公司（Fall Creek Farm and Nursery, Inc., USA）	大卫·M·布莱尔顿（David M. Brazelton）、亚当·L·瓦格纳（Adam L. Wagner）、彼特·S·布切丝（Peter Stefan Boches）、安东尼奥·A·A·波姆多（Antonio A. Alamo Bermudo）	20200224
528	20200158	富美 12-097（FCM12-097）	越橘属	美国秋溪农场苗圃有限公司（Fall Creek Farm and Nursery, Inc., USA）	大卫·M·布莱尔顿（David M. Brazelton）、亚当·L·瓦格纳（Adam L. Wagner）、彼特·S·布切丝（Peter Stefan Boches）、安东尼奥·A·A·波姆多（Antonio A. Alamo Bermudo）	20200224
529	20200159	富美 12-131（FCM12-131）	越橘属	美国秋溪农场苗圃有限公司（Fall Creek Farm and Nursery, Inc., USA）	大卫·M·布莱尔顿（David M. Brazelton）、亚当·L·瓦格纳（Adam L. Wagner）、彼特·S·布切丝（Peter Stefan Boches）、安东尼奥A.A.波姆多（Antonio A.Alamo Bermudo）	20200224
530	20200160	富美 14-052（FCM14-052）	越橘属	美国秋溪农场苗圃有限公司（Fall Creek Farm and Nursery, Inc., USA）	大卫·M·布莱尔顿（David M. Brazelton）、彼特·S·布切丝（Peter Stefan Boches）、安东尼奥·A·A·波姆多（Antonio A. Alamo Bermudo）	20200224
531	20200161	紫福 08-029（ZF08-029）	越橘属	美国秋溪农场苗圃有限公司（Fall Creek Farm and Nursery, Inc., USA）	大卫·M·布莱尔顿（David M. Brazelton）、亚当·L·瓦格纳（Adam L. Wagner）、彼特·S·布切丝（Peter Stefan Boches）	20200224
532	20200045	司金香	鹅掌楸属	南京林业大学	陈金慧、陈婷婷、施季森、成铁龙、肖保荣	20191211

（续）

序号	申请号	品种名称	属（种）	申请人	培育人	申请日
533	20200315	金方 2 号	方竹属	南京林业大学	刘国华、王福升、张春霞、丁雨龙、林树燕	20200430
534	20200316	金方 4 号	方竹属	南京林业大学	林树燕、丁雨龙、张春霞、王福升、刘国华	20200430
535	20200436	高秆菲绿竹	苦竹属	南京林业大学	刘国华、丁雨龙、林树燕、王福升、姚文静	20200628
536	20200437	高秆菲白	苦竹属	南京林业大学	林树燕、丁雨龙、王福升、刘国华、姚文静	20200628
537	20200438	银纹翠竹	苦竹属	南京林业大学	林树燕、丁雨龙、刘国华、王福升、姚文静	20200628
538	20200046	金盏 1 号	鹅掌楸属	南京林业大学、安吉县龙山林场	陈金慧、肖保荣、黄世清、万众、傅火勇、施季森、张永志、沈冰、陈婷婷、盛宇	20191211
539	20200047	金盏 2 号	鹅掌楸属	南京林业大学、安吉县龙山林场	肖保荣、陈金慧、黄世清、诸炜荣、韩春、施季森、王章荣、王斌、陈婷婷、盛宇	20191211
540	20200860	唐韵	李属	南京林业大学、滁州中樱生态农业科技有限公司、南京山樱生态农业有限公司	王宇、伊贤贵、陈发军、王贤荣、司家朋、李蒙	20201020
541	20200168	橘色精灵	冬青属	南京林业大学、江苏省林业科学研究院、江苏青好景观园艺有限公司	郝明灼、张敏、周鹏、梁有旺、邹义萍、杨丁、卓涛、马广军、余有祥	20200313
542	20200169	红玛瑙	冬青属	南京林业大学、江苏省林业科学研究院、江苏青好景观园艺有限公司	郝明灼、张敏、周鹏、梁有旺、邹义萍、杨丁、卓涛、马广军、余有祥	20200313
543	20201036	锡惠春	李属	南京林业大学、李双	段一凡、李双、李蒙、徐晓国、王贤荣、伊贤贵	20201205
544	20200616	醉湘妃	桂花	南京林业大学、王思明	王思明、段一凡、王贤荣、张敏、陈林、朱福远、李蒙、伊贤贵	20200808
545	20200617	锦绣	桂花	南京林业大学、王思明	王思明、段一凡、王贤荣、张敏、陈林、朱福远、李蒙、伊贤贵	20200808
546	20200618	芳华	桂花	南京林业大学、王思明	王思明、段一凡、王贤荣、张敏、陈林、朱福远、李蒙、伊贤贵	20200808
547	20200619	碧落红	桂花	南京林业大学、王思明	王思明、段一凡、王贤荣、张敏、陈林、朱福远、李蒙、伊贤贵	20200808
548	20200581	豫荚 2 号	皂荚属	南召县林业局、河南省林业科学研究院、南召县金豆皂业有限公司	周虎、刘艳萍、田彦、刘继红、臧明杰、祝亚军、刘耀、张宏、吴永军、李恒涛、王鹏飞、曾凡培	20200804
549	20200583	豫荚 4 号	皂荚属	南召县林业局、河南省林业科学研究院、南召县金豆皂业有限公司	田彦、祝亚军、刘耀、王晶、周虎、张根梅、徐功元、魏亚平、刘艳萍、张新毅、吴永军、杜奇、王浩	20200804

（续）

序号	申请号	品种名称	属（种）	申请人	培育人	申请日
550	20200613	双灯庆春	木兰属	南召县林业局、上海市园林科学规划研究院	周虎、张冬梅、田彦、申洁梅、尹丽娟、傅仁杰、张新朋、张黎黎	20200807
551	20200614	飞燕迎春	木兰属	南召县林业局、上海市园林科学规划研究院	徐功元、张冬梅、尹丽娟、田彦、周虎、罗玉兰、张哲、范定臣	20200807
552	20200615	玉壶润春	木兰属	南召县林业局、上海市园林科学规划研究院	周虎、田彦、张冬梅、尹丽娟、徐功元、张哲、有祥亮、杜奇	20200807
553	20200001	紫玲珑	丁香属	内蒙古和盛生态科技研究院有限公司、蒙树生态建设集团有限公司	赵泉胜、铁英、田菊、刘洋	20191123
554	20200002	丹霞	丁香属	内蒙古和盛生态科技研究院有限公司、蒙树生态建设集团有限公司	赵泉胜、铁英、田菊、刘洋	20191123
555	20200003	穗美人	丁香属	内蒙古和盛生态科技研究院有限公司、蒙树生态建设集团有限公司	赵泉胜、铁英、田菊、刘洋	20191123
556	20200931	无尽紫	丁香属	内蒙古和盛生态科技研究院有限公司、蒙树生态建设集团有限公司	赵泉胜、田菊、李瑞静	20201025
557	20200989	蒙萩	胡枝子属	内蒙古和盛生态科技研究院有限公司、蒙树生态建设集团有限公司	赵泉胜、马黎明、王娟、白婷玉、刘洋、刘慧	20201118
558	20200552	曼佛劳（MANFLOR）	蔷薇属	尼尔普国际有限公司（Nirp International SA）	亚历山德罗·吉奥恩（Alessandro Ghione）	20200722
559	20200553	尼尔盼缇（NIRPANTE）	蔷薇属	尼尔普国际有限公司（Nirp International SA）	亚历山德罗·吉奥恩（Alessandro Ghione）	20200722
560	20200554	尼尔普吉尔（NIRPKILL）	蔷薇属	尼尔普国际有限公司（Nirp International SA）	亚历山德罗·吉奥恩（Alessandro Ghione）	20200722
561	20200555	尼尔普洛夫（NIRPNOV）	蔷薇属	尼尔普国际有限公司（Nirp International SA）	亚历山德罗·吉奥恩（Alessandro Ghione）	20200722
562	20200556	尼尔普瑞夫（NIRPRIV）	蔷薇属	尼尔普国际有限公司（Nirp International SA）	亚历山德罗·吉奥恩（Alessandro Ghione）	20200722
563	20200557	尼尔普索（NIRPSOL）	蔷薇属	尼尔普国际有限公司（Nirp International SA）	亚历山德罗·吉奥恩（Alessandro Ghione）	20200722
564	20200558	尼尔普泰尔（NIRPTERE）	蔷薇属	尼尔普国际有限公司（Nirp International SA）	亚历山德罗·吉奥恩（Alessandro Ghione）	20200722
565	20200675	靓亮	槭属	宁波城市职业技术学院、宁海县力洋镇野村苗木专业合作社	祝志勇、林乐静、叶国庆	20200823
566	20200676	红颜珊瑚	槭属	宁波城市职业技术学院、宁海县力洋镇野村苗木专业合作社	祝志勇、林乐静、叶国庆、俞小国	20200823
567	20200677	四明锦	槭属	宁波城市职业技术学院、宁海县力洋镇野村苗木专业合作社	林乐静、祝志勇、叶国庆、夏乐家	20200823

（续）

序号	申请号	品种名称	属（种）	申请人	培育人	申请日
568	20200607	星晴	铁线莲属	宁波二淘铁线莲农业有限公司	孙同冰	20200807
569	20200408	森森橙红冠	文冠果	宁夏林业研究院股份有限公司	王娅丽、李毅、李永华、朱丽珍、曾继娟、王丽、吴保兵	20200612
570	20200409	森森纯粉冠	文冠果	宁夏林业研究院股份有限公司	王娅丽、李永华、朱强、谢军、田英、贾巧霞、吴保兵	20200612
571	20200410	森森红粉冠	文冠果	宁夏林业研究院股份有限公司	王娅丽、秦彬彬、谢军、岳少莉、顾志杰、王伟、郭晓婧	20200612
572	20200423	灵州枣 1 号	枣属	宁夏农林科学院种质资源研究所	李百云、李慧、许泽华、贾永华、牛锐敏、岳海英、窦云萍、沈甜	20200627
573	20200674	倍嘉	石榴属	攀枝花市农林科学研究院	潘宏兵、杜邦、李贵利、刀丽平、郝兆祥	20200822
574	20200165	桂花鸦	柿	秦德忻	秦德忻	20200307
575	20200206	冬日烈焰（Winter Flame）	槭属	青岛风和日丽环境景观工程有限公司、上海市农业科学院、上海星辉种苗有限公司	杨韶东、孙翊、董静、殷丽青	20200324
576	20200074	大棠博来	苹果属	青岛市农业科学研究院	沙广利、葛红娟、黄粤、张蕊芬、马荣群、孙吉禄、李磊	20191230
577	20200783	大棠吉庆	苹果属	青岛市农业科学研究院	沙广利、黄粤、孙吉禄、张蕊芬、张翠玲、马荣群、葛红娟、孙红涛、李磊	20200918
578	20200784	大棠吉祥	苹果属	青岛市农业科学研究院	沙广利、尹涛、张蕊芬、葛红娟、马荣群、孙吉禄、孙红涛、黄粤、柳伟英	20200918
579	20200814	青桃砧 1 号	李属	青岛市农业科学研究院	张翠玲、刘方新、王正欣、刘之洲、姜林、于福顺、董淑英	20200925
580	20200815	青桃砧 2 号	李属	青岛市农业科学研究院	张翠玲、刘之洲、刘方新、王正欣、姜林、于福顺、董淑英	20200925
581	20200816	青桃砧 3 号	李属	青岛市农业科学研究院	张翠玲、王正欣、刘方新、刘之洲、姜林、于福顺、董淑英	20200925
582	20200933	大棠琴红	苹果属	青岛市农业科学研究院	沙广利、马荣群、黄粤、孙红涛、孙吉禄、葛红娟、张蕊芬	20201101
583	20200669	信诺红	李属	青岛樱花谷科技生态园有限公司、山东省林业科学研究院、青岛市林木种苗站	王松、胡丁猛、王子玉、许景伟、董运斋、戴月欣、李宗泰	20200819

（续）

序号	申请号	品种名称	属（种）	申请人	培育人	申请日
584	20200670	红吉野	李属	青岛樱花谷科技生态园有限公司、山东省林业科学研究院、青岛市林木种苗站	王松、胡丁猛、王子玉、许景伟、董运斋、戴月欣	20200819
585	20200016	紫霞	杜鹃属	青岛永根园艺有限公司	方永根、马云、赵玉弟	20191209
586	20200017	夕阳红	杜鹃属	青岛永根园艺有限公司	方永根、马云、赵玉弟	20191209
587	20200018	粉团	杜鹃属	青岛永根园艺有限公司	方永根	20191209
588	20200019	奔放	杜鹃属	青岛永根园艺有限公司	方永根	20191209
589	20200020	爱丽 1 号	杜鹃属	青岛永根园艺有限公司	方永根	20191209
590	20200021	爱丽 2 号	杜鹃属	青岛永根园艺有限公司	方永根	20191209
591	20200022	爱丽 3 号	杜鹃属	青岛永根园艺有限公司	方永根	20191209
592	20200023	希望	杜鹃属	青岛永根园艺有限公司	方永根	20191209
593	20200024	阳光	杜鹃属	青岛永根园艺有限公司	方永根	20191209
594	20200025	银边春	杜鹃属	青岛永根园艺有限公司	方永根	20191209
595	20200288	金国王	栎属	日照昊瑞农业科技有限公司	许崇杰、高世军、安茂华、高敏敏	20200412
596	20200758	金王后	栎属	日照昊瑞农业科技有限公司、日照市林业科学研究所、山东省林业科学研究院	高伟、许崇杰、刘桂民、马丙尧、李胜利、李宜明、顾凤春、高世军、安茂华	20200913
597	20200817	禾沃 1 号	越橘属	日照禾沃农业开发有限公司	李亚东、李春雷	20201008
598	20200818	禾沃 2 号	越橘属	日照禾沃农业开发有限公司	李亚东、李春雷	20201008
599	20200819	禾沃 3 号	越橘属	日照禾沃农业开发有限公司	李亚东、李春雷	20201008
600	20200802	传奇	栎属	日照金枫园林科技有限公司、山东省林业科学研究院	王洪永、荣生道、陈睿、马丙尧、王霞、王振猛、杜振宇、王世才、王燕、李永涛、高嘉、毛秀红	20200928
601	20200803	鸿运当头	栎属	日照金枫园林科技有限公司、山东省林业科学研究院	王世才、高嘉马丙尧、王洪永、荣生道、王霞、王振猛、王燕、王清华、朱文成、张新慰、毛秀红、	20200928
602	20200804	勋章	栎属	日照金枫园林科技有限公司、山东省林业科学研究院	王振猛、王洪永、马丙尧、王霞、陈睿、王清华、张新慰、杜振宇、王燕、毛秀红、高嘉、王世才	20200928
603	20200428	金粉佳人	叶子花属	厦门市园林植物园	周群、王荣圣	20200628
604	20200429	金玉	叶子花属	厦门市园林植物园	周群、陈松河	20200628
605	20200430	闽红 1 号	叶子花属	厦门市园林植物园	周群、刘维刚	20200628

（续）

序号	申请号	品种名称	属（种）	申请人	培育人	申请日
606	20200431	中闽2号	叶子花属	厦门市园林植物园	周群、张万旗	20200628
607	20200432	中闽3号	叶子花属	厦门市园林植物园	周群、林悦其	20200628
608	20200433	紫袍	叶子花属	厦门市园林植物园、厦门路艺生态科技有限公司	周群、陈志腾	20200628
609	20201023	金珀	文冠果	山东林昱宏文冠果有限公司、山东省林木种质资源中心	张鑫洋、王震、赵永军、吴丹、解孝满、杨海平、李猛、林俊梅	20201130
610	20201024	绯豆	文冠果	山东林昱宏文冠果有限公司、山东省林木种质资源中心	王震、王磊、赵永军、解孝满、庄振杰、林俊梅、高广臣、刘莉	20201130
611	20201025	齐小白	文冠果	山东林昱宏文冠果有限公司、山东省林木种质资源中心	李文清、王磊、赵永军、王震、林俊梅、解孝满、杨海平、李猛	20201130
612	20200940	朴丰四号	枣属	山东朴润源农业发展有限公司	杜宪臣、马荣申、董辉、赵红艳、雷胜明、秦庆燕	20201103
613	20200101	北国	李属（除水果外）	山东省果树研究所	王甲威、刘庆忠、朱东姿、洪坡、魏海蓉、谭钺、陈新、徐丽、张力思、宗晓娟、赵琳琳	20200106
614	20200102	北园	李属（除水果外）	山东省果树研究所	刘庆忠、朱东姿、魏海蓉、王甲威、洪坡、谭钺、陈新、徐丽、张力思、宗晓娟	20200106
615	20200103	北春	李属（除水果外）	山东省果树研究所	朱东姿、刘庆忠、王甲威、魏海蓉、洪坡、谭钺、陈新、徐丽、张力思、宗晓娟、赵琳琳	20200106
616	20200190	山文1号	核桃属	山东省果树研究所	朱东姿、陈新、刘庆忠、王甲威、徐丽、洪坡、张力思	20200316
617	20200191	山文2号	核桃属	山东省果树研究所	陈新、朱东姿、刘庆忠、王甲威、徐丽、洪坡、张力思	20200316
618	20200192	山文3号	核桃属	山东省果树研究所	刘庆忠、朱东姿、陈新、王甲威、徐丽、洪坡、张力思	20200316
619	20200193	山文4号	核桃属	山东省果树研究所	刘庆忠、朱东姿、陈新、王甲威、徐丽、洪坡、张力思	20200316
620	20200194	宝塔	核桃属	山东省果树研究所	朱东姿、陈新、刘庆忠、张力思、徐丽、王甲威、洪坡	20200316
621	20200195	元宝	核桃属	山东省果树研究所	陈新、朱东姿、刘庆忠、王甲威、徐丽、洪坡、张力思	20200316

（续）

序号	申请号	品种名称	属（种）	申请人	培育人	申请日
622	20200233	陈寺峪 1 号	板栗	山东省果树研究所	洪坡、刘庆忠、王甲威、陈新、朱东姿、张力思、徐丽、魏海蓉、宗晓娟、李化传	20200402
623	20200234	祥沟油栗	板栗	山东省果树研究所	洪坡、刘庆忠、陈新、朱东姿、王甲威、张力思、徐丽、魏海蓉、谭钺、姚光胜	20200402
624	20200235	国丰 1 号	板栗	山东省果树研究所	洪坡、刘庆忠、朱东姿、陈新、张力思、王甲威、徐丽、魏海蓉、谭钺、邹强	20200402
625	20200236	国丰 2 号	板栗	山东省果树研究所	洪坡、刘庆忠、张力思、陈新、徐丽、朱东姿、王甲威、魏海蓉、宗晓娟、邹强	20200402
626	20200956	鲁栾 1 号	栾树属	山东省林木种苗和花卉站、滕州市国有西岗苗圃	窦霄、董章凯、段正洪、周继磊、刘红、甄民、秦永建、秦荣荣、郭建曜、张明哲	20201109
627	20200957	鲁栾 2 号	栾树属	山东省林木种苗和花卉站、滕州市国有西岗苗圃	窦霄、董章凯、段正洪、周继磊、张鹏远、甄民、秦永建、秦荣荣、郭建曜、张明哲	20201109
628	20201026	繁锦	文冠果	山东省林木种质资源中心、山东林昱宏文冠果有限公司	吴丹、王磊、赵永军、解孝满、刘德深、王震、张鑫洋、刘莉	20201130
629	20201027	长箭	文冠果	山东省林木种质资源中心、山东林昱宏文冠果有限公司	赵永军、吴丹、解孝满、王磊、王震、张鑫洋、林俊梅	20201130
630	20201028	尖尖角	文冠果	山东省林木种质资源中心、山东林昱宏文冠果有限公司	王磊、赵永军、解孝满、李文清、张鑫洋、赵立军、王震、林俊梅	20201130
631	20201029	小珍珠	文冠果	山东省林木种质资源中心、山东林昱宏文冠果有限公司	赵永军、吴丹、解孝满、李文清、王震、张鑫洋、林俊梅、刘莉	20201130
632	20201030	大珍珠	文冠果	山东省林木种质资源中心、山东林昱宏文冠果有限公司	解孝满、赵永军、王磊、林俊梅、刘莉、庄振杰、高广臣	20201130
633	20200685	兆红	苹果属	山东省林业科学研究院、昌邑海棠苗木专业合作社、昌邑市林业发展中心	胡丁猛、王立辉、朱升祥、贺燕、闰兴建、明建芹、许景伟、齐伟婧	20200826
634	20200668	飞琼	李属	山东省林业科学研究院、青岛樱花谷科技生态园有限公司、青岛市林木种苗站	胡丁猛、王松、许景伟、王子玉、董运斋、于琳倩、李宗泰	20200819
635	20200371	碧波	柳属	山东省林业科学研究院、山东省国土空间数据和遥感技术中心	秦光华、赵耀国、于振旭、宋玉民、乔玉玲、马玲、张忠镇	20200525
636	20200372	绛纹	柳属	山东省林业科学研究院、山东省国土空间数据和遥感技术中心	秦光华、赵耀国、于振旭、宋玉民、乔玉玲、马玲、张忠镇	20200525

（续）

序号	申请号	品种名称	属（种）	申请人	培育人	申请日
637	20200373	金甲	柳属	山东省林业科学研究院、山东省国土空间数据和遥感技术中心	秦光华、赵耀国、于振旭、宋玉民、乔玉玲、马玲、张忠镇	20200525
638	20200687	冬春红	卫矛属	山东省林业科学研究院、章丘市黄河镇阳光绿化苗圃	胡丁猛、李庆洲、刘德玺、贺燕	20200826
639	20200584	锦妃	丁香属	山东省潍坊市农业科学院	邱玉宾、赵庆柱、杨志莹、张海良	20200804
640	20200585	丽妃	丁香属	山东省潍坊市农业科学院	赵庆柱、杨志莹、邱玉宾、张海良	20200804
641	20200586	紫雪	丁香属	山东省潍坊市农业科学院	杨志莹、赵庆柱、邱玉宾、张海良	20200804
642	20200587	紫魁	丁香属	山东省潍坊市农业科学院	赵庆柱、杨志莹、邱玉宾、张海良	20200804
643	20200588	紫韵	丁香属	山东省潍坊市农业科学院	张海良、赵庆柱、邱玉宾、杨志莹	20200804
644	20200388	秋红	山茱萸属	山东万路达毛椟文化产业发展有限公司、山东万路达园林科技有限公司、济南市林木种质资源中心	董春晖、张帆、张伟、赵祥宝、张庆通、李明花、王芳、颜鲁	20200605
645	20200387	绿箭	山茱萸属	山东万路达毛椟文化产业发展有限公司、山东万路达园林科技有限公司、彭芸	张帆、张伟、彭芸、赵祥宝、张庆通、李明花、王芳、颜鲁	20200605
646	20200385	大秋紫	山茱萸属	山东万路达毛椟文化产业发展有限公司、山东万路达园林科技有限公司、青岛市园林绿化工程质量安全监督站	罗杰、张帆、张伟、赵祥宝、张庆通、王芳、颜鲁	20200605
647	20200386	小秋紫	山茱萸属	山东万路达毛椟文化产业发展有限公司、山东万路达园林科技有限公司、青岛市园林绿化工程质量安全监督站	罗杰、张帆、张伟、赵祥宝、张庆通、李明花、王芳、颜鲁 、张小伟	20200605
648	20200807	沃红 8 号	文冠果	山东沃奇农业开发有限公司	李守科、赵祥树、朱亮庆、王蕾、陈仁鹏、孙伟	20200929
649	20200808	沃丰 1 号	文冠果	山东沃奇农业开发有限公司	李守科、赵祥树、朱亮庆、王蕾、陈仁鹏、孙伟	20200929
650	20200809	沃红 1 号	文冠果	山东沃奇农业开发有限公司	李守科、赵祥树、朱亮庆、王蕾、陈仁鹏、孙伟	20200929
651	20200810	白玉	文冠果	山东沃奇农业开发有限公司	李守科、赵祥树、朱亮庆、王蕾、孙伟	20200929
652	20200811	大洁白	文冠果	山东沃奇农业开发有限公司	李守科、赵祥树、朱亮庆、王蕾、陈仁鹏、孙伟	20200929
653	20200005	亚特 4 号	忍冬属	山东亚特生态技术股份有限公司、西藏康伯伦生物技术股份有限公司、山东省分析测试中心	李圣波、王晓、靳艳、刘伟、高磊、李勇	20191203

（续）

序号	申请号	品种名称	属（种）	申请人	培育人	申请日
654	20200006	亚特 5 号	忍冬属	山东亚特生态技术股份有限公司、西藏康伯伦生物技术股份有限公司、山东省分析测试中心	李圣波、王晓、靳艳、刘伟、李晓娟、卢恒	20191203
655	20200270	晋临红 1 号	枣属	山西省林业科学研究院	史敏华、刘鑫、刘劲、郭军红	20200410
656	20200271	晋核 2 号	核桃属	山西省林业科学研究院	史敏华、陈映松、刘劲、刘鑫	20200410
657	20200272	晋黎	核桃属	山西省林业科学研究院	史敏华、程爱庆、刘鑫、刘劲	20200410
658	20200511	晋丹红	核桃属	山西省林业科学研究院	常月梅、高俊仙、李永琛、崔亚琴	20200714
659	20200069	彩玉	木兰属	陕西省西安植物园	王亚玲、吴建军、叶卫、张莹、樊璐、丁芳兵、谢斌	20191225
660	20200868	紫叶粉黛	桃花	陕西省西安植物园	王亚玲，樊璐，叶卫，吴建军	20201021
661	20200363	紫之梦	绣球属	上海辰山植物园、杭州市园林绿化股份有限公司	胡永红、叶康、秦俊、高凯、邱帅、张宪权、魏建芬、陈浩、彭悠悠、刘群录	20200522
662	20200364	梦幻星空	绣球属	上海辰山植物园、杭州市园林绿化股份有限公司	秦俊、叶康、胡永红、邱帅、高凯、张宪权、郭娟、孙丽娜、张楠、刘群录	20200522
663	20200832	青山恋花	绣球属	上海辰山植物园、杭州市园林绿化股份有限公司	秦俊、胡永红、叶康、高凯、沈柏春	20201014
664	20200833	青山蓝默蝶	绣球属	上海辰山植物园、杭州市园林绿化股份有限公司	胡永红、秦俊、叶康、张宪权、高凯、邱帅	20201014
665	20200921	翻译家	蔷薇属	上海辰山植物园、苏州市华冠园创园艺科技有限公司	周丹燕、张廷华、姜正之	20201031
666	20200922	橘火	蔷薇属	上海辰山植物园、苏州市华冠园创园艺科技有限公司	胡永红、秦俊、叶康、姜正之	20201031
667	20200923	永恒之眼	蔷薇属	上海辰山植物园、苏州市华冠园创园艺科技有限公司	胡永红、秦俊、叶康、姜正之	20201031
668	20200608	繁花闹春	木兰属	上海市园林科学规划研究院、南召县林业局	张冬梅、田彦、尹丽娟、周虎、傅仁杰、臧明杰、李德成、沈元勤	20200807
669	20200609	红润春早	红润春早	上海市园林科学规划研究院、南召县林业局	张浪、张冬梅、尹丽娟、徐功元、田彦、周虎、有祥亮、王庆民、王秋霞	20200807
670	20200610	凝脂玉	木兰属	上海市园林科学规划研究院、南召县林业局	张冬梅、张浪、王庆民、尹丽娟、田彦、周虎、余洲、马会阳	20200807

（续）

序号	申请号	品种名称	属（种）	申请人	培育人	申请日
671	20200611	春映三季	木兰属	上海市园林科学规划研究院、南召县林业局	田彦、张冬梅、田文晓、尹丽娟、罗玉兰、周虎、余洲、仝炎	20200807
672	20200612	沪召映春	木兰属	上海市园林科学规划研究院、南召县林业局	张浪、张冬梅、周虎、田彦、尹丽娟、张哲、刘艳萍、刘耀	20200807
673	20200072	上海少女	山茶属	上海市园林科学规划研究院、上海星源农业实验场、江苏三维园艺有限公司	尹丽娟、张冬梅、周和达、胡艺春、蔡军林、肖夏、罗玉兰、有祥亮	20191225
674	20200453	芳菲	李属	韶关市旺地樱花种植有限公司、广州天适集团有限公司、广州旺地园林工程有限公司	胡晓敏、叶小玲、何宗儒、朱军、冯钦钊、梁荣、熊海坚	20200629
675	20200447	国色	李属	韶关市旺地樱花种植有限公司、广州旺地园林工程有限公司、广州天适集团有限公司	胡晓敏、叶小玲、梁荣、朱军、冯钦钊、何宗儒、熊海坚	20200629
676	20200449	凤双飞	李属	韶关市旺地樱花种植有限公司、英德市旺地樱花种植有限公司、广州天适集团有限公司	叶小玲、胡晓敏、冯钦钊、陈端妮、朱军、杨梓滨、何宗儒	20200629
677	20200452	伊人	李属	韶关市旺地樱花种植有限公司、英德市旺地樱花种植有限公司、广州旺地园林工程有限公司	胡晓敏、叶小玲、朱军、冯钦钊、熊海坚、陈端妮、杨梓滨、何宗儒	20200629
678	20200455	百媚	李属	韶关市旺地樱花种植有限公司、英德市旺地樱花种植有限公司、广州旺地园林工程有限公司	胡晓敏、朱军、梁荣、叶小玲、杨梓滨、冯钦钊、陈端妮、高珊	20200629
679	20200727	玲珑	李属	韶关市旺地樱花种植有限公司、英德市旺地樱花种植有限公司、广州旺地园林工程有限公司	胡晓敏、叶小玲、朱军、陈端妮、杨梓滨、冯钦钊、高珊、何宗儒、熊海坚	20200903
680	20200813	香雪 2 号	栀子属	嵊州市栀香花木有限公司	张军、张冬芬、求鹏英、黄少平、徐全华、宋科佳、钱亚来、毕文玉、施玲玲	20200929
681	20200578	川珠香	核桃属	四川省林业科学研究院、凉山州喜德县林业和草原局	李丕军、邢文曦、刘建军、王泽亮、王静、吴柠孜、郑崇文	20200731
682	20200569	双铃椒	花椒属	四川省林业科学研究院、四川安龙天然林技术有限责任公司	吴宗兴、徐惠、宋小军、熊量、梁颇、彭晓曦、王丽华、叶敏、吴玉丹、李奎阳、李玉	20200724
683	20200570	金铃椒	花椒属	四川省林业科学研究院、四川安龙天然林技术有限责任公司	徐惠、吴宗兴、宋小军、梁颇、熊量、彭晓曦、王丽华、叶敏、吴玉丹、李玉、李奎阳	20200724

（续）

序号	申请号	品种名称	属（种）	申请人	培育人	申请日
684	20200939	无刺红	花椒属	四川省林业科学研究院、四川省植物工程研究院	罗建勋、刘芙蓉、王海峰、姜德云、曾攀、龚霞、吴银明、马阿义	20201103
685	20200577	川青核	核桃属	四川省林业科学研究院、遂宁市蓬溪县林业局	李丕军、邢文曦、漆峥嵘、王静、徐志伦、吴泞孜、王泽亮、郑崇文	20200731
686	20200748	川植花椒 1 号	花椒属	四川省植物工程研究院	龚霞、吴银明、陈政、李佩洪、曾攀、唐伟	20200909
687	20200749	川植花椒 2 号	花椒属	四川省植物工程研究院、汉源县农业农村局、王雪强	吴银明、龚霞、胡文、彭兴刚、王雪强、曾攀、杜洪俊、陈政、李佩洪、唐伟	20200909
688	20200967	玉玲珑	芍药属	苏州工业园区园林绿化工程有限公司、扬州大学	赵志华、沈頎、查风林、徐瑞、陶俊	20201111
689	20200968	露红烟紫	芍药属	苏州工业园区园林绿化工程有限公司、扬州大学	李萍、赵志华、赵崇九、王曦君、陶俊	20201111
690	20200969	姹紫芳妍	芍药属	苏州工业园区园林绿化工程有限公司、扬州大学	龚伟、杨卫卫、孔芬、赵大球、汤寓涵	20201111
691	20200970	流光争艳	芍药属	苏州工业园区园林绿化工程有限公司、扬州大学	孔芬、陈鑫、刘鹏、徐丽娅、赵大球	20201111
692	20200839	歌笛	蔷薇属	苏州市华冠园创园艺科技有限公司	姜正之	20201016
693	20200840	长歌	蔷薇属	苏州市华冠园创园艺科技有限公司	姜正之	20201016
694	20200841	红荆	蔷薇属	苏州市华冠园创园艺科技有限公司	姜正之	20201016
695	20200842	野歌	蔷薇属	苏州市华冠园创园艺科技有限公司	姜正之	20201016
696	20200843	落虹	蔷薇属	苏州市华冠园创园艺科技有限公司	姜正之	20201016
697	20200844	朱砂贯金	蔷薇属	苏州市华冠园创园艺科技有限公司	姜正之	20201016
698	20200845	慈萱	蔷薇属	苏州市华冠园创园艺科技有限公司	姜正之	20201016
699	20200846	赤野	蔷薇属	苏州市华冠园创园艺科技有限公司	姜正之	20201016
700	20200847	落霞飞	蔷薇属	苏州市华冠园创园艺科技有限公司	姜正之	20201016
701	20200848	薰风	蔷薇属	苏州市华冠园创园艺科技有限公司	姜正之	20201016
702	20200849	风歌	蔷薇属	苏州市华冠园创园艺科技有限公司	姜正之	20201016
703	20200926	枫落	蔷薇属	苏州市华冠园创园艺科技有限公司	姜正之	20201031
704	20200927	星眸	蔷薇属	苏州市华冠园创园艺科技有限公司	姜正之	20201031

（续）

序号	申请号	品种名称	属（种）	申请人	培育人	申请日
705	20200769	浙覆 3 号	悬钩子属	台州市农业科学研究院、台州学院	江景勇、陈珍、邱莉萍	20200915
706	20200594	火炬柳	柳属	天津滨海创业园林绿化工程有限公司	纪桂军、范永锋	20200805
707	20200771	泰达佳人	蔷薇属	天津泰达绿化集团有限公司、天津泰达盐碱地绿化研究中心有限公司	李静平、田晓明、秘洪雷、于璐、翟彤彤、刘璐	20200917
708	20200774	泰达红钻	蔷薇属	天津泰达绿化集团有限公司、天津泰达盐碱地绿化研究中心有限公司	秘洪雷、田晓明、张金龙、贾林、张凯、张涛	20200917
709	20200788	泰达祥和	蔷薇属	天津泰达盐碱地绿化研究中心有限公司、北京林业大学、上海市园林科学规划研究院	秘洪雷、张清、贾桂霞、张冬梅、张浪、田晓明	20200922
710	20200789	泰达欢歌	蔷薇属	天津泰达盐碱地绿化研究中心有限公司、北京林业大学、上海市园林科学规划研究院	田晓明、贾桂霞、张清、张冬梅、张浪、秘洪雷	20200922
711	20200790	泰达笑语	蔷薇属	天津泰达盐碱地绿化研究中心有限公司、上海市园林科学规划研究院、北京林业大学	张清、张冬梅、张浪、贾桂霞、田晓明、秘洪雷	20200922
712	20200512	泰达粉黛	蔷薇属	天津泰达盐碱地绿化研究中心有限公司、天津泰达绿化集团有限公司	秘洪雷、于璐、田晓明、刘璐、慈华聪、翟彤彤	20200715
713	20200513	泰达春语	蔷薇属	天津泰达盐碱地绿化研究中心有限公司、天津泰达绿化集团有限公司	秘洪雷、于璐、张涛、王鹏山、张凯、慈华聪	20200715
714	20200514	泰达粉泽	蔷薇属	天津泰达盐碱地绿化研究中心有限公司、天津泰达绿化集团有限公司	秘洪雷、田晓明、慈华聪、翟彤彤、王鹏山、张凯	20200715
715	20200515	泰达红妆	蔷薇属	天津泰达盐碱地绿化研究中心有限公司、天津泰达绿化集团有限公司	田晓明、秘洪雷、于璐、慈华聪、刘璐、王鹏山	20200715
716	20200516	泰达颂歌	蔷薇属	天津泰达盐碱地绿化研究中心有限公司、天津泰达绿化集团有限公司	张清、秘洪雷、王鹏山、刘璐、翟彤彤、慈华聪	20200715
717	20200517	泰达胭红	蔷薇属	天津泰达盐碱地绿化研究中心有限公司、天津泰达绿化集团有限公司	秘洪雷、田晓明、于璐、王鹏山、翟彤彤、刘璐	20200715
718	20200518	泰达秋阳	蔷薇属	天津泰达盐碱地绿化研究中心有限公司、天津泰达绿化集团有限公司	田晓明、秘洪雷、张凯、翟彤彤、刘璐、张涛	20200715

（续）

序号	申请号	品种名称	属（种）	申请人	培育人	申请日
719	20200519	泰达晚霞	蔷薇属	天津泰达盐碱地绿化研究中心有限公司、天津泰达绿化集团有限公司	于璐、张清、秘洪雷、慈华聪、张涛、王鹏山	20200715
720	20200772	泰达锦绣	蔷薇属	天津泰达盐碱地绿化研究中心有限公司、天津泰达绿化集团有限公司	张清、秘洪雷、田晓明、于璐、刘璐、翟彤彤	20200917
721	20200773	泰达玲珑	蔷薇属	天津泰达盐碱地绿化研究中心有限公司、天津泰达绿化集团有限公司	田晓明、秘洪雷、于璐、张楚涵、翟彤彤、刘璐	20200917
722	20200144	朱雀（Suzaku）	绣球属	田中伸介	田中伸介	20190215
723	20200145	花鸟风月（Kachofugetsu）	绣球属	田中伸介	田中伸介	20190215
724	20200146	星组（Hoshigumi）	绣球属	田中伸介	田中伸介	20190215
725	20200147	旭日升天（Kyokujitsu shoten）	绣球属	田中伸介	田中伸介	20190215
726	20200148	天帝（Tentei）	绣球属	田中伸介	田中伸介	20190215
727	20200149	镜花水月（Kyokasuigetsu）	绣球属	田中伸介	田中伸介	20190215
728	20200150	巡恋花（Jyunrenka）	绣球属	田中伸介	田中伸介	20200215
729	20200151	樱花乱舞（Okaranbu）	绣球属	田中伸介	田中伸介	20200215
730	20200152	翼洋（Yokuyo）	绣球属	田中伸介	田中伸介	20200215
731	20200153	恋爱物语（Renai monogatari）	绣球属	田中伸介	田中伸介	20200215
732	20200292	黑美人	蔷薇属	通海锦海农业科技发展有限公司、玉溪市农业科学院	张军云、董春富、胡颖、钱遵姚、张建康、杨光炤、张钟、王文智	20200415
733	20200293	初心	蔷薇属	通海锦海农业科技发展有限公司、玉溪市农业科学院	张军云、董春富、张钟、胡颖、张建康、钱遵姚、杨光炤、王文智、杨世先、胡丽琴	20200415
734	20200332	蒙桑 1 号	桑属	图布新、肖飞、洪海明	图布新	20200510
735	20200333	蒙桑 2 号	桑属	图布新、肖飞、洪海明	图布新	20200510
736	20200500	霓虹	桃花	王燕	王燕	20200710
737	20200501	千鸟朝凤	桃花	王燕	王燕	20200710
738	20200502	玉玲珑	桃花	王燕	王燕	20200710
739	20200503	紫珠	桃花	王燕	王燕	20200710

（续）

序号	申请号	品种名称	属（种）	申请人	培育人	申请日
740	20200504	醉春风	桃花	王燕	王燕	20200710
741	20200505	艳红	桃花	王燕	王燕	20200710
742	20200142	韦尔 19375（WEL19375）	大戟属	韦尔泽尔·克里斯提（Christian Welzel）	韦尔泽尔·克里斯提（Christian Welzel）	20191227
743	20200945	奇红 2 号	文冠果	潍坊职业学院、山东沃奇农业开发有限公司	丁世民、李守科、吴祥春、赵从凯、朱亮庆、赵祥树、王蕾	20201106
744	20200946	奇红 5 号	文冠果	潍坊职业学院、山东沃奇农业开发有限公司	丁世民、李守科、吴祥春、赵从凯、朱亮庆、赵祥树、王蕾	20201106
745	20200506	楚天飞雪	李属	武汉市园林科学研究院	聂超仁、章晓琴、夏文胜、涂继红、周俐、段庆明	20200711
746	20200507	楚园丰后	李属	武汉市园林科学研究院	聂超仁、夏文胜、章晓琴、涂继红、周俐、段庆明	20200711
747	20200692	绿翡翠	紫金牛属	武平县富贵籽花卉专业合作社、福建农林大学	吴沙沙、兰思仁、彭东辉、王星孚、刘梓富、罗盛金、黄国华、陆彭城	20200828
748	20200697	碧霞珠	紫金牛属	武平县富贵籽花卉专业合作社、福建农林大学	张森行、彭东辉、兰思仁、刘梓富、王星孚、罗盛金、刘舒雅、黄国华	20200828
749	20200699	梁野富贵	紫金牛属	武平县富贵籽花卉专业合作社、福建农林大学	张森行、彭东辉、兰思仁、刘梓富、谢亮秀、张继文、何益平、周小琴	20200828
750	20200695	金冠	紫金牛属	武平县剑锋生态花场、福建农林大学	周育真、彭东辉、兰思仁、刘梓富、郝杨、王剑锋、王星孚、罗盛金	20200828
751	20200694	平安富贵	紫金牛属	武平县剑锋生态花场、福建农林大学、中国中医科学院中药研究所	翟俊文、兰思仁、彭东辉、刘梓富、王星孚、罗盛金、王剑锋、陈云、孙伟	20200828
752	20200690	赤丹	紫金牛属	武平县罗兰花场、福建农林大学	彭东辉、兰思仁、蓝祥禄、刘梓富、陈进燎、王星孚、韩文超、李龙、郑燕	20200828
753	20200691	锦绣	紫金牛属	武平县罗兰花场、福建农林大学	王永华、彭东辉、兰思仁、王星孚、刘梓富、罗盛金、蓝祥禄、孙佳婷、姚李燕	20200828
754	20200862	丰园星	杏	西安丰园果业科技有限公司	李迁恩、杜锡莹、杜燕群、杜少悬、陈堪鹏	20201020
755	20200863	丰园硕蜜	杏	西安丰园果业科技有限公司	李迁恩、杜锡莹、杜燕群、杜少悬、陈堪鹏	20201020
756	20200864	丰园早干	杏	西安丰园果业科技有限公司	李迁恩、杜锡莹、杜燕群、杜少悬、陈堪鹏	20201020
757	20200826	西农 1 号	花椒属	西北农林科技大学	魏安智、杨途熙、刘永红、薛智德、唐光、费希同	20201009
758	20200827	西农 2 号	花椒属	西北农林科技大学	刘永红、薛智德、魏安智、杨途熙、马尧	20201009

（续）

序号	申请号	品种名称	属（种）	申请人	培育人	申请日
759	20200828	西农 3 号	花椒属	西北农林科技大学	魏安智、刘永红、杨途熙、薛智德、唐光辉、刘玉林	20201009
760	20200829	西农 5 号	花椒属	西北农林科技大学	杨途熙、魏安智、刘永红、薛智德、冯世静、刘玉林	20201009
761	20200080	秀叶紫青	箭竹属	西南林业大学	王曙光、于丽霞、王昌命、李娟、詹卉	20191230
762	20200081	一撮毛	箭竹属	西南林业大学	王曙光、李娟、王昌命、于丽霞、詹卉	20191230
763	20200082	紫绦	箭竹属	西南林业大学	王曙光、詹卉、王昌命、于丽霞、李娟	20191230
764	20200297	锦玉楝	楝属	肖以恒	肖以恒	20200423
765	20200907	燕松	松属	谢永标、蔡静平	谢永标、蔡静平	20201029
766	20200473	墨宝	核桃属	新疆林科院经济林研究所	张强、黄闽敏、宁万军、李丕军、李西萍	20200702
767	20200474	新辉	核桃属	新疆林科院经济林研究所	黄闽敏、张强、宁万军、李丕军、李西萍	20200702
768	20200475	新盛	核桃属	新疆林科院经济林研究所	张强、黄闽敏、宁万军、李丕军、李西萍	20200702
769	20200305	新和 1 号	核桃属	新疆林业科学院	王宝庆、徐业勇、张志刚、虎海防、李明昆、买买提托合提·艾合买提、力提甫·艾合买提、努尔曼·卡的、李宏	20200427
770	20201015	雅丰	胡颓子属	新疆林业科学院	罗青红、刘巧玲、周斌、古丽尼沙·卡斯木、盛玮、帕提古丽·买买提吐尔逊、阿不都热西提·热合曼、蒋腾、池文泽、刘丽燕	20201126
771	20201016	金莎	胡颓子属	新疆林业科学院	阿不都热西提·热合曼、盛玮、蒋腾、周斌、罗青红、帕提古丽·买买提吐尔逊、池文泽、刘丽燕、古丽尼沙·卡斯木、刘巧玲	20201126
772	20201017	白沙甜	胡颓子属	新疆林业科学院	阿不都热西提·热合曼、刘巧玲、罗青红、蒋腾、帕提古丽·买买提吐尔逊、古丽尼沙·卡斯木、盛玮、周斌、刘丽燕、池文泽	20201126
773	20201018	红玉	胡颓子属	新疆林业科学院	周斌、池文泽、蒋腾、刘丽燕、盛玮、刘巧玲、罗青红、帕提古丽·买买提吐尔逊、古丽尼沙·卡斯木、阿不都热西提·热合曼	20201126
774	20201019	红铃	胡颓子属	新疆林业科学院	周斌、刘丽燕、帕提古丽·买买提吐尔逊、古丽尼沙·卡斯木、罗青红、蒋腾、刘巧玲、阿不都热西提·热合曼、盛玮、池文泽	20201126

（续）

序号	申请号	品种名称	属（种）	申请人	培育人	申请日
775	20201020	金皇后	胡颓子属	新疆林业科学院	阿不都热西提·热合曼、古丽尼沙·卡斯木、罗青红、刘丽燕、蒋腾、刘巧玲、池文泽、周斌、帕提古丽·买买提吐尔逊、盛玮	20201126
776	20200166	金光辉	卫矛属	徐培钊	徐培钊、徐浩桂、高伟	20200306
777	20200167	四季夺目	卫矛属	徐培钊	徐培钊、徐浩桂、尚慧珍、潘为兵、葛文华、高伟	20200306
778	20200482	吉尔斯普拉（GEUSPURA）	蔷薇属	选择育种公司（Select Breeding B.V.）	迈克尔·德·吉尔斯（Michael de Geus）	20200705
779	20200728	宝石瀑布	紫荆属	鄢陵中林园林工程有限公司、河南四季春园林艺术工程有限公司、许昌樱桐生态园林有限公司	张林、刘双枝、张文馨	20200903
780	20200073	金丝带	银杏	扬州大学	李卫星、王莉、金飚	20191227
781	20200965	墨狮	芍药属	扬州大学	陶俊、祖梦婷、赵大球、孟家松	20201111
782	20200966	红艳流金	芍药属	扬州大学	陶俊、潘昊磊、汤寓涵、赵大球	20201111
783	20200110	金色阳光	卫矛属	扬州大学、扬州绿地生态农林建设咨询有限公司	何小弟、何海燕、张晨、周建东、黄永高、赵明	20200111
784	20200163	金科状元	芍药属	扬州大学园艺与植物保护学院	陶俊、汤寓涵、赵大球、孟家松	20200228
785	20200164	彤云金焰	芍药属	扬州大学园艺与植物保护学院	赵大球、陶俊、汤寓涵、孙静	20200228
786	20201037	俏夕阳	木瓜属	杨恩普、邸葆、陈段芬	杨恩普、邸葆、陈段芬	20201207
787	20201038	玉粉跳枝	木瓜属	杨恩普、邸葆、陈段芬	杨恩普、邸葆、陈段芬	20201207
788	20200257	秦炫	卫矛属	杨新社、杨瑞	杨新社、杨瑞	20200410
789	20200258	秦灿	卫矛属	杨新社、杨瑞	杨新社、杨瑞	20200410
790	20200259	秦艳	卫矛属	杨新社、杨瑞	杨新社、杨瑞	20200410
791	20200260	秦娜	卫矛属	杨新社、杨瑞	杨新社、杨瑞	20200410
792	20200261	秦奇	卫矛属	杨新社、杨瑞	杨新社、孙绳照、杨瑞	20200410
793	20200523	建南 3 号	卫矛属	姚飞、王浩、冯天玉	姚飞、王浩、冯天玉、高伟、刘春和、伍红见、高建设、冯天爽、张正振、杜贞星、王传亮、高悦鹏	20200716
794	20200218	小灵感	蔷薇属	宜良多彩盆栽有限公司	刘天平、胡明飞、何云县、卢燕、叶晓念	20200401
795	20200219	辉煌	蔷薇属	宜良多彩盆栽有限公司	刘天平、胡明飞、何云县、卢燕、叶晓念	20200401

（续）

序号	申请号	品种名称	属（种）	申请人	培育人	申请日
796	20200220	维纳斯	蔷薇属	宜良多彩盆栽有限公司	刘天平、胡明飞、何云县、卢燕、叶晓念	20200401
797	20200221	浪漫	蔷薇属	宜良多彩盆栽有限公司	刘天平、胡明飞、何云县、卢燕、叶晓念	20200401
798	20200222	绝恋	蔷薇属	宜良多彩盆栽有限公司	刘天平、胡明飞、何云县、卢燕、叶晓念	20200401
799	20200223	灵感	蔷薇属	宜良多彩盆栽有限公司	刘天平、胡明飞、何云县、卢燕、叶晓念	20200401
800	20200224	意境	蔷薇属	宜良多彩盆栽有限公司	刘天平、胡明飞、何云县、卢燕、叶晓念	20200401
801	20200225	神秘	蔷薇属	宜良多彩盆栽有限公司	刘天平、胡明飞、何云县、卢燕、叶晓念	20200401
802	20200226	初妆	蔷薇属	宜良多彩盆栽有限公司	刘天平、胡明飞、何云县、卢燕、叶晓念	20200401
803	20200227	蓝海	蔷薇属	宜良多彩盆栽有限公司	刘天平、胡明飞、何云县、卢燕、叶晓念	20200401
804	20200228	童谣	蔷薇属	宜良多彩盆栽有限公司	刘天平、胡明飞、何云县、卢燕、叶晓念	20200401
805	20200229	童颜	蔷薇属	宜良多彩盆栽有限公司	刘天平、胡明飞、何云县、卢燕、叶晓念	20200401
806	20200230	布丁	蔷薇属	宜良多彩盆栽有限公司	刘天平、胡明飞、何云县、卢燕、叶晓念	20200401
807	20200141	雅恩（YAIN）	石榴属	以色列查米丽苗圃有限公司（Zamiri Nurseries LTD）	N·查米丽（Nimrod Zamiri）	20200121
808	20200726	飞天	李属	英德市旺地樱花种植有限公司、广东宝地南华产城发展有限公司、韶关市旺地樱花种植有限公司	梁荣、胡晓敏、叶小玲、朱军、冯钦钊、陈端妮、杨梓滨、何宗儒、高珊	20200903
809	20200445	初心	李属	英德市旺地樱花种植有限公司、广州天适集团有限公司、韶关市旺地樱花种植有限公司	胡晓敏、叶小玲、朱军、冯钦钊、陈端妮、杨梓滨、何宗儒、梁荣	20200629
810	20200451	天骄	李属	英德市旺地樱花种植有限公司、韶关市旺地樱花种植有限公司、广州天适集团有限公司	胡晓敏、朱军、叶小玲、杨梓滨、陈端妮、何宗儒、冯钦钊、梁荣	20200629
811	20200454	天香	李属	英德市旺地樱花种植有限公司、韶关市旺地樱花种植有限公司、广州天适集团有限公司	胡晓敏、朱军、叶小玲、何宗儒、冯钦钊、陈端妮、杨梓滨	20200629
812	20200450	粉提灯	李属	英德市旺地樱花种植有限公司、韶关市旺地樱花种植有限公司、广州旺地园林工程有限公司	胡晓敏、叶小玲、朱军、杨梓滨、何宗儒、冯钦钊、陈端妮、梁荣	20200629
813	20200240	奥斯格雷（AUSGRAY）	蔷薇属	英国大卫奥斯汀月季公司（David Austin Roses Limited）	大卫·奥斯汀（David J.C. Austin）	20200407

（续）

序号	申请号	品种名称	属（种）	申请人	培育人	申请日
814	20200241	奥斯怡蜜芝（AUSIMAGE）	蔷薇属	英国大卫奥斯汀月季公司（David Austin Roses Limited）	大卫·奥斯汀（David J.C. Austin）	20200407
815	20200242	奥斯瓦格斯（AUSWAGSY）	蔷薇属	英国大卫奥斯汀月季公司（David Austin Roses Limited）	大卫·奥斯汀（David J.C. Austin）	20200407
816	20200053	英特爱巴布尔（Intereybabul）	蔷薇属	英特普兰特月季育种公司（Interplant Roses B.V.）	范·多伊萨姆（ir. A.J.H. van Doesum）	20191212
817	20200054	英特爱巴布特斯（Intereybabtes）	蔷薇属	英特普兰特月季育种公司（Interplant Roses B.V.）	范·多伊萨姆（ir. A.J.H. van Doesum）	20191212
818	20200055	英特爱巴伯尔格（Intereybabolg）	蔷薇属	英特普兰特月季育种公司（Interplant Roses B.V.）	范·多伊萨姆（ir. A.J.H. van Doesum）	20191212
819	20200056	英特爱巴布纳福（Intereybabnaf）	蔷薇属	英特普兰特月季育种公司（Interplant Roses B.V.）	范·多伊萨姆（ir. A.J.H. van Doesum）	20191212
820	20200057	英特爱巴布斯（Intereybabews）	蔷薇属	英特普兰特月季育种公司（Interplant Roses B.V.）	范·多伊萨姆（ir. A.J.H. van Doesum）	20191212
821	20200058	英特爱巴勃特（Intereybabert）	蔷薇属	英特普兰特月季育种公司（Interplant Roses B.V.）	范·多伊萨姆（ir. A.J.H. van Doesum）	20191212
822	20200374	英特多 031213（IPT031213）	蔷薇属	英特普兰特月季育种公司（Interplant Roses B.V.）	范·多伊萨姆（Ir. A.J.H. van Doesum）	20200528
823	20200375	英特卓图拉玛（Intertroturama）	蔷薇属	英特普兰特月季育种公司（Interplant Roses B.V.）	范·多伊萨姆（Ir. A.J.H. van Doesum）	20200528
824	20200532	彩虹雨	蔷薇属	俞红强	俞红强	20200717
825	20200533	城市之光	蔷薇属	俞红强	俞红强	20200717
826	20200534	满江红	蔷薇属	俞红强	俞红强	20200717
827	20200535	青春之歌	蔷薇属	俞红强	俞红强	20200717
828	20200536	小清新	蔷薇属	俞红强	俞红强	20200717
829	20200537	迎山红	蔷薇属	俞红强	俞红强	20200717
830	20200538	御蝴蝶	蔷薇属	俞红强	俞红强	20200717
831	20200539	御花园	蔷薇属	俞红强	俞红强	20200717
832	20200540	月光曲	蔷薇属	俞红强	俞红强	20200717

（续）

序号	申请号	品种名称	属（种）	申请人	培育人	申请日
833	20200541	云朵	蔷薇属	俞红强	俞红强	20200717
834	20200545	红孩儿	蔷薇属	俞红强	俞红强	20200720
835	20200546	流金岁月	蔷薇属	俞红强	俞红强	20200720
836	20200476	红塔红	蔷薇属	玉溪迪瑞特花卉有限公司	杜秀娟	20200705
837	20200477	可爱宝石	蔷薇属	玉溪迪瑞特花卉有限公司	杜秀娟、赵景龙	20200705
838	20200672	香草阳台	蔷薇属	玉溪迪瑞特花卉有限公司	杜秀娟	20200821
839	20200673	玉蝴蝶	蔷薇属	玉溪迪瑞特花卉有限公司	杜秀娟	20200821
840	20200291	紫玉之妃	蔷薇属	玉溪紫玉花卉产业有限公司、玉溪市农业科学院	张军云、段家彬、张钟、张建康、钱遵姚、杨光炤、王文智、杨世先、张艳华、董广、李晓亮	20200415
841	20200892	云林黄晶杉 1 号	红豆杉属	云和县农业综合开发有限公司	林昌礼、张大伟、杨少宗、柳新红、朱伟清、吴丽萍、张水明	20201023
842	20200893	云林黄晶杉 2 号	红豆杉属	云和县农业综合开发有限公司	林昌礼、张大伟、杨少宗、柳新红、朱伟清、吴丽萍、张水明	20201023
843	20200894	云林黄晶杉 3 号	红豆杉属	云和县农业综合开发有限公司	林昌礼、张大伟、杨少宗、柳新红、朱伟清、吴丽萍、张水明	20201023
844	20200895	云林黄晶杉 4 号	红豆杉属	云和县农业综合开发有限公司	林昌礼、张大伟、柳新红、杨少宗、朱伟清、吴丽萍、张水明	20201023
845	20200896	云霞丽	槭属	云和县农业综合开发有限公司	林昌礼、张大伟、杨少宗、柳新红、朱伟清、吴丽萍、张水明	20201023
846	20200130	繁华	蔷薇属	云南大学、昆明南国山花园艺科技有限责任公司	吴学尉、王丽花、黄斌全、何飞飞、刘丹丹、刘海英、曾倩、杨玉勇	20200106
847	20200131	芭比	蔷薇属	云南大学、昆明南国山花园艺科技有限责任公司	吴学尉、王丽花、刘海英、曾倩、杨玉勇、黄斌全、刘丹丹、何飞飞	20200106
848	20200132	紫霞	绣球属	云南大学、昆明南国山花园艺科技有限责任公司	刘海英、吴学尉、王丽花、李永萍、曾倩、黄斌全、杨玉勇	20200106
849	20200133	蓝色星球	绣球属	云南大学、昆明南国山花园艺科技有限责任公司	吴学尉、刘海英、王丽花、李永萍、曾倩、黄斌全、杨玉勇	20200106
850	20200753	格桑樱	李属	云南格桑花卉有限责任公司	熊灿坤、李江荣、王兴龙、仇明华、熊劲、于菲、张晏	20200913

（续）

序号	申请号	品种名称	属（种）	申请人	培育人	申请日
851	20200707	橙色之光	蔷薇属	云南锦科花卉工程研究中心有限公司	倪功、曹荣根、何琼、乔丽婷、田连通、阳明祥、王江兵	20200901
852	20200708	凤冠	蔷薇属	云南锦科花卉工程研究中心有限公司	倪功、曹荣根、田连通、乔丽婷、何琼	20200901
853	20200709	秋恋	蔷薇属	云南锦科花卉工程研究中心有限公司	倪功、曹荣根、何琼、乔丽婷、田连通、阳明祥、王江兵	20200901
854	20200710	芙兰	蔷薇属	云南锦科花卉工程研究中心有限公司	倪功、曹荣根、何琼、乔丽婷、田连通、阳明祥、王江兵	20200901
855	20200711	光环	蔷薇属	云南锦科花卉工程研究中心有限公司	倪功、曹荣根、何琼、乔丽婷、田连通、阳明祥、王江兵	20200901
856	20200712	含香	蔷薇属	云南锦科花卉工程研究中心有限公司	倪功、曹荣根、何琼、乔丽婷、田连通、阳明祥、王江兵	20200901
857	20200713	未来之星	蔷薇属	云南锦科花卉工程研究中心有限公司	倪功、曹荣根、何琼、乔丽婷、田连通、阳明祥、王江兵	20200901
858	20200714	羽裳	蔷薇属	云南锦科花卉工程研究中心有限公司	倪功、曹荣根、何琼、乔丽婷、田连通、阳明祥、王江兵	20200901
859	20200715	焦点	蔷薇属	云南锦科花卉工程研究中心有限公司	倪功、曹荣根、何琼、乔丽婷、田连通、阳明祥、王江兵	20200901
860	20200716	都市之恋	蔷薇属	云南锦科花卉工程研究中心有限公司	倪功、曹荣根、何琼、乔丽婷、田连通、阳明祥、王江兵	20200901
861	20200717	礼花	蔷薇属	云南锦科花卉工程研究中心有限公司	倪功、曹荣根、何琼、乔丽婷、田连通、阳明祥、王江兵	20200901
862	20200718	迷梦	蔷薇属	云南锦科花卉工程研究中心有限公司	倪功、曹荣根、何琼、乔丽婷、田连通、阳明祥、王江兵	20200901
863	20200719	如梦	蔷薇属	云南锦科花卉工程研究中心有限公司	倪功、曹荣根、何琼、乔丽婷、田连通、阳明祥、王江兵	20200901
864	20200720	斯嘉丽	蔷薇属	云南锦科花卉工程研究中心有限公司	倪功、曹荣根、何琼、乔丽婷、田连通、阳明祥、王江兵	20200901
865	20200721	无敌	蔷薇属	云南锦科花卉工程研究中心有限公司	倪功、曹荣根、何琼、乔丽婷、田连通、阳明祥、王江兵	20200901
866	20200722	幸福佳人	蔷薇属	云南锦科花卉工程研究中心有限公司	倪功、曹荣根、何琼、乔丽婷、田连通、阳明祥、王江兵	20200901

（续）

序号	申请号	品种名称	属（种）	申请人	培育人	申请日
867	20200723	天使之恋	蔷薇属	云南锦科花卉工程研究中心有限公司	倪功、曹荣根、何琼、乔丽婷、田连通、阳明祥、王江兵	20200901
868	20200724	辛格瑞拉	蔷薇属	云南锦科花卉工程研究中心有限公司	倪功、曹荣根、何琼、乔丽婷、田连通、阳明祥、王江兵	20200901
869	20200928	锦荣	蔷薇属	云南锦科花卉工程研究中心有限公司	倪功、曹荣根、何琼、乔丽婷、田连通、阳明祥、王江兵	20201031
870	20200929	梦洁	蔷薇属	云南锦科花卉工程研究中心有限公司	倪功、曹荣根、何琼、乔丽婷、田连通、阳明祥、王江兵	20201031
871	20200930	相思豆	蔷薇属	云南锦科花卉工程研究中心有限公司	倪功、曹荣根、何琼、乔丽婷、田连通、阳明祥、王江兵	20201031
872	20200725	云上妃	山茶属	云南省农业科学院花卉研究所	蔡艳飞、李树发、王继华、宋杰、张露、彭绿春、解玮佳	20200902
873	20200941	天天	绣球属	云南省农业科学院花卉研究所	张婷、王其刚、蹇洪英、李慧敏、邱显钦、陈敏	20201105
874	20200972	翠湖彤云	杜鹃属	云南省农业科学院花卉研究所	解玮佳、张露、李世峰、彭绿春、宋杰、王继华、李绅崇、蔡艳飞	20201112
875	20200973	阳春雪	杜鹃属	云南省农业科学院花卉研究所	李世峰、彭绿春、解玮佳、张露、宋杰、蔡艳飞、张颢、许凤	20201112
876	20200974	红妆	杜鹃属	云南省农业科学院花卉研究所	王继华、宋杰、解玮佳、李世峰、李树发、彭绿春、蔡艳飞、李慧敏	20201112
877	20200975	花妍	杜鹃属	云南省农业科学院花卉研究所	解玮佳、李世峰、彭绿春、宋杰、张露、黎霞、李绅崇、张艺萍	20201112
878	20200976	芳华	杜鹃属	云南省农业科学院花卉研究所	彭绿春、蔡艳飞、宋杰、张露、李世峰、解玮佳、王继华、杨秀梅	20201112
879	20200937	彩焰	蔷薇属	云南省农业科学院花卉研究所、云南集创园艺科技有限公司	王其刚、邱显钦、蹇洪英、李淑斌、晏慧君、陈敏、李树发、周宁宁	20201102
880	20200938	芳颜	蔷薇属	云南省农业科学院花卉研究所、云南集创园艺科技有限公司	蹇洪英、王其刚、晏慧君、邱显钦、陈敏、张婷、李树发、李淑斌、周宁宁	20201102
881	20200900	翡翠冬樱	李属	云南万家红园艺有限公司	王云赋、张华能、王晨、王月红、普朝忠、张真	20201029
882	20200901	万家红樱	李属	云南万家红园艺有限公司	王云赋、张华能、王骏、王晨、王异炫、李帆、王月红	20201029

（续）

序号	申请号	品种名称	属（种）	申请人	培育人	申请日
883	20200902	仙女散花	李属	云南万家红园艺有限公司	王云赋、张华能、王晨、李兰兰、王异炫、李帆、郭简宁	20201029
884	20200903	红春晓	李属	云南万家红园艺有限公司	王云赋、张华能、王晨、李兰兰、郭简宁、王骏、张真	20201029
885	20200134	君之梦	叶子花属	云南为君开园林工程有限公司	钱永康	20200116
886	20200135	君之彩	叶子花属	云南为君开园林工程有限公司	钱永康	20200116
887	20200136	君之异	叶子花属	云南为君开园林工程有限公司	钱永康	20200116
888	20200424	坝上一号	李属	张维利	张维利	20200627
889	20200425	坝上二号	李属	张维利	张维利	20200627
890	20200276	粉重 1 号樱	李属	漳平市绿丰林业家庭农场	陈江海、陈大华、陈艺鑫、陈江泉	20200411
891	20200277	粉重 2 号樱	李属	漳平市绿丰林业家庭农场	陈艺鑫、陈江海、陈大华、陈江泉	20200411
892	20200278	粉重 3 号樱	李属	漳平市绿丰林业家庭农场	黄云鹏、陈江海、陈大华、陈艺鑫、陈江泉	20200411
893	20200279	粉重 4 号樱	李属	漳平市绿丰林业家庭农场	陈江海、陈大华、陈艺鑫、陈江泉	20200411
894	20200280	平安果富贵籽	紫金牛属	漳平市绿丰林业家庭农场	黄云鹏、陈江海、陈江泉、陈村田、李茂瑾、陈宜进、陈艺鑫	20200411
895	20200281	串串金富贵籽	紫金牛属	漳平市绿丰林业家庭农场	陈江海、陈村田、陈江泉、陈艺鑫	20200411
896	20200439	蓝美 I 号	越橘属	浙江蓝美技术股份有限公司	杨曙方、於虹、洪麒明、王琦、杨姣	20200629
897	20200440	蓝美 II 号	越橘属	浙江蓝美技术股份有限公司	杨曙方、於虹、洪麒明、王琦、杨姣	20200629
898	20200441	蓝美 101 号	越橘属	浙江蓝美技术股份有限公司	杨曙方、洪麒明、王琦、杨姣	20200629
899	20200442	蓝美 102 号	越橘属	浙江蓝美技术股份有限公司	杨曙方、洪麒明、王琦、杨姣	20200629
900	20200443	蓝美 103 号	越橘属	浙江蓝美技术股份有限公司	杨曙方、洪麒明、王琦、杨姣	20200629
901	20200237	罗彩 26 号	桂花	浙江农林大学	赵宏波、董彬、冯成庸、杨丽媛	20200402
902	20200238	罗彩 27 号	桂花	浙江农林大学	赵宏波、董彬、冯成庸、杨丽媛	20200402
903	20200909	五福映日	梅	浙江农林大学	赵宏波、董彬、杨丽媛、王千千	20201029
904	20200910	晓阳朱砂	梅	浙江农林大学	赵宏波、董彬、杨丽媛、王千千	20201029
905	20200911	月光玉蝶	梅	浙江农林大学	赵宏波、董彬、杨丽媛、王千千	20201029
906	20200912	多变宫粉	梅	浙江农林大学	董彬、赵宏波、杨丽媛、王千千、王楠楠	20201029

（续）

序号	申请号	品种名称	属（种）	申请人	培育人	申请日
907	20200913	桃红宫粉	梅	浙江农林大学	董彬、赵宏波、杨丽媛、王千千、王楠楠	20201029
908	20200914	脂红宫粉	梅	浙江农林大学	赵宏波、董彬、杨丽媛、王千千、王楠楠	20201029
909	20200915	素玉绿萼	梅	浙江农林大学	赵宏波、董彬、杨丽媛、王千千、王楠楠	20201029
910	20200916	金紫冠	蜡梅	浙江农林大学	赵宏波、杨丽媛、董彬、王千千	20201029
911	20200917	平黄素心	蜡梅	浙江农林大学	杨丽媛、赵宏波、董彬、王千千	20201029
912	20200918	黄馨素	蜡梅	浙江农林大学	杨丽媛、赵宏波、董彬、王千千	20201029
913	20200919	玉堂春	蜡梅	浙江农林大学	赵宏波、杨丽媛、董彬、王千千	20201029
914	20200920	新月紫影	蜡梅	浙江农林大学	赵宏波、杨丽媛、董彬、王千千	20201029
915	20200090	齐金	冬青属	浙江森城种业有限公司	沈劲余、沈鸿明、朱王微、张晓杰、薛桂芳、李盼盼	20200102
916	20200091	金佛	冬青属	浙江森城种业有限公司	沈劲余、沈鸿明、张晓杰、朱王微、薛桂芳、李盼盼	20200102
917	20200092	黄金	南天竹属	浙江森城种业有限公司	沈鸿明、沈劲余、朱王微、张晓杰、王国联、李盼盼、徐琴、薛桂芳	20200102
918	20200093	森红	南天竹属	浙江森城种业有限公司	沈鸿明、沈劲余、王国联、朱王微、张晓杰、徐琴、李盼盼、薛桂芳	20200102
919	20200094	小桃红	南天竹属	浙江森城种业有限公司	沈鸿明、沈劲余、李盼盼、徐琴、朱王微、张晓杰、王国联、薛桂芳	20200102
920	20200625	紫绮	紫薇	浙江省林业科学研究院	王金凤、周琦、陈卓梅	20200817
921	20200627	绝代双娇	紫薇	浙江省林业科学研究院	周琦、陈卓梅、王金凤	20200817
922	20200628	紫绶	紫薇	浙江省林业科学研究院	陈卓梅、周琦、王金凤	20200817
923	20200834	云河	李属	浙江省林业科学研究院、吴建葳	柳新红、吴建葳、沈鑫、蒋冬月、李因刚	20201016
924	20200835	漂亮宝贝	李属	浙江省林业科学研究院、吴建葳	蒋冬月、吴建葳、柳新红、沈鑫、李因刚	20201016
925	20200626	紫俏	紫薇	浙江省林业科学研究院、浙江省亚热带作物研究所	王金凤、周琦、陈卓梅、马晓华	20200817
926	20200934	金灿	越橘属	浙江师范大学、金华先实大农业科技有限公司	郭卫东、宗宇、李永强、陈文荣、廖芳蕾、杨莉、范超洋、徐丽珊	20201101
927	20200935	金翠	越橘属	浙江师范大学、金华先实大农业科技有限公司	宗宇、郭卫东、李永强、陈文荣、廖芳蕾、杨莉、范超洋、徐丽珊	20201101

（续）

序号	申请号	品种名称	属（种）	申请人	培育人	申请日
928	20200458	玉镯	杜鹃属	中国科学院昆明植物研究所	马永鹏、刘德团、常宇航	20200630
929	20200296	翩然	荚蒾属	中国科学院武汉植物园	刘宏涛、吕文君、夏伯顺、黄升、袁玲	20200422
930	20200977	粉蝶	荚蒾属	中国科学院武汉植物园	吕文君、刘宏涛、袁玲、夏伯顺	20201213
931	20200331	秋红	柽柳属	中国科学院遗传与发育生物学研究所农业资源研究中心	封晓辉、刘小京、郭凯、巨兆强、张文胜、张秀梅	20200507
932	20200661	华妃笑靥	芍药属	中国科学院植物研究所	王亮生、李珊珊、杨勇、朱瑾、张玲、王晓晗、杜会、任红旭	20200818
933	20200662	华妃点绛	芍药属	中国科学院植物研究所	李珊珊、王亮生、杨勇、王倩玉、苏洽帆、吴倩、肖红强、徐文忠	20200818
934	20200663	华玉脂凝	芍药属	中国科学院植物研究所	李珊珊、王亮生、杨勇、尹丹丹、李冰、吴杰、冯成庸、刘成	20200818
935	20200499	鸳鸯	柳属	中国林业科学研究院、中国林业科学研究院天津林业科学研究所、中国林业科学研究院黄河三角洲综合试验中心	杨秀艳、姜磊、张会龙、张华新、武海雯、朱建峰	20200709
936	20200214	加美 1 号杨	杨属	中国林业科学研究院林业研究所	苏晓华、黄秦军、蔄胜军、张冰玉、丁昌俊、梁德军、褚延广、张伟溪	20200402
937	20200215	加美 2 号杨	杨属	中国林业科学研究院林业研究所	苏晓华、黄秦军、蔄胜军、张冰玉、丁昌俊、梁德军、褚延广、张伟溪	20200402
938	20200216	青雄 1 号杨	杨属	中国林业科学研究院林业研究所	苏晓华、黄秦军、蔄胜军、丁昌俊、梁德军、张伟溪	20200402
939	20200217	青雄 2 号杨	杨属	中国林业科学研究院林业研究所	苏晓华、黄秦军、蔄胜军、丁昌俊、梁德军、张伟溪	20200402
940	20200664	黄淮 5 号杨	杨属	中国林业科学研究院林业研究所	黄秦军、苏晓华、丁昌俊、董玉峰、张伟溪、王雷、张新叶	20200819
941	20200665	黄淮 6 号杨	杨属	中国林业科学研究院林业研究所	黄秦军、苏晓华、丁昌俊、董玉峰、张伟溪、李善文、樊孝萍	20200819
942	20200666	中雄 6 号杨	杨属	中国林业科学研究院林业研究所	黄秦军、苏晓华、丁昌俊、董玉峰、张伟溪、王雷、张新叶	20200819
943	20200667	中雄 7 号杨	杨属	中国林业科学研究院林业研究所	黄秦军、苏晓华、丁昌俊、董玉峰、张伟溪、李善文、樊孝萍	20200819

（续）

序号	申请号	品种名称	属（种）	申请人	培育人	申请日
944	20200999	礼宾月凤	木通属	中国林业科学研究院林业研究所、古丈县明宏农业发展有限公司	李斌、林富荣、郭文英、黄平、向明宏	20201125
945	20201000	礼宾亮凤	木通属	中国林业科学研究院林业研究所、古丈县明宏农业发展有限公司	李斌、林富荣、郭文英、黄平、向明宏	20201125
946	20200400	豫新 1 号	梓树属	中国林业科学研究院林业研究所、洛阳农林科学院、南阳市林业技术推广站	麻文俊、王军辉、赵鲲、杨桂娟、苗青、王楠、焦云德、杨艳红、翟文继、王付玉、张珅、李洁	20200610
947	20200396	晋椿 1 号	香椿属	中国林业科学研究院林业研究所、南阳市林业技术推广站	麻文俊、沈元琴、王军辉、翟文继、杨桂娟、汪小溪	20200610
948	20200397	晋椿 2 号	香椿属	中国林业科学研究院林业研究所、南阳市林业技术推广站	麻文俊、翟文继、王军辉、杨桂娟、沈元琴	20200610
949	20200398	豫椿 1 号	香椿属	中国林业科学研究院林业研究所、南阳市林业技术推广站	麻文俊、王军辉、苗青、杨桂娟、沈元琴、翟文继	20200610
950	20200399	豫椿 2 号	香椿属	中国林业科学研究院林业研究所、南阳市林业技术推广站	麻文俊、王军辉、翟文继、杨桂娟、沈元琴	20200610
951	20200402	滇新 1 号	梓树属	中国林业科学研究院林业研究所、南阳市林业技术推广站、贵州省林业科学研究院	麻文俊、王军辉、张明刚、杨桂娟、翟文斌、孙晓辉、毕学伟、翟文继、苗青、李冰雪	20200610
952	20201002	礼宾超凤	木通属	中国林业科学研究院林业研究所、宁波职业技术学院、贵州自然传奇农业发展集团有限公司	李斌、林富荣、郭文英、黄平、易官美、任东阳、成亮	20201125
953	20200764	中泰 5 号	皂荚属	中国林业科学研究院林业研究所、山东泰瑞药业有限公司	李斌、林富荣、郭文英、黄平、张西秀、张光田、张明昊	20200915
954	20200765	中泰 6 号	皂荚属	中国林业科学研究院林业研究所、山东泰瑞药业有限公司	李斌、林富荣、郭文英、黄平、张光田、张明昊	20200915
955	20200766	中泰 7 号	皂荚属	中国林业科学研究院林业研究所、山东泰瑞药业有限公司	李斌、林富荣、郭文英、黄平、张光田、张明昊	20200915
956	20200767	中泰 8 号	皂荚属	中国林业科学研究院林业研究所、山东泰瑞药业有限公司	李斌、林富荣、郭文英、黄平、张光田、张明昊	20200915
957	20200768	中泰 9 号	皂荚属	中国林业科学研究院林业研究所、山东泰瑞药业有限公司	李斌、林富荣、郭文英、黄平、张光田、张明昊	20200915
958	20200401	鄂新 1 号	梓树属	中国林业科学研究院林业研究所、襄阳市林业科学研究所、南阳市林业技术推广站	麻文俊、王军辉、赵天宇、杨桂娟、翟文继、翟文九、王文武、方占莹、蔡斌、李冰雪	20200610

（续）

序号	申请号	品种名称	属（种）	申请人	培育人	申请日
959	20201001	礼宾山凤	木通属	中国林业科学研究院林业研究所、重庆市林业科学研究院、巫山县聚豪缘农业开发有限公司	李斌、林富荣、郭文英、黄平、刘春生、王伟、李月文、林梅、任仕猛	20201125
960	20201032	秋三针	松属	中国林业科学研究院亚热带林业研究所	刘青华、周志春、金国庆	20201204
961	20200026	秾苑绡红	芍药属	中国农业科学院蔬菜花卉研究所	张秀新、薛璟祺、王顺利、薛玉前、任秀霞	20191210
962	20200027	秾苑霞月	芍药属	中国农业科学院蔬菜花卉研究所	张秀新、薛璟祺、王顺利、任秀霞、薛玉前	20191210
963	20200028	秾苑金科	芍药属	中国农业科学院蔬菜花卉研究所	张秀新、王顺利、薛璟祺、薛玉前、任秀霞	20191210
964	20200029	秾苑娇娃	芍药属	中国农业科学院蔬菜花卉研究所	薛璟祺、张秀新、任秀霞、王顺利、王芳	20191210
965	20200030	秾苑小生	芍药属	中国农业科学院蔬菜花卉研究所	张秀新、任秀霞、王顺利、薛璟祺、吴蕊	20191210
966	20200031	秾苑仲春	芍药属	中国农业科学院蔬菜花卉研究所	张秀新、薛璟祺、石颜通、高洁、吴蕊	20191210
967	20200032	秾苑玉堂	芍药属	中国农业科学院蔬菜花卉研究所	王顺利、张秀新、薛璟祺、石丰瑞、房桂霞	20191210
968	20200033	秾苑彤霞	芍药属	中国农业科学院蔬菜花卉研究所	薛璟祺、张秀新、任秀霞、高洁、吴蕊	20191210
969	20200034	秾苑皎月	芍药属	中国农业科学院蔬菜花卉研究所	王顺利、张秀新、黄振、薛玉前、薛璟祺	20191210
970	20200035	秾墨煜金	芍药属	中国农业科学院蔬菜花卉研究所	张秀新、薛璟祺、任秀霞、王顺利、王芳	20191210
971	20200036	秾染天衣	芍药属	中国农业科学院蔬菜花卉研究所	张秀新、王顺利、薛玉前、薛璟祺、石颜通	20191210
972	20200037	秾月呈祥	芍药属	中国农业科学院蔬菜花卉研究所	张秀新、王顺利、薛玉前、任秀霞、石丰瑞	20191210
973	20200038	秾俪唱春	芍药属	中国农业科学院蔬菜花卉研究所	张秀新、薛玉前、王顺利、任秀霞	20191210
974	20200039	秾滟春华	芍药属	中国农业科学院蔬菜花卉研究所	张秀新、薛璟祺、石颜通、薛玉前、黄振	20191210
975	20200040	秾俪染衣	芍药属	中国农业科学院蔬菜花卉研究所	张秀新、任秀霞、薛璟祺、黄振、薛玉前	20191210
976	20200041	秾星映月	芍药属	中国农业科学院蔬菜花卉研究所	张秀新、薛玉前、任秀霞、王顺利	20191210
977	20200525	粉红火焰	蔷薇属	中国农业科学院蔬菜花卉研究所	杨树华、葛红、李秋香、贾瑞冬、赵鑫	20200716
978	20200526	草莓布丁	蔷薇属	中国农业科学院蔬菜花卉研究所	葛红、杨树华、李秋香、贾瑞冬、赵鑫	20200716
979	20200527	喜洋洋	蔷薇属	中国农业科学院蔬菜花卉研究所	杨树华、葛红、李秋香、贾瑞冬、赵鑫	20200716
980	20200528	玉娇刺玫	蔷薇属	中国农业科学院蔬菜花卉研究所	葛红、杨树华、李秋香、贾瑞冬、赵鑫、闫菲	20200716
981	20200529	粉樱刺玫	蔷薇属	中国农业科学院蔬菜花卉研究所	葛红、杨树华、李秋香、贾瑞冬、赵鑫	20200716
982	20200530	红色马卡龙	蔷薇属	中国农业科学院蔬菜花卉研究所	杨树华、葛红、李秋香、贾瑞冬、赵鑫	20200716
983	20200634	粉莲恋秾	芍药属	中国农业科学院蔬菜花卉研究所	张秀新、薛玉前、薛璟祺、王小平	20200807

（续）

序号	申请号	品种名称	属（种）	申请人	培育人	申请日
984	20200635	秾点繁红	芍药属	中国农业科学院蔬菜花卉研究所	张秀新、王顺利、李丰见、任秀霞、刘蓉	20200807
985	20200636	秾点千红	芍药属	中国农业科学院蔬菜花卉研究所	张秀新、薛璟祺、范俊峰、薛玉前、王芳	20200807
986	20200637	秾华映月	芍药属	中国农业科学院蔬菜花卉研究所	张秀新、薛玉前、范俊峰、房桂霞	20200807
987	20200638	秾圜一品	芍药属	中国农业科学院蔬菜花卉研究所	张秀新、王顺利、范俊峰、慈惠婷	20200807
988	20200639	秾墨飞金	芍药属	中国农业科学院蔬菜花卉研究所	张秀新、薛璟祺、薛玉前、柳志勇	20200807
989	20200640	秾色国艳	芍药属	中国农业科学院蔬菜花卉研究所	张秀新、任秀霞、王顺利、李丰见	20200807
990	20200641	秾雪凝金	芍药属	中国农业科学院蔬菜花卉研究所	张秀新、王顺利、任秀霞、尚国强	20200807
991	20200642	秾艳群芳	芍药属	中国农业科学院蔬菜花卉研究所	张秀新、任秀霞、王顺利、吴蕊、刘蓉	20200807
992	20200643	秾玉擎天	芍药属	中国农业科学院蔬菜花卉研究所	张秀新、薛璟祺、薛玉前、唐兆亮	20200807
993	20200644	秾苑白莲	芍药属	中国农业科学院蔬菜花卉研究所	张秀新、王顺利、任秀霞、王小平	20200807
994	20200645	秾苑川色	芍药属	中国农业科学院蔬菜花卉研究所	张秀新、薛玉前、薛璟祺、范俊峰	20200807
995	20200646	秾苑叠玉	芍药属	中国农业科学院蔬菜花卉研究所	张秀新、薛璟祺、石颜通、王小平	20200807
996	20200647	秾苑繁华	芍药属	中国农业科学院蔬菜花卉研究所	张秀新、薛璟祺、薛玉前、唐兆亮	20200807
997	20200648	秾苑粉簪	芍药属	中国农业科学院蔬菜花卉研究所	张秀新、薛璟祺、薛玉前、李丰见、柳志勇	20200807
998	20200649	秾苑幻彩	芍药属	中国农业科学院蔬菜花卉研究所	张秀新、王顺利、任秀霞、房桂霞	20200807
999	20200650	秾苑墨云	芍药属	中国农业科学院蔬菜花卉研究所	张秀新、王顺利、任秀霞、慈惠婷	20200807
1000	20200651	秾苑木兰	芍药属	中国农业科学院蔬菜花卉研究所	张秀新、王顺利、任秀霞、慈惠婷	20200807
1001	20200652	秾苑奇丽	芍药属	中国农业科学院蔬菜花卉研究所	张秀新、王顺利、任秀霞、房桂霞	20200807
1002	20200653	秾苑晴雯	芍药属	中国农业科学院蔬菜花卉研究所	张秀新、薛璟祺、薛玉前、李丰见、柳志勇	20200807
1003	20200654	秾苑鞓红	芍药属	中国农业科学院蔬菜花卉研究所	张秀新、薛璟祺、石颜通、王小平	20200807
1004	20200655	秾苑绣女	芍药属	中国农业科学院蔬菜花卉研究所	张秀新、任秀霞、王顺利、吴蕊	20200807
1005	20200656	秾苑玉冠	芍药属	中国农业科学院蔬菜花卉研究所	张秀新、王顺利、范俊峰、慈惠婷	20200807
1006	20200657	秾苑玉壶春	芍药属	中国农业科学院蔬菜花卉研究所	张秀新、任秀霞、王顺利、吴蕊	20200807
1007	20200658	秾苑玉楼	芍药属	中国农业科学院蔬菜花卉研究所	张秀新、薛璟祺、薛玉前、王芳	20200807
1008	20200659	秾苑玉桃	芍药属	中国农业科学院蔬菜花卉研究所	张秀新、薛玉前、薛璟祺、范俊峰	20200807
1009	20200660	秾紫点金	芍药属	中国农业科学院蔬菜花卉研究所	张秀新、王顺利、任秀霞、李丰见、尚国强	20200807

（续）

序号	申请号	品种名称	属（种）	申请人	培育人	申请日
1010	20200076	中碧小粉菊	桃花	中国农业科学院郑州果树研究所	曹珂、方伟超、王力荣、朱更瑞、陈昌文、王新卫、王蛟	20191230
1011	20200077	中碧粉垂菊	桃花	中国农业科学院郑州果树研究所	王力荣、方伟超、朱更瑞、曹珂、陈昌文、王新卫、王玲玲	20191230
1012	20200078	中碧小绯菊	桃花	中国农业科学院郑州果树研究所	朱更瑞、王力荣、方伟超、曹珂、陈昌文、王新卫、李勇	20191230
1013	20200079	中碧白线菊	桃花	中国农业科学院郑州果树研究所	方伟超、朱更瑞、王力荣、陈昌文、曹珂、王新卫、谢景梅	20191230
1014	20200377	华紫	石榴属	中国农业科学院郑州果树研究所	曹尚银、李好先、骆翔	20200602
1015	20200378	红美人	石榴属	中国农业科学院郑州果树研究所	曹尚银、李好先、骆翔	20200602
1016	20200379	华冠	石榴属	中国农业科学院郑州果树研究所	曹尚银、李好先、骆翔	20200602
1017	20200380	酸美	石榴属	中国农业科学院郑州果树研究所	曹尚银、李好先、骆翔	20200602
1018	20200381	天使红	石榴属	中国农业科学院郑州果树研究所	曹尚银、李好先、骆翔	20200602
1019	20200382	早红	石榴属	中国农业科学院郑州果树研究所	曹尚银、李好先、骆翔	20200602
1020	20200990	中杏 2 号	杏	中国农业科学院郑州果树研究所	陈玉玲、夏乐晗、黄振宇、冯义彬、陈龙、宋文清、崔泽轩	20201118
1021	20200991	中杏 5 号	杏	中国农业科学院郑州果树研究所	夏乐晗、陈玉玲、黄振宇、宋文清、陈龙、崔泽轩、冯义彬	20201118
1022	20201044	华丰	石榴属	中国农业科学院郑州果树研究所	曹尚银、李好先、骆翔、陈利娜	20201210
1023	20201045	华光	石榴属	中国农业科学院郑州果树研究所	曹尚银、李好先、骆翔、陈利娜	20201210
1024	20201046	华红	石榴属	中国农业科学院郑州果树研究所	曹尚银、李好先、骆翔、陈利娜	20201210
1025	20201047	酸美人	石榴属	中国农业科学院郑州果树研究所	曹尚银、李好先、骆翔、陈利娜	20201210
1026	20200256	红蕴	含笑属	中南林业科技大学	胡希军、邢文、张旻桓、张哲、刘采贤、李瑞雪、金晓玲	20200406
1027	20200295	缤纷	榆属	中南林业科技大学	金晓玲、胡希军、张旻桓、邢文、黄琛斐、刘彩贤、颜玉娟	20200420
1028	20200403	南杉 2 号	红豆杉属	中南林业科技大学	曹基武、吴毅、彭继庆、刘春林、曹受金	20200610
1029	20200406	南紫 1 号	红豆杉属	中南林业科技大学	曹基武、何日成、刘木胜、吴毅、彭继庆、刘春林	20200612

（续）

序号	申请号	品种名称	属（种）	申请人	培育人	申请日
1030	20200459	德栗 1 号	栗属	中南林业科技大学	袁德义	20200701
1031	20200461	德栗 3 号	栗属	中南林业科技大学	袁德义、朱周俊	20200701
1032	20200462	德油 2 号	山茶属	中南林业科技大学	袁德义	20200701
1033	20200463	德油 3 号	山茶属	中南林业科技大学	袁德义	20200701
1034	20200464	德油 4 号	山茶属	中南林业科技大学	袁德义	20200701
1035	20200465	攸杂 2	山茶属	中南林业科技大学	袁德义、肖诗鑫	20200701
1036	20200444	铁心杉	杉木	中南林业科技大学、湖南省林业科学院、株洲市方绿生态园林绿化有限公司	朱宁华、韩志强、张勰、沈晓春、黄帆、沈小毛	20200629
1037	20200796	玉盏	含笑属	中南林业科技大学、怀化市蔬菜科学研究所	曹基武、胥雯、吴毅、彭继庆、曹受金	20200924
1038	20200275	桂兰 1 号	红豆杉属	中南林业科技大学、临武县宝源生态农业开发有限公司	文亚峰、陈桂兰、闫亚丹、陈林山、张冬林、金晓玲	20200411
1039	20200335	林山 2 号	红豆杉属	中南林业科技大学、临武县宝源生态农业开发有限公司	金晓玲、陈林山、文亚峰、闫亚丹、陈桂兰	20200511
1040	20200460	德栗 2 号	栗属	中南林业科技大学、中国林业科学研究院林业研究所	袁德义、唐芳、肖诗鑫	20200701
1041	20200508	鑫栗 1 号	栗属	中南林业科技大学、中国林业科学研究院林业研究所	肖诗鑫、唐芳、范晓明、朱周俊	20200711
1042	20200043	鑫叶蚊母	蚊母树属	重庆市鑫图园林绿化有限公司	谷林	20191211
1043	20200042	飞猫 3 号	蔷薇属	朱新军	朱新军	20191210
1044	20200797	粉增秀	山茶属	棕榈生态城镇发展股份有限公司、广州棕科园艺开发有限公司	钟乃盛、赵强民、叶土生、刘信凯、黎艳玲、宋遇文、李州	20200925
1045	20200798	豪爽	山茶属	棕榈生态城镇发展股份有限公司、广州棕科园艺开发有限公司	黎艳玲、叶琦君、赵珊珊、陈炽争、赵强民、钟乃盛、刘信凯	20200925
1046	20200799	揽月阁	山茶属	棕榈生态城镇发展股份有限公司、广州棕科园艺开发有限公司	赵强民、吴桂昌、黎艳玲、刘信凯、钟乃盛、谢雨慧、李州、宋遇文	20200925
1047	20200800	玉粉楼	山茶属	棕榈生态城镇发展股份有限公司、广州棕科园艺开发有限公司	刘信凯、高继银、钟乃盛、叶土生、李州、陈娜娟、赵强民、黎艳玲	20200925

数据来源：国家林业和草原局植物新品种保护办公室。

附表3　2020年林产品地理标志

序号	注册号	地理标志名称	省（自治区、直辖市）	申请单位	公告日期	备注
1	AGI2020-01-2780	上方山香椿	北京	北京市房山区农业环境和生产监测站	20200430	农业农村部已登记
2	AGI2020-01-2784	赵县黄冠梨	河北	赵县绿色梨果产业协会	20200430	农业农村部已登记
3	AGI2020-01-2785	阜城杏梅	河北	阜城县农业环境与农产品质量监督管理站	20200430	农业农村部已登记
4	AGI2020-01-2787	赤城赤芍	河北	赤城县农业技术推广站	20200430	农业农村部已登记
5	AGI2020-01-2792	平顺花椒	山西	平顺县农业技术推广中心	20200430	农业农村部已登记
6	AGI2020-01-2793	绛县柴胡	山西	绛县果业发展中心	20200430	农业农村部已登记
7	AGI2020-01-2795	克什克腾亚麻籽	内蒙古	克什克腾旗亚麻籽种植协会	20200430	农业农村部已登记
8	AGI2020-01-2796	丰镇胡麻	内蒙古	丰镇市农产品质量安全监管站	20200430	农业农村部已登记
9	AGI2020-01-2798	克旗黄芪	内蒙古	克什克腾旗经济作物工作站	20200430	农业农村部已登记
10	AGI2020-01-2800	清水河花菇	内蒙古	清水河县食用菌协会	20200430	农业农村部已登记
11	AGI2020-01-2804	铁岭榛子	辽宁	铁岭市榛子产业管理办公室	20200430	农业农村部已登记
12	AGI2020-01-2805	岫岩软枣猕猴桃	辽宁	岫岩满族自治县软枣猕猴桃协会	20200430	农业农村部已登记
13	AGI2020-01-2806	白山蓝莓	吉林	白山市蓝莓协会	20200430	农业农村部已登记
14	AGI2020-01-2809	穆棱沙棘	黑龙江	穆棱市农业技术推广中心	20200430	农业农村部已登记
15	AGI2020-01-2810	穆棱红豆杉果	黑龙江	穆棱市农业技术推广中心	20200430	农业农村部已登记
16	AGI2020-01-2812	天问山黄精	黑龙江	哈尔滨市阿城区金源绿色农畜产品协会	20200430	农业农村部已登记
17	AGI2020-01-2813	萝北五味子	黑龙江	萝北县多种经营办公室	20200430	农业农村部已登记
18	AGI2020-01-2814	杜尔伯特小蒿子防风	黑龙江	杜蒙县中草药产业协会	20200430	农业农村部已登记
19	AGI2020-01-2817	桑墟榆叶梅	江苏	沭阳县桑墟镇榆叶梅协会	20200430	农业农村部已登记
20	AGI2020-01-2818	利民芦蒿	江苏	宿迁市宿豫区陆集镇农业经济技术服务中心	20200430	农业农村部已登记
21	AGI2020-01-2820	茅山长青	江苏	句容市茶叶协会	20200430	农业农村部已登记
22	AGI2020-01-2823	大兴瓜蒌	江苏	宿迁市宿豫区大兴镇农业经济技术服务中心	20200430	农业农村部已登记
23	AGI2020-01-2828	马山杨梅	江苏	无锡市滨湖区马山杨梅产业协会	20200430	农业农村部已登记
24	AGI2020-01-2829	铜山金杏	江苏	徐州市铜山区果桑技术指导站	20200430	农业农村部已登记

（续）

序号	注册号	地理标志名称	省（自治区、直辖市）	申请单位	公告日期	备注
25	AGI2020-01-2831	东山白沙枇杷	江苏	苏州市吴中区东山镇农林服务站	20200430	农业农村部已登记
26	AGI2020-01-2833	弶港甜叶菊	江苏	东台市弶港镇农业技术推广综合服务中心	20200430	农业农村部已登记
27	AGI2020-01-2844	天目笋干	浙江	杭州市临安区竹产业协会	20200430	农业农村部已登记
28	AGI2020-01-2851	淳安白花前胡	浙江	淳安县农业技术推广中心	20200430	农业农村部已登记
29	AGI2020-01-2852	丽水枇杷	浙江	丽水市莲都区农业技术推广中心	20200430	农业农村部已登记
30	AGI2020-01-2853	二都杨梅	浙江	绍兴市上虞区二都杨梅协会	20200430	农业农村部已登记
31	AGI2020-01-2854	仙居杨梅	浙江	仙居县果品产销协会	20200430	农业农村部已登记
32	AGI2020-01-2855	嵊州桃形李	浙江	嵊州市剡溪果业协会	20200430	农业农村部已登记
33	AGI2020-01-2858	婺州蜜梨	浙江	金华市金东区婺州蜜梨专业技术协会	20200430	农业农村部已登记
34	AGI2020-01-2859	桐琴蜜梨	浙江	武义县农学会	20200430	农业农村部已登记
35	AGI2020-01-2860	江山猕猴桃	浙江	江山市猕猴桃产业化协会	20200430	农业农村部已登记
36	AGI2020-01-2864	遂昌土蜂蜜	浙江	遂昌县畜牧兽医局	20200430	农业农村部已登记
37	AGI2020-01-2868	古林蔺草	宁波	宁波市海曙区蔺草协会	20200430	农业农村部已登记
38	AGI2020-01-2871	太和香椿	安徽	太和县香椿产业协会	20200430	农业农村部已登记
39	AGI2020-01-2874	亳天花粉	安徽	亳州市中药材种植协会	20200430	农业农村部已登记
40	AGI2020-01-2876	三潭枇杷	安徽	歙县深渡镇绿色枇杷专业技术协会	20200430	农业农村部已登记
41	AGI2020-01-2880	怀远石榴	安徽	怀远县石榴协会	20200430	农业农村部已登记
42	AGI2020-01-2881	蒙城篱笆黄花梨	安徽	蒙城县种植业发展中心	20200430	农业农村部已登记
43	AGI2020-01-2883	砀山油桃	安徽	砀山县农产品质量安全监管中心	20200430	农业农村部已登记
44	AGI2020-01-2884	永丰萱草	安徽	黄山市黄山区永丰萱草产业协会	20200430	农业农村部已登记
45	AGI2020-01-2886	铜陵凤丹	安徽	铜陵市义安区牡丹产业协会	20200430	农业农村部已登记
46	AGI2020-01-2895	山格淮山	福建	安溪县山格淮山产业技术研究会	20200430	农业农村部已登记
47	AGI2020-01-2899	云霄枇杷	福建	云霄县枇杷协会	20200430	农业农村部已登记
48	AGI2020-01-2900	一都枇杷	福建	福清市一都镇农业服务中心	20200430	农业农村部已登记
49	AGI2020-01-2907	安海土笋冻	福建	晋江市安海文化创意发展协会	20200430	农业农村部已登记

（续）

序号	注册号	地理标志名称	省（自治区、直辖市）	申请单位	公告日期	备注
50	AGI2020-01-2910	德兴葛	江西	德兴市葛产业专业技术协会	20200430	农业农村部已登记
51	AGI2020-01-2914	商河魁王金丝小枣	山东	商河县殷巷镇魁王金丝小枣种植协会	20200430	农业农村部已登记
52	AGI2020-01-2922	汤阴北艾	河南	汤阴县医药行业管理办公室	20200430	农业农村部已登记
53	AGI2020-01-2923	渑池柴胡	河南	渑池县坡头乡农业服务中心	20200430	农业农村部已登记
54	AGI2020-01-2930	遂平香椿	河南	遂平县农产品质量安全检测中心	20200430	农业农村部已登记
55	AGI2020-01-2936	济源核桃	河南	济源市核桃产业协会	20200430	农业农村部已登记
56	AGI2020-01-2945	资丘独活	湖北	长阳土家族自治县资丘镇农技服务中心	20200430	农业农村部已登记
57	AGI2020-01-2946	英山茯苓	湖北	英山县中药材行业协会	20200430	农业农村部已登记
58	AGI2020-01-2952	郧西香椿	湖北	郧西县农业生态环境保护站	20200430	农业农村部已登记
59	AGI2020-01-2958	安化黄精	湖南	安化县中医药健康产业协会	20200430	农业农村部已登记
60	AGI2020-01-2964	慈利杜仲	湖南	慈利县农业技术服务中心	20200430	农业农村部已登记
61	AGI2020-01-2968	邵东玉竹	湖南	邵东市种子工作站	20200430	农业农村部已登记
62	AGI2020-01-2969	新宁博落回	湖南	新宁县中药材开发管理办公室	20200430	农业农村部已登记
63	AGI2020-01-2970	永顺猕猴桃	湖南	永顺县农业技术推广中心	20200430	农业农村部已登记
64	AGI2020-01-2977	东源板栗	广东	东源县船塘镇板栗协会	20200430	农业农村部已登记
65	AGI2020-01-2978	雷州青枣	广东	雷州市农业技术推广中心	20200430	农业农村部已登记
66	AGI2020-01-2979	鹤山粉葛	广东	鹤山市双合镇农业综合服务中心	20200430	农业农村部已登记
67	AGI2020-01-2989	凤山核桃	广西	凤山县核桃科研开发中心	20200430	农业农村部已登记
68	AGI2020-01-2992	灵山荔枝	广西	灵山县龙武香荔桂味荔枝协会	20200430	农业农村部已登记
69	AGI2020-01-2993	浦北妃子笑荔枝	广西	浦北县水果局	20200430	农业农村部已登记
70	AGI2020-01-2994	南丹芭谷李	广西	南丹县水果生产管理局	20200430	农业农村部已登记
71	AGI2020-01-2997	大新龙眼	广西	大新县水果生产服务站	20200430	农业农村部已登记
72	AGI2020-01-2998	北流百香果	广西	北流市农业技术推广站	20200430	农业农村部已登记
73	AGI2020-01-2999	融水灵芝	广西	融水苗族自治县农业技术推广中心	20200430	农业农村部已登记
74	AGI2020-01-3002	南丹瑶蚕平板丝	广西	南丹县蚕种站	20200430	农业农村部已登记

（续）

序号	注册号	地理标志名称	省（自治区、直辖市）	申请单位	公告日期	备注
75	AGI2020-01-3006	云龙淮山	海南	海口市琼山区云龙镇农业服务中心	20200430	农业农村部已登记
76	AGI2020-01-3008	三门坡荔枝	海南	海口市琼山区三门坡镇农业服务中心	20200430	农业农村部已登记
77	AGI2020-01-3012	澄迈无核荔枝	海南	澄迈县无核荔枝产销协会	20200430	农业农村部已登记
78	AGI2020-01-3015	巫溪独活	重庆	巫溪县道地中药材协会	20200430	农业农村部已登记
79	AGI2020-01-3016	巫山脆李	重庆	巫山县果品产业发展中心	20200430	农业农村部已登记
80	AGI2020-01-3024	盐亭桑叶	四川	盐亭县蚕桑种养殖协会	20200430	农业农村部已登记
81	AGI2020-01-3025	涪城蚕茧	四川	绵阳市涪城区蚕业科学技术协会	20200430	农业农村部已登记
82	AGI2020-01-3039	兴义山银花	贵州	兴义市中药材和茶叶技术推广站	20200430	农业农村部已登记
83	AGI2020-01-3040	兴仁猕猴桃	贵州	兴仁市农业技术推广中心	20200430	农业农村部已登记
84	AGI2020-01-3045	黄平白及	贵州	黄平县农业技术推广中心	20200430	农业农村部已登记
85	AGI2020-01-3046	紫云冰脆李	贵州	紫云苗族布依族自治县农业技术推广站	20200430	农业农村部已登记
86	AGI2020-01-3051	龙里刺梨	贵州	龙里县蔬果办公室	20200430	农业农村部已登记
87	AGI2020-01-3070	石泉桑蚕茧	陕西	石泉县蚕桑发展服务中心	20200430	农业农村部已登记
88	AGI2020-01-3072	城固猕猴桃	陕西	城固县果业技术指导站	20200430	农业农村部已登记
89	AGI2020-01-3073	宜君党参	陕西	宜君县中医药发展局	20200430	农业农村部已登记
90	AGI2020-01-3077	麦积核桃	甘肃	天水市麦积区绿色食品协会	20200430	农业农村部已登记
91	AGI2020-01-3080	张家川乌龙头	甘肃	张家川回族自治县经济作物工作指导站	20200430	农业农村部已登记
92	AGI2020-01-3081	清水花椒	甘肃	清水县宏昊花椒协会	20200430	农业农村部已登记
93	AGI2020-01-3083	华亭独活	甘肃	华亭市中药材产业发展服务中心	20200430	农业农村部已登记
94	AGI2020-01-3084	华亭大黄	甘肃	华亭市中药材产业发展服务中心	20200430	农业农村部已登记
95	AGI2020-01-3088	邽山蜂蜜	甘肃	清水县蜂业协会	20200430	农业农村部已登记
96	AGI2020-02-3092	泊头桑葚	河北	泊头市营子镇农业综合服务中心	20201225	农业农村部已登记
97	AGI2020-02-3096	北垣秋柿	山西	运城市闻喜县名优土特新产品协会	20201225	农业农村部已登记
98	AGI2020-02-3251	金堂油橄榄	四川	金堂油橄榄产业协会	20201225	农业农村部已登记
99	AGI2020-02-3098	夏县花椒	山西	夏县花椒协会	20201225	农业农村部已登记

（续）

序号	注册号	地理标志名称	省（自治区、直辖市）	申请单位	公告日期	备注
100	AGI2020-02-3099	明安黄芪	内蒙古	乌拉特前旗农牧林水综合行政执法局	20201225	农业农村部已登记
101	AGI2020-02-3103	大石桥大红袍李子	辽宁	大石桥市农业农村事务中心	20201225	农业农村部已登记
102	AGI2020-02-3107	林口白鲜皮	黑龙江	林口县种子管理站	20201225	农业农村部已登记
103	AGI2020-02-3114	棠张桑果	江苏	徐州市铜山区棠张镇农业技术推广服务中心	20201225	农业农村部已登记
104	AGI2020-02-3117	树山杨梅	江苏	苏州高新区通安镇农林服务中心	20201225	农业农村部已登记
105	AGI2020-02-3135	文成杨梅	浙江	文成县文成杨梅协会	20201225	农业农村部已登记
106	AGI2020-02-3136	浦江桃形李	浙江	浦江县农业技术推广中心	20201225	农业农村部已登记
107	AGI2020-02-3139	建德吴茱萸	浙江	建德市农业技术推广中心	20201225	农业农村部已登记
108	AGI2020-02-3142	安吉竹笋	浙江	安吉县林业技术推广中心	20201225	农业农村部已登记
109	AGI2020-02-3166	福鼎黄栀子	福建	福鼎市福鼎黄栀子协会	20201225	农业农村部已登记
110	AGI2020-02-3176	沾化冬枣	山东	沾化冬枣产业发展中心	20201225	农业农村部已登记
111	AGI2020-02-3180	黄店玫瑰	山东	菏泽市定陶区陶丘 玫瑰开发服务中心	20201225	农业农村部已登记
112	AGI2020-02-3201	都里大红袍花椒	河南	安阳县都里镇农业综合服务中心	20201225	农业农村部已登记
113	AGI2020-02-3202	渑池花椒	河南	渑池县南村乡农业发展服务中心	20201225	农业农村部已登记
114	AGI2020-02-3209	竹溪蜂蜜	湖北	竹溪县蜂业协会	20201225	农业农村部已登记
115	AGI2020-02-3222	会同竹笋	湖南	会同县经济作物工作站	20201225	农业农村部已登记
116	AGI2020-02-3247	丹棱脆红李	四川	丹棱县农业局多经站（丹棱县蚕桑管理站）	20201225	农业农村部已登记
117	AGI2020-02-3254	贞丰四月李	贵州	贞丰县李子专业协会	20201225	农业农村部已登记
118	AGI2020-02-3260	加查核桃	西藏	西藏加查县农牧综合服务中心	20201225	农业农村部已登记
119	AGI2020-02-3267	叶城核桃	新疆	叶城县农业技术推广站	20201225	农业农村部已登记
120	国家知识产权局第 380 号	宜春夏布	江西	江西省宜春市人民政府	20201105	国家知识产权局已批准
121	国家知识产权局第 390 号	嘉祥白菊花	山东	山东省济宁市嘉祥县人民政府	20201208	国家知识产权局已批准
122	18588130	丹东板栗 D	辽宁	丹东市发家岭板栗专业合作社	20200220	国家知识产权局商标局已注册
123	26081254	文登银杏	山东	威海市文登区宋村镇农业综合服务中心	20200420	国家知识产权局商标局已注册

（续）

序号	注册号	地理标志名称	省（自治区、直辖市）	申请单位	公告日期	备注
124	26204451	普安天麻	贵州	普安县林下天麻种植繁育专业技术协会	20200213	国家知识产权局商标局已注册
125	27040198	宜春油茶	江西	宜春市油茶产业协会	20200713	国家知识产权局商标局已注册
126	27400831	成县核桃	甘肃	成县核桃科技服务中心	20200906	国家知识产权局商标局已注册
127	27851054	宾川附子	云南	宾川县农副产品营销服务中心	20200213	国家知识产权局商标局已注册
128	28283917	界市竹笋	四川	隆昌市界市镇农村经济技术服务中心	20201006	国家知识产权局商标局已注册
129	28314926	平顺连翘	山西	平顺县地方特产发展协会	20200327	国家知识产权局商标局已注册
130	28458250	横山蓝莓	重庆	重庆市綦江区经济作物发展管理站	20200406	国家知识产权局商标局已注册
131	28498232	南城淮山	江西	南城县土特产品协会	20200406	国家知识产权局商标局已注册
132	28551858	巴青冬虫夏草	西藏	西藏那曲巴青县农牧业科学技术服务站（西藏那曲巴青县动物卫生监督所）	20200213	国家知识产权局商标局已注册
133	29746050	兰考构树	河南	兰考县畜牧兽医工作站	20200406	国家知识产权局商标局已注册
134	30416448	雅江松茸	四川	雅江县农业技术推广和土壤肥料站	20200213	国家知识产权局商标局已注册
135	30482158	永康方山柿	浙江	永康市经济特产站	20200213	国家知识产权局商标局已注册
136	30872875	临海蓝莓	浙江	临海市特产技术推广总站	20200320	国家知识产权局商标局已注册
137	30903642	平泉杏仁	河北	平泉市林果技术推广总站	20200406	国家知识产权局商标局已注册
138	31325493	郧县油橄榄	湖北	十堰市郧阳区油橄榄协会	20200213	国家知识产权局商标局已注册
139	31606878	顺昌元坑毛边纸	福建	顺昌县元坑镇三农服务中心	20200406	国家知识产权局商标局已注册
140	32638534	蓬溪半夏	四川	蓬溪县药学会	20200327	国家知识产权局商标局已注册
141	32665350	临渭核桃	陕西	渭南市临渭区林业工作站（渭南市临渭区核桃研究所）	20201006	国家知识产权局商标局已注册
142	33061301	西峰山小枣	北京	北京市昌平区流村镇农业服务中心	20201006	国家知识产权局商标局已注册
143	33061408	馆陶艾草	河北	馆陶县艾草协会	20200720	国家知识产权局商标局已注册
144	33152904	延庆香白杏	北京	北京市延庆区果品服务中心	20201006	国家知识产权局商标局已注册
145	33550692	陇川油茶	云南	陇川县林业局营林工作站	20200327	国家知识产权局商标局已注册
146	33629284	保亭龙眼	海南	保亭黎族苗族自治县农业服务中心	20200406	国家知识产权局商标局已注册
147	33693193	六合板栗	江苏	南京市六合区竹镇镇农业协会	20201213	国家知识产权局商标局已注册

（续）

序号	注册号	地理标志名称	省（自治区、直辖市）	申请单位	公告日期	备注
148	33961292	遵化板栗	河北	遵化市燕山板栗商会	20200420	国家知识产权局商标局已注册
149	33961293	遵化板栗	河北	遵化市燕山板栗商会	20200420	国家知识产权局商标局已注册
150	33961328	滦平黄芩	河北	滦平县农牧技术推广站	20200720	国家知识产权局商标局已注册
151	34170912	乐陵枣花蜜	山东	乐陵市地方特产发展协会	20201013	国家知识产权局商标局已注册
152	34226855	平山黑木耳	河北	平山食用菌产业协会	20201006	国家知识产权局商标局已注册
153	34281323	连城冠豸山铁皮石斛	福建	连城县冠豸山铁皮石斛研究所	20200627	国家知识产权局商标局已注册
154	34316540	亚东木耳	西藏	西藏亚东县农牧综合服务中心	20201006	国家知识产权局商标局已注册
155	34537249	长宁黄粑	四川	长宁县产品质量检验检测中心	20201020	国家知识产权局商标局已注册
156	34537250	长宁苦笋	四川	长宁县农业技术推广站	20201013	国家知识产权局商标局已注册
157	34599800	腾冲江东银杏	云南	腾冲市固东镇林业服务中心	20201006	国家知识产权局商标局已注册
158	34682263	临夏紫斑牡丹	甘肃	临夏市河州紫斑牡丹产业发展协会	20201006	国家知识产权局商标局已注册
159	34682264	汶阳香附	山东	肥城市汶阳镇农业综合服务中心	20201020	国家知识产权局商标局已注册
160	34682268	垦利柽柳	山东	东营市垦利区林下农副产品协会	20201006	国家知识产权局商标局已注册
161	34829840	兴文罗汉笋	四川	兴文县林业学会	20201006	国家知识产权局商标局已注册
162	34830767	正定桑叶	河北	正定县特色产品推广协会	20201006	国家知识产权局商标局已注册
163	34895678	无棣苜蓿	山东	无棣县绿风农业科学研究所	20201020	国家知识产权局商标局已注册
164	34982794	松溪笋干	福建	松溪县特色产品发展研究学会	20201006	国家知识产权局商标局已注册
165	35003560	朝天黑木耳	四川	广元市朝天区蔬菜产业发展中心	20201006	国家知识产权局商标局已注册
166	35073403	乐东龙眼	海南	乐东黎族自治县热作办公室	20200327	国家知识产权局商标局已注册
167	35074245	乐东金钱树	海南	乐东黎族自治县林业服务中心	20200327	国家知识产权局商标局已注册
168	35219903	且末红枣	新疆	且末县红枣协会	20201006	国家知识产权局商标局已注册
169	35249876	浏阳茶油	湖南	浏阳市茶油产业发展促进会	20200720	国家知识产权局商标局已注册
170	35401368	乳山无花果 RUSHAN FIG	山东	乳山市果茶蚕工作站	20200213	国家知识产权局商标局已注册
171	35459220	蒙山虫草参	山东	临沂蒙山旅游度假区农业种植协会	20200227	国家知识产权局商标局已注册
172	35496365	通川脆李	四川	达州市通川区茶果站	20200627	国家知识产权局商标局已注册

（续）

序号	注册号	地理标志名称	省（自治区、直辖市）	申请单位	公告日期	备注
173	35496400	桐乡槜李	浙江	桐乡市梧桐街道农民合作经济组织联合会	20201013	国家知识产权局商标局已注册
174	35820071	耿楼芍药	山东	滕州市东沙河镇农业综合服务中心	20201020	国家知识产权局商标局已注册
175	36045572	桐乡槜李	浙江	桐乡市梧桐街道农民合作经济组织联合会	20201013	国家知识产权局商标局已注册
176	36071804	邱县丝棉木	河北	邱县丝棉木协会	20201006	国家知识产权局商标局已注册
177	36344435	便仓枯枝牡丹	江苏	盐城市亭湖区便仓镇枯枝牡丹协会	20201006	国家知识产权局商标局已注册
178	36467830	泰宁锥栗	福建	泰宁县旅游食品行业协会	20201006	国家知识产权局商标局已注册
179	36467831	泰宁新桥白笋干	福建	泰宁县旅游食品行业协会	20201013	国家知识产权局商标局已注册
180	36468936	襄阳杜仲	海南	襄阳市特色农产品产销协会	20200327	国家知识产权局商标局已注册
181	36565062	理塘黑木耳	四川	理塘县农业技术推广和土壤肥料站	20201006	国家知识产权局商标局已注册
182	36565112	理塘黑木耳	四川	理塘县农业技术推广和土壤肥料站	20201006	国家知识产权局商标局已注册
183	36566132	凌源大扁杏	辽宁	凌源市电子商务协会	20200627	国家知识产权局商标局已注册
184	36736633	垣曲核桃	山西	垣曲县核桃种植协会	20201006	国家知识产权局商标局已注册
185	36818824	任丘冬枣	河北	任丘市辛中驿镇农村经济服务中心	20201006	国家知识产权局商标局已注册
186	36913576	君山芦笋	湖南	岳阳市君山区农业技术推广中心	20201006	国家知识产权局商标局已注册
187	37200841	安化厚朴	湖南	安化县中医药健康产业协会	20201006	国家知识产权局商标局已注册
188	37400910	雨城方竹笋	四川	雅安市雨城区林业技术推广站	20201006	国家知识产权局商标局已注册
189	37401001	雨城方竹笋	四川	雅安市雨城区林业技术推广站	20201006	国家知识产权局商标局已注册
190	37631795	彭水响李	重庆	彭水苗族土家族自治县农村合作经济组织联合会	20200720	国家知识产权局商标局已注册
191	37945462	泰和茶油	江西	泰和县林业技术推广站	20200427	国家知识产权局商标局已注册
192	37945904	荥经竹笋	四川	荥经县农业科技指导服务中心（四川省农业广播电视学校荥经分校）	20201006	国家知识产权局商标局已注册
193	38091311	无棣金丝小枣	山东	无棣县枣类制品研究所	20201006	国家知识产权局商标局已注册
194	38448554	洛阳牡丹 PEONY LUOYANG	河南	洛阳牡丹发展中心	20200720	国家知识产权局商标局已注册
195	38745261	东山白沙枇杷	江苏	苏州市吴中区东山镇农林服务站	20201020	国家知识产权局商标局已注册

（续）

序号	注册号	地理标志名称	省（自治区、直辖市）	申请单位	公告日期	备注
196	38746068	岳普湖无花果	新疆	喀什农村合作经济组织协会	20201020	国家知识产权局商标局已注册
197	38746074	叶城核桃	新疆	喀什农村合作经济组织协会	20201020	国家知识产权局商标局已注册
198	38746076	伽师新梅	新疆	喀什农村合作经济组织协会	20201020	国家知识产权局商标局已注册
199	39892647	象山竹根雕	浙江	象山县文艺家服务中心	20200627	国家知识产权局商标局已注册
200	39965840	泰宁金饶山茶油	福建	泰宁县旅游食品行业协会	20201206	国家知识产权局商标局已注册
201	40027139	固安柳编	河北	固安县柳编协会	20201206	国家知识产权局商标局已注册
202	40235926	新化红心李	湖南	新化县吉庆镇农业技术推广服务中心	20201220	国家知识产权局商标局已注册
203	40753472	将乐山茶油	福建	将乐县茶油技术协会	20201206	国家知识产权局商标局已注册
204	41043756	唐山板栗	河北	唐山市农业产业化龙头企业协会	20201113	国家知识产权局商标局已注册
205	41072721	郓城柳编	山东	郓城县地方特产发展服务中心	20201206	国家知识产权局商标局已注册
206	43581334	保德油枣	山西	保德县红枣协会	20201206	国家知识产权局商标局已注册

数据来源：农业农村部、国家知识产权局商标局。

附表4　2020年主要林业和草原图书

序号	ISBN	题名	责任者	出版者	出版年月
1	978-7-5178-3757-2	“互联网＋”林业灾害应急管理与应用	张科主编	浙江工商大学出版社	202001
2	978-7-5219-0684-4	2017山东黄河三角洲国家级自然保护区年度监测报告	山东黄河三角洲国家级自然保护区管理委员会编著	中国林业出版社	202009
3	978-7-5219-0557-1	2018集体林权制度改革监测报告	国家林业和草原局“集体林权制度改革监测”项目组著	中国林业出版社	202005
4	978-7-5695-1726-2	2019年秦岭生态科学考察报告	张晓光，段小龙主编	陕西师范大学出版总社有限公司	202007
5	978-7-109-26947-7	70年来中国林业政策变迁与政策绩效评价：1949—2019年	孔凡斌，潘丹著	中国农业出版社	202008
6	978-7-03-065366-6	FRP加固木结构技术	淳庆，许清风著	科学出版社	202006
7	978-7-5461-8937-6	安徽古树名木	安徽省林业厅编	黄山书社	202008
8	978-7-312-04563-9	安徽林业与园林病虫图册	束庆龙，张龙娃主编	中国科学技术大学出版社	202005
9	978-7-5219-0563-2	桉树人工林培育：理论方法与实践	吴志华主编	中国林业出版社	202003
10	978-7-03-064896-9	桉树生态营林理论、技术与实践	温远光，周晓果，朱宏光著	科学出版社	202005
11	978-7-5680-5788-2	桉树与豆科树种混交林土壤中酚酸物质的环境行为	杨梅等著	华中科技大学出版社	202008
12	978-7-03-064993-5	八仙山森林昆虫	李后魂等编著	科学出版社	202006
13	978-7-5116-4870-9	百山祖国家公园蜜源植物图鉴	刘萌萌等著	中国农业科学技术出版社	202011
14	978-7-5219-0507-6	薄壳山核桃嫁接原理与技术	彭方仁等著	中国林业出版社	202005
15	978-7-5210-0646-9	北大港湿地植被与植物多样性研究	莫训强等主编	海洋出版社	202009
16	978-7-5116-4978-2	北方常见木本植物生态适应结构及输导组织系统演化	赵凤娟等著	中国农业科学技术出版社	202010
17	978-7-5116-4688-0	北方典型沙地樟子松人工林水源涵养功能及适宜密度选择	邓继峰等著	中国农业科学技术出版社	202007
18	978-7-5655-2402-8	北方农牧交错带主要草本植物图说	王堃，吕进英，郭丽珠等编著	中国农业大学出版社	202009
19	978-7-5219-0478-9	北京九龙山大型真菌图谱	张永安等著	中国林业出版社	202003
20	978-7-5116-4524-1	北京市草地资源清查	北京市畜牧业环境监测站，北京天创金农科技有限公司编	中国农业科学技术出版社	202001
21	978-7-5219-0546-5	北京市古树名木保护与管理中的公众参与机制研究	田明华等著	中国林业出版社	202003

（续）

序号	ISBN	题名	责任者	出版者	出版年月
22	978-7-5111-4288-7	北京市延庆区环境经济（绿色 GDP）核算体系研究理论与实践	牟雪洁等著	中国环境出版集团	202006
23	978-7-5116-4717-7	材饲兼用型构树新品种特性及其应用	邓华平，胡清秀，翟晓巧，李强著	中国农业科学技术出版社	202007
24	978-7-5116-4363-6	藏北高寒牧区草地生态保护与畜牧业协同发展技术及模式	干珠扎布等著	中国农业科学技术出版社	202001
25	978-7-5218-1954-0	草地资源治理的理论与案例研究	谭淑豪著	经济科学出版社	202011
26	978-7-5160-3020-2	草坪学基础	李会彬，边秀举主编	中国建材工业出版社	202009
27	978-7-109-24919-6	草种质资源抗性鉴定评价报告：2007—2016 年，抗旱篇	全国畜牧总站主编	中国农业出版社	202006
28	978-7-03-065277-5	常见蚜虫生态图鉴	张润志，乔格侠编著	科学出版社	202007
29	978-7-5219-0412-3	陈禾洞自然保护区植物	曹洪麟等主编	中国林业出版社	202006
30	978-7-03-065957-6	成都市外来入侵植物	徐波，高信芬，涂卫国著	科学出版社	202011
31	978-7-03-063555-6	城市公园生态效益及景观健康评价：以黑龙江省森林植物园为例	周蕴薇等著	科学出版社	202006
32	978-7-03-065425-0	城市林业土壤质量特征与评价	俞元春等著	科学出版社	202009
33	978-7-302-55499-8	城市绿地系统规划	许浩等编著	清华大学出版社	202007
34	978-7-5219-0729-2	城市绿化植物的空气颗粒物污染消减作用	王会霞，王彦辉，石辉著	中国林业出版社	202007
35	978-7-5219-0843-5	城市森林保健功能	叶兵，杨军主编	中国林业出版社	202010
36	978-7-5180-3507-6	垂直流人工湿地有机物去除机理及微生物群落结构研究	许巧玲著	中国纺织出版社	202004
37	978-7-5219-0746-9	刺槐燃料能源林培育研究	彭祚登等著	中国林业出版社	202011
38	978-7-03-062167-2	丛枝菌根共生体形成机制研究	宋福强著	科学出版社	202001
39	978-7-5116-4556-2	丛枝菌根真菌对牧草成株和幼苗间生长关系的影响	甄莉娜著	中国农业科学技术出版社	202001
40	978-7-03-064570-8	大兴安岭湿地研究	刘国强主编	科学出版社	202004
41	978-7-109-26927-9	低碳经济视域下林木生物质能源发展与创新研究	牛秋红著	中国农业出版社	202007
42	978-7-312-04862-3	第Ⅰ～Ⅵ分册植物属种名索引	吴向午，王冠编	中国科学技术大学出版社	202008
43	978-7-03-065049-8	滇池流域鸟类观察手册	廖峻涛著	科学出版社	202006
44	978-7-03-063356-9	典型阔叶红松林树木死亡动态与物种共存机制	金光泽，朱宇著	科学出版社	202002

（续）

序号	ISBN	题名	责任者	出版者	出版年月
45	978-7-5219-0636-3	丁香属种质资源描述规范和数据标准	郑健，郑勇奇主编	中国林业出版社	202007
46	978-7-5219-0783-4	东北半干旱地区杨树高效栽培技术研究	裴晓娜，赵曦阳著	中国林业出版社	202009
47	978-7-03-064549-4	东北地区入侵植物	冯玉龙主编	科学出版社	202006
48	978-7-03-066160-9	东北地区重大生态工程生态成效评估	何兴元，王宗明，郑海峰等著	科学出版社	202010
49	978-7-03-066161-6	东北地区重要生态功能区生态变化评估	何兴元等著	科学出版社	202011
50	978-7-5219-0679-0	东北内蒙古重点国有林区森林资源调查报告	国家林业和草原局编	中国林业出版社	202007
51	978-7-5030-4267-6	多源遥感反演地表土壤水分的方法研究	余凡，张承明，陈晶著	测绘出版社	202008
52	978-7-5116-4781-8	鄂尔多斯草原生态快速恢复技术研究与实践应用	杨永锋，胡卉芳主编	中国农业科学技术出版社	202011
53	978-7-5092-1868-6	鄂尔多斯市林木种质资源	韩玉飞主编	中国市场出版社	202005
54	978-7-5096-6752-1	放牧制度对草原植被群落的影响：中蒙跨境地区对比研究	那音太，秦福莹著	经济管理出版社	202008
55	978-7-5219-0444-4	风景园林学原理	林箐，张晋石，薛晓飞主编	中国林业出版社	202007
56	978-7-5219-0620-2	风雨兼程 心向远方：国际木材科学院院士、中国林业科学研究院首席科学家鲍甫成受访文集	中国林业科学研究院木材工业研究所编	中国林业出版社	202007
57	978-7-5359-7492-1	佛山植物多样性编目	玄祖迎等主编	广东科技出版社	202007
58	978-7-5116-4561-6	甘南州高寒草甸常见野生植物识别手册	崔光欣，王春梅，路远主编	中国农业科学技术出版社	202001
59	978-7-5219-0472-7	甘肃连城国家级自然保护区鸟类图谱	满自红主编	中国林业出版社	202002
60	978-7-5219-0576-2	甘肃民勤连古城国家级自然保护区昆虫图鉴	刘长仲，赵多明主编	中国林业出版社	202001
61	978-7-5219-0756-8	甘肃省第二次全国重点保护野生植物资源调查	朱耀宝，寇德荣主编	中国林业出版社	202010
62	978-7-5352-8978-0	高黎贡山植物资源与区系地理	李恒，李嵘主编	湖北科学技术出版社	202012
63	978-7-5220-0765-6	工业节能减排与发展森林碳汇：基于市场化生态补偿的气候政策优化研究	石柳，张捷著	中国金融出版社	202008
64	978-7-5219-0516-8	公园游憩林生态保健功能研究	王茜著	中国林业出版社	202004
65	978-7-5189-7017-9	汞污染土壤修复技术：植物修复研究	刘忠闯著	科学技术文献出版社	202008
66	978-7-5219-0541-0	广东林下经济植物栽培与利用	曾雷编著	中国林业出版社	202005
67	978-7-5219-0475-8	广东省国有林场发展历程	陈海军，江堂龙主编	中国林业出版社	202001
68	978-7-5219-0501-4	广东省林业生态连清体系网络布局与监测实践	甘先华等著	中国林业出版社	202003

（续）

序号	ISBN	题名	责任者	出版者	出版年月
69	978-7-5219-0828-2	广东特色花卉种质资源图鉴	朱根发主编	中国林业出版社	202010
70	978-7-03-066265-1	广西湿地植被	梁士楚著	科学出版社	202012
71	978-7-03-065323-9	贵州草海高原湿地农业生态环境研究	林昌虎等编著	科学出版社	202006
72	978-7-5219-0918-0	贵州省森林生态连清监测网络构建与生态系统服务功能研究	丁访军等著	中国林业出版社	202012
73	978-7-5219-0695-0	贵州石漠化	顾永顺，王华主编	中国林业出版社	202007
74	978-7-03-066645-1	贵州野生杜鹃群落生态学	李朝婵等著	科学出版社	202012
75	978-7-200-15619-5	国家公园	探险之旅编委会编著	北京出版社	202008
76	978-7-112-25119-3	国家公园：从理念到实践	陈曦著	中国建筑工业出版社	202010
77	978-7-112-22724-2	国家公园规划	杨锐，庄优波，赵智聪编	中国建筑工业出版社	202001
78	978-7-5032-6579-2	国家公园环境教育动力机制研究	刘静佳著	中国旅游出版社	202012
79	978-7-03-065154-9	国家公园体制试点区生态补偿与管理体系研究	何友均，赵晓迪等著	科学出版社	202006
80	978-7-5690-3225-3	果园土壤重金属镉污染与植物修复	林立金，廖明安主编	四川大学出版社	202001
81	978-7-03-062709-4	海南植被志 . 第二卷	杨小波著	科学出版社	202003
82	978-7-5170-8643-7	寒旱区湿地环境特征及生态修复研究	李卫平等著	中国水利水电出版社	202006
83	978-7-5180-8168-4	和谐共管：自然保护区及其社区管理研究	董茜著	中国纺织出版社	202012
84	978-7-03-062272-3	河北小五台山种子植物检索表	赵建成，裴林主编	科学出版社	202001
85	978-7-5509-2774-2	河南鸡公山森林生态系统长期观测与研究	冯万富，申明海等著	黄河水利出版社	202008
86	978-7-5219-0588-5	核桃	王贵，张彩红，武静主编	中国林业出版社	202006
87	978-7-5088-5784-8	黑河流域土壤	张甘霖等著	龙门书局	202008
88	978-7-03-064041-3	红壤典型侵蚀区土壤碳流失与调控	李定强等著	科学出版社	202009
89	978-7-03-063993-6	红树林地埋管道原位生态养殖系统	范航清等著	科学出版社	202006
90	978-7-03-062799-5	红松活立木腐朽诊断与防治	徐华东，徐国祺，王立海著	科学出版社	202006
91	978-7-5219-0582-3	红枣	王永康主编	中国林业出版社	202010
92	978-7-03-067120-2	洪泽湖河湖交汇区湿地生态与农业环境研究	李萍萍等著	科学出版社	202012
93	978-7-03-063588-4	呼伦贝尔草原生物多样性与生态系统功能	杨殿林等著	科学出版社	202003

（续）

序号	ISBN	题名	责任者	出版者	出版年月
94	978-7-03-064746-7	胡杨和灰杨抗旱的生理及分子机制研究	李志军，罗青红，吴智华等著	科学出版社	202006
95	978-7-03-065673-5	湖北森林生态资源价值论	张家来，张维主编	科学出版社	202008
96	978-7-5219-0793-3	湖南栎类次生林经营	曾思齐等著	中国林业出版社	202010
97	978-7-5219-0505-2	湖南林下经济研究与实践	梁忠厚，魏甲彬编著	中国林业出版社	202006
98	978-7-5219-0512-0	湖南石漠化	康江华等编著	中国林业出版社	202008
99	978-7-5116-4846-4	护林员	王光宏主编	中国农业科学技术出版社	202008
100	978-7-5116-4800-6	环境生态学	王团团，王赛，杨小琴编	中国农业科学技术出版社	202007
101	978-7-03-065726-8	环境生态学	乌云娜，王晓光主编	科学出版社	202012
102	978-7-5482-4171-3	环境政治学视野下的云南林业发展与碳汇交易研究	毛国旭，王传发著	云南大学出版社	202012
103	978-7-5116-5014-6	荒漠草原放牧系统种群生态适应过程与机理：以短花针茅为例	刘文亭等著	中国农业科学技术出版社	202012
104	978-7-03-046655-6	荒漠草原放牧优化管理研究	运向军等著	科学出版社	202012
105	978-7-5723-0284-8	黄河三角洲自然湿地高等植物图志	韩广轩等编著	山东科学技术出版社	202005
106	978-7-03-066287-3	黄河下游背河洼地区土地资源演变及其对生态环境的影响	张鹏岩著	科学出版社	202010
107	978-7-03-066626-0	黄土高原生态修复的水土效应	卫伟等著	科学出版社	202011
108	978-7-03-064085-7	黄土高原土壤侵蚀季节变化研究	郁耀闯，王长燕著	科学出版社	202005
109	978-7-03-063614-0	黄土高原植被恢复的土壤环境效应研究	安韶山等著	科学出版社	202010
110	978-7-03-065027-6	黄土高原植被与地貌侵蚀研究	于国强等著	科学出版社	202006
111	978-7-03-065032-0	恢复生态学	彭少麟等编著	科学出版社	202006
112	978-7-5680-5098-2	基于环境伦理的国家公园规划体系初探：美国的经验和启示	刘李琨著	华中科技大学出版社	202004
113	978-7-5682-8552-0	基于计算机数字图像处理技术木材表面纹理特征提取和分类识别方法	王辉，王晗著	北京理工大学出版社	202006
114	978-7-5130-7089-8	基于竞争力视角的黑龙江省林业产业发展综合研究：以黑龙江为例	王刚，曹秋红著	知识产权出版社	202007
115	978-7-5111-4417-1	基于生态足迹的国家级自然保护区可持续发展研究	刘晓曼著	中国环境出版集团	202009

（续）

序号	ISBN	题名	责任者	出版者	出版年月
116	978-7-5692-6367-1	吉林省常用园林树种	杨义波编著	吉林大学出版社	202004
117	978-7-03-065470-0	寄生叶蜂的姬蜂科天敌昆虫	盛茂领，孙淑萍，李涛著	科学出版社	202006
118	978-7-109-26534-9	寄主植物介导的病虫互作关系	杨发忠，肖春编著	中国农业出版社	202006
119	978-7-5066-9436-0	家具标准．第三卷，家具产品标准	全国家具标准化技术委员会，中国标准出版社编	中国标准出版社	202009
120	978-7-111-64522-1	家具结构技术	张仲凤，张继娟编著	机械工业出版社	202003
121	978-7-03-065374-1	建筑科学之美：木结构建筑艺术赏析	姚利宏编著	科学出版社	202006
122	978-7-03-067015-1	江山仙霞岭自然保护区珍稀濒危动植物	陈征海，余著成，金伟主编	科学出版社	202012
123	978-7-5219-0537-3	江苏盐城湿地珍禽国家级自然保护区植物图志	伊贤贵主编	中国林业出版社	202005
124	978-7-109-26263-8	江苏珍稀濒危植物图鉴及其 DNA 条码	殷茜，伏建国编著	中国农业出版社	202006
125	978-7-5219-0562-5	江西九连山鸟类图谱	金志芳，陈志高，高友英主编	中国林业出版社	202011
126	978-7-5219-0597-7	秸秆材料板木家具制造工艺研究	朱云著	中国林业出版社	202007
127	978-7-5170-8641-3	秸秆类生物质资源在能源及环境领域的应用探析	郭毅萍著	中国水利水电出版社	202007
128	978-7-03-065155-6	结构化森林经营理论与实践	惠刚盈等著	科学出版社	202006
129	978-7-03-066886-8	金叶桦研究	姜静，江慧欣，陈肃著	科学出版社	202011
130	978-7-5066-9214-4	进境木材检验检疫	陈长法主编	中国标准出版社	202009
131	978-7-5219-0629-5	精准治沙思路研究	张炜，杨文斌主编	中国林业出版社	202009
132	978-7-5219-0244-0	景观生态规划	李晖著	中国林业出版社	202004
133	978-7-03-066079-4	喀斯特草地群落稳定性研究	李莉著	科学出版社	202012
134	978-7-5111-4426-3	喀斯特地区土壤微生物多样性及与植物适生性关系研究	魏源等著	中国环境科学出版社	202009
135	978-7-03-065468-7	喀斯特地区植被与土壤层水文效应研究	周秋文等著	科学出版社	202006
136	978-7-5111-4322-8	喀斯特高原森林植被建植与恢复技术	喻阳华等著	中国环境出版集团	202005
137	978-7-5116-4585-2	喀斯特生态恢复土壤微食物网	李忠芳等著	中国农业科学技术出版社	202001
138	978-7-03-062715-5	科尔沁沙地动态演化	杜会石著	科学出版社	202003
139	978-7-03-063947-9	空间生态水文学	刘世荣等著	科学出版社	202006
140	978-7-5088-5822-7	矿山废弃地微立地条件类型划分与评价	赵廷宁，田涛著	龙门书局	202011
141	978-7-5591-1611-6	昆虫生态学理论与实践	王小奇编著	辽宁科学技术出版社	202007

（续）

序号	ISBN	题名	责任者	出版者	出版年月
142	978-7-03-064138-0	昆嵛山木本植物志	赵宏，杨晓燕，李明主编	科学出版社	202003
143	978-7-5219-0526-7	廊坊古树名木	廊坊市绿化委等编	中国林业出版社	202006
144	978-7-5623-6281-4	雷州半岛红树林生态修复与资源利用研究	韩维栋编著	华南理工大学出版社	202006
145	978-7-5210-0663-6	雷州半岛红树林湿地：植物篇	张颖等著	海洋出版社	202012
146	978-7-5219-0503-8	辽宁省森林、湿地、草地生态系统服务功能评估	王兵等著	中国林业出版社	202012
147	978-7-5219-0327-0	林产化工专业英语	李淑君，陈志俊主编	中国林业出版社	202007
148	978-7-5219-0768-1	林火原理与应用	齐方忠，殷继艳主编	中国林业出版社	202010
149	978-7-5111-3718-0	林人共生：彝族森林文化及变迁	刘荣昆著	中国环境出版集团	202005
150	978-7-5219-0830-5	林下经济	何茜，李吉跃主编	中国林业出版社	202010
151	978-7-5219-0566-3	林学概论	马履一，彭祚登主编	中国林业出版社	202005
152	978-7-5219-0659-2	林业补助政策效益监测与评价：2015—2019	国家林业和草原局经济发展研究中心编	中国林业出版社	202007
153	978-7-03-064513-5	林业定量遥感：框架、模型和应用	黄华国，田昕，陈玲编著	科学出版社	202006
154	978-7-03-065781-7	林业规划评估方法学	陈绍志，何友均等编著	科学出版社	202008
155	978-7-5219-0428-4	林业经济学	沈月琴，张耀启主编	中国林业出版社	202007
156	978-7-5219-0580-9	林业科技知识读本	铁铮主编	中国林业出版社	202001
157	978-7-5096-7466-6	林业绿色供应链全产业协作机理研究	谢海涛，张智光著	经济管理出版社	202009
158	978-7-109-26984-2	林业社会化服务供给与农户需求特征及其影响研究	孔凡斌，廖文梅著	中国农业出版社	202008
159	978-7-5219-0575-5	林业统计学	龙飞等主编	中国林业出版社	202007
160	978-7-5219-0856-5	林业遥感技术	管健主编	中国林业出版社	202011
161	978-7-5219-0513-7	林业有害生物监测预报 . 2019	国家林业和草原局森林和草原病虫害防治总站编著	中国林业出版社	202002
162	978-7-5219-0719-3	林业专家建议汇编 . 二	中国林学会编	中国林业出版社	202009
163	978-7-5625-4954-3	流域尺度植被覆盖度遥感反演及其对泥沙沉积的影响研究	陈涛著	中国地质大学出版社	202012
164	978-7-5608-9278-8	绿地设计标准	上海市绿化和市容管理局，上海市园林设计研究总院有限公司主编	同济大学出版社	202012

（续）

序号	ISBN	题名	责任者	出版者	出版年月
165	978-7-5551-1335-5	绿色崛起：广西林业改革开放 40 年	广西壮族自治区林业局编	广西科学技术出版社	202005
166	978-7-5219-0892-3	绿水青山就是金山银山典型实践 100 例	国家林业和草原局林业和草原改革发展司编	中国林业出版社	202012
167	978-7-5509-1064-5	毛集林场志 .1960—2020	国有桐柏毛集林场志编纂委员会编	黄河水利出版社	202011
168	978-7-5509-2819-0	毛梾栽培技术与应用	吴雪燕，高安慧，王孝立主编	黄河水利出版社	202010
169	978-7-5116-4888-4	蒙古栎和红松凋落物含水率动态变化影响因素及预测模型研究	张运林著	中国农业科学技术出版社	202008
170	978-7-03-066179-1	蒙山苔藓志	赵遵田，任昭杰著	科学出版社	202010
171	978-7-5219-0585-4	米槐	任满田主编	中国林业出版社	202006
172	978-7-5219-0794-0	闽楠林木培育与次生林经营	李铁华等著	中国林业出版社	202010
173	978-7-5219-0631-8	闽楠遗传分析与资源培育技术	江香梅，肖复明，周诚编著	中国林业出版社	202007
174	978-7-5587-3044-3	墨脱植物考察追记	周浙昆著	云南科技出版社	202010
175	978-7-5509-2784-1	木本油料植物研究进展	王文君，任媛媛，侯志华主编	黄河水利出版社	202010
176	978-7-03-065055-9	木材波谱学	李坚主编	科学出版社	202006
177	978-7-03-065525-7	木材高温热处理技术与应用	吕建雄，江京辉，黄荣凤，曹永建主编	科学出版社	202006
178	978-7-03-064750-4	木材树种及缺陷检测的研究	赵鹏著	科学出版社	202005
179	978-7-5111-4310-5	木材微波预处理特性研究	罗勇锋，李贤军，贺霞著	中国环境出版集团	202003
180	978-7-03-066058-9	木材细胞壁水分吸附：英文	吴义强，郭鑫著	科学出版社	202009
181	978-7-122-36511-8	木材真空热处理过程中传热传质规律及颜色控制	杨燕，吕建雄，李斌著	化学工业出版社	202007
182	978-7-5219-0895-4	木地板锁扣技术专利分析报告	马文君，王忠明，王姣姣，李博著	中国林业出版社	202012
183	978-7-03-066778-6	木豆内生真菌分离、鉴定及其应用	付玉杰等著	科学出版社	202011
184	978-7-5219-0896-1	木浆行业专利分析报告	付贺龙，王忠明，马文君，范圣明著	中国林业出版社	202012
185	978-7-5646-4639-4	木塑复合材料快速裂解及其阻燃热解动力学研究	孙剑平，吴娜娜，孙理超著	中国矿业大学出版社	202012
186	978-7-5219-0803-9	木质门专利分析报告	范圣明，王忠明，马文君，付贺龙著	中国林业出版社	202011
187	978-7-03-064143-4	木质纳米功能复合材料制备技术	王思群，吕少一，黄彪著	科学出版社	202005
188	978-7-122-33962-1	木质素改性材料的制备及应用	刘明华，刘以凡著	化学工业出版社	202005

（续）

序号	ISBN	题名	责任者	出版者	出版年月
189	978-7-122-35804-2	木质素与纳米纤维素在新材料中的研究与应用	刘志明等编著	化学工业出版社	202003
190	978-7-122-35155-5	木质纤维生物质的预处理技术	杨海艳等著	化学工业出版社	202001
191	978-7-122-37585-8	木质纤维素水热炼制原理与技术	石宁编著	化学工业出版社	202011
192	978-7-03-065004-7	木竹材仿生与智能响应	李坚等著	科学出版社	202005
193	978-7-5219-0653-0	纳米材料与功能型木材	郑荣波，郭雪莲著	中国林业出版社	202008
194	978-7-03-065217-1	南岭自然保护区天井山植被志	周婷主编	科学出版社	202006
195	978-7-5710-0715-7	南山国家公园植物多样性考察报告	金效华，罗建南主编	湖南科学技术出版社	202009
196	978-7-5651-4302-1	南通林木种质资源	孙刚，张光富主编	南京师范大学出版社	202012
197	978-7-5096-7314-0	内陆盐沼湿地变化与管理：以吉林向海国家级自然保护区为例	刘吉平，徐喆著	经济管理出版社	202008
198	978-7-5219-0473-4	内蒙古大兴安岭重点国有林管理局森林与湿地生态系统服务功能研究与价值评估	王兵等著	中国林业出版社	202004
199	978-7-03-064501-2	内蒙古典型草原区煤矿绿化植物根系图谱	王占义著	科学出版社	202003
200	978-7-5116-4612-5	内蒙古天然草原图鉴 . 2019	祁智，于杰主编	中国农业科学技术出版社	202012
201	978-7-109-27051-0	内蒙古阴山北麓生态退耕对土壤风蚀的影响及效应	吴晓光等著	中国农业出版社	202006
202	978-7-204-14546-1	内蒙古植物志	赵一之，赵利清，曹瑞主编	内蒙古人民出版社	202001
203	978-7-112-24513-0	内蒙古自治区国家公园与自然保护地体系战略研究	杨锐等著	中国建筑工业出版社	202009
204	978-7-310-05978-2	宁夏红寺堡沙地植被恢复实践案例	何兴东等著	南开大学出版社	202012
205	978-7-03-066283-5	宁夏黄土丘陵区脆弱生态系统恢复及可持续管理	蔡进军等著	科学出版社	202011
206	978-7-5219-0594-6	宁夏湿地植物资源	梁文裕，朱强主编	中国林业出版社	202006
207	978-7-03-065326-0	宁夏植物图鉴 . 第二卷	李小伟，吕小旭，黄文广主编	科学出版社	202006
208	978-7-03-066021-3	宁夏植物图鉴 . 第三卷	李小伟，吕小旭，宋强主编	科学出版社	202010
209	978-7-5116-5103-7	柠条研究与利用	温学飞著	中国农业科学技术出版社	202012
210	978-7-5219-0604-2	农林机器人技术与应用	杨自栋，雷良育主编	中国林业出版社	202005
211	978-7-5219-0785-8	潘安湖采煤塌陷地湿地公园建设实践与探索	王毓银著	中国林业出版社	202009
212	978-7-03-063953-0	平茬措施对柠条锦鸡儿林更新复壮的影响研究	郭月峰主编	科学出版社	202004
213	978-7-5641-8661-6	鄱阳湖湿地时空格局演变及其水文响应机制	万荣荣，戴雪，王鹏著	东南大学出版社	202001

（续）

序号	ISBN	题名	责任者	出版者	出版年月
214	978-7-5088-5782-4	祁连山区青海云杉林空间分布特征及其水文影响	杨文娟，王彦辉，赵永宏等著	科学出版社	202005
215	978-7-5219-0600-4	气候变化生物多样性和荒漠化问题动态参考年度辑要 .2019	国家林业和草原局经济发展研究中心主编	中国林业出版社	202007
216	978-7-5029-7208-0	气候变化与高寒生态	李林主编	气象出版社	202005
217	978-7-5219-0565-6	强化木材的制备及其形变固定机理	李丽丽，王喜明，邬飞宇著	中国林业出版社	202003
218	978-7-5219-0766-7	秦岭皇冠森林动态样地：树种及其分布格局	尹秋龙等著	中国林业出版社	202009
219	978-7-5111-4210-8	秦岭区域生物多样性评估及保护网络构建与优化	田瑜等编著	中国环境出版集团	202005
220	978-7-5492-6721-7	青藏高原陆地生态系统遥感监测与评估	王思远等著	长江出版社	202004
221	978-7-03-063909-7	青藏高原生物地理与自然保护	苏旭主编	科学出版社	202004
222	978-7-03-064875-4	青藏高原饲用植物栽培与利用	周青平主编	科学出版社	202012
223	978-7-5116-3990-5	青海高寒草地地表水热碳通量时空变化及碳增汇对策	李英年等著	中国农业科学技术出版社	202011
224	978-7-03-064561-6	青海省海南藏族自治州维管植物图谱	周华坤等著	科学出版社	202006
225	978-7-03-066191-3	区域气候敏感的落叶松人工林生长模型及 R 应用	雷相东，臧颢著	科学出版社	202009
226	978-7-03-065560-8	全球和区域生态退化分析与治理技术需求评估	甄霖等著	科学出版社	202006
227	978-7-5219-0691-2	热带海岛及海岸带植被景观	任海主编	中国林业出版社	202008
228	978-7-5111-4362-4	人与自然的和解：以乌梁素海为例的山水林田湖草沙生态保护修复试点工程“技术指南”	内蒙古乌梁素海流域投资建设有限公司，上海同济工程咨询有限公司著	中国环境出版集团	202009
229	978-7-112-24514-7	三江源国家公园生态体验与环境教育规划研究	杨锐，赵智聪，庄优波等著	中国建筑工业出版社	202001
230	978-7-5492-6586-2	三江源区优势种植物矮嵩草繁殖策略与环境适应	李希来，李积兰著	长江出版社	202004
231	978-7-5219-0351-5	森林生态学研究方法	王兵，牛香，陶玉柱主编	中国林业出版社	202007
232	978-7-122-37084-6	森林与草原火灾监测预警的信息学基础：设计者和应用者视角	王耀力著	化学工业出版社	202008
233	978-7-03-065236-2	森林植被挥发性有机化合物排放	余新晓等著	科学出版社	202006
234	978-7-5219-0519-9	森林资源资产负债表及其核算系统研究	张卫民著	中国林业出版社	202006
235	978-7-5170-8947-6	沙棘杂种 F1 代无性系区域试验示范	胡建忠等著	中国水利水电出版社	202009
236	978-7-5219-0857-2	沙漠化防治的传统知识与技术	杨文斌，韩广，吴波编著	中国林业出版社	202011
237	978-7-5116-5047-4	沙漠蝗防控手册	张泽华，涂雄兵，李霜主编	中国农业科学技术出版社	202009

（续）

序号	ISBN	题名	责任者	出版者	出版年月
238	978-7-5219-0533-5	沙生灌木资源利用	王喜明等著	中国林业出版社	202006
239	978-7-03-063763-5	山地森林城市	曾卫著	科学出版社	202011
240	978-7-5219-0740-7	山东省典型湿地碳积累和释放动态过程和影响因素	曹倩倩，许芹，刘建著	中国林业出版社	202011
241	978-7-5219-0499-4	山东省淄博市原山林场森林生态系统服务功能及价值研究	孙建博等著	中国林业出版社	202003
242	978-7-5670-2559-2	山水林田湖草生命共同体生态观与实践论	高远著	中国海洋大学出版社	202012
243	978-7-5219-0050-7	杉木人工林经营实施方案优化决策模型研究	吴保国等著	中国林业出版社	202010
244	978-7-5219-0718-6	杉木遗传育种与培育研究新进展	孙洪刚，齐明著	中国林业出版社	202010
245	978-7-5111-4276-4	陕北黄土高原的环境：1644—1949 年	王晗著	中国环境出版集团	202005
246	978-7-5203-6975-6	深度贫困地区林业生态扶贫政策研究：以云南怒江、四川阿坝为例	奉钦亮，王亚明，马龙波著	中国社会科学出版社	202008
247	978-7-5219-0732-2	神农架国家公园脊椎动物多样性研究及其编目	李春旺，王文华，王伟编著	中国林业出版社	202008
248	978-7-5219-0728-5	神农架国家公园昆虫多样性研究及其编目	魏琮，郑成林主编	中国林业出版社	202008
249	978-7-5219-0733-9	神农架国家公园植物多样性研究及其编目	邓涛，柳健雄，张代贵主编	中国林业出版社	202008
250	978-7-03-064532-6	神农架模式标本植物：图谱·题录	谢宗强，熊高明著	科学出版社	202006
251	978-7-5201-6955-4	生态网络结构与格局演变	刘建华著	社会科学文献出版社	202008
252	978-7-03-064144-1	生物遗传资源获取与惠益分享理论与实践	武建勇，李一丁，孟蕊主编	科学出版社	202006
253	978-7-122-36395-4	生物质能资源	袁振宏等编著	化学工业出版社	202007
254	978-7-5219-0615-8	湿地景观规划与管理	马国青，蒋丽伟主编	中国林业出版社	202008
255	978-7-03-064523-4	实用数量生态学	马寨璞，刘桂霞编著	科学出版社	202003
256	978-988-74602-1-3	世界林业发展前沿研究：沈照仁文集．第二辑	沈江整理	中国联合文化出版社	202009
257	978-988-74602-2-0	世界林业发展前沿研究：沈照仁文集．第三辑	沈江整理	中国联合文化出版社	202009
258	978-988-74602-3-7	世界林业发展前沿研究：沈照仁文集．第四辑	沈江整理	中国联合文化出版社	202009
259	978-7-5038-9958-4	世界名贵木材鉴别图鉴	潘彪，蒋劲东，方崇荣主编	中国林业出版社	202011
260	978-7-5219-0884-8	水土保持学	余新晓，毕华兴主编	中国林业出版社	202010
261	978-7-03-066415-0	思茅松天然林生物量分配及环境解释	欧光龙等著	科学出版社	202012
262	978-7-5643-7472-3	四川泸沽湖生物多样性研究	彭徐，董艳珍，徐大勇著	西南交通大学出版社	202007

（续）

序号	ISBN	题名	责任者	出版者	出版年月
263	978-7-5219-0672-1	四川石漠化	朱子政等编著	中国林业出版社	202007
264	978-7-5219-0739-1	四川竹林风景线	费世民主编	中国林业出版社	202008
265	978-7-5116-4908-9	松嫩平原盐碱地植物原色图谱	杨帆等编著	中国农业科学技术出版社	202009
266	978-7-03-060205-3	梭梭自然更新与维持生态学	刘国军著	科学出版社	202005
267	978-7-5219-0806-0	台风对城市园林绿化的危害及对策研究：以厦门 1614 号台风为例	李庆卫，陈碧娥主编	中国林业出版社	202009
268	978-7-109-27427-3	泰沂山区森林生态系统服务功能及其驱动机制研究	高鹏主编	中国农业出版社	202010
269	978-7-109-26825-8	碳交易视角下人工造林固碳效应价值评价研究	曹先磊著	中国农业出版社	202007
270	978-7-5116-4469-5	特殊油料树种琴叶风吹楠遗传多样性及分类学位置	吴裕等著	中国农业科学技术出版社	202001
271	978-7-5618-6740-2	天津北大港湿地自然保护区科学考察与研究	张征云等著	天津大学出版社	202011
272	978-7-03-064843-3	土壤氮循环实验研究方法	颜晓元等著	科学出版社	202005
273	978-7-03-063943-1	土壤多样性及地多样性的研究方法与实践	张学雷，任圆圆，李笑莹著	科学出版社	202002
274	978-7-03-063972-1	土壤分离过程对植被恢复的响应与机理	张光辉著	科学出版社	202003
275	978-7-03-066270-5	土壤学	耿增超，贾宏涛主编	科学出版社	202009
276	978-7-5218-1790-4	我国草原生态补偿机制的理论与实践研究	巩芳，段玮，杨新吉勒图著	经济科学出版社	202011
277	978-7-5219-0462-8	乌兰布和沙漠绿洲化过程与防护林研究	郝玉光，包岩峰著	中国林业出版社	202011
278	978-7-112-24530-7	武夷山国家公园与自然保护地群落规划研究	杨锐等著	中国建筑工业出版社	202009
279	978-7-5661-2655-9	西部地区退耕还林工程后续产业发展研究	张朝辉著	哈尔滨工程大学出版社	202008
280	978-7-03-064521-0	西部季风常绿阔叶林常见植物图谱	李帅锋等著	科学出版社	202003
281	978-7-5029-7178-6	西藏高原典型生态系统变化监测及方法研究	扎西央宗主编	气象出版社	202001
282	978-7-5130-6724-9	西南少数民族传统森林管理知识研究	蒙祥忠著	知识产权出版社	202011
283	978-7-5665-1782-1	锡林浩特市草地资源保护利用与鼠虫害防治技术	乌云其其格等编著	内蒙古大学出版社	202004
284	978-7-112-25440-8	现代植物园发展路径解析	胡永红著	中国建筑工业出版社	202001
285	978-7-112-25230-5	现代竹木结构	李海涛等编著	中国建筑工业出版社	202007
286	978-7-5219-0786-5	橡胶树栽培与管理	杜华波主编	中国林业出版社	202010
287	978-7-5171-3233-2	新疆草原生态补偿问题研究	张新华等著	中国言实出版社	202003

（续）

序号	ISBN	题名	责任者	出版者	出版年月
288	978-7-5170-8568-3	新疆特色林果滴灌节水关键技术研究	王振华，何新林，李文昊著	中国水利水电出版社	202005
289	978-7-5219-0521-2	新疆土壤碳库分布特征研究方法	颜安主编	中国林业出版社	202002
290	978-7-5219-0340-9	新时代林业和草原知识读本	国家林业和草原局人才开发交流中心组织编写	中国林业出版社	202004
291	978-7-5219-0409-3	徐州林业昆虫图鉴	郭同斌等编著	中国林业出版社	202005
292	978-7-5219-0469-7	亚洲开发银行贷款西北三省区林业生态发展项目评价研究报告	王宏编	中国林业出版社	202001
293	978-7-5219-0749-0	沿海防护林学	吴鹏飞编	中国林业出版社	202009
294	978-7-03-063184-8	偃麦草属植物种质资源研究	孟林等著	科学出版社	202004
295	978-7-5111-4282-5	燕山北部山地丘陵及毗邻沙地苔藓植物区系与生态学研究	田桂泉著	中国环境科学出版社	202009
296	978-7-122-37433-2	杨树人工林土壤碳动态及固碳潜力	闫美芳著	化学工业出版社	202010
297	978-7-03-065386-4	遥感大数据智能计算	骆剑承等著	科学出版社	202008
298	978-7-5219-0621-9	宜昌木本植物彩色图鉴	王玉兵，陈邦清主编	中国林业出版社	202008
299	978-7-5509-2729-2	优良乡土树种及繁育技术	张文军等主编	黄河水利出版社	202009
300	978-7-5219-0559-5	优良竹种甜龙竹	辉朝茂，刘蔚漪，史正军主编	中国林业出版社	202007
301	978-7-5390-7273-9	优质牧草栽培利用	甘兴华，于徐根主编	江西科学技术出版社	202005
302	978-7-03-064567-8	油茶林经营与土壤氮循环	张令著	科学出版社	202003
303	978-7-5219-0454-3	园林工程计量与计价	温日琨主编	中国林业出版社	202008
304	978-7-5219-0491-8	园林花卉应用设计	董丽主编	中国林业出版社	202004
305	978-7-5219-0518-2	园林树木识别与应用：北方地区	张咏新，张秀丽，贾大新主编	中国林业出版社	202005
306	978-7-03-063961-5	原始被子植物：起源与演化	路安民，汤彦承著	科学出版社	202010
307	978-7-5219-0686-8	云浮市森林土壤属性三维空间分布特征研究	丁晓纲等著	中国林业出版社	202012
308	978-7-03-054807-8	云南高原山地森林城市建设研究：以弥勒市为例	彭建松主编	科学出版社	202006
309	978-7-5219-0671-4	云南石漠化	吴宁等编著	中国林业出版社	202007
310	978-7-109-27408-2	云雾山国家草原自然保护区草地群落研究	赵凌平，陈晓光著	中国农业出版社	202010
311	978-7-5219-0624-0	湛江古树名木	湛江市林业局，岭南师范学院主编	中国林业出版社	202006

（续）

序号	ISBN	题名	责任者	出版者	出版年月
312	978-7-5359-7524-9	樟树有害生物鉴定与防治图鉴	赵丹阳等主编	广东科技出版社	202007
313	978-7-03-065092-4	长柄扁桃资源开发利用	张应龙等编著	科学出版社	202006
314	978-7-312-05083-1	长荡湖维管植物图志	赵凯，周彦锋，俞振飞主编	中国科学技术大学出版社	202010
315	978-7-03-064920-1	长江经济带岸线资源分类分级技术规范	段学军等著	科学出版社	202005
316	978-7-5680-6654-9	长江流域大别山脉地区毛翅目昆虫分类学与区系研究	闫云君，邱爽著	华中科技大学出版社	202011
317	978-7-5219-0656-1	浙江清凉峰生物多样性研究	丁平，童彩亮，翁东明主编	中国林业出版社	202006
318	978-7-5219-0644-8	浙西南美丽林相树种推荐 100 种	王军峰，何小勇，练发良主编	中国林业出版社	202009
319	978-7-5219-0761-2	珍稀濒危木本植物综合保护：国际植物园保护联盟（BGCI）中国项目实践（2010—2020）与展望	文香英主编	中国林业出版社	202010
320	978-7-5509-2610-3	郑州市森林公园园林植物养护与管理	宋帆，张露明主编	黄河水利出版社	202009
321	978-7-03-064931-7	植物单宁化学及应用	石碧，曾维才，狄莹编著	科学出版社	202005
322	978-7-03-063313-2	植物基因组学	樊龙江主编	科学出版社	202003
323	978-7-03-066093-0	植物离体发育及其调控	黄学林，李筱菊编著	科学出版社	202010
324	978-7-03-065343-7	植物生理学	王三根，梁颖主编	科学出版社	202006
325	978-7-5103-3313-2	植物提取物标准汇编 . 第一辑	中国医药保健品进出口商会编	中国商务出版社	202012
326	978-7-5184-2889-2	植物纤维化学	裴继诚主编	中国轻工业出版社	202006
327	978-7-5219-0821-3	植物组培快繁彩图详解	焦顺然，吕秀立，杨风岭主编	中国林业出版社	202009
328	978-7-5184-2965-3	制浆造纸分析与检测	刘忠，张素风主编	中国轻工业出版社	202008
329	978-7-5219-0555-7	中国矮槲寄生	田呈明等编著	中国林业出版社	202006
330	978-7-5219-0721-6	中国桉树大径材培育与利用	陈少雄等著	中国林业出版社	202007
331	978-7-5218-1551-1	中国草原碳汇管理的理论探索与实证研究	马军著	经济科学出版社	202009
332	978-7-109-25265-3	中国草种质资源库保存名录 . 上册，豆科牧草	全国畜牧总站编	中国农业出版社	202010
333	978-7-5201-6899-1	中国刺梨产业发展报告 . 2020	李发耀，欧国腾，樊卫国主编	社会科学文献出版社	202010
334	978-7-5692-6126-4	中国东北红松生长对气候变化的响应及其动态研究	刘敏，厉锐著	吉林大学出版社	202005
335	978-7-03-066254-5	中国动物志 . 第七十二卷，昆虫纲	李子忠，李玉建，邢济春著	科学出版社	202010
336	978-7-03-066217-0	中国动物志 . 第七十卷，昆虫纲	张雅林等著	科学出版社	202011

（续）

序号	ISBN	题名	责任者	出版者	出版年月
337	978-7-5219-0790-2	中国芳香植物资源	王羽梅主编	中国林业出版社	202009
338	978-7-5219-0439-0	中国防治荒漠化 70 年：1949—2019	国家林业和草原局编	中国林业出版社	202003
339	978-7-03-064641-5	中国古典科技文献学	丁海斌，陈凡，刘维贵著	科学出版社	202006
340	978-7-5038-9407-7	中国观赏园艺研究进展 . 2020	贾麦娥著	中国林业出版社	202011
341	978-7-112-24534-5	中国国家公园体制建设指南研究	杨锐等著	中国建筑工业出版社	202009
342	978-7-5670-1876-1	中国红树林生物多样性调查：广东卷	陈清华编著	中国海洋大学出版社	202008
343	978-7-116-11768-6	中国红树林资源遥感监测研究 .1978—2018 年	自然资源部国土卫星遥感应用中心《中国红树林资源遥感监测研究（1978—2018 年）》编写组著	地质出版社	202001
344	978-7-5680-6424-8	中国荚蒾属植物及观赏应用	李方文等主编	华中科技大学出版社	202010
345	978-7-5219-0651-6	中国林草生态舆情蓝皮书 . 2019	王武魁等著	中国林业出版社	202006
346	978-7-5096-7236-5	中国林权交易市场研究	谢煜著	经济管理出版社	202008
347	978-7-5219-0548-9	中国林业和草原知识产权年度报告 . 2019	国家林业和草原局科技发展中心，国家林业和草原局知识产权研究中心编	中国林业出版社	202004
348	978-7-109-26900-2	中国林业生产要素配置效率研究	田杰著	中国农业出版社	202006
349	978-7-03-065311-6	中国茂兰鸟类	匡中帆，姚正明主编	科学出版社	202006
350	978-7-03-064494-7	中国茂兰森林蔬菜	张宪春，姚正明主编	科学出版社	202006
351	978-7-5219-0552-6	中国牡丹种质资源	张延龙等著	中国林业出版社	202003
352	978-7-03-059883-7	中国木荷	周志春等著	科学出版社	202010
353	978-7-5115-6303-3	中国木质林产品贸易对外依存及其对世界森林资源的影响	田明华，于豪谅，程宝栋著	人民日报出版社	202005
354	978-7-5219-0413-0	中国企业境外森林可持续投资与贸易国别手册：加蓬	宿海颖，韩峥，王磊主编	中国林业出版社	202001
355	978-7-5219-0712-4	中国迁地栽培植物志，大戟科	黄宏文主编	中国林业出版社	202011
356	978-7-5219-0544-1	中国迁地栽培植物志：秋海棠科	黄宏文主编	中国林业出版社	202006
357	978-7-5219-0545-8	中国迁地栽培植物志：野牡丹科	黄宏文主编	中国林业出版社	202006
358	978-7-5219-0743-8	中国迁地栽培植物志：樟科	黄宏文主编	中国林业出版社	202008
359	978-7-5116-4723-8	中国热带植物园建设与治理	欧阳欢主编	中国农业科学技术出版社	202005

（续）

序号	ISBN	题名	责任者	出版者	出版年月
360	978-7-5219-0762-9	中国榕树文化	林焰编著	中国林业出版社	202010
361	978-7-5219-0863-3	中国森林公园与森林旅游研究进展．2019，发展森林公园与森林旅游事业·助推生态旅游扶贫	兰思仁，董建文主编	中国林业出版社	202010
362	978-7-5219-0492-5	中国森林昆虫	萧刚柔，李镇宇主编	中国林业出版社	202006
363	978-7-5111-4238-2	中国生物多样性主流化案例	张风春等编著	中国环境出版集团	202012
364	978-7-03-063279-1	中国生物物种名录．第二卷，动物	江建平等编著	科学出版社	202002
365	978-7-03-065360-4	中国生物物种名录．第二卷，双翅目	杨定，李竹，刘启飞等编著	科学出版社	202006
366	978-7-03-062664-6	中国湿地植被与植物图鉴	赵魁义等编著	科学出版社	202006
367	978-7-5201-6059-9	中国特色生态文明建设与林业发展报告．2019—2020	王浩，李群主编	社会科学文献出版社	202002
368	978-7-03-063983-7	中国土系志：辽宁卷	张甘霖主编	科学出版社	202007
369	978-7-03-065279-9	中国退耕还林效益评估与政策优化	姚顺波等著	科学出版社	202006
370	978-7-03-058843-2	中国维管植物科属志	李德铢著	科学出版社	202004
371	978-7-03-063560-0	中国维管植物生命之树	陈之端，路安民著	科学出版社	202003
372	978-7-121-39883-4	中国西北生态环境脆弱区典型内陆河流域植被覆盖变化及其影响因素	张立峰著	电子工业出版社	202011
373	978-7-5116-4630-9	中国西南地区天然林保护工程建设效益评价研究	国政著	中国农业科学技术出版社	202005
374	978-7-5029-7170-0	中国亚热带森林景观地段气候与旅游	吴章文著	气象出版社	202010
375	978-7-03-065083-2	中国沿海湿地保护绿皮书．2019	于秀波，张立主编	科学出版社	202006
376	978-7-03-064661-3	中国油茶遗传资源	姚小华，任华东主编	科学出版社	202005
377	978-7-5043-8445-4	中国园林美学研究	伍晓华，袁媛，柳金英著	中国广播影视出版社	202005
378	978-7-5184-3157-1	中国造纸年鉴．2020	中国造纸学会编	中国轻工业出版社	202010
379	978-7-03-066189-0	中国真菌志．第六十卷，肉座菌科	庄文颖主编	科学出版社	202011
380	978-7-03-065234-8	中国竹类植物图鉴	江泽慧主编	科学出版社	202010
381	978-7-5710-0554-2	中国自然保护区生态状况调查：自然中国志，怒江高黎贡山	高黎贡山国家级自然保护区怒江管护局编著	湖南科学技术出版社	202007
382	978-7-109-25840-2	中国作物及其野生近缘植物，林木卷	董玉琛，刘旭总主编	中国农业出版社	202001
383	978-7-5689-0835-1	中外园林史	林墨飞，唐建主编	重庆大学出版社	202012

（续）

序号	ISBN	题名	责任者	出版者	出版年月
384	978-7-5341-9147-3	竹林覆盖型和高效生态栽培型技术	周子贵，张骏主编	浙江科学技术出版社	202008
385	978-7-109-27006-0	竹林生态系统昆虫图鉴 . 第一卷	梁照文，孙长海，王美玲主编	中国农业出版社	202010
386	978-7-111-65860-3	竹藤家具设计与工艺	张仲凤，邹伟华编著	机械工业出版社	202008
387	978-7-03-066192-0	主体功能区资源环境承载能力评价研究	潘玉君等著	科学出版社	202011
388	978-7-5219-0574-8	主要林木及林下资源产业化栽培与利用	中国林学会主编	中国林业出版社	202007
389	978-7-122-36361-9	自然保护地体系空间重构：政策背景、技术方法与规划实践	高黑，吴佳雨，唐乐乐等著	化学工业出版社	202005

数据来源：中国林业科学研究院图书馆。

附表5　2020年林业和草原科研院所软件著作权

序号	登记号	软件名称	著作权人	批准日期
1	2020SR1260255	有机肥料堆肥配方数据管理软件	北京市农林科学院	20201126
2	2020SR1624774	基于 Hadoop 农业大数据管理平台	北京市农林科学院	20201123
3	2020SR1141010	科特派 E 站精准帮扶系统	北京市农林科学院	20200922
4	2020SR1140943	农产品评测管理系统	北京市农林科学院	20200922
5	2020SR0654391	基于知识图谱的自动问答系统	北京市农林科学院	20200619
6	2020SR0488336	湿地鸟类调查系统（移动端）	福建省林业科学研究院	20200521
7	2020SR0458759	基于移动终端的林业外业调查数据采集系统	福建省林业科学研究院	20200515
8	2021SR0014524	森林康养空气质量监测采集基础管理系统	广东省林业科学研究院	20210105
9	2021SR0014503	森林康养监测数据采集基础管理系统	广东省林业科学研究院	20210105
10	2020SR0819830	林木学习管理系统	广东省林业科学研究院	20200723
11	2020SR0793285	林业资信管理平台小班三维展示系统	广东省林业科学研究院	20200720
12	2020SR0793278	林业资信管理平台小班三维管理系统	广东省林业科学研究院	20200720
13	2020SR0204774	负离子浓度采集通讯接口软件	广东省林业科学研究院	20200303
14	2020SR0203826	生态监测梯度塔采集通讯接口软件	广东省林业科学研究院	20200303
15	2020SR0204780	气象指标监测采集通讯接口软件	广东省林业科学研究院	20200303
16	2020SR0204883	空气污染物采集通讯接口软件	广东省林业科学研究院	20200303
17	2020SR0199819	生态监测采集服务器基础管理系统	广东省林业科学研究院	20200302
18	2020SR1180782	广西主要速生人工林木材霉菌信息管理系统	广西壮族自治区林业科学研究院	20200928
19	2020SR1180774	桉树与乡土阔叶树种混交林管理系统	广西壮族自治区林业科学研究院	20200928
20	2020SR1177087	桉树矮化种子园管理系统	广西壮族自治区林业科学研究院	20200928
21	2020SR1182291	大花序桉嫁接种子园管理系统	广西壮族自治区林业科学研究院	20200928
22	2020SR1177080	桉树木材材性检测信息采集管理系统	广西壮族自治区林业科学研究院	20200928
23	2020SR1176976	桉树组培快繁管理系统	广西壮族自治区林业科学研究院	20200928
24	2020SR1182284	邓恩桉种子育苗管理系统	广西壮族自治区林业科学研究院	20200928
25	2020SR1154916	广西邓恩桉种质资源信息采集管理系统	广西壮族自治区林业科学研究院	20200924

（续）

序号	登记号	软件名称	著作权人	批准日期
26	2020SR1157507	广西主要桉树造林技术管理系统	广西壮族自治区林业科学研究院	20200924
27	2020SR1154976	广西伞房属桉树种质资源信息采集管理系统	广西壮族自治区林业科学研究院	20200924
28	2020SR1155021	广西大花序桉主要育种群体信息采集管理系统	广西壮族自治区林业科学研究院	20200924
29	2020SR1138810	金花茶种质资源管理系统	广西壮族自治区林业科学研究院	20200922
30	2020SR1137928	油桐苗木嫁接数据智能管理系统	广西壮族自治区林业科学研究院	20200922
31	2020SR1137936	金花茶盆栽培育技术交流服务平台	广西壮族自治区林业科学研究院	20200922
32	2020SR1137920	广西油桐种质资源信息采集数据分析系统	广西壮族自治区林业科学研究院	20200922
33	2020SR1090632	肉桂育苗技术服务交流平台	广西壮族自治区林业科学研究院	20200914
34	2020SR1093934	金花茶育苗技术交流服务平台	广西壮族自治区林业科学研究院	20200914
35	2020SR1093957	林下金花茶高效栽培技术交流服务平台	广西壮族自治区林业科学研究院	20200914
36	2020SR1086106	肉桂容器育苗技术应用软件	广西壮族自治区林业科学研究院	20200911
37	2020SR0940585	美国山核桃种子质量安全溯源调查管理系统	广西壮族自治区林业科学研究院	20200818
38	2020SR0942619	核桃苗木嫁接数据智能管理系统	广西壮族自治区林业科学研究院	20200818
39	2020SR0938907	多穗柯种质资源信息采集系统	广西壮族自治区林业科学研究院	20200817
40	2020SR0938241	板栗育苗技术推广系统	广西壮族自治区林业科学研究院	20200817
41	2020SR0938023	多穗柯育苗环境及种植设施管理系统	广西壮族自治区林业科学研究院	20200817
42	2020SR0938761	板栗病虫害防治诊断系统	广西壮族自治区林业科学研究院	20200817
43	2020SR0938914	广西核桃种质资源信息采集数据分析系统	广西壮族自治区林业科学研究院	20200817
44	2020SR0938234	美国山核桃适应性调查评价系统	广西壮族自治区林业科学研究院	20200817
45	2020SR0938227	板栗种质资源信息采集系统	广西壮族自治区林业科学研究院	20200817
46	2020SR0916291	喀斯特山地土壤质量综合评价管理系统	广西壮族自治区林业科学研究院	20200812
47	2020SR0916298	喀斯特山地植被恢复综合评价管理系统	广西壮族自治区林业科学研究院	20200812
48	2020SR0917605	喀斯特地区生态恢复效应监测与评价分析系统	广西壮族自治区林业科学研究院	20200812
49	2020SR0815371	木材纤维素基改性材料构建体系软件	广西壮族自治区林业科学研究院	20200723
50	2020SR0819694	平果喀斯特山地植物物种信息数字管理平台	广西壮族自治区林业科学研究院	20200723
51	2020SR0816000	桉树混交林土壤微生物多样性分析软件	广西壮族自治区林业科学研究院	20200723

（续）

序号	登记号	软件名称	著作权人	批准日期
52	2020SR0811399	桂西南喀斯特山地蚬木林分布管理系统	广西壮族自治区林业科学研究院	20200722
53	2020SR0773046	饰面胶合板与细木工板木材干燥控制系统软件	广西壮族自治区林业科学研究院	20200715
54	2020SR0771796	饰面胶合板与细木工板实验压机智能控制系统软件	广西壮族自治区林业科学研究院	20200714
55	2020SR0718438	林木病虫害诊疗系统	广西壮族自治区林业科学研究院	20200703
56	2020SR0533463	食用林产品质量安全追溯系统	广西壮族自治区林业科学研究院	20200529
57	2020SR0476713	蚬木扦插繁育数据智能整理系统	广西壮族自治区林业科学研究院	20200519
58	2020SR0444454	基于重要性状遗传规律的马尾松育种策略技术信息平台	广西壮族自治区林业科学研究院	20200513
59	2020SR0444438	马尾松第一代生长性状核心群体数据库管理系统	广西壮族自治区林业科学研究院	20200513
60	2020SR0444459	马尾松生长性状育种群体数据库管理系统	广西壮族自治区林业科学研究院	20200513
61	2020SR0438856	兼顾遗传增益和遗传多样性的马尾松育种群体结构划分数据库系统	广西壮族自治区林业科学研究院	20200512
62	2020SR0438894	基于遗传多样性的马尾松骨干资源长期监测评价系统	广西壮族自治区林业科学研究院	20200512
63	2020SR0440839	马尾松第一代生长性状繁育群体数据库管理系统	广西壮族自治区林业科学研究院	20200512
64	2020SR0441501	马尾松第二代生长性状繁育群体数据库管理系统	广西壮族自治区林业科学研究院	20200512
65	2020SR0441717	马尾松脂用性状育种群体数据库管理系统	广西壮族自治区林业科学研究院	20200512
66	2020SR0438905	马尾松第一代脂用性状繁育群体数据库管理系统	广西壮族自治区林业科学研究院	20200512
67	2020SR0440844	马尾松“纸浆材 - 采脂”技术体系管理数据库平台	广西壮族自治区林业科学研究院	20200512
68	2020SR0438886	马尾松“大径材 - 采脂”技术体系管理数据库平台	广西壮族自治区林业科学研究院	20200512
69	2020SR0440774	马尾松改良代生长性状生产群体数据库管理系统	广西壮族自治区林业科学研究院	20200512
70	2020SR0438848	马尾松第二代生长性状杂交育种数据库分析系统	广西壮族自治区林业科学研究院	20200512
71	2020SR0429811	桉树有害生物识别系统	广西壮族自治区林业科学研究院	20200511
72	2020SR0435755	松阔混交林高效培育技术管理平台	广西壮族自治区林业科学研究院	20200511
73	2020SR0435815	马尾松生长性状良种苗木溯源调查管理系统	广西壮族自治区林业科学研究院	20200511
74	2020SR0387405	樟树生长三维可视化管理系统	广西壮族自治区林业科学研究院	20200428
75	2020SR0375213	基于物联网的樟树种质资源库管理系统	广西壮族自治区林业科学研究院	20200424
76	2020SR0258677	蚬木培育管理系统	广西壮族自治区林业科学研究院	20200316

（续）

序号	登记号	软件名称	著作权人	批准日期
77	2020SR0225310	广西岩溶植物物种信息数字平台	广西壮族自治区林业科学研究院	20200309
78	2020SR0225168	桂西南喀斯特山地植物物种信息数字平台	广西壮族自治区林业科学研究院	20200309
79	2020SR0710445	国际竹藤中心标本采集信息管理系统	国际竹藤中心	20200702
80	2020SR0610176	分子生物实验数据分析系统	国际竹藤中心	20200611
81	2020SR0552784	功能梯度材料的切面结构分析软件	国际竹藤中心	20200602
82	2020SR0282253	毛竹监测物联网系统软件	国际竹藤中心	20200320
83	2020SR0074471	竹藤实验室存货管理系统	国际竹藤中心	20200115
84	2020SR1511338	生态环境质量检测、预测系统	河北省林业和草原科学研究院	20201015
85	2020SR0399828	大丽花促成栽培生长监测系统	河北省林业和草原科学研究院	20200430
86	2020SR0113121	槭树科植物种质资源培育管理系统	河北省林业和草原科学研究院	20200121
87	2020SR0005921	冀北地区森林火险预报预警系统	河北省林业和草原科学研究院	20200102
88	2020SR1877535	蜡梅花瓶造型培育管理教学系统	河南省林业科学研究院	20201222
89	2020SR1860362	蜡梅小型盆栽培育管理教学系统	河南省林业科学研究院	20201218
90	2020SR1804038	蜡梅蜡封嫁接技术管理教学系统	河南省林业科学研究院	20201214
91	2020SR1793731	毛株行道树培育管理教学系统	河南省林业科学研究院	20201211
92	2020SR1753109	接骨木优良无性系遗传多样性测评系统	河南省林业科学研究院	20201207
93	2020SR0912205	毛株育苗技术标准化教学系统	河南省林业科学研究院	20200812
94	2020SR0912170	接骨木省力化标准化栽培管理监测系统	河南省林业科学研究院	20200812
95	2020SR0913054	蜡梅嫩枝嫁接技术实用性测评系统	河南省林业科学研究院	20200812
96	2020SR0913063	接骨木省力化标准化栽培管理教学系统	河南省林业科学研究院	20200812
97	2020SR0884503	经济（食用林产品）质量检测报告管理系统	河南省林业科学研究院	20200806
98	2021SR0109161	杉木短周期小径材培育模式不同径级立木株数动态预估系统	湖北省林业科学研究院	20210120
99	2021SR0109549	杉木短周期小径培育模式林木生长模型系统	湖北省林业科学研究院	20210120
100	2021SR0072576	薄壳山核桃嫁接苗培育及专家咨询系统	湖北省林业科学研究院	20210114
101	2021SR0072577	薄壳山核桃优质容器苗培育及专家咨询系统	湖北省林业科学研究院	20210114
102	2020SR0724281	五倍子林病虫害防治及专家咨询系统	湖北省林业科学研究院	20200706

（续）

序号	登记号	软件名称	著作权人	批准日期
103	2020SR0722630	五倍子蚜虫培育及专家咨询系统	湖北省林业科学研究院	20200703
104	2020SR0673800	富硒板栗培育及专家咨询系统	湖北省林业科学研究院	20200624
105	2020SR0193915	油茶整形修剪及专家咨询系统	湖北省林业科学研究院	20200228
106	2020SR0185562	油茶炭疽病发生规律及防治专家咨询系统	湖北省林业科学研究院	20200227
107	2020SR0179728	油茶平衡施肥及专家咨询系统	湖北省林业科学研究院	20200226
108	2020SR0180095	油茶品种配置及专家咨询系统	湖北省林业科学研究院	20200226
109	2020SR1229420	扦插繁殖技术演示系统	吉林省林业科学研究院	20201019
110	2020SR1229448	水土流失动态监测预警系统	吉林省林业科学研究院	20201019
111	2020SR1229786	盐碱地动态变化遥感监测系统	吉林省林业科学研究院	20201019
112	2020SR1227583	盐碱土壤肥力多元分析测评系统	吉林省林业科学研究院	20201016
113	2020SR1227501	盐碱土壤肥力数据库调用综合系统	吉林省林业科学研究院	20201016
114	2020SR1227579	盐碱地生态修复适宜区判别系统	吉林省林业科学研究院	20201016
115	2020SR1227533	幼苗组培繁殖实验室温控系统	吉林省林业科学研究院	20201016
116	2020SR1585555	基于林相结构优化的间伐模式决策软件	江西省林业科学院	20201116
117	2020SR1233306	竹筒内外径智能检测分析软件	江西省林业科学院	20201020
118	2020SR1233309	竹子智能化粗加工设备控制系统	江西省林业科学院	20201020
119	2020SR1230960	竹条智能定厚检测分析软件	江西省林业科学院	20201019
120	2020SR1209933	樟木复合材热压板坯致密性检测系统	江西省林业科学院	20201013
121	2020SR1209172	基于网络交互式平台的观赏海棠管理与科普信息系统	江西省林业科学院	20201013
122	2020SR0738009	毛竹炭用材优良无性系综合评价系统	江西省林业科学院	20200708
123	2020SR0737629	毛竹炭质量检测监控系统	江西省林业科学院	20200708
124	2020SR0738036	竹类种质资源信息管理平台	江西省林业科学院	20200708
125	2020SR0734542	毛竹林养分监测与评估系统	江西省林业科学院	20200707
126	2020SR0734556	毛竹林水肥一体化智能管理系统	江西省林业科学院	20200707
127	2020SR0736461	雷竹林水肥一体化管理控制系统	江西省林业科学院	20200707
128	2020SR0734549	雷竹笋期土壤质量评估分析软件	江西省林业科学院	20200707

（续）

序号	登记号	软件名称	著作权人	批准日期
129	2020SR0591234	植物园种质资源库管理系统	江西省林业科学院	20200609
130	2020SR0564881	森林康养中大气负氧离子含量监测发布系统	江西省林业科学院	20200604
131	2020SR0569036	莼菜温室大棚设施栽培生产监控系统	江西省林业科学院	20200604
132	2020SR0570099	竹材 - 碳纤维复合体的外力载荷结构动力学仿真分析系统	江西省林业科学院	20200604
133	2020SR0569043	重组竹热压板坯内部温度场分布仿真与反馈控制系统	江西省林业科学院	20200604
134	2020SR0567787	一种基于二维码技术的园林植物管理系统	江西省林业科学院	20200604
135	2020SR0567537	基于无人机正射影像的植物园种质资源地理信息系统	江西省林业科学院	20200604
136	2020SR0570448	板坯成型显微组织演变及力学性能控制与预报系统	江西省林业科学院	20200604
137	2020SR0569295	基于二维码的北美海棠苗圃管理系统	江西省林业科学院	20200604
138	2020SR0561776	生态莼菜生长过程监测管理系统	江西省林业科学院	20200603
139	2020SR0561906	莼菜种质资源数据库信息管理系统	江西省林业科学院	20200603
140	2020SR0562062	“冷进冷出”薄板坯热压成型动态过程应力分析仿真软件	江西省林业科学院	20200603
141	2020SR0563299	基于网络交互式平台的自然教育信息服务系统	江西省林业科学院	20200603
142	2020SR0563297	北美海棠生长监测记录与管理系统	江西省林业科学院	20200603
143	2020SR0068519	经济野生动物繁育物联系统	江西省林业科学院	20200114
144	2020SR1611244	农田河岸植被缓冲带构建设计系统	辽宁省林业科学研究院	20201119
145	2020SR1611245	农田河岸植被缓冲带智能化监测服务软件	辽宁省林业科学研究院	20201119
146	2020SR1611243	农田河岸植被缓冲带面源污染防控管理系统	辽宁省林业科学研究院	20201119
147	2020SR1611242	农田面源污染处理环保节能综合服务管理软件	辽宁省林业科学研究院	20201119
148	2021SR0140314	植物生长发育指标相关性分析系统	青海省农林科学院	20210126
149	2021SR0140244	植物生长差异比较分析系统	青海省农林科学院	20210126
150	2021SR0140323	土壤理化指标差异比较分析系统	青海省农林科学院	20210126
151	2020SR1211419	果园间作绿肥保肥保水抑草功能评估平台	青海省农林科学院	20201013
152	2020SR1213301	绿肥作物生地熟化价值评价系统	青海省农林科学院	20201013
153	2020SR1211783	果园间作绿肥生产有机果品评估平台	青海省农林科学院	20201013
154	2020SR1100892	林业害虫物联网监测防治系统	青海省农林科学院	20200915

（续）

序号	登记号	软件名称	著作权人	批准日期
155	2020SR1103020	杂草防治管理系统	青海省农林科学院	20200915
156	2021SR0180855	矿区废弃地植物材料选育支持系统	山东省林业科学研究院	20210202
157	2021SR0180856	煤矿区废弃地植被恢复支持系统	山东省林业科学研究院	20210202
158	2020SR1923198	杨树人工林栽培模式支持系统	山东省林业科学研究院	20201231
159	2020SR1922669	杨树新品种选育支持系统	山东省林业科学研究院	20201231
160	2020SR0399595	豆梨种质资源抗逆性评价系统	山东省林业科学研究院	20200430
161	2020SR0397409	豆梨种质资源档案管理系统	山东省林业科学研究院	20200429
162	2020SR0104569	核桃种植过程全方面信息化分析平台	山东省林业科学研究院	20200120
163	2020SR0101634	核桃种植数据采集分析平台	山东省林业科学研究院	20200119
164	2020SR0101571	核桃标准化种植智能记录平台	山东省林业科学研究院	20200119
165	2020SR0101704	核桃种植实时监控管理系统	山东省林业科学研究院	20200119
166	2020SR0030488	楸树有害生物根治防控软件	山东省林业科学研究院	20200107
167	2020SR0032232	楸树嫩枝扦插温室在线调控软件	山东省林业科学研究院	20200107
168	2020SR0861742	林地调查系统	山西省林业和草原科学研究院	20200731
169	2020SR0813104	草原生态环境监测系统	山西省林业和草原科学研究院	20200722
170	2020SR0307773	病虫害数据采集自动管理系统	山西省林业和草原科学研究院	20200403
171	2020SR0308564	全自动病虫害监测识别系统	山西省林业和草原科学研究院	20200403
172	2020SR0769945	核桃林内光环境变化数据分析系统	新疆林业科学院	20200714
173	2020SR0769939	不同间作模式对核桃园的综合影响评价系统	新疆林业科学院	20200714
174	2020SR0659986	新疆大果沙枣品种查询系统	新疆林业科学院	20200622
175	2020SR0658532	新疆大果沙枣资源分布查询系统	新疆林业科学院	20200622
176	2020SR1695368	澳洲坚果主要病虫害的识别及防治系统	云南省林业和草原科学院	20201201
177	2020SR1695365	花椒炭疽病发生特点及防控对策研究系统	云南省林业和草原科学院	20201201
178	2020SR1695369	澳洲坚果栽培技术规程大数据分析系统	云南省林业和草原科学院	20201201
179	2020SR1695364	基于 Android 的经济林病虫害绿色防治移动服务平台	云南省林业和草原科学院	20201201
180	2020SR1695363	经济林复合栽培模式效益数据分析系统	云南省林业和草原科学院	20201201

（续）

序号	登记号	软件名称	著作权人	批准日期
181	2020SR1695351	生态核桃园栽培技术管理系统	云南省林业和草原科学院	20201201
182	2020SR1672206	澳洲坚果秋冬管理技术培训系统	云南省林业和草原科学院	20201128
183	2020SR1251843	云南松商品林林分质量精准评价系统	云南省林业和草原科学院	20201110
184	2020SR1248348	木材标本管理信息系统	云南省林业和草原科学院	20201030
185	2020SR1246337	云南省珍贵用材树种评价系统	云南省林业和草原科学院	20201028
186	2020SR1219645	云南松生态公益林林分质量精准评价系统	云南省林业和草原科学院	20201015
187	2020SR1092484	云南松林下植被滇黄精生长情况在线监测服务管理系统	云南省林业和草原科学院	20200914
188	2020SR1091250	云南松多功能林林分质量精准评价系统	云南省林业和草原科学院	20200914
189	2020SR0994479	薄壳山核桃树体健康监测系统	云南省林业和草原科学院	20200827
190	2020SR0995415	薄壳山核桃水肥管理监测系统	云南省林业和草原科学院	20200827
191	2020SR0991175	薄壳山核桃物候监测系统	云南省林业和草原科学院	20200826
192	2020SR0990816	薄壳山核桃病虫害监测系统	云南省林业和草原科学院	20200826
193	2020SR0946454	高产脂思茅松种质资源管理系统	云南省林业和草原科学院	20200818
194	2020SR0946114	高产脂思茅松种子园管理系统	云南省林业和草原科学院	20200818
195	2020SR0944473	云南松种质资源管理评价系统	云南省林业和草原科学院	20200818
196	2020SR0813859	退耕还林社会效益分析软件	云南省林业和草原科学院	20200723
197	2020SR0819353	退耕还林经济效益分析软件	云南省林业和草原科学院	20200723
198	2020SR0816095	退耕还林生态效益物质量分析系统	云南省林业和草原科学院	20200723
199	2020SR0819318	退耕还林资源连清管理系统	云南省林业和草原科学院	20200723
200	2020SR0817334	退耕还林农户管理系统	云南省林业和草原科学院	20200723
201	2020SR0814067	退耕还林生态连清管理系统	云南省林业和草原科学院	20200723
202	2020SR0813862	退耕还林生态效益价值量分析系统	云南省林业和草原科学院	20200723
203	2020SR0815754	退耕还林生态效益分析软件	云南省林业和草原科学院	20200723
204	2020SR0737501	油橄榄采摘管控系统	云南省林业和草原科学院	20200708
205	2020SR0738448	花椒精准修剪服务管理平台	云南省林业和草原科学院	20200708
206	2020SR0727366	大红袍红花椒成长过程生态环境实时监测记录平台	云南省林业和草原科学院	20200706

（续）

序号	登记号	软件名称	著作权人	批准日期
207	2020SR0727394	适合大红袍红花椒培育土壤成分检测报告分析系统	云南省林业和草原科学院	20200706
208	2020SR0730341	花椒长足象生态环境实时监测预警系统	云南省林业和草原科学院	20200706
209	2020SR0730347	花椒长足象绿色综合防控管理平台	云南省林业和草原科学院	20200706
210	2020SR0727273	大红袍红花椒林健康营养液管理系统	云南省林业和草原科学院	20200706
211	2020SR0711627	花椒精准施肥定量控制系统	云南省林业和草原科学院	20200702
212	2020SR0709528	云南松林下植被滇黄精生长土壤养分管理系统	云南省林业和草原科学院	20200702
213	2020SR0711183	云南松林下植被刺五加种植栽培管理系统	云南省林业和草原科学院	20200702
214	2020SR0709834	红壤肥力改良提升管控系统	云南省林业和草原科学院	20200702
215	2020SR0706880	云南松林下植被温湿度监测系统	云南省林业和草原科学院	20200701
216	2020SR0706961	云南松林下植被光照度测量分析系统	云南省林业和草原科学院	20200701
217	2020SR0515736	云南松林下植被何首乌种植管理系统	云南省林业和草原科学院	20200526
218	2020SR0503878	云南松林下植被玫瑰培育种植管理系统	云南省林业和草原科学院	20200525
219	2020SR0500221	云南松林下植被覆盖率动态测量系统	云南省林业和草原科学院	20200525
220	2020SR0503877	刺五加生长周期管理系统	云南省林业和草原科学院	20200525
221	2020SR0500228	云南松种植灌溉智能化控制系统	云南省林业和草原科学院	20200525
222	2020SR0496230	油茶、茶叶套种管理信息系统	云南省林业和草原科学院	20200522
223	2020SR0496236	油茶矮化密植丰产栽培管理信息系统	云南省林业和草原科学院	20200522
224	2020SR0496242	油茶林提质增效综合管理信息系统	云南省林业和草原科学院	20200522
225	2020SR0494539	油茶林农复合套种经营管理信息系统	云南省林业和草原科学院	20200522
226	2020SR0471549	血防林生态效益分析系统	云南省林业和草原科学院	20200519
227	2020SR0472744	阳性钉螺感染风险分析系统	云南省林业和草原科学院	20200519
228	2020SR0472751	血防林模式价值测算系统	云南省林业和草原科学院	20200519
229	2020SR0472731	血防林水位监测系统	云南省林业和草原科学院	20200519
230	2020SR0473118	血吸虫病人畜管理软件	云南省林业和草原科学院	20200519
231	2020SR0466783	钉螺螺情分析软件	云南省林业和草原科学院	20200518
232	2020SR0467076	钉螺监测预警系统	云南省林业和草原科学院	20200518

（续）

序号	登记号	软件名称	著作权人	批准日期
233	2020SR0467079	血防林抚育管理软件	云南省林业和草原科学院	20200518
234	2020SR0351934	油茶籽油提取精炼管理信息系统	云南省林业和草原科学院	20200421
235	2020SR0326747	蒜头果病虫害鉴别防治管理信息系统	云南省林业和草原科学院	20200413
236	2020SR0326886	蒜头果良种选育和苗木培育管理信息系统	云南省林业和草原科学院	20200413
237	2020SR0316307	云南松林木生长预测系统	云南省林业和草原科学院	20200408
238	2020SR0294358	核桃蛋白质含量评价测定软件	云南省林业和草原科学院	20200330
239	2020SR0294616	核桃林下滇黄精智能栽培管理系统	云南省林业和草原科学院	20200330
240	2020SR0292220	深纹核桃种质资源评价管理系统	云南省林业和草原科学院	20200327
241	2020SR0293682	核桃水肥灌溉监测系统	云南省林业和草原科学院	20200327
242	2020SR0292411	核桃仁微量元素评价分析软件	云南省林业和草原科学院	20200327
243	2020SR0292397	紫仁核桃营养评价分析软件	云南省林业和草原科学院	20200327
244	2020SR0292845	核桃资源圃航拍影像资料分析软件	云南省林业和草原科学院	20200327
245	2020SR0292765	核桃嫁接苗智能灌溉决策支持系统软件	云南省林业和草原科学院	20200327
246	2020SR0292480	核桃产量和产值预估软件	云南省林业和草原科学院	20200327
247	2020SR0293617	深纹核桃规范化种植研究系统	云南省林业和草原科学院	20200327
248	2020SR0292623	核桃叶片扫描图像的面积自动分析软件	云南省林业和草原科学院	20200327
249	2020SR0292170	核桃种质资源管理系统软件	云南省林业和草原科学院	20200327
250	2020SR0292401	核桃仁氨基酸评价分析软件	云南省林业和草原科学院	20200327
251	2020SR0292415	核桃考种资料管理软件	云南省林业和草原科学院	20200327
252	2020SR0292625	核桃冠层分析软件	云南省林业和草原科学院	20200327
253	2020SR0292541	白及质量评价及多糖含量测定软件	云南省林业和草原科学院	20200327
254	2020SR0292417	核桃表型图像文档系统	云南省林业和草原科学院	20200327
255	2020SR0292413	核桃林下白及智能栽培管理系统	云南省林业和草原科学院	20200327
256	2020SR0292573	核桃油含量评价测定软件	云南省林业和草原科学院	20200327
257	2020SR0292545	干部职工绩效考核管理系统	云南省林业和草原科学院	20200327
258	2020SR0292399	紫仁核桃种皮颜色分析软件	云南省林业和草原科学院	20200327

（续）

序号	登记号	软件名称	著作权人	批准日期
259	2020SR0292176	职工人事档案信息管理软件	云南省林业和草原科学院	20200327
260	2020SR0215272	科研管理系统	云南省林业和草原科学院	20200305
261	2020SR0032719	草原生态监测服务管理系统	云南省林业和草原科学院	20200108
262	2020SR0029558	草原土壤含水量监测系统	云南省林业和草原科学院	20200107
263	2020SR0021832	草原气候监测分析系统	云南省林业和草原科学院	20200106
264	2021SR0120743	油茶种质资源野外调查信息记录及查询系统	浙江省林业科学研究院	20210122
265	2020SR1908016	油橄榄种质资源查询服务综合管理系统	浙江省林业科学研究院	20201228
266	2020SR1908015	七叶一枝花种质资源查询服务管理系统	浙江省林业科学研究院	20201228
267	2020SR1711196	一种经济林土壤肥力查询系统	浙江省林业科学研究院	20201202
268	2020SR1261698	挥发性有机物辅助分析软件	浙江省林业科学研究院	20201127
269	2020SR0360894	森林食品产业质量安全溯源系统软件	浙江省林业科学研究院	20200422
270	2020SR0221342	竹质产品表观质量检测鉴别系统	浙江省林业科学研究院	20200306
271	2020SR0221347	竹纤维复合材料性能预测系统	浙江省林业科学研究院	20200306
272	2020SR1571396	祁连山北坡土壤变化监测平台	中国林业科学研究院	20201112
273	2020SR1240927	祁连山气象数据监测系统	中国林业科学研究院	20201022
274	2020SR1240928	祁连山土壤综合信息服务系统软件	中国林业科学研究院	20201022
275	2020SR1240926	西藏地区冻土冻融过程温度监测系统	中国林业科学研究院	20201022
276	2020SR1137695	西藏地区生态文明建设相关法律信息咨询服务平台	中国林业科学研究院	20200922
277	2020SR0896921	低质纤维原料制化机浆性能快速评价与过程控制系统	中国林业科学研究院林产化学工业研究所	20200807
278	2020SR0311924	木质纤维原料制化机浆过程智能优化控制系统	中国林业科学研究院林产化学工业研究所	20200407
279	2020SR1248574	全国重点木材市场信息采集系统	中国林业科学研究院林业科技信息研究所	20201102
280	2020SR1170876	林业搜索全文检索系统	中国林业科学研究院林业科技信息研究所	20200927
281	2020SR0745255	自然资源价值评估与生态文明建设绩效考评系统	中国林业科学研究院林业科技信息研究所	20200709
282	2020SR1653714	湿地植被光谱数据库及管理系统	中国林业科学研究院林业新技术研究所	20201126
283	2020SR1094402	木竹结构建筑构件数控机床上位机人机交互系统软件	中国林业科学研究院林业新技术研究所	20200914
284	2020SR1068480	木材高速切削摩擦力动态测量系统	中国林业科学研究院林业新技术研究所	20200909

（续）

序号	登记号	软件名称	著作权人	批准日期
285	2020SR0974111	基于 DXF 文件的木竹结构建筑构件数控程序自生成软件	中国林业科学研究院林业新技术研究所	20200824
286	2020SR0975373	木竹结构建筑构件数控机床 WEB 数据接口管理软件	中国林业科学研究院林业新技术研究所	20200824
287	2020SR0974919	基于 Prolog 的连续压机液压故障诊断专家系统软件	中国林业科学研究院林业新技术研究所	20200824
288	2020SR0768973	基于高通量测序数据的内参基因选择平台	中国林业科学研究院林业新技术研究所	20200714
289	2020SR0623678	木竹结构建筑构件数控机床 CNC 控制系统软件	中国林业科学研究院林业新技术研究所	20200615
290	2020SR0253373	湿地植物高光谱数据共享平台	中国林业科学研究院林业新技术研究所	20200313
291	2020SR0053866	竹材自动定段机控制系统软件	中国林业科学研究院林业新技术研究所	20200110
292	2020SR0053873	竹材测量与竹节识别系统软件	中国林业科学研究院林业新技术研究所	20200110
293	2020SR1648997	基于互联网的古侧柏组织培养技术服务软件	中国林业科学研究院林业研究所	20201126
294	2020SR1648573	基于视觉效果的沿河森林景观配色方法软件	中国林业科学研究院林业研究所	20201126
295	2020SR1648574	沿河森林景观无人机拍摄图像拼接技术软件	中国林业科学研究院林业研究所	20201126
296	2020SR1643661	古侧柏组织培养成活率快速检测系统	中国林业科学研究院林业研究所	20201125
297	2020SR1008325	林分抽样模拟调查、分析与设计软件	中国林业科学研究院林业研究所	20200828
298	2020SR1008319	林分抽样模拟调查与分析配套结果输出软件	中国林业科学研究院林业研究所	20200828
299	2020SR0705763	基于互联网的古树扦插成活率技术服务软件	中国林业科学研究院林业研究所	20200701
300	2020SR0705771	古侧柏扦插繁殖方法快速监测系统	中国林业科学研究院林业研究所	20200701
301	2020SR0648687	全国林草种质资源种质普查信息管理系统	中国林业科学研究院林业研究所	20200618
302	2020SR0649852	基于安卓的全国林草种质资源普查系统	中国林业科学研究院林业研究所	20200618
303	2020SR0138130	基于相邻木关系的林分结构多样性评价系统	中国林业科学研究院林业研究所	20200214
304	2020SR1913814	木材板节子智能检测及定位软件	中国林业科学研究院木材工业研究所	20201230
305	2020SR1913815	木材宏观纹理图像语义分割软件	中国林业科学研究院木材工业研究所	20201230
306	2020SR1556060	木材气体渗透性分析测试装置控制系统	中国林业科学研究院木材工业研究所	20201109
307	2020SR1238908	饰面胶合板贴面前基材厚度与含水率检测系统软件	中国林业科学研究院木材工业研究所	20201022
308	2020SR1238961	基于 Prolog 的饰面胶合板热压机液压故障诊断专家系统软件	中国林业科学研究院木材工业研究所	20201022
309	2020SR0425070	iWood 木材识别系统	中国林业科学研究院木材工业研究所	20200509
310	2020SR0803798	航空消防扑救草原火灾指挥系统软件	中国林业科学研究院森林生态环境与保护研究所	20200721

（续）

序号	登记号	软件名称	著作权人	批准日期
311	2020SR0803791	草原航空消防调度指挥地理信息系统	中国林业科学研究院森林生态环境与保护研究所	20200721
312	2020SR0269411	森林生态连清技术系统	中国林业科学研究院森林生态环境与保护研究所	20200318
313	2020SR0215586	寒温带森林燃烧概率模拟系统	中国林业科学研究院森林生态环境与保护研究所	20200305
314	2020SR0087877	数字化森林资源监测管理系统	中国林业科学研究院森林生态环境与保护研究所	20200117
315	2020SR1884706	亚热带森林资源数据统计分析软件	中国林业科学研究院亚热带林业研究所	20201223
316	2020SR1820732	自然保护地分区管理对策最优化规划软件	中国林业科学研究院亚热带林业研究所	20201215
317	2020SR1575361	基于 Java 的山茶性状管理系统	中国林业科学研究院亚热带林业研究所	20201113
318	2020SR1577787	基于 C# 的茶梅性状管理系统	中国林业科学研究院亚热带林业研究所	20201113
319	2020SR1173086	经济林废弃物脱毒处理监测系统	中国林业科学研究院亚热带林业研究所	20200927
320	2020SR1173141	马尾松木屑脱毒处理监测系统	中国林业科学研究院亚热带林业研究所	20200927
321	2020SR1173113	经济林废弃物生产石斛栽培基质管理系统	中国林业科学研究院亚热带林业研究所	20200927
322	2020SR1159217	湿地生态监测与评估预警信息系统	中国林业科学研究院亚热带林业研究所	20200925
323	2020SR1133660	森林生态站自动监测数据管理分析系统	中国林业科学研究院亚热带林业研究所	20200921
324	2020SR1127765	森林康养资源信息查询系统	中国林业科学研究院亚热带林业研究所	20200921
325	2020SR1120642	镉污染土壤植物修复综合利用管理系统	中国林业科学研究院亚热带林业研究所	20200918
326	2020SR1033532	薄壳山核桃容器苗水分监测系统	中国林业科学研究院亚热带林业研究所	20200903
327	2020SR1031791	薄壳山核桃林分病虫害监测系统	中国林业科学研究院亚热带林业研究所	20200902
328	2020SR0976980	亚热带常绿阔叶林结构测算和分析软件	中国林业科学研究院亚热带林业研究所	20200825
329	2020SR0978233	杉阔混交林空间结构和树种组成分析软件	中国林业科学研究院亚热带林业研究所	20200825
330	2020SR0741990	薄壳山核桃林分土壤水分监测软件	中国林业科学研究院亚热带林业研究所	20200708
331	2020SR0741983	薄壳山核桃种苗生长监测系统	中国林业科学研究院亚热带林业研究所	20200708
332	2020SR0502094	植物数量性状相关的 DNA 甲基化标记分析软件	中国林业科学研究院亚热带林业研究所	20200525
333	2020SR0455927	沿海防护林风流场数值模拟软件	中国林业科学研究院亚热带林业研究所	20200514
334	2020SR0213451	第二代高通量测序数据的差异表达基因分析平台	中国林业科学研究院亚热带林业研究所	20200305
335	2020SR0213456	基于不同模型的差异基因检测软件	中国林业科学研究院亚热带林业研究所	20200305
336	2020SR0172262	木材树种快速识别系统	中国林业科学研究院亚热带林业研究所	20200225

（续）

序号	登记号	软件名称	著作权人	批准日期
337	2020SR0172331	单株松脂产脂量智能估测系统	中国林业科学研究院亚热带林业研究所	20200225
338	2020SR0172874	木材物理及化学性状的全自动检测系统	中国林业科学研究院亚热带林业研究所	20200225
339	2020SR0172849	松脂成分 nir 分析反馈平台	中国林业科学研究院亚热带林业研究所	20200225
340	2020SR0172844	木材心材颜色分级筛选系统	中国林业科学研究院亚热带林业研究所	20200225
341	2020SR0172337	木材年轮统计数据分析反馈系统	中国林业科学研究院亚热带林业研究所	20200225
342	2020SR0126304	基于数量化理论对山鸡椒立地类型划分系统	中国林业科学研究院亚热带林业研究所	20200211
343	2020SR0733688	鼓槌石斛干花加工技术管理开发系统	中国林业科学研究院资源昆虫研究所	20200707
344	2020SR0733559	高山榜苗木培育种植技术管理系统	中国林业科学研究院资源昆虫研究所	20200707
345	2020SR0730605	齿瓣石斛培育气候环境监测系统	中国林业科学研究院资源昆虫研究所	20200707
346	2020SR0733564	鼓槌石斛床式栽培管理智能专家系统软件	中国林业科学研究院资源昆虫研究所	20200707
347	2020SR1831630	森林立地因子筛选系统	中国林业科学研究院资源信息研究所	20201216
348	2020SR1831631	回归模型交叉验证软件	中国林业科学研究院资源信息研究所	20201216
349	2020SR1679037	次生林林分质量诊断系统	中国林业科学研究院资源信息研究所	20201128
350	2020SR0950685	野生动物鸣声数据及其分析处理数据管理云服务系统	中国林业科学研究院资源信息研究所	20200819
351	2020SR0906165	人工林森林参数定量化估测软件	中国林业科学研究院资源信息研究所	20200811
352	2020SR0860308	GPU 支持下的无人机可见光数据植被覆盖度信息提取系统	中国林业科学研究院资源信息研究所	20200731
353	2020SR0817074	东北国有林区次生林林分结构模拟与可视化系统	中国林业科学研究院资源信息研究所	20200723
354	2020SR0077769	林业数据查询展示系统	中国林业科学研究院资源信息研究所	20200115
355	2020SR0078733	林业数据查询展示用户行为分析系统	中国林业科学研究院资源信息研究所	20200115
356	2020SR0066183	东北次生林抚育经营数据集成管理系统	中国林业科学研究院资源信息研究所	20200114
357	2020SR0066336	东北次生林抚育经营决策支持平台	中国林业科学研究院资源信息研究所	20200114
358	2020SR0069777	华北落叶松目标树经营管理系统	中国林业科学研究院资源信息研究所	20200114
359	2020SR1922608	特色农畜产品营养品质数据库系统	中国农业科学院草原研究所	20201231
360	2020SR1221218	草地水肥一体化管理系统	中国农业科学院草原研究所	20201015
361	2020SR1216508	苜蓿适应性评价系统	中国农业科学院草原研究所	20201014
362	2020SR0817988	紫花苜蓿施肥设计软件	中国农业科学院草原研究所	20200723

（续）

序号	登记号	软件名称	著作权人	批准日期
363	2020SR0818121	紫花苜蓿节水种植结构优化模型软件	中国农业科学院草原研究所	20200723
364	2020SR0616120	苜蓿草种籽联合收获机产量测量系统	中国农业科学院草原研究所	20200612
365	2020SR0616114	牧草种籽联合收获机工作性能参数智能采集软件	中国农业科学院草原研究所	20200612
366	2020SR0610501	苜蓿草种籽联合收获机清选实时监控软件	中国农业科学院草原研究所	20200611
367	2020SR0067378	牧草品质成分安全因子数据信息管理系统	中国农业科学院草原研究所	20200114
368	2020SR0893021	竹林定位数据采集追踪软件	重庆市林业科学研究院	20200807
369	2020SR0895818	竹林生长状态实时监测分析反馈系统	重庆市林业科学研究院	20200807
370	2020SR0895957	竹子根茎生长模拟系统软件	重庆市林业科学研究院	20200807
371	2020SR0801287	重庆林业专家智库管理系统	重庆市林业科学研究院	20200721

数据来源：中国版权保护中心《计算机软件著作权登记公告》。

附表6 2020年林业和草原科研院所授权发明专利

序号	专利号	专利名称	专利权人	发明人	申请日	授权公告日
1	ZL201910349665.6	一种基于深度相机的毛竹形态参数检测方法	安徽农业大学、国际竹藤中心	贾新宇、江朝晖、李绍稳、高健、李娟	20190428	20201016
2	ZL201810865335.8	一种春季薄壳山核桃的芽接方法	安徽省林业科学研究院	周米生、蔡新玲、陈素传、季琳琳、王陆军、汪小进、余国清	20180801	20201204
3	ZL201810181715.X	镉铅铜锌土壤重金属污染的修复方法	保定学院、上海市园林科学规划研究院	崔彬彬、张冬梅、张妍、滕忠才、王琳、郝征、陈萍、管延英、朱维红、罗玉兰、魏俊杰、徐兆翮	20170118	20201103
4	ZL201810288717.9	高铜离子浓度污染土壤的修复方法	保定学院、上海市园林科学规划研究院	崔彬彬、张冬梅、周丽娜、陈萍、管延英、朱维红、张妍、滕忠才、王琳、郝征、魏俊杰、罗玉兰	20170216	20201103
5	ZL201810288733.8	一种铜矿废弃地土壤铅锌重金属污染修复方法	保定学院、上海市园林科学规划研究院	崔彬彬、张冬梅、曹柳青、张妍、靳茜、周丽娜、管延英、关超男、滕忠才、周丁丁、孔丽晓、李姗	20170216	20201103
6	ZL201711048075.7	一种提高滇橄榄嫁接成活率的方法	保山市林业和草原技术推广站	黄佳聪	20171031	20200710
7	ZL201711045375.X	一种泡核桃目标树管理丰产栽培的方法	保山市林业和草原技术推广站	黄佳聪、杨晏平、万晓军、董诗凡、杨晓霞、罗存贞	20171031	20201117
8	ZL201510954704.7	基于红外和可见光视频融合的林区烟火检测方法及其检测系统	北京林业大学、中国林业科学研究院资源信息研究所	刘文萍、仲亭玉、刘鹏举、杨刚	20151217	20200320
9	ZL201711328689.0	一种蔗糖亚铁及其制备方法	北京市林业果树科学研究院	杨雨璋、李民吉、张强、张军科、魏钦平	20171213	20200915
10	ZL201711468996.9	一种人工林下仿野生袋料桑黄栽培方法	淳安千岛湖桑都食用菌专业合作社、浙江省林业科学研究院	王建功、王星晨、程俊文、魏海龙、蔡为明、金群力、方锦棋	20171229	20200526
11	ZL201711469522.6	一种自然林下仿野生袋料桑黄栽培方法	淳安千岛湖桑都食用菌专业合作社、浙江省林业科学研究院	王建功、王星晨、程俊文、魏海龙、蔡为明、金群力、方锦棋	20171229	20200522
12	ZL201810186886.1	一组栀子中具有抗惊厥作用的关键物质群	大理药业股份有限公司、江西省林业科学院	袁玮、黄丽莉、张金华、朱培林、车治国、李康琴、李红艳、贾全全	20180307	20200731
13	ZL201610851147.0	一种利用外源激素调控烈香茶花花期及开花品质的方法	佛山市林业科学研究所	殷爱华、万利鑫、张学平、李鑫、陈伟光、赵鸿杰、罗昭润、黄妙玲、谭家得、王志云、陈杰、丁岳炼、罗功荣、田雪琴、柯欢、玄祖迎、薛克娜、张薇、陈雪梅、林玮	20160926	20200619

（续）

序号	专利号	专利名称	专利权人	发明人	申请日	授权公告日
14	ZL201710347645.6	茶花扦插嫁接一体化快繁方法	佛山市林业科学研究所	殷爱华、张卓荣、赵鸿杰、李鑫、万利鑫、张学平、罗昭润、黄妙玲、谭家得、王志云、罗功荣、张薇、陈杰、丁岳炼	20170517	20200703
15	ZL201610778667.3	一种城市环境保护林的构建方法	佛山市林业科学研究所	王志云、陈红跃、柯欢、张学平、田雪琴、谭家得、薛克娜、丁岳炼、玄祖迎	20160831	20200428
16	ZL201811425445.9	一种潮汐式红树林育苗灌溉系统	佛山市林业科学研究所（佛山植物园）	丁岳炼、谭家得、陈杰、王志云、张学平、柯欢、万利鑫、殷爱华、李鑫	20181127	20201222
17	ZL201910281154.5	基于溶液定量吸附的木质材料糠醇树脂改性方法	福建农林大学、国际竹藤中心	余雁、王汉坤、张雪霞、石俊利、黎静、刘明辉、张晓凤	20190409	20200922
18	ZL201710589485.6	一种高效的金花茶杂交种子无菌播种育苗方法	福建省林业科学研究院	吴丽君、高楠、陈达	20170719	20201120
19	ZL201710124559.9	一种木麻黄冬春季控温无性繁殖技术方法	福建省林业科学研究院	柯玉铸、叶功富	20170303	20201023
20	ZL201710923526.0	一种油茶果壳提取物制备的吸附剂及其制备方法	福建省林业科学研究院、福建师范大学	柯金炼、苏良佺、卢玉栋、常颖萃、刘晓辉	20170930	20200324
21	ZL201710923589.6	一种利用油茶果壳制备重金属离子吸附剂的方法	福建省林业科学研究院、福建师范大学	苏良佺、柯金炼、卢玉栋、刘晓辉、常颖萃、陈志强	20170930	20200522
22	ZL201710322071.7	一种金黄熊猫树的播种育苗方法	福建省林业科学研究院、仙游县满光花木苗圃专业合作社	李宝福、陈国彪、鲍晓红、凌云天、吴建宇、蔡益航、洪小龙、朱炜、林延生、李永光	20170509	20200505
23	ZL201710248208.9	一种薄姜木实生苗培育方法	福建省林业科学研究院、仙游县满光花木苗圃专业合作社	李宝福、林福星、吴建宇、蔡益航、何文广、李永光、叶海容、林恩、林延生	20170417	20200121
24	ZL201710290406.1	一种风沙环境风洞可移动半自动多功能坐标架	甘肃省治沙研究所	徐先英、张莹花、尉秋实、赵鹏	20170428	20200526
25	ZL201611138922.4	一种提高沙拐枣种子发芽率40%以上的方法	甘肃省治沙研究所	胡静、胡小柯、尉秋实、杨雪梅	20161212	20200825
26	ZL201711297858.9	一种使用赤霉素提高沙地云杉种子萌发率的方法	甘肃省治沙研究所	刘世增、张莹花、李银科、康才周、魏林源	20171208	20201225
27	ZL201711461133.9	一种黄花补血草生根诱导培养基和黄花补血草繁育方法	甘肃省治沙研究所	李亚	20171228	20200721

（续）

序号	专利号	专利名称	专利权人	发明人	申请日	授权公告日
28	ZL201810211073.3	一种干旱沙区油用紫斑牡丹复合种植方法	甘肃省治沙研究所	刘克彪、马剑平、满多清	20180314	20201124
29	ZL201711407323.2	一种利用霸王柴无菌苗快速增殖培养无性系的方法	甘肃省治沙研究所	王昱淇、马剑平、满多清、刘克彪、高松涛	20171222	20200602
30	ZL201711407462.5	一种沙冬青的快繁方法	甘肃省治沙研究所	张卫星	20171222	20200602
31	ZL201811142842.5	一种沙化快速治理植生创新材料	甘肃省治沙研究所	张芝萍、樊宝丽、尚雯、李易珺	20180928	20201225
32	ZL201711121027.6	一种适用于不同种源黑果枸杞一次性成苗的诱导方法	甘肃省治沙研究所	柴成武、王方琳、李爱德、尉秋实、王祺、王昱淇、张元凯、刘克彪	20171114	20200710
33	ZL201710721972.3	一种小叶杨与胡杨杂交种再生苗的培育方法	甘肃省治沙研究所	王方琳、尉秋实、柴成武、王飞	20170822	20200616
34	ZL201810449945.X	一种荒漠区迁地保护矮沙冬青种子生产方法	甘肃省治沙研究所	严子柱、魏林源、李得禄、满多清、姜生秀、吴昊	20180511	20200602
35	ZL201710591254.9	一种康定木兰的高桩芽接方法	甘孜藏族自治州林业科学研究所、四川农业大学	伍杰、刘光立、彭克忠、蔡仕珍、刘燕云、马均、兰常军、刘庆林、张帆	20170719	20200818
36	ZL201710622762.9	一种杉木野外优异资源的繁育方法	广东省林业科学研究院	韦如萍、胡德活、晏姝、郑会全、王润辉	20170727	20200908
37	ZL201610431217.7	湿加松扦插苗的水培营养液和水培方法	广东省林业科学研究院	郭文冰、赵奋成、李振、戎洁庆、吴惠姗、李义良	20160615	20201106
38	ZL201710142227.3	快速鉴定光皮桦木种群的分子检测方法	广东省林业科学研究院	王明怀、林军、黄金华、张良波、张应中、徐偀铧、张绍勋、邝兆勇、邓文剑、叶代全、何祯祥	20170310	20201211
39	ZL201710068513.X	一种快速识别土壤有机碳关键输出区的多参数评价方法	广东省林业科学研究院	高常军、魏龙、蔡坚、易小青	20170208	20201016
40	ZL201711434848.5	一种改善竹重组材胶合性能的方法	广东省林业科学研究院	马红霞、陈利芳、李兴伟、何雪香、曹永建、谢桂军、王剑菁	20171226	20200807
41	ZL201711168568.4	一种绿僵菌分生孢子微胶囊及其制备方法和应用	广东省林业科学研究院	邱华龙、秦长生、徐金柱、赵丹阳、谭晓霞、揭育泽、杨华、练涛、赖国栋、黄兆光、张美华	20171121	20200703
42	ZL201710766060.8	一种氮羟甲基乙烯脲树脂改性剂及其应用	广东省林业科学研究院	李万菊、李兴伟、陈利芳、李怡欣	20170830	20201201

（续）

序号	专利号	专利名称	专利权人	发明人	申请日	授权公告日
43	ZL201810763885.9	一种木材防护剂及其制备方法和应用	广东省林业科学研究院	陈利芳、李兴伟、马红霞、何雪香、王剑菁、谢桂军、李万菊	20180712	20201030
44	ZL201711436880.7	湿地松体细胞胚胎发生和植株再生的方法	广东省林业科学研究院、台山市红岭种子园	郭文冰、赵奋成、胡继文、司徒荣贵、彭冠明、王为民、黄婷、邓乐平、吴惠姗、李义良、廖仿炎	20171226	20200131
45	ZL201510876775.X	喀斯特特有珍贵树种蚬木容器育苗的方法	广西壮族自治区林业科学研究院	谭长强、申文辉、彭玉华、曹艳云、郝海坤、黄志玲	20151203	20200417
46	ZL201710703804.1	一种银纹夜蛾引诱剂及其应用方法	广西壮族自治区林业科学研究院	常明山、吴耀军、罗辑、方小玉、蒋学建、邓艳	20170816	20200526
47	ZL201710006222.8	一种豆蚜的室内饲养方法	广西壮族自治区林业科学研究院	邓艳、蒋学建、黄华艳、常明山、罗辑、赵程劼、邹东霞、廖旺姣、秦元丽	20170105	20200630
48	ZL201610718642.4	提高马尾松种子产量专用肥及施肥方法	广西壮族自治区林业科学研究院	杨章旗、陈虎、梁远毅、谭健晖、贾婕	20160824	20200110
49	ZL201510952705.8	水稻秸秆制取沼气的方法	广西壮族自治区林业科学研究院	李金怀、徐铁纯、叶勇卫、蒋湖波	20151217	20200410
50	ZL201710183205.1	一种利用板栗苞提取栲胶和制备复合材料的方法	广西壮族自治区林业科学研究院	孟中磊、周丽珠、李军集、谷瑶、秦荣秀	20170324	20200324
51	ZL201710695009.2	一种基于 R 软件的入侵植物频度数量变化调查分析方法	广西壮族自治区林业科学研究院	黄小荣、侯远瑞、彭玉华	20170815	20200929
52	ZL201610518072.4	一种樟树精油浸提装置及应用	广西壮族自治区林业科学研究院	杨素华、安家成、陆顺忠、李秋庭、邱米、黎贵卿、杨漓、吴建文、关继华、苏骊华、党中广	20160629	20200421
53	ZL201710795805.3	一种马尾松胚性愈伤组织的冷冻保存方法	广西壮族自治区林业科学研究院	姚瑞玲、王胤、李慧娟	20170906	20201106
54	ZL201710183687.0	利用油茶壳提取栲胶的方法及其在制备复合材料的应用	广西壮族自治区林业科学研究院	周丽珠、孟中磊、谷瑶、陈海燕、李军集、秦荣秀	20170324	20201225
55	ZL201710425543.1	一种柠檬醛二乙缩醛天然香料的制备方法	广西壮族自治区林业科学研究院	孟中磊、周丽珠、曾永明、梁忠云、秦荣秀、李桂珍	20170608	20200721
56	ZL201710989469.6	一株林木根际高效溶磷巨大芽胞杆菌及应用	广西壮族自治区林业科学研究院	邓小军、唐健、曹继钊、宋贤冲、王会利、潘波、覃其云、覃祚玉、石媛媛	20171020	20201201
57	ZL201810693485.5	一种微胶囊化酸性水溶液的制备方法	广西壮族自治区林业科学研究院	胡拉、杨章旗、秦理哲、颜培栋、冯源恒、徐慧兰、谭健晖	20180629	20201009

（续）

序号	专利号	专利名称	专利权人	发明人	申请日	授权公告日
58	ZL201810689839.9	一种松节油合成萜二醇及制备松油醇、乙酸酯的方法	广西壮族自治区林业科学研究院	孟中磊	20180628	20201013
59	ZL201710621503.4	一种可控散热保温斜拱型育苗大棚	广西壮族自治区林业科学研究院	黄凌志、徐铁纯、李金怀、秦文弟、潘文、夏金亮、叶勇卫	20170727	20200731
60	ZL201810009713.2	一种内置发热材料的木质穿孔吸声板	广西壮族自治区林业科学研究院	王军锋、周宗明、陈松武、陈桂丹、黄腾华、栾洁、雷福娟、罗玉芬、林家纯、胡婵、刘晓玲、冷少华、黄海英、江珊鸿	20180105	20201013
61	ZL201811076235.3	一种樟树油用林的高效栽培方法	广西壮族自治区林业科学研究院	梁晓静、李开祥、朱昌叁、安家成、梁文汇、黄开顺、曾怡嘉	20180914	20200908
62	ZL201810639538.5	一种大蜡螟卵收集装置及应用	广西壮族自治区林业科学研究院	蒋学建、杨忠武、常明山、黄华艳、罗辑、邹东霞、廖旺娇、赵程劼、钟雅婷	20180620	20200324
63	ZL201811630799.7	一种被接收中华穿山甲和马来穿山甲的救护喂养方法	广西壮族自治区林业科学研究院	闫鼎羽、李开祥、梁文汇、李宝财、曾鹏、陈金艳	20181229	20201204
64	ZL201810117836.8	一种吊丝竹的容器育苗方法	广西壮族自治区林业科学研究院	梁萍、徐振国、邓艳、潘文、张幸、李月娟、田红灯	20180206	20200811
65	ZL201810623404.4	一种马尾松木材的复配型铜化物防腐剂及防腐方法	广西壮族自治区林业科学研究院	刘媛、卢翠香、邓紫宇、郭东强、任世奇、李昌荣、唐庆兰、陈健波、周维、项东云	20180615	20200804
66	ZL201910126262.5	一种提高枫香组培继代增殖效果的方法及培养基	广西壮族自治区林业科学研究院	肖玉菲、尹国平、刘海龙、王勇、刘雄盛、蒋燚、陈博雯、姜英、黄荣林、韦铄星、李娟	20190220	20200714
67	ZL201910057744.X	一种生物质热解制备气、液、炭产品的方法	广西壮族自治区林业科学研究院、中国林业科学研究院林产化学工业研究所	孟中磊、蒋剑春、孙康、许玉、孙云娟、杨漓、周丽珠	20190122	20200221
68	ZL201910057212.6	一种环保间歇式多功能生物质热解设备	广西壮族自治区林业科学研究院、中国林业科学研究院林产化学工业研究所	孟中磊、蒋剑春、安家成、孙云娟、许玉、孙康、周丽珠、杨漓	20190122	20200403
69	ZL201711152118.6	一种江河堤岸防洪植被的构建方法	广西壮族自治区中国科学院广西植物研究所、柳州市园林科学研究所	史艳财、黎兆海、邹蓉、邓耘、唐健民、朱鸿杰、蒋运生、熊忠臣、韦记青、韦霄	20171119	20200731
70	ZL201711152196.6	江河沿岸地被绿化的方法	广西壮族自治区中国科学院广西植物研究所、柳州市园林科学研究所	史艳财、黎兆海、刘思、邹蓉、唐健民、何志红、蒋运生、熊忠臣、韦记青、韦霄	20171119	20200925

（续）

序号	专利号	专利名称	专利权人	发明人	申请日	授权公告日
71	ZL201711060132.3	解淀粉芽孢杆菌在防治植物真菌病害中的应用	广州市林业和园林科学研究院	孙龙华、黄华枝、阮琳、毕可可、邓嘉茹、张劲蔼、吴超、唐立鸿、胡彦辉、邓从双、侯亚会	20171101	20200403
72	ZL201711058618.3	一株对植物病原真菌具拮抗作用的植物内生细菌	广州市林业和园林科学研究院	孙龙华、黄华枝、阮琳、毕可可、邓嘉茹、张劲蔼、吴超、唐立鸿、胡彦辉、邓从双、侯亚会	20171101	20200904
73	ZL201910872056.9	一种协同遥感影像的航拍相片植被信息提取方法	贵州省草业研究所	王志伟、张文、宜树华、阮玺睿、宋雪莲、王茜、钟理、文克俭	20190916	20200918
74	ZL201710347172.X	一种离蕊金花茶的大树嫁接方法	贵州省林业科学研究院	王港、侯娜、朱亚艳、罗扬、徐嘉娟、陈应福	20170517	20200310
75	ZL201710437602.7	硬叶兜兰菌根化育苗方法	贵州省林业科学研究院	田凡、王莲辉、廖小锋、颜凤霞、姜运力、罗在柒、杨林、霍达、陈菊艳	20170612	20200313
76	ZL201710450331.9	植物吸滞颗粒物动态过程及吸滞量的测定方法	贵州省林业科学研究院	刘延惠	20170615	20200602
77	ZL201710400701.8	一种贵州喀斯特地区凤丹牡丹的苗木培育方法	贵州省林业科学研究院	侯娜、王港、杨鹏、田怀、陈应福、朱亚艳、徐嘉娟、陈祥、梁美	20170531	20200623
78	ZL201710974641.0	一种贵州喀斯特地区核桃高枝换优方法	贵州省林业科学研究院	侯娜、陈应福、杨小红、王纪辉、封怀礼、孙建昌	20171019	20200218
79	ZL201810367617.5	一种半球形桂花树的培植方法	桂林市林业科学研究所	范进顺、蒋柏生、范翠婷、朱淑芳、周运鸿、黄东、赵志国、文桂喜、龙永泰、李晶光、林新强、李清新、翟爱军、粟新政、蒙杨扬	20180423	20200417
80	ZL201810373529.6	一种竹纤维热熔预浸料及其制备方法	国际竹藤中心	王戈、张文福、程海涛、顾少华、李明鹏	20180424	20201215
81	ZL202010033270.8	一种毛竹衰老相关 NAP 转录因子及其编码基因与应用	国际竹藤中心	高健、谢丽华	20200113	20201201
82	ZL201910545349.6	一种竹束纤维整张化单板编织机及其单板编织方法	国际竹藤中心	陈复明、周海英、王戈、邵健、陈林碧、尹毅剑	20190622	20201225
83	ZL201810297162.4	一种竹材在高温高压蒸汽罐内的弯曲方法	国际竹藤中心	方长华、费本华、陈礼生	20180505	20200414

（续）

序号	专利号	专利名称	专利权人	发明人	申请日	授权公告日
84	ZL201910067633.7	一种玻璃纤网增强竹纤维模压滑板及其制备方法	国际竹藤中心	王戈、张文福、程海涛、谭玉林、顾少华、李明鹏	20190124	20201208
85	ZL201711244072.0	一种锯齿嵌锁结构展平竹高强复合层压板及其制造方法	国际竹藤中心	李旌豪、江泽慧、费本华、马欣欣、张秀标	20171130	20200508
86	ZL201910628520.X	一种毛竹冬笋探测装置	国际竹藤中心、安徽农业大学	高健、缪振兴、江朝晖、石鑫	20190712	20201016
87	ZL201811509631.0	一种竹材长效防霉耐磨的加工方法	国际竹藤中心、中国科学院青岛生物能源与过程研究所	费本华、唐彤、陈秀芳、张波	20181211	20200925
88	ZL201710456250.X	一种黄花风铃木盆栽的方法	国家林业和草原局桉树研究开发中心	尚秀华、张沛健、吴志华、彭彦、李超、谢耀坚	20170616	20200703
89	ZL201911111341.5	一种自动劈麻反拉式苎麻剥麻机	国家林业和草原局哈尔滨林业机械研究所、中国林业科学研究院亚热带林业实验中心	郭克君、谭新建、张殿松、朱炯光、满大为、苏宁、厉月乔、吴立国	20191114	20200828
90	ZL201610604447.9	分布式云环境下林地专题图瓦片快速生成方法	国家林业和草原局调查规划设计院	张煜星、许等平、黄国胜、任怡、罗鹏、王雪军、杜震洪、王六如	20160721	20200915
91	ZL201711179384.8	自附着植被种植模块	国家林业和草原局竹子研究开发中心	杜旭华、王玉魁、毕毓芳、王安可、吴志庄	20171123	20200529
92	ZL201710297178.0	桉树种子园矮化及防风栽培方法及其桉树种子园	国家林业局桉树研究开发中心	林彦、罗建中、卢万鸿、王楚彪	20170428	20200623
93	ZL201710455978.0	一种同株多品系风铃木的嫁接方法	国家林业局桉树研究开发中心	尚秀华、张沛健、吴志华、彭彦、谢耀坚、李超	20170616	20200630
94	ZL201811090207.7	一种桐花树扦插繁育的方法	国家林业局桉树研究开发中心	吴志华、陈粤超、李超、方良、尚秀华	20180918	20200724
95	ZL201510685299.3	移动式落叶吸集机	国家林业局北京林业机械研究所	闫承琳、李晓旭	20151022	20200925
96	ZL201710373833.6	一种除口臭牙膏伴侣及其制备方法	国家林业局泡桐研究开发中心	傅建敏、韩卫娟、孙鹏、刁松锋、索玉静、张嘉嘉、李芳东、张悦、王振旭、李树战、周少芳	20170524	20200211
97	ZL201610226777.9	利用 SSR 分子标记进行仁用杏种质鉴定的方法	国家林业局泡桐研究开发中心	乌云塔娜、包文泉、赵罕、朱高浦	20160413	20200626
98	ZL201510304498.5	一种提高杜仲含胶量的方法	国家林业局泡桐研究开发中心	乌云塔娜、王淋、杜兰英、杜红岩	20150604	20200612
99	ZL201710804787.0	光皮木瓜中黄酮类物质的提取方法	国家林业局泡桐研究开发中心	岳华峰、杨超伟、孙陶泽、黄琳、贾先强、马梦婕、贾瑞、吴创业、申镇海、李相宽、张丹	20150305	20200519

（续）

序号	专利号	专利名称	专利权人	发明人	申请日	授权公告日
100	ZL201710805488.9	光皮木瓜黄酮类物质的提取方法	国家林业局泡桐研究开发中心	赵罕、杨绍彬、王玉忠、赵晓东、贾先强、王永周、王徽全、贾瑞、范建力、王万强、张小勇	20150305	20200501
101	ZL201710804789.X	光皮木瓜黄酮类物质的提取工艺	国家林业局泡桐研究开发中心	段伟、李相宽、王玉忠、寿园园、赵晓东、郭力、王徽全、黄琳、刘永恒、范建力、王永志、岳华峰、张丹	20150305	20200501
102	ZL201611047728.5	一种新鲜毛竹笋中提取蛋白的方法	国家林业局竹子研究开发中心	吴良如、杨慧敏、杨金来、钟浩、潘雁红、叶晓丹	20161122	20200110
103	ZL201610711109.5	网格状交替式竹林覆盖栽培方法	国家林业局竹子研究开发中心	高贵宾、钟浩、吴志庄、潘雁红、吴良如、田新立、杨慧敏	20160822	20200131
104	ZL201810853076.7	一种模拟天然竹木混交的毛竹纯林生态改造方法	国家林业局竹子研究开发中心	高贵宾、吴志庄、温星、田新立、张小平、彭辉、周红敏、钟浩、潘雁红	20180730	20201225
105	ZL201711118546.7	一种用于高氮废水处理的生物炭过滤系统及其运行方式	国家林业局竹子研究开发中心	张小平、钟哲科、杨生茂、吕豪豪、何莉莉	20171113	20200522
106	ZL201810727408.7	一种增强型单板层积材及其制备方法	国家林业局竹子研究开发中心	鲍敏振、李能、陈玉和、于文吉、余养伦	20180705	20200807
107	ZL201810934714.8	一种竹木用复合涂层防水方法	国家林业局竹子研究开发中心	吴再兴、陈玉和、包永洁、何盛、黄成建、鲍敏振、郭仁聪	20180816	20200908
108	ZL201911324703.9	一种鱼藤酮及类似物的大孔树脂提取方法	海南省林业科学研究所	郭霞	20191220	20201013
109	ZL201710220972.5	保墒防草生态垫及其制作方法	河北省林业和草原科学研究院	赵广智、马增旺、邢存旺、高云昌、王学勇、臧永琪、廉诗启、邢海福、孟海进、高彦生、张静、江大勇、张玉蕊、付晓燕、李丹	20170406	20200804
110	ZL201810141991.3	油松育苗方法	河北省林业和草原科学研究院	武亚敬、毕君、刘泽勇、徐振华、陈霞、张东风、尤海舟、李联地、任启文、李梦钗、高红真	20180211	20200424
111	ZL201710221647.0	一种苗木栽培方法	河北省林业科学研究院	赵广智、邢存旺、马增旺、高云昌、王学勇、臧永琪、邢海福、廉诗启、孟海进、张玉蕊、江大勇、张静、高彦生、付晓燕、李丹	20170406	20200526

（续）

序号	专利号	专利名称	专利权人	发明人	申请日	授权公告日
112	ZL201710712210.7	一种北方大叶女贞的抗寒育苗方法	河北省林业科学研究院	林艳、赵志新、郭伟珍、张鸿景、徐振华、郭小军	20170818	20200616
113	ZL201711079869.X	促使严重退化油松林地恢复的方法	河北省林业科学研究院	任启文、李联地、尤海舟、李洁、王超、毕君	20171106	20200124
114	ZL201811467990.4	一种丝棉木中央领导干树形修剪方法	河北省林业科学研究院	闫淑芳、黄晓旭、冯树香、刘易超、董谦、樊彦聪、陈丽英	20181203	20200218
115	ZL201711459963.8	一种促进红巴伦海棠自然成形的方法	河北省林业科学研究院	闫淑芳、冯树香、黄印冉、董谦、刘易超、刑智远、于殿成、黄晓旭、陆学海、王慧芝、霍对对	20171228	20200428
116	ZL201810392651.8	一种苗木抗寒防冻的方法	河北省林业科学研究院	任启文、李联地、尤海舟、李洁、王鑫、徐振华、张岩、张树梓	20180427	20200714
117	ZL201810793314.X	一种构树汁液采收器及采收方法	河南省林业科学研究院	翟晓巧、王念、董玉山、任媛媛、王文君、翟翠娟、何威	20180718	20200811
118	ZL201711422077.8	一种省力化接骨木整形修剪方法	河南省林业科学研究院	沈植国、丁鑫、汤正辉、程建明、沈希辉、韩健、陈尚凤	20171225	20200214
119	ZL201810589828.3	鲜枣生产、污水处理及品质检测一体化设备	河南省林业科学研究院	孙晓薇、金钰、孟海波、白社娟、刁松锋、王少波、张艺凡、张素娟、李亚茹、张朝晖、王永斌、蒋卉	20180608	20201222
120	ZL201810619310.X	一种皂荚快速结刺结果树型培育方法	河南省林业科学研究院	范定臣、刘艳萍、杨伟敏、骆玉平、曾辉、翟桂红、闫立新、张晨旭、赵英普	20180615	20200207
121	ZL201810588155.X	鲜枣生产及品质检测工艺	河南省林业科学研究院、国家林业和草原局泡桐研究开发中心、三门峡市林业科学研究所	金钰、刁松锋、孟海波、于磊、钱世江、白社娟、孙晓薇、王晋生、王海军、张勇、李厚强、蒋卉、马常云	20180608	20201215
122	ZL201810788640.1	一种水文监测装置	黑龙江省林业科学研究所	蒙宽宏、姚佳、邢亚娟、郭树平、张妍妍、曹焱、张文达、李海霞、张海峰、王岩	20180718	20200602
123	ZL201810761140.9	一种河道最低水位计	黑龙江省林业科学研究所	蒙宽宏、姚佳、邢亚娟、郭树平、曹焱、张妍妍、张文达、李海霞、张海峰、王岩	20180712	20200728
124	ZL201810775372.X	一种苗木地径测量装置	黑龙江省林业科学研究所	蒙宽宏、姚佳、邢亚娟、张文达、曹焱、张妍妍、张海峰、王岩、宁晓光、杨凯、叶梦圆、孔庆子、郑鑫磊	20180716	20200728

（续）

序号	专利号	专利名称	专利权人	发明人	申请日	授权公告日
125	ZL201810788656.2	一种河道最高水位计	黑龙江省林业科学研究所	蒙宽宏、姚佳、邢亚娟、郭树平、张妍妍、曹焱、张文达、李海霞、张海峰、王岩	20180718	20200605
126	ZL201811248630.5	一种草地植被盖度测量装置	黑龙江省林业科学研究所	肖锐、朱万才、贾炜玮、吴瑶、李亚洲、吕跃东、张怡春、孙楠、张妍妍、王岩	20181025	20200414
127	ZL201811242005.X	一种滚筒式土壤筛分仪	黑龙江省林业科学研究所	肖锐、贾炜玮、李亚洲、朱万才、张妍妍、吴瑶、王岩、张怡春、孙楠、吕跃东	20181024	20200707
128	ZL201810831068.2	一种利用生物反应器培养胡桃楸不定根的方法	黑龙江省林业科学研究所	张建瑛、殷东生、魏晓慧、李京、田新华	20180726	20200403
129	ZL201610565437.9	智能红松籽压裂机	黑龙江省牡丹江林业科学研究所	洪庆、马立峰、安殿军、袁中山、阮立强、刘学龙、姜海波、曲跃军、刘影、李红莉、周冬跃、付静	20160708	20200612
130	ZL201710975425.8	菱形交织图案重组装饰单板的制造方法	黑龙江省木材科学研究所	曾春雷、黄海兵、王春明、刘秀艳、黄在华、王后军	20171018	20200501
131	ZL201810643218.7	一种节能地热地板系统	黑龙江省木材科学研究所	刘一楠、王宏棣、郑拓宇、宋德年、刘珊杉、毛磊	20180621	20200207
132	ZL201910671285.4	一株樟子松根际具疣篮状菌 SBS-ZGTP02 及其应用	黑龙江省森林保护研究所	邓勋、宋小双、遇文婧、闵凯、周琦、刘欣	20190724	20200626
133	ZL201710545577.4	一种竹材加工方法及装置	湖北省林业科学研究院	李军章、李光荣、李晖、王宵、蒋承定、蔡芳	20170706	20200214
134	ZL201610438592.4	一种五倍子春迁蚜的机械封装保存方法	湖北省林业科学研究院	查玉平、严高红、陈京元、宋德应、王义勋、肖德林、洪承昊、蔡三山、张子一	20160620	20200331
135	ZL201710505616.8	一种用于控制原竹截断机的控制系统及控制方法	湖北省林业科学研究院	李军章、李光荣、辜忠春、王宵、刘谊、杨柳、蔡芳、蒋承定	20170628	20200214
136	ZL201710731111.3	一种松材线虫的防治药剂及制备方法	湖北省林业调查规划院（湖北省林业厅森林资源监测中心）	罗雷、张涛	20170823	20200218
137	ZL201710155121.7	一种紫薇夏季嫁接育苗方法	湖南省林业科学院	王晓明、李永欣、曾慧杰、乔中全、蔡能	20170315	20200602
138	ZL201710681587.0	一种毛竹笋原汁乳及其制备方法	湖南省林业科学院	胡伟、艾文胜、杨明、涂佳、孟勇	20170810	20201030
139	ZL201710643554.7	一种青钱柳硬枝扦插育苗方法	湖南省林业科学院	童方平、吴敏、刘振华、李贵、陈瑞、童琪、王栋	20170731	20200724

（续）

序号	专利号	专利名称	专利权人	发明人	申请日	授权公告日
140	ZL201711433374.2	一种青钱柳茶园化栽培方法	湖南省林业科学院	童方平、吴敏、刘振华、李贵、陈瑞、林峰、王栋、童琪	20171226	20200331
141	ZL201810209519.9	一种丛生竹埋节育苗的方法	湖南省林业科学院	艾文胜、汤浪涛、孟勇、杨明、胡伟、李美群、涂佳、彭超	20180314	20200714
142	ZL201911186731.9	一种微波耦合液氧辅助木本油料剩余物热解气化方法	湖南省林业科学院	张爱华、肖志红、李昌珠、李培旺、李力、李启刚、缪一夫	20191118	20201201
143	ZL201810261956.5	一种土壤种子库湿地生态修复方法	湖南省林业科学院	牛艳东、徐佳娈、罗佳、马丰丰、吴小丽、姚敏、曾掌权、邓楠	20180328	20200410
144	ZL201710820828.5	一种自动活体分装袋式赤眼蜂的释放装置及其制备方法	湖南省林业科学院、湖南林科达农林技术服务有限公司、湖南省兴林有害生物防治有限公司	颜学武、周刚、汤玉喜、何振、唐洁、夏永刚、李密、喻锦秀、赵正萍、邓婉、谢逸非	20170913	20201030
145	ZL201610049549.9	一种厚果崖豆藤在单排立柱藤架上的快速绿化方法	湖南省森林植物园	颜立红、向光锋、刘小雄、田晓明、蒋利媛、刘艳、肖绿田、喻尚平、黄秀、欧阳泽怡	20160125	20200529
146	ZL201710403247.1	一种黄条金刚竹的育苗方法	湖南省森林植物园	刘玮、郑硕理、黄程前、黄滔、黄文韬、陈白冰	20170601	20200317
147	ZL201710002956.9	常春油麻藤的盆栽方法	湖南省森林植物园	向光锋、颜立红、蒋利媛、田晓明、欧阳泽怡、钱俐冰	20170104	20200424
148	ZL201810741593.5	一种悬铃木开花调控基因及其在控制植物开花中的应用	华中农业大学、武汉市园林科学研究院	刘国锋、张思思、包满珠、邓巧红、周琴	20180706	20200925
149	ZL201910011481.9	苦郎树的组织培养方法	惠州市林业科学研究所［广东省林业区域性试验（惠州）中心］	刘德浩、徐平、陈智涛、舒夏竺、廖文莉、郑洲翔	20190107	20201124
150	ZL201710685811.3	一种利用遥感技术进行森林生态功能区划的方法	吉林省林业科学研究院	张忠辉、包广道、张大伟、胡长群、刘婷、何怀江、王娟、张春雨、林士杰、王梓默、史宝库、杨雨春、赵珊珊、罗也、赵吉胜、杨晶、杨文香、宋彦彦	20170811	20200526
151	ZL201710712403.2	一种平榛种子的催芽方法	吉林省林业科学研究院	刘庚、任军、林玉梅、张立民	20170818	20201208
152	ZL201710216664.5	一种大量拧筋槭种子夹裂装置	吉林省林业科学研究院	林士杰、张忠辉、赵珊珊、朱红波、于海媛、赵丹、张大伟、付世萃、王君、包广道、李杰玲、卞大伟、李娟、王梓默、杨雨春、勾天兵、姚旭东、刘新荣、杨帆、韩姣	20170325	20201120

（续）

序号	专利号	专利名称	专利权人	发明人	申请日	授权公告日
153	ZL201811583132.6	一株链霉菌及其应用	吉林省林业科学研究院	李立梅、陈越渠、宋丽文、李兴鹏、左彤彤、邹建军、毛赫、勾天兵、杨帆、陈思羽、刘庆珍	20181224	20200630
154	ZL201810508777.7	一种结合图像识别的树皮抗热辐射性能综合测定方法	吉林省林业科学研究院	章林、周勇、赵凤君、李娟、张大明、王晓娜、章森、刘慧娟、刘庚、孙景花	20180524	20200731
155	ZL201810357945.7	一种渡边长体茧蜂的规模化扩繁方法	吉林省林业科学研究院	李兴鹏、宋丽文、张杨、张凯鹏、李立梅、陈越渠、左彤彤	20180420	20201110
156	ZL201810540470.5	一种红松梢斑螟啮小蜂的规模化扩繁方法	吉林省林业科学研究院、李兴鹏、宋丽文	宋丽文、李兴鹏、李亚男、陈越渠、左彤彤、张杨、张凯鹏	20180530	20201113
157	ZL201610836411.3	一种延迟油用牡丹落叶的方法	江苏省林业科学研究院	蒋泽平、汪有良、董筱昀、吕运舟、胡高瞻	20160920	20200421
158	ZL201811066331.X	一种砧树桥靠接古树名木的方法	江苏省林业科学研究院	徐明、李玉奇、刘云鹏、李沛峰、郑华英	20180913	20201030
159	ZL201910188106.1	一种红果榆容器培育大苗的方法	江苏省林业科学研究院	李冬林、许春玲、赵莲花、王富河	20190313	20200929
160	ZL201810742290.5	一种构建石蒜属遗传转化体系的方法	江苏省中国科学院植物研究所、杭州植物园（杭州市园林科学研究院）	郑玉红、张鹏翀、庄维兵、傅力、刘天宇、鲍淳松、韩福贵	20180709	20200114
161	ZL201811105861.0	一种山茶属多态性叶绿体基因组微卫星分子标记引物及筛选和甄别近缘种的方法	江西省林业科学院	温强、殷鑫、刘丽婷、李田、王建文、杨军、朱恒、叶金山、徐立安	20180920	20200522
162	ZL201710969970.6	一种木芯材真空浸渍改性的方法	江西兴创木业有限责任公司、江西省林业科学院	贺磊、胡计华、方精忠、谢阳志、王玉、刘斌、王小东	20171018	20200814
163	ZL201810168073.X	一种菌根性食用菌促繁增产的方法	昆明市林业科学研究所、云南上智科技有限公司	段丽华、甘云浩、代永彬、黄泽远、钟华、赵苗、岳金龙、陈杨、张平安	20180228	20200714
164	ZL201710533350.8	长序榆果实离体培育及其播种育苗方法	丽水市林业科学研究院	洪震、吴伟建、雷小华、蒋金荣、梁炜、练发良	20170703	20200324
165	ZL201711145867.6	一种全自动接种机	丽水市林业科学研究院	应国华、杨振华	20171117	20201113
166	ZL201810916807.8	一种害虫诱捕器	丽水市林业科学研究院	李泽建、刘萌萌、钟义海、姜兵、潘心禾、王敏彪、何小勇	20180813	20201103
167	ZL201811166832.5	一种可模式化应用的建设周年彩化林相的方法	丽水市林业科学研究院	练发良、张声梯、王军峰、洪震、杜有新、何小勇、戴海英、宋艳冬	20180930	20201201
168	ZL201611105358.6	一种食用菌菌棒式全自动接种机	丽水市林业科学研究院、杨振华	应国华、杨振华	20161205	20200317

（续）

序号	专利号	专利名称	专利权人	发明人	申请日	授权公告日
169	ZL201910022808.2	一种体育木地板滚动负荷检测装置	刘一楠、王宏棣、黑龙江省木材科学研究所	刘一楠、王宏棣、周志芳、陈晓光、谢万智	20190110	20200501
170	ZL201711382508.2	防治油茶病虫害的生物农药及其制备方法	罗山县灵山茶业有限责任公司、信阳农林学院、信阳市林业科学研究所	钱晓玲、易明宇、刘璐璐、卜付军、张玉虎、胡汉主、余楷、易明亮、刘福宾、曹春和、雷龙玲、吴钊、江原猛、余亚平	20171220	20200619
171	ZL201811119115.7	缓树势防落果梨树树形及修剪方法	濮阳市林业科学院	吉洪坤、桑圣奇、赵俊芳、乔趁峰、董廷俊、常聚普、程国华、高丽芳、李洁茹、侯珂芬、李国红、杨旭琦、张严凡、杨旭照、张杜娟、魏鸿利、孙利娟、闫志鹏、宋卫平、邢凯凯、刘兆勇、张素文	20180926	20201124
172	ZL201610479478.6	一种白及苗阔叶林下种植方法	普洱市林业科学研究所、普洱市玉林林业开发有限公司	杨利华、唐红燕、童清、聂艳丽、贾平、李倩、许丽萍、史富强、张朝义、张建珠、赵俊波、李宁华、李智慧、戴林利、刘瑶瑶、唐海英	20160627	20200117
173	ZL201710443350.9	一种无花果冰冻、解冻保鲜方法	齐鲁工业大学、山东省林业科学研究院	孙锐、孙蕾、贾明	20170613	20201127
174	ZL201810037076.X	一种耐盐碱速生白榆无性系不定芽组培生根方法	山东建筑大学、山东省林业科学研究院	慕德宇、梁玉、王强、范小莉、房用、慕宗昭、林大为、冒文娟	20180115	20200320
175	ZL201710047096.0	一种核桃硬枝方块芽接育苗方法	山东省林业科学研究院	王翠香、韩传明、姚玉章、侯立群、孙超、赵登超、杨庆山、姜楠南	20170122	20201020
176	ZL201710958436.5	一株贝莱斯芽孢杆菌及其在防治核桃溃疡病中的应用	山东省林业科学研究院	段春华、李宗泰、牛赡光、张淑静、刘愍、王清海、曲永赟	20171016	20200417
177	ZL201710141860.0	一种提高杨树切枝水培杂交育种种子结实率和质量的方法	山东省林业科学研究院	董玉峰、李善文、何明明、朱文成、舒秀阁、任飞、秦光华、荀守华、王卫东	20170310	20200121
178	ZL201610882922.9	一种提高滨海重度盐碱地 NyPa 牧草栽植成活率的方法	山东省林业科学研究院	王月海、董玉峰、夏阳、秦光华、韩丛聪、韩友吉、庞彩红、姜福成、魏士省	20161010	20200925
179	ZL201610069155.X	一种冬枣专用富硒叶面肥及其制备方法与施用方法	山东省林业科学研究院	杜振宇、马海林、马丙尧、刘方春、李丽、王清华	20160129	20200407
180	ZL201810979263.X	一种提高旱柳人工控制杂交杂种获得率的方法	山东省林业科学研究院	秦光华、于振旭、宋玉民、乔玉玲、彭琳	20180827	20200714
181	ZL201811210040.3	一种提高旱柳耐盐性能的方法	山东省林业科学研究院	秦光华、于振旭、宋玉民、乔玉玲、彭琳	20181017	20200825

（续）

序号	专利号	专利名称	专利权人	发明人	申请日	授权公告日
182	ZL201711396251.6	一株重盐碱地植物根际促生阿氏芽孢杆菌及其应用	山东省林业科学研究院	井大炜、马海林、刘方春、刘幸红、马丙尧、杜振宇、杨庆山、周健、彭琳	20171221	20200522
183	ZL201811209195.5	一种固定旱柳速生性状的杂交方法	山东省林业科学研究院	秦光华、于振旭、宋玉民、乔玉玲、彭琳	20181017	20201023
184	ZL201810599479.3	植物叶绿素测定方法及提取装置	山东省林业科学研究院	王斐、宋磊、王静、董玉峰、秦光华、杜震宇	20180612	20200825
185	ZL201810213725.7	基于 SSR 标记的国槐 DNA 指纹图谱库及其构建方法	山东省林业科学研究院	庞彩红、夏阳、李双云、张明静、杨勇、刘盛芳、臧真荣、付茵茵、李自峰、王守国、亓玉昆	20180315	20200721
186	ZL201910093872.X	一种提取植物叶绿素的红色降解物的方法与装置	山东省林业科学研究院	王斐	20190130	20201222
187	ZL201810343861.8	一株甲基营养型芽孢杆菌及其在防治白蜡褐斑病中的应用	山东省林业科学研究院	刘德玺、杨庆山、刘贵民、张淑静、刘盛芳、刘幸红、牛赡光	20180417	20200207
188	ZL201910093870.0	一种侧柏近自然基质容器苗培育和促进林地更新的方法	山东省林业科学研究院	王斐、董玉峰、吴德军、刘幸红	20190130	20201030
189	ZL201810343840.6	一株枯草芽孢杆菌及其在防治牡丹红斑病中的应用	山东省林业科学研究院	刘德玺、杨庆山、刘贵民、张淑静、刘幸红、牛赡光	20180417	20200110
190	ZL201811025203.0	一种提高接骨木人工控制授粉座果率的方法	山东省林业科学研究院	姚俊修、吴德军、李善文、任飞、李庆华、马荣申	20180904	20201229
191	ZL201810343839.3	一株侧耳木霉及其在防治冬枣炭疽病中的应用	山东省林业科学研究院	刘慇、张淑静、牛赡光、刘盛芳、刘幸红、秦绪兵	20180417	20200327
192	ZL201810321924.X	一种用于饲料型四倍体刺槐的工厂化育苗方法	山东省林业科学研究院	李双云、夏阳、付茵茵、庞彩红、刘盛芳、臧真荣、亓玉昆	20180411	20200214
193	ZL201810264370.4	一种破除芍药芽休眠的方法	山东省林业科学研究院	姜楠南、徐金光、房义福、孙音、王媛、温立柱、吴晓星	20180328	20200807
194	ZL201810209782.8	国槐新品种华箭 SSR 标记指纹图谱的构建方法与应用	山东省林业科学研究院	夏阳、庞彩红、李双云、张明静、臧真荣、杨勇、付茵茵、刘盛芳、梁慧敏、王守国、白玉梅	20180314	20200619
195	ZL201910010995.2	一种林木抗旱促生胶体型基质及其应用	山东省林业科学研究院	刘方春、马海林、任丽英、刘丙花、刘幸红、马丙尧、杜振宇、彭琳、李丽、井大炜、吕雷昌、张文馨	20190107	20201229

（续）

序号	专利号	专利名称	专利权人	发明人	申请日	授权公告日
196	ZL201810989507.2	一种提高粉枝柳无性繁殖成活率的方法	山东省林业科学研究院	秦光华、于振旭、宋玉民、乔玉玲、彭琳	20180828	20200619
197	ZL201810874928.0	一种提高楸树人工杂交育种效率和质量的方法	山东省林业科学研究院	董玉峰、朱文成、王卫东、李善文、王延平、秦乃花、舒秀阁、毛秀红、韩丛聪	20180803	20201020
198	ZL201510733603.7	一种木材单板微波干燥装置及干燥方法	山东省林业科学研究院、山东千森木业集团有限公司	李长贵、吕雷昌、李牧、朱文成、刘联合、杨庆山、郭永胜	20151102	20200508
199	ZL201811098044.7	基于 BP 神经网络的盐碱地稳定性预测方法及系统	山东省林业科学研究院、山东省农业科学院科技信息研究所	王清华、杨玉建、仝雪芹、杜振宇、葛忠强	20180920	20200925
200	ZL201710843827.2	基于互联网终端的森林监测系统	山西省林业科学研究院	杨静、刘菊、孙拖焕、梁守伦、刘随存、郭晓东、樊兰英、崔雅琴、孙向宁、常建国	20170919	20200529
201	ZL201710149540.X	一种莱氏野村菌菌株及在防治淡剑灰翅夜蛾上的应用	上海市园林科学规划研究院	徐颖、罗卿权、路广亮	20170307	20200515
202	ZL201710382175.7	一种秦岭岩白菜的无性繁殖方法	上海市园林科学规划研究院	吕秀立、沈烈英、张群、张琪	20170522	20200121
203	ZL201810205918.8	建筑物固体废弃物的就地分层利用及在降低土壤盐碱上的应用	上海市园林科学规划研究院	张浪、朱永官、罗启仕、郑思俊、韩继刚、李晓策、伍海兵	20180313	20200731
204	ZL201810206584.6	一种种植乔木用多穴分层消纳固体废弃物的方法	上海市园林科学规划研究院	张浪、曹福亮、李跃忠、郑思俊、梁晶、富婷婷、黄建荣、尧鸿飞	20180313	20200630
205	ZL201810208762.9	绿化乔木固定装置	上海市园林科学规划研究院	张浪、薛建辉、郑思俊、张冬梅、富婷婷、李晓策	20180314	20200121
206	ZL201810793579.X	一种彩色叶植物的施肥方法	上海市园林科学规划研究院	周建强、方海兰、郝冠军、俞杨浏、赵晓艺、朱丽、王若男	20180719	20201002
207	ZL201810209403.5	低层建筑生态绿地结构及方法	上海市园林科学规划研究院	张浪、薛建辉、郑思俊、张冬梅、富婷婷、李晓策	20180314	20201030
208	ZL201810338635.0	盐生植物盐草的种子繁殖方法	上海市园林科学规划研究院	有祥亮、张冬梅、罗玉兰、张浪	20180416	20200619
209	ZL201710649095.3	一种厚皮香的盆景栽培方法	上饶市林业科学研究所	曹晓平、杨森兴、沈爱民、沈建群、游晓庆、于宏、邹芸、余艳琳、彭勇、占丽君	20170801	20201225
210	ZL201510578551.0	一种生物质基缓释农药及其制备方法	沈阳化工研究院有限公司、中国林业科学研究院木材工业研究所	邹献武、秦特夫、丑靖宇、康卓、杨辉斌、李改云	20150911	20200424
211	ZL201710591253.4	一种康定木兰的高桩枝接方法	四川农业大学、甘孜藏族自治州林业科学研究所	刘光立、伍杰、刘庆林、彭克忠、张帆、刘燕云、蔡仕珍、兰常军、马均	20170719	20201009

（续）

序号	专利号	专利名称	专利权人	发明人	申请日	授权公告日
212	ZL201710509085.X	一种獭兔源枯草芽孢杆菌及其在提高獭兔生长性能中的应用	四川农业大学、四川省草原科学研究院	倪学勤、王洁、文斌、曾东、刘汉中、周毅、汪平、熊律晨、刘磊、罗敏、林奕岑、傅祥超、曾燕、余志菊、潘康成、简文素、景波、曾元盛	20170628	20201023
213	ZL201710524645.9	一种基于视频数据的牦牛计数方法	四川省草原科学研究院	赵洪文、罗晓林、安添午	20170630	20201117
214	ZL201910025982.2	一种提高大花红景天成苗率的育苗方法	四川省草原科学研究院	赵文吉、何正军、贾国夫、白史且、张昌兵、闫利军	20190111	20201201
215	ZL201910439665.5	基于老芒麦基因组序列开发的单位点 SSR 引物组及其应用	四川省草原科学研究院、四川农业大学	白史且、马啸、鄢家俊、伍文丹、李达旭、常丹、游明鸿、雷雄	20190524	20200317
216	ZL201710978868.2	一种核桃夏季芽接方法	四川省林业科学研究院	王静、李丕军、慕长龙、邢文曦、王泽亮、杜晋城、郑崇文、刘华	20171019	20200804
217	ZL201811524904.9	岷江柏苗期抗旱性的综合评价方法	四川省林业科学研究院	冯秋红、史作民、徐峥静茹、缪宁、何建社	20181213	20201110
218	ZL201910221005.X	一种基于负压技术的多倍体育种方法	泰安市泰山林业科学研究院	张林、王郑昊、王峰、孙忠奎、张安琪、程甜甜、仲凤维、李承秀、谢学阳、乔谦	20190322	20201222
219	ZL201910076473.2	一株对枸杞叶枯病有防效的萎缩芽孢杆菌、生物菌剂及其应用	武威市林业科学研究院	刘伟、张军、何彩、王多文、曹虎、史星雲、金娜、李强、张勤德、王鑫、赵连鑫、郭艳兰、张强威、李栋、董存元、姚元文	20190126	20200925
220	ZL201910141116.X	一株梨干枯病拮抗菌、生物菌剂及其应用	武威市林业科学研究院	何彩、张军、刘伟、王多文、金娜、王鑫、史星雲、李强、张鹏、曹虎、郭艳兰、张勤德、牟德生、赵连鑫、段爱莉、李栋、董存元	20190226	20201030
221	ZL201910178749.8	一种组织完整、利于显微观察的植物组织切片的制备方法	西南大学、贵州省草业研究所	曾兵、吴佳海、王少青、陈思怀、牟琼、张文、李娟	20160629	20200811
222	ZL201810955561.5	一种花榈木嫁接方法	湘潭市林业科学研究所（湘潭市金鸡岭国有林场）	文虹、周洁尘、朱天才、方亮、吴红强、冯加生、林波、钟行、彭皎	20180821	20200602
223	ZL201611224493.2	核桃树嫁接后的管理方法	新疆林科院经济林研究所	阿卜杜许库尔·牙合甫、木合塔尔·扎热、张强、白剑宇、地力夏提·包尔汉、米热古丽·亚森、故丽米热·卡克什	20161227	20200915
224	ZL201710062509.2	一种促进黑果小檗种子快速发芽的方法	新疆林科院森林生态研究所	李吉玫、张毓涛、刘丽燕、李翔、芦建江、韩燕梁	20170122	20201120

（续）

序号	专利号	专利名称	专利权人	发明人	申请日	授权公告日
225	ZL201610705731.5	胡杨和灰杨的天然杂交变异种灰胡杨选育新品种的方法	新疆林科院造林治沙研究所	鲁天平、宁虎森、颜安、郭靖、海妮肯·山台、宋政梅	20160822	20200131
226	ZL201710555908.2	一种核桃果材兼用林的培育方法	新疆林业科学院	李宏、程平	20170710	20200724
227	ZL201710803396.7	利用生活污水回收再利用实现干旱矿区生态修复的方法	新疆林业科学院	程平、李宏、宋薇、韩政伟、张齐武、赵泽、巴合提·牙尔、早日古·吐逊江	20170908	20200609
228	ZL201710111931.2	一种快速确定拟引进树种抗寒性的实验方法	新疆林业科学院	李宏、伊丽米努尔、程平、张志刚、郑朝晖	20170228	20200306
229	ZL201710555350.8	干旱灌溉区域果树肥料饲喂窗口的一种创建方法	新疆林业科学院	李宏、程平、杨璐、张志刚、郑朝晖	20170710	20201204
230	ZL201710969033.0	一种提高鸢尾属植物种子萌发的方法	新疆林业科学院	卢明艳、毕晓颖、徐兵强、娄琦	20170927	20201201
231	ZL201710235471.4	一种自动提取控制点的光谱影像校正方法	新疆林业科学院现代林业研究所	张绘芳、丁程锋、高亚琪、高健、地力夏提·包尔汉、王蕾、朱雅丽、张景路	20170412	20200908
232	ZL201610929192.3	一种基于点云数据的全凸闭合连续曲线的树干直径提取方法	信阳师范学院、中国林业科学研究院资源信息研究所	尤磊、唐守正、宋新宇、王财玉、李艳灵	20161031	20200519
233	ZL201811077142.2	一种利用赤霉素提高紫珠种子萌发率的方法	烟台市林业科学研究所	苗杰、路兆军、李保进、杨正辉、王连红、王淑惠、陈丽英、张建梅、孙传涛	20180915	20201030
234	ZL201811077141.8	一种物理打破枳椇种子休眠的方法	烟台市林业科学研究所	苗杰、孙太元、路兆军、李保进、杨正辉、王连红、崔海金、孙传涛	20180915	20201124
235	ZL201810577491.4	一种紫薇高接换种的嫁接方法	永州市林业科学研究所	谢红梅、柏劲松、滕洲	20180607	20201229
236	ZL201910893998.5	一种高压冲洗去皮机构及节能环保型去皮护色装置	云南省林业和草原科学院	耿树香、宁德鲁、贺娜、陈海云、徐田、马婷、缪福俊、刘琦、芳凤学	20190920	20201106
237	ZL201910938567.6	一种坚果仁加工设备	云南省林业和草原科学院	耿树香、贺娜、宁德鲁、马婷、徐田、陈海云	20190930	20201106
238	ZL201910938336.5	一种去核桃内皮装置及核桃仁加工系统	云南省林业和草原科学院	耿树香、宁德鲁、贺娜、陈海云、马婷、徐田、缪福俊	20190930	20201106
239	ZL201610388848.5	一种橡胶林改造恢复热带雨林的造林方法	云南省林业科学院	王卫斌、李江、陈伟、陆斌、杨德军、陈剑、邱琼、裴艳辉、孟梦、冯弦	20160603	20200327
240	ZL201910536676.5	一种核桃仁去内皮护色装置及核桃仁加工方法	云南省林业科学院	宁德鲁、耿树香、贺娜、陈海云、马婷、徐田、缪福俊	20190620	20200728

（续）

序号	专利号	专利名称	专利权人	发明人	申请日	授权公告日
241	ZL201810269967.8	促进史密斯桉种子园开花结实和提高种子发芽率的方法	云南省林业科学院	蒋云东、周云、李思广、景跃波、谷丽萍、许林红、罗娅、杨斌、徐德兵、石忠强	20180329	20200327
242	ZL201810491756.9	一种油茶象引诱剂及引诱剂诱芯制作方法	云南省林业科学院油茶研究所	闫争亮、陈福、张林涛、郭晓春、徐德兵、贾代顺、廖永坚、刘倬志、马惠芬、户连荣、宋顺超、袁其琼、谷丽萍	20180521	20200911
243	ZL201810491597.2	一种刺股沟臀肖叶甲引诱剂	云南省林业科学院油茶研究所	陈福、闫争亮、张林涛、徐德兵、郭晓春、贾代顺、廖永坚、刘倬志、马惠芬、户连荣、宋顺超、袁其琼、谷丽萍	20180521	20201208
244	ZL201810434563.X	一种基于高桩换优提高核桃产量的方法	昭通市林业和草原科学研究所	曾清贤、李正银、丁永平、蒋德惠、唐正森、吴兴平、张德良、陈梅、张琴	20180509	20201218
245	ZL201710069992.7	一种低温压榨香榧油的生产方法	浙江佰帆农业开发有限公司、浙江省农业科学院、嵊州市林业技术推广中心	裘晓云、储开江、陈琳、卢红伶、胡文君、沈国新、郭玮龙、求鹏英、张红	20170208	20200707
246	ZL201710901258.2	一种超临界 CO₂ 发泡材料用生物基多孔碳材料	浙江工业大学、国际竹藤中心	钟明强、赵正平、费本华、张波、陈秀芳、杨晋涛、陈枫	20170928	20200825
247	ZL201711237710.6	一种应用离子液体提取制备竹叶黄酮的方法	浙江科技学院、浙江省林业科学研究院	周一峰、王丽玲、葛青、刘铁兵、毛建卫	20171130	20201208
248	ZL201810191386.7	四翅滨藜接种肉苁蓉的方法	浙江趋衡公益基金会、甘肃省治沙研究所	王帅、李得禄、纪永福、姜生秀、吴昊、王飞	20180308	20200626
249	ZL201710669567.1	一种运用花粉管通道转化法培育耐寒热带睡莲的方法	浙江人文园林股份有限公司、中国林业科学研究院亚热带林业研究所	余翠薇、乔桂荣、余东北、邱文敏、陈煜初、卓仁英、蒋晶、沈燕	20170808	20200904
250	ZL201710116372.4	一种藤茶与木本油料作物、山稻仿生复合经营方法	浙江省林业科学研究院	刘本同、黄旭波、秦玉川、王丽玲、童晓青、王衍彬、钱华	20170301	20200717
251	ZL201611029179.9	一种提高马尾松林固碳能力的林分结构调控方法	浙江省林业科学研究院	王秀云、宋绪忠、徐晓云、徐高福、杨华、陈秀娟、高美蓉	20161122	20200424
252	ZL201610594247.X	梳唇石斛的分子特异性标记引物及检测方法	浙江省林业科学研究院	秦玉川、王丽玲、童晓青、王衍彬、刘本同、方茹、黄旭波、钱华	20160723	20200519
253	ZL201610989486.5	一种促进露地栽培马银花提前开花的方法	浙江省林业科学研究院	杨华、宋绪忠	20161110	20200911

（续）

序号	专利号	专利名称	专利权人	发明人	申请日	授权公告日
254	ZL201710795984.0	一种炭角菌科真菌及其应用	浙江省林业科学研究院	彭华正、金群英、朱汤军、叶华琳、张小松	20170906	20200818
255	ZL201810126612.3	一种樱花嫁接繁殖方法	浙江省林业科学研究院	蒋冬月、沈鑫、柳新红、沈柏春、李因刚、魏建芬、刘华红、石从广、姚涛、杨少宗	20180208	20201110
256	ZL201710782316.4	薄壳山核桃品种 Van Deman 的特征序列、标记引物及鉴定方法	浙江省林业科学研究院	朱汤军、彭华正、金群英、叶华琳	20170902	20201027
257	ZL201710782310.7	薄壳山核桃品种 Nacono 的特征序列、标记引物及鉴定方法	浙江省林业科学研究院	朱汤军、彭华正、金群英、叶华琳	20170902	20200605
258	ZL201711246752.6	一种青钱柳密植矮化高产栽培方法	浙江省林业科学研究院	柏明娥、徐高福、吴锋祥、王丽玲、刘本同、余明华、何俊	20171201	20200421
259	ZL201810314255.3	一种户外用木材的物理防腐方法	浙江省林业科学研究院	于海霞、庄晓伟、潘炘、张文福、蒋应梯、王进、杨伟明	20180410	20200331
260	ZL201810413040.7	一种阿拉伯半乳低聚多糖及其制备和应用	浙江省林业科学研究院	贺亮、程俊文、王衍彬、张海芸、韦朝阳、魏海龙、柏明娥、童晓青	20180503	20200814
261	ZL201710782321.5	薄壳山核桃品种 Moore 的特征序列、引物及鉴定方法	浙江省林业科学研究院	朱汤军、彭华正、金群英、叶华琳	20170902	20201027
262	ZL201710782283.3	薄壳山核桃品种 Pawnee 的特征序列、标记引物及鉴定方法	浙江省林业科学研究院	金群英、朱汤军、彭华正、叶华琳	20170902	20201027
263	ZL201710782274.4	薄壳山核桃品种 Moore 的特征序列、标记引物及鉴定方法	浙江省林业科学研究院	彭华正、朱汤军、金群英、叶华琳	20170902	20201027
264	ZL201810733014.2	木槿品种奥苏蓝、弗洛鲁、阿登、敏柔莎的分子特异性标记引物及检测方法	浙江省林业科学研究院	杨少宗、方茹、刘本同、徐梁、林昌礼、程亚平	20180705	20200114
265	ZL201711492112.3	一种樟树全冠绿化容器大苗快速培育方法	浙江省林业科学研究院	李因刚、柳新红、沈鑫、沈泉、石从广、蒋冬月	20171230	20201211
266	ZL201711351505.2	一种富含芪类化合物食药真菌发酵产物的制备方法	浙江省林业科学研究院	程俊文、贺亮、魏海龙、胡传久、王衍彬、李海波、邹景泉	20171215	20200925
267	ZL201711501053.1	一种高效防腐防白蚁户外竹地板的制造方法	浙江省林业科学研究院	张文福、王戈、程海涛、庄晓伟、于海霞	20171231	20200908
268	ZL201810380966.0	一种铁 - 竹炭复合材料及其制备方法和应用	浙江省林业科学研究院	庄晓伟、陈顺伟、潘炘、蒋应梯、于海霞、刘亚群、王进、张文福	20180425	20200807

（续）

序号	专利号	专利名称	专利权人	发明人	申请日	授权公告日
269	ZL201810381943.1	一种具有硬阔叶木材纹理和气味的高强度重组家具面板的制造方法	浙江省林业科学研究院	于海霞、徐漫平、潘炘、庄晓伟、张文福、蒋应梯、王进	20180421	20200218
270	ZL201810372261.4	一种竹篾编织高韧性预浸料及其制备方法	浙江省林业科学研究院、国际竹藤中心	张文福、王戈、程海涛、顾少华、李明鹏	20180424	20201113
271	ZL201810079197.0	一种竹纤维束增韧耐冲击竹质板材的制备方法	浙江省林业科学研究院、国际竹藤中心	张文福、王戈、程海涛	20180126	20200501
272	ZL201810373536.6	一种竹束环氧树脂预浸料的制备方法	浙江省林业科学研究院、国际竹藤中心	张文福、王戈、程海涛、顾少华、庄晓伟、于海霞	20180424	20201117
273	ZL201711471566.2	一种林下仿野生生态栽培桑黄的方法	浙江省林业科学研究院、杭州千岛湖桑之宝农业开发有限公司	程俊文、魏海龙、贺亮、杨少宗、胡传久、王建功、王星晨、方锦棋	20171229	20201110
274	ZL201810666079.X	薄壳山核桃品种 Davis 的特征序列、标记引物及鉴定方法	浙江省林业科学研究院、周清	彭华正、朱汤军、金群英、叶华琳、周清	20180626	20200811
275	ZL201910582665.0	特基拉芽孢杆菌及其在荒漠化防治中的应用和方法	中国科学院寒区旱区环境与工程研究所、宁夏回族自治区草原工作站（宁夏回族自治区草原监理中心）	刘玉冰、赵丽娜、王增如、黄文广、张宇、王蕾、罗晓玲	20190627	20200602
276	ZL201910570919.7	用于沙区土壤改良的微生物组合物、微生物制剂以及方法	中国科学院西北生态环境资源研究院、宁夏回族自治区草原工作站（宁夏回族自治区草原监理中心）	赵丽娜、刘玉冰、王增如、黄文广、张宇、王蕾、罗晓玲	20190627	20200626
277	ZL201910383838.6	一种大叶杨组培快繁方法	中国林业科学研究院	刘妍婧、王一鸣、曾庆银	20190509	20201110
278	ZL201910697702.2	一种高密度型树木生长锥组合工具	中国林业科学研究院	朱媛君、杨晓晖、时忠杰、刘艳书、张晓、王百竹、王丹雨	20190730	20200821
279	ZL201811293642.X	一种土壤消毒装置	中国林业科学研究院	刘思敏	20181031	20200512
280	ZL201910967127.3	杨树 PtMYB158 基因及其在创制杨树新种质材料中的应用	中国林业科学研究院	曾庆银、姜鹏飞、刘妍婧、韩学敏、兰婷、关超男	20191012	20201222
281	ZL201710014268.4	唐古特白刺液泡膜 H⁺-PPase 蛋白基因 NtVP1、其编码蛋白、克隆方法	中国林业科学研究院、北京骐骥生物技术有限公司	杨秀艳、李焕勇、唐欣、刘正祥、张华新、朱建峰、成铁龙、常二梅、段晓波、王文军	20170109	20200320
282	ZL201810153780.1	一种含蘑菇渣的树状月季用环保型基质及其制备方法	中国林业科学研究院华北林业实验中心	马庆华、汤志敏、孙敬爽、董辰希、郭嘉、高旭、陈淋、褚洋、边禄森、吴莎、王海霞	20180222	20201103

（续）

序号	专利号	专利名称	专利权人	发明人	申请日	授权公告日
283	ZL201510323267.9	酚化木质素改性可发性间苯二酚 - 苯酚 - 甲醛树脂及其制备方法	中国林业科学研究院林产化学工业研究所	陈日清、刘娟、夏成龙、王春鹏、储富祥	20150609	20200117
284	ZL201710825862.1	一种丙烯酸松香基高分子表面活性剂及其制备方法和用途	中国林业科学研究院林产化学工业研究所	饶小平、闫鑫焱、宋湛谦、商士斌	20170914	20200324
285	ZL201710338723.6	一种腰果酚基丙烯酸酯活性稀释剂及其制备方法和应用	中国林业科学研究院林产化学工业研究所	周永红、胡云、刘承果、胡立红、尚倩倩、周威	20170515	20200630
286	ZL201710703178.6	一种木质纤维定向液化制备乙酰丙酸的综合利用方法	中国林业科学研究院林产化学工业研究所	蒋剑春、王奎、徐俊明、李静、夏海虹、刘朋、叶俊、周铭昊、冯君锋、马艳	20170816	20200728
287	ZL201510323268.3	高活性酚类化合物改性可发性酚醛树脂及其制备方法	中国林业科学研究院林产化学工业研究所	陈日清、刘娟、王春鹏、储富祥	20150609	20200117
288	ZL201410722587.7	具有抑菌活性的聚戊烯醇微乳液的制备方法	中国林业科学研究院林产化学工业研究所	王成章、陶冉	20141203	20200811
289	ZL201710622823.1	一种蓖麻油改性纤维素稳定的Pickering乳液及其制备方法	中国林业科学研究院林产化学工业研究所	尚倩倩、周永红、胡立红、刘承果、杨晓慧、胡云	20170727	20200714
290	ZL201710505154.X	一种蓖麻油基极压水性润滑添加剂的制备方法	中国林业科学研究院林产化学工业研究所	夏建陵、丁海阳、李守海	20170628	20200825
291	ZL201710173391.0	一种松香基梳状高分子表面活性剂及其制备方法和用途	中国林业科学研究院林产化学工业研究所	饶小平、闫鑫焱、宋湛谦、商士斌	20170322	20200421
292	ZL201710545303.5	一种固相反应制备松香 - 紫胶酯化物的方法	中国林业科学研究院林产化学工业研究所	高宏、檀贯妮、许嘉琍、商士斌	20170706	20201127
293	ZL201710247684.9	一种具有抑菌活性的紫檀精油的制备方法	中国林业科学研究院林产化学工业研究所	王成章、陈虹霞	20170417	20200901
294	ZL201710412938.8	一种植物单宁水凝胶及其制备方法和应用	中国林业科学研究院林产化学工业研究所	胡新宇、汪咏梅、张亮亮、徐曼	20170605	20200221
295	ZL201710913166.6	一种植物油脂改性细菌纤维素气凝胶吸油材料及其制备方法	中国林业科学研究院林产化学工业研究所	刘鹤、黄旭娟、商士斌、宋湛谦、宋杰	20170930	20200904
296	ZL201610849320.3	一种羟基酪醇的提取及硝基化的方法	中国林业科学研究院林产化学工业研究所	黄立新、谢普军、张彩虹、丁莎莎、邓叶俊	20160923	20200110
297	ZL201710532773.8	一种光皮树油微胶囊的制备方法	中国林业科学研究院林产化学工业研究所	李守海、许利娜、夏建陵、黄立新、李梅、丁海阳、黄坤、杨小华、张燕	20170703	20200724

（续）

序号	专利号	专利名称	专利权人	发明人	申请日	授权公告日
298	ZL201810579040.4	一种水基润滑剂及其制备方法	中国林业科学研究院林产化学工业研究所	夏建陵、丁海阳、李守海、许利娜、杨小华、李梅	20180607	20201222
299	ZL201810800652.1	一种二苯基硅二醇改性桐油基多元醇及其制备方法和应用	中国林业科学研究院林产化学工业研究所	张猛、周威、贾普友、周永红	20180720	20201030
300	ZL201710780273.6	一种超级电容器用松针基活性炭及其一步炭化制备方法	中国林业科学研究院林产化学工业研究所	孙康、冷昌宇、蒋剑春、李继辉、卢辛成、陈超	20170901	20200529
301	ZL201711148080.5	杜香枝叶总挥发油在防治储粮害虫中的应用	中国林业科学研究院林产化学工业研究所	张亮亮、汪咏梅、徐曼、胡新宇、王宏晓	20171117	20200703
302	ZL201811423101.4	一种环氧大豆油马来酰亚胺及其制备方法和应用	中国林业科学研究院林产化学工业研究所	王基夫、卢传巍、储富祥	20181127	20201110
303	ZL201711364150.0	一种含多活性基团的松香改性有机硅烷、其制备方法及由它改性的硅橡胶	中国林业科学研究院林产化学工业研究所	刘鹤、李侨光、宋湛谦、商士斌、宋杰	20171218	20200721
304	ZL201811346108.0	一种松香基不饱和树脂改善速生木材性能的方法	中国林业科学研究院林产化学工业研究所	饶小平、许吉、宋湛谦、商士斌	20181113	20200714
305	ZL201711070334.6	一种连续化生产环保型增塑剂的装置和方法	中国林业科学研究院林产化学工业研究所	蒋剑春、刘朋、陈水根、许彬、徐俊明、许玉、徐卫	20171103	20200110
306	ZL201810398906.1	巯基生物质基单体内增塑 PVC 材料及其制备方法	中国林业科学研究院林产化学工业研究所	周永红、贾普友、张猛、胡立红、冯国东、宋飞	20180428	20201027
307	ZL201710818591.7	一种钙锌热稳定剂及其制备方法和应用	中国林业科学研究院林产化学工业研究所	夏建陵、汪梅、宋相海、李梅、李守海、杨小华、蒋剑春	20170912	20200908
308	ZL201810398910.8	脱氢枞基酰胺内增塑 PVC 材料及其制备方法	中国林业科学研究院林产化学工业研究所	周永红、贾普友、张猛、胡立红、宋飞	20180428	20200630
309	ZL201810438934.1	一种松香基硫醇化的聚氯乙烯梳状聚合物及其制备方法和应用	中国林业科学研究院林产化学工业研究所	周永红、宋飞、贾普友、胡立红、张猛	20180509	20200218
310	ZL201911196412.6	一种可聚合松香季铵盐杀菌剂、其制备方法及由其制备的聚合松香季铵盐杀菌剂	中国林业科学研究院林产化学工业研究所	刘鹤、李兆双、杨欣欣、姜兆宇、宋湛谦、商士斌	20191129	20201211
311	ZL201710985010.9	一种定向制备一定聚合度木聚糖的方法	中国林业科学研究院林产化学工业研究所	卫民、樊洪玉、赵剑	20171020	20200424

（续）

序号	专利号	专利名称	专利权人	发明人	申请日	授权公告日
312	ZL201810985786.5	pH响应型松香基刚性表面活性剂及其制备方法和应用	中国林业科学研究院林产化学工业研究所	饶小平、翟兆兰、宋湛谦、商士斌	20180828	20200904
313	ZL201810671999.0	一种刚柔并济环氧导电胶及其制备方法	中国林业科学研究院林产化学工业研究所	黄金瑞、聂小安	20180626	20201222
314	ZL201710913155.8	一种松香基环氧泡沫保温材料及其制备方法	中国林业科学研究院林产化学工业研究所	刘鹤、黄旭娟、商士斌、宋湛谦、宋杰	20170930	20201002
315	ZL201610613435.2	一种基于乙基纤维素的全生物质基接枝嵌段共聚物的制备方法	中国林业科学研究院林产化学工业研究所	王基夫、卢传巍、俞娟、王春鹏、储富祥	20160725	20200915
316	ZL201610922494.8	一种用无金属光引发ATRP制备乙基纤维素接枝共聚物的方法	中国林业科学研究院林产化学工业研究所	王基夫、卢传巍、唐传兵、王春鹏、储富祥	20161024	20200623
317	ZL201810822646.6	漆蜡酰基氨基酸表面活性剂及其制备方法	中国林业科学研究院林产化学工业研究所	陈虹霞、王成章	20180725	20200609
318	ZL201810227207.0	松香多元酸用于小地老虎拒食剂的应用	中国林业科学研究院林产化学工业研究所	饶小平、许吉、宋湛谦、商士斌	20180320	20200807
319	ZL201810347269.5	一种水溶性松香衍生物及其制备方法和用作拒食剂	中国林业科学研究院林产化学工业研究所	饶小平、翟兆兰、宋湛谦、商士斌	20180418	20200807
320	ZL201811186349.3	一种负载漆酚的pH响应性两亲共聚物胶束的制备方法	中国林业科学研究院林产化学工业研究所	王成章、周昊	20180930	20201127
321	ZL201810948229.6	一种桐油基环氧树脂复合材料及其制备方法	中国林业科学研究院林产化学工业研究所	聂小安、胡芳芳、黄金瑞、肖来辉、王义刚	20180820	20201106
322	ZL201711270035.7	一种无色萜烯树脂及其制备工艺	中国林业科学研究院林产化学工业研究所、湖南松本林业科技股份有限公司	王婧、赵振东、李冬梅、陈玉湘、田新庭、史权、薛艳华、李翼	20171205	20201030
323	ZL201710686555.X	一种用于水处理的农林剩余物基光热转化材料、制备方法及其应用	中国林业科学研究院林产化学工业研究所、南京林业大学	刘鹤、李兆双、徐徐、董阜豪、商士斌、宋湛谦、宋杰	20170811	20200609
324	ZL201811030825.2	含植物油脂基氮磷协同阻燃剂和制备方法及其应用	中国林业科学研究院林产化学工业研究所、南京至正新材料科技有限公司	周永红、宋飞、张猛、胡立红、贾普友、薄采颖	20180905	20201204
325	ZL201811031656.4	含腰果酚基氮磷协同阻燃剂和制备方法及应用	中国林业科学研究院林产化学工业研究所、南京至正新材料科技有限公司	周永红、宋飞、胡立红、张猛、贾普友、薄采颖	20180905	20200612

（续）

序号	专利号	专利名称	专利权人	发明人	申请日	授权公告日
326	ZL201810473778.2	木本植物油脂基多元聚酰胺环氧固化剂及其制备方法	中国林业科学研究院林产化学工业研究所、中国林科院林产化工研究所南京科技开发总公司	李守海、易靖、李梅、夏建陵、张燕、杨小华、陈瑶、丁呈祥	20180517	20200901
327	ZL201811145744.7	木质素基炭纳米片储能材料及其制备方法和应用	中国林业科学研究院林产化学工业研究所、中国林业科学研究院林业新技术研究所	孙康、李继辉、王傲、蒋剑春、孙昊、陈超、卢辛城	20180929	20201027
328	ZL201610556982.1	鉴定大鸨亲缘关系的成套引物与方法	中国林业科学研究院林业新技术研究所	刘刚、龚明昊、崔丽娟、胡德夫、李林海、韩莫日根、孟德荣、李惠鑫、宁宇、夏晓飞	20160714	20200407
329	ZL201710637953.2	一种阻燃型月桂烯基多元胺环氧固化剂的制备方法	中国林业科学研究院林业新技术研究所	李守海、夏建陵、丁呈祥、黄坤、李梅、许利娜、杨小华、张燕	20170731	20200214
330	ZL201811061623.4	一种基于气孔安全边际指标的树种抗旱性的快速测定方法	中国林业科学研究院林业新技术研究所、山东农业大学	陈志成、张永涛、姜丽娜、万贤崇	20180912	20200731
331	ZL201710554823.2	一种基于腰果酚和糠醛的环氧树脂固化剂及其制备方法	中国林业科学研究院林业新技术研究所、中国林业科学研究院林产化学工业研究所	王基夫、卢传巍、王春鹏、储富祥	20170710	20201117
332	ZL201710818580.9	一种含氮量可调控的掺氮有序中孔炭的制备方法	中国林业科学研究院林业新技术研究所、中国林业科学研究院林产化学工业研究所	王傲、蒋剑春、孙康、陈超、许伟、朱光真、卢辛成	20170912	20200218
333	ZL201611255964.6	一种灰楸叶片原生质的制备方法	中国林业科学研究院林业研究所	麻文俊、王军辉、易飞	20161230	20200512
334	ZL201710129818.7	高钙芳香型生物复配饲料及其制备方法和奶羊投喂方法	中国林业科学研究院林业研究所	倪建伟、许可、王伟、苏上、耿涌杭、许新桥	20170306	20200121
335	ZL201710679795.7	一种研究木材细胞壁中木质素微观分布规律的方法	中国林业科学研究院林业研究所	彭霄鹏、李全梓、文甲龙、王兵益、崔颖	20170810	20200519
336	ZL201510953701.1	一种落叶松胚性细胞的遗传转化方法	中国林业科学研究院林业研究所	张立峰、韩素英、齐力旺、李水根、徐海燕	20151217	20200421
337	ZL201410720915.X	一种高浓度生化黄腐酸的制备方法	中国林业科学研究院林业研究所	焦如珍、丁之铨	20141203	20201218
338	ZL201710385371.X	一种利用 SSR 标记鉴定平欧杂种榛品种的方法	中国林业科学研究院林业研究所	马庆华、王贵禧、梁丽松、赵天田、梁维坚、李京璟、苗丁丁	20170526	20200828
339	ZL201710571443.X	利用 cpDNA 序列进行榛种质鉴定的方法	中国林业科学研究院林业研究所	赵天田、王贵禧、梁丽松、马庆华	20170713	20200602

（续）

序号	专利号	专利名称	专利权人	发明人	申请日	授权公告日
340	ZL201710561274.1	利用核 ITS 序列进行榛种质鉴定的方法	中国林业科学研究院林业研究所	赵天田、王贵禧、马庆华、梁丽松	20170711	20200602
341	ZL201710022572.3	基于角尺度的人工林中大径木邻体随机化经营方法	中国林业科学研究院林业研究所	惠刚盈、张弓乔、胡艳波、赵中华	20170112	20201117
342	ZL201811138971.7	一种调控杨树叶型发育基因及其应用	中国林业科学研究院林业研究所	卢孟柱、赵岩秋、宋学勤	20180928	20200804
343	ZL201810528770.1	LRR 受体激酶的底物寻找方法	中国林业科学研究院林业研究所	张建国、国鹏、王兆山	20180528	20200918
344	ZL201810480918.9	角担菌属真菌促进兰科植物生长的方法	中国林业科学研究院林业研究所	刘蕾、李潞滨、杨前宇	20180518	20201208
345	ZL201810326519.7	一种适应于欧洲云杉幼苗生长的光谱及配比	中国林业科学研究院林业研究所	王军辉、欧阳芳群、马建伟、安三平、祁生秀	20180412	20200915
346	ZL201910515294.4	一种与植物抗逆相关的基因 TcAE 及其应用	中国林业科学研究院林业研究所	杨艳芳、邱德有、张恺恺、陈段芬、蒋路园	20190614	20201110
347	ZL201610968013.7	一种抑制美国白蛾生长的杨树化合物及其应用	中国林业科学研究院林业研究所	卢孟柱、王丽娟、胡建军、唐芳	20161105	20201009
348	ZL201810356183.9	沙棘中酚类物质定量检测方法	中国林业科学研究院林业研究所	张建国、何彩云、陈道国	20180419	20200807
349	ZL201811363557.6	一种基于相邻木关系的林分结构多样性的测度方法	中国林业科学研究院林业研究所	赵中华、惠刚盈、张弓乔、胡艳波	20181116	20201009
350	ZL201910521292.6	一种栓皮栎愈伤组织及不定芽诱导的方法	中国林业科学研究院林业研究所	毕泉鑫、陈梦园、李迎超、王利兵、于海燕	20190617	20200925
351	ZL201810114620.6	一种培养基、固体菌根制剂及其制备方法	中国林业科学研究院林业研究所、内蒙古和盛生态科技研究院有限公司	郑来友、赵泉胜	20180205	20200707
352	ZL201611236014.9	一种胶合板及其制备方法	中国林业科学研究院木材工业研究所	王朝晖、蒋明亮、田昭鹏、任海青	20161228	20200707
353	ZL201610198165.3	一种酶预处理结合机械研磨制备纳米纤维素的方法	中国林业科学研究院木材工业研究所	陈媛、李改云、何玉婵	20160401	20200317
354	ZL201710597837.2	一种超高密度超高强度植物纤维板的制造方法	中国林业科学研究院木材工业研究所	唐启恒、郭文静	20170720	20200421

（续）

序号	专利号	专利名称	专利权人	发明人	申请日	授权公告日
355	ZL201610313191.6	一种无醛改性豆基蛋白胶黏剂及其制造方法	中国林业科学研究院木材工业研究所	张亚慧、于文吉	20160512	20200828
356	ZL201710662095.7	一种固化剂及其制备方法和树脂组合物及其应用	中国林业科学研究院木材工业研究所	屈伟、吴玉章、彭立民	20170804	20200207
357	ZL201710269915.6	乐器指板木质材料及其制备方法及其声学功能体浸渍液	中国林业科学研究院木材工业研究所	吕少一、李善明、彭立民、傅峰、陈志林、姜鹏	20170424	20201124
358	ZL201710729079.5	一种快速检测木质纤维材料中导管细胞形态特征的方法	中国林业科学研究院木材工业研究所	王玉荣、孙海燕、吕建雄、赵荣军、任海青	20170823	20200110
359	ZL201711447041.5	一种高柔性高弹性高透明度木材薄膜的制备方法	中国林业科学研究院木材工业研究所	唐启恒、郭文静	20171227	20200626
360	ZL201711134500.4	一种超疏水复合涂料及其制备方法和应用	中国林业科学研究院木材工业研究所	吕少一、黄景达、傅峰	20171116	20201002
361	ZL201810932183.9	分层阻燃人造板及其制造方法、表层阻燃剂在阻燃材料中的应用	中国林业科学研究院木材工业研究所	姜鹏、陈志林	20180816	20201113
362	ZL201810145965.8	一种竹纤维为主增强体的车用复合材料及其制备方法	中国林业科学研究院木材工业研究所	唐启恒、郭文静	20180212	20201204
363	ZL201810482173.X	一种导热系数可控的木基复合材料及其制备方法	中国林业科学研究院木材工业研究所	梁善庆、柴媛、傅峰	20180518	20200814
364	ZL201711432505.5	一种木结构建筑用预制楼面板及其制作方法	中国林业科学研究院木材工业研究所	龚迎春、田昭鹏、任海青、武国芳	20171226	20200110
365	ZL201711192104.7	一种长余辉发光柔性纳米纤维素材料、制备方法及其应用	中国林业科学研究院木材工业研究所	陈志林、张龙飞、吕少一	20171124	20200522
366	ZL201910705464.5	一种木材靶向细胞 DNA 提取方法	中国林业科学研究院木材工业研究所	焦立超、陆杨、殷亚方、何拓、李姗	20190731	20201027
367	ZL201910078800.8	一种 PP 装饰膜饰面的方法	中国林业科学研究院木材工业研究所	彭晓瑞、张占宽	20190125	20200818
368	ZL201711276313.X	一种重组材方料固化方法及其固化装置	中国林业科学研究院木材工业研究所	余养伦、高瑞清、于文吉	20171206	20200721
369	ZL201910220487.7	一种正交胶合木装配式木拱结构	中国林业科学研究院木材工业研究所	任海青、田昭鹏、王朝晖、龚迎春、徐俊华、李明月、罗翔亚	20190322	20201009

（续）

序号	专利号	专利名称	专利权人	发明人	申请日	授权公告日
370	ZL201710644639.7	一种木结构用齿板连接节点受力性能的数值模拟方法	中国林业科学研究院木材工业研究所	武国芳、赵荣军、钟永、任海青	20170801	20200901
371	ZL201711128114.4	改性纤维素纳米晶体、高强水凝胶材料、制备方法及应用	中国林业科学研究院木材工业研究所	郭娟、殷亚方、韩刘杨、刘波、焦立超、李姗、余敏	20171115	20200522
372	ZL201910154646.8	辅助成炭生物基膨胀型阻燃木材及其制造方法	中国林业科学研究院木材工业研究所	姜鹏、李路明、陈志林、梁善庆、卢金汉	20190301	20201211
373	ZL201810167412.2	一种可用于模压的柔性互穿网络多孔材料及制备方法	中国林业科学研究院木材工业研究所	唐启恒、郭文静	20180228	20200626
374	ZL201910208348.2	高速切削时刀具表面与木材间的摩擦力的测量方法	中国林业科学研究院木材工业研究所	李伟光、张占宽	20190319	20201113
375	ZL201811559660.8	一种纳米材料增韧糠醇木材的制备方法	中国林业科学研究院木材工业研究所	吕少一	20181220	20200714
376	ZL201910476778.2	一种基于木材内部蒸汽压力变化的呼吸式木材热压干燥工艺制定方法	中国林业科学研究院木材工业研究所	周永东、侯俊峰、潘斌、周凡、高鑫、付宗营、翁翔	20190603	20201002
377	ZL201911164954.5	一种干燥器法甲醛释放量比对试验用检测方法	中国林业科学研究院木材工业研究所	唐召群、伍艳梅、蒋松林、赵磊、王瑞	20191125	20201211
378	ZL201810890364.X	一种树脂浸渍改性木材的干燥方法	中国林业科学研究院木材工业研究所	柴宇博、刘君良、吕文华、孙柏玲、王小青、倪林、胡极航	20180807	20200821
379	ZL201910381712.5	一种用于木质集成家居设计环节控制室内甲醛浓度的方法	中国林业科学研究院木材工业研究所	唐召群、伍艳梅、王瑞	20190508	20200403
380	ZL201710590703.8	铁皮石斛仿野生集约栽培方法	中国林业科学研究院热带林业研究所	杨曾奖、徐大平、刘小金、张宁南	20170718	20200414
381	ZL201611155671.0	一种直立柱果木的木质化中部枝条的扦插育苗方法	中国林业科学研究院热带林业研究所	李玫、廖宝文、陈玉军、管伟、熊燕梅	20161214	20200818
382	ZL201710671363.1	用于鉴定桉树无性系的 STR 引物及其应用	中国林业科学研究院热带林业研究所	周长品、李昌荣、李发根、翁启杰、陈升侃、王莉、甘四明	20170808	20201030
383	ZL201710761216.3	用于鉴定桉树无性系的 STR 引物、PCR 试剂盒及方法	中国林业科学研究院热带林业研究所	周长品、李昌荣、李发根、翁启杰、陈升侃、王莉、甘四明	20170830	20201030
384	ZL201810701370.6	一种油楠倍半萜合成酶及其编码基因和应用	中国林业科学研究院热带林业研究所	余纽、杨锦昌、李荣生、尹光天、邹文涛、何畅	20180629	20200814

（续）

序号	专利号	专利名称	专利权人	发明人	申请日	授权公告日
385	ZL201711406063.7	一种快速鉴别降香黄檀和交趾黄檀的气质联用方法	中国林业科学研究院热带林业研究所	刘小金、徐大平、张宁南、杨曾奖、洪舟	20171222	20200821
386	ZL201711404198.X	一种调控降香黄檀营养生长或生殖生长的施肥方法	中国林业科学研究院热带林业研究所	刘小金、王丽云、徐大平、张宁南	20171222	20201030
387	ZL201811523806.3	一种黑木相思组培苗标准化生产工艺	中国林业科学研究院热带林业研究所	裘珍飞、曾炳山、范春节、邓文林、陈耀辉	20181212	20200925
388	ZL201810722024.6	通过红椿木材变色而提高红椿木材价值的方法	中国林业科学研究院热带林业研究所	吴世军、徐建民、郭文仲	20180704	20200626
389	ZL201710346991.2	一种松褐天牛肿腿蜂的人工繁育方法及在防治林木蛀干害虫中的应用	中国林业科学研究院森林生态环境与保护研究所	唐艳龙、王小艺、曹亮明、杨忠岐、张彦龙	20170517	20200710
390	ZL201710438208.5	木材取样器	中国林业科学研究院森林生态环境与保护研究所	汪来发、王曦茁、朴春根、李永、林彩丽、薛寒	20170612	20200428
391	ZL201710636440.X	一种摩泽蒲螨的人工繁育方法及在防治苹小吉丁虫中的应用	中国林业科学研究院森林生态环境与保护研究所	张彦龙、王小艺、唐艳龙、曹亮明、杨忠岐	20170731	20200623
392	ZL201610885793.9	厚垣普可尼亚菌航天诱变菌株及其应用	中国林业科学研究院森林生态环境与保护研究所	汪来发、王曦茁、孟繁丽、朴春根、田国忠、刘洪剑	20161010	20200110
393	ZL201610885416.5	航天诱变获得厚垣普可尼亚菌突变菌株及其制剂和在生物防治中的应用	中国林业科学研究院森林生态环境与保护研究所	汪来发、王曦茁、林彩丽、孟繁丽、刘洪剑、李永	20161010	20200110
394	ZL201710346979.1	一种东方平腹小蜂的人工繁育方法及在防治林木害虫中的应用	中国林业科学研究院森林生态环境与保护研究所	曹亮明、唐艳龙、王小艺、杨忠岐、辛蓓	20170517	20201117
395	ZL201810143785.6	一种南亚热带马尾松人工纯林向松阔异龄复层混交林的改造方法	中国林业科学研究院森林生态环境与保护研究所	刘世荣、明安刚、蔡道雄、贾宏炎、温远光、郭文福、王晖、卢立友、农友、刘志龙	20180212	20200310
396	ZL201810052167.0	减轻腮扁叶蜂危害的调控方法	中国林业科学研究院森林生态环境与保护研究所	梁军、黄咏槐、张星耀	20180119	20200616
397	ZL201811147310.0	一种西南山地喀斯特石漠化立地的生态修复方法	中国林业科学研究院森林生态环境与保护研究所	刘世荣、王晖、张小平、杨传宝、缪宁、孟广涛、刘兴良、栾军伟	20180929	20200522
398	ZL201810367529.5	一种利用固氮树种旱冬瓜修复西南亚高山地区退化土壤的方法	中国林业科学研究院森林生态环境与保护研究所	刘世荣、孟广涛、李品荣、缪宁	20180423	20200616

（续）

序号	专利号	专利名称	专利权人	发明人	申请日	授权公告日
399	ZL201710100615.5	一种与油茶种子油脂中软脂酸、油酸、亚麻酸含量相关的 SNP 分子标记及其应用	中国林业科学研究院亚热带林业研究所	林萍、姚小华、曹永庆、王开良	20170223	20200915
400	ZL201710100586.2	一种与油茶种子含油率相关的 SNP 分子标记及其应用	中国林业科学研究院亚热带林业研究所	王开良、林萍、姚小华、曹永庆	20170223	20200623
401	ZL201710100290.0	鉴定高含油率油茶的方法	中国林业科学研究院亚热带林业研究所	林萍、曹永庆、王开良、姚小华	20170417	20200609
402	ZL201710660450.7	湿地松人工林改建方法	中国林业科学研究院亚热带林业研究所	孙洪刚	20170804	20200410
403	ZL201710387477.3	一种石漠化红裸土植被快速恢复的方法	中国林业科学研究院亚热带林业研究所	李生、薛亮、任华东、姚小华、钱小清、张永祥、刘俊、李敏	20170526	20200421
404	ZL201710080884.X	一种竹林金针虫成虫的引诱剂	中国林业科学研究院亚热带林业研究所	舒金平、王浩杰、滕莹、彭观地、徐真旺、张亚波、张威、叶碧欢、张守科、宋洋、徐天森	20170215	20200512
405	ZL201610994231.8	一种油茶籽中不同形态多酚的萃取方法	中国林业科学研究院亚热带林业研究所	罗凡、费学谦、许伟、戚雨婷、郭少海	20161111	20200421
406	ZL201710427301.6	用于鉴定山鸡椒性别的 SNP 标记及该 SNP 标记的筛选方法	中国林业科学研究院亚热带林业研究所	高暝、汪阳东、陈益存、吴立文	20170607	20201127
407	ZL201710595063.X	一种超高酸价毛油的高效精炼工艺	中国林业科学研究院亚热带林业研究所	郭少海、杜孟浩、方学智、罗凡、王亚萍、费学谦	20170720	20201208
408	ZL201810203791.6	一种复合微生物菌剂制备方法及其应用	中国林业科学研究院亚热带林业研究所	张金萍、李雪彬	20180313	20201110
409	ZL201810170972.3	一种油茶果壳制备栽培基质的方法	中国林业科学研究院亚热带林业研究所	张金萍	20180301	20200915
410	ZL201810735903.2	一种降解皂素和单宁的复合微生物菌剂	中国林业科学研究院亚热带林业研究所	张金萍、李雪彬	20180706	20200818
411	ZL201810312540.1	一种松节油降解微生物菌剂	中国林业科学研究院亚热带林业研究所	张金萍、李雪彬	20180409	20200623
412	ZL201810444469.2	一种简易机械化高效采收的油茶栽培方法	中国林业科学研究院亚热带林业研究所	王开良、姚小华、林萍、任华东、曹永庆、龙伟、常君	20180510	20200626

（续）

序号	专利号	专利名称	专利权人	发明人	申请日	授权公告日
413	ZL201810949266.9	一种湿地松林中高产脂湿地松植株的鉴定方法	中国林业科学研究院亚热带林业研究所	栾启福、姜景民	20180820	20201211
414	ZL201810776491.7	一种林业废弃物制备的石斛栽培基质	中国林业科学研究院亚热带林业研究所	张金萍、李雪彬、姚小华、杜孟浩	20180710	20201222
415	ZL201810087561.8	利用脱落酸疏花提高无患子果序结实的方法	中国林业科学研究院亚热带林业研究所	邵文豪、姜景民、董汝湘	20180130	20201222
416	ZL201810922055.6	一种松木屑作为食用菌栽培料的预处理方法	中国林业科学研究院亚热带林业研究所	张金萍、李雪彬、应玥、杜孟浩	20180814	20201106
417	ZL201810087823.0	利用外源物质提高无患子果序结实的方法	中国林业科学研究院亚热带林业研究所	邵文豪、姜景民、董汝湘	20180130	20201218
418	ZL201811475509.6	一种核桃精选加工工艺	中国林业科学研究院亚热带林业研究所	郭少海、杜孟浩、罗凡、王亚萍、姚小华	20181204	20201211
419	ZL201810523625.4	一种丛生竹快速繁殖的方法	中国林业科学研究院亚热带林业研究所	岳晋军、吴晓丽、顾小平	20180528	20201110
420	ZL201610849972.7	以桉树料、印楝种子和迷迭香叶为原料的植物源有机药肥及其制备方法	中国林业科学研究院资源昆虫研究所	吴疆翀、彭兴民、郑益兴、张燕平、孙启涛、张体坤、刘剑金	20160926	20200417
421	ZL201611246821.9	塔拉嫁接苗培育的方法	中国林业科学研究院资源昆虫研究所	包松莲、李志国、张建云	20161229	20200417
422	ZL201710527113.0	提高白蜡虫泌蜡量的药剂及其处理方法	中国林业科学研究院资源昆虫研究所	陈航、陆沁、刘妮、张金稳、凌晓霏、王伟伟、陈晓鸣	20170630	20200804
423	ZL201610618465.2	一种促进创伤痊愈的软膏及其制备方法	中国林业科学研究院资源昆虫研究所	马金菊、马李一、陈晓鸣、张弘、张重权、王有琼	20160801	20200214
424	ZL201910874305.8	一种云南松林分生长量确定方法及系统	中国林业科学研究院资源昆虫研究所	李帅锋、黄小波、王健敏、申佳艳、苏建荣、郑梅香、李红云	20190917	20201201
425	ZL201711391469.2	一种余甘子组织培养的方法	中国林业科学研究院资源昆虫研究所	马宏、李正红、万友名、刘秀贤	20171221	20200626
426	ZL201711159342.8	一种漆树的割漆方法	中国林业科学研究院资源昆虫研究所	廖声熙、崔凯、李立、何承忠、吴楠	20171120	20200901

（续）

序号	专利号	专利名称	专利权人	发明人	申请日	授权公告日
427	ZL201710190338.1	一种特征选择的森林参数遥感估测方法	中国林业科学研究院资源信息研究所	田昕、韩宗涛、李增元、陈尔学	20170328	20200804
428	ZL201710671803.3	一种基于B样条曲线的树冠三维形态模拟方法	中国林业科学研究院资源信息研究所	张怀清、马载阳、李永亮、杨廷栋	20170808	20200811
429	ZL201711146117.0	一种星载光子计数激光雷达数据快速去噪滤波方法	中国林业科学研究院资源信息研究所	陈博伟、庞勇、李增元	20171117	20200929
430	ZL201710840970.6	一种依赖于相邻木特征的林木冠幅估算方法	中国林业科学研究院资源信息研究所	李永亮、张怀清、杨廷栋、马载阳	20170918	20200915
431	ZL201711116482.7	一种对高分辨率光学遥感图像的自适应云区检测方法	中国林业科学研究院资源信息研究所	蒙诗栎、庞勇、李增元	20171113	20201117
432	ZL201810857671.8	一种檀香叶片全铁含量的多光谱图像确定方法及系统	中国林业科学研究院资源信息研究所	陈珠琳、王雪峰	20180731	20201110
433	ZL201810369542.4	牲畜背驮式播种器及牲畜背驮式播种方法	中国农业科学院草原研究所	孙世贤、运向军、吴新宏、王育青、杨婷婷、姜超、尹强、渠晖、张继泽	20180414	20200904
434	ZL201610246298.3	一种胡枝子总黄酮的制备方法	中国农业科学院草原研究所	吴洪新、阿拉木斯、常春、戴雅婷、张小庆、赵金梅、乌兰巴特儿、孙娟娟、刘洪林	20160419	20200609
435	ZL201710263855.7	杂交种试管苗的炼苗及移栽方法	中国农业科学院草原研究所	黄帆、李俊、刘磊、李志勇、李鸿雁、师文贵、解永凤	20170420	20200103
436	ZL201710380648.X	油茶籽皮中抗氧化成分提取物及其提取方法和应用	中南大学、湖南省林业科学院、湖南御家化妆品制造有限公司	杨晨、刘佳佳、马力、陈永忠、何广文、康文术、刘文豪、彭邵锋	20170525	20201023
437	ZL201611227816.3	树木用环保透明涂干剂及其制备方法	重庆市风景园林科学研究院	田立超、任慧爽、何思瑶	20161227	20200717
438	ZL201710897619.0	一种红花油茶断砧劈接培育技术	重庆市林业科学研究院	晏巧、娄利华、谭小梅、邓相舜、王娅、张荣	20170928	20200728
439	ZL201710893789.1	一种加拿大红叶紫荆的繁育方法	重庆市林业科学研究院	马立辉、谢英赞、方文、王朝英	20170928	20200218
440	ZL201810219164.1	一种地被观赏竹育苗设施及育苗方法	重庆市林业科学研究院	陈丽洁、童龙、李彬、耿养会、张磊	20180316	20200602
441	ZL201810218623.4	用于观赏竹培育装置的木塑复合材料及其制备方法	重庆市林业科学研究院	童龙、李彬、陈丽洁、耿养会、张磊	20180316	20201020

（续）

序号	专利号	专利名称	专利权人	发明人	申请日	授权公告日
442	ZL201710906686.4	一种南川木波萝沙床育苗方法	重庆市林业科学研究院	谭小梅、周益权	20170929	20200424
443	ZL201810448812.0	一种利用藤本植物修复重度石漠化方法	重庆市林业科学研究院	王轶浩、梁洪海、薛兰兰	20180511	20201020
444	ZL201910053988.0	一种红果冬青优株组培快繁方法	重庆市林业科学研究院	朱恒星、戴前莉、卢敏、唐佳佳、黄飞逸、魏立本	20190121	20201211
445	ZL201910937009.8	一种全营养基质微生物培养方法	遵义市林业科学研究所	易筑刚、缪荣浩	20190929	20201229
446	ZL201710830026.2	一种高效喷施真菌孢子粉的装置	遵义市林业科学研究所	展茂魁、司徒春南、张勇、王健、路纪芳、赵斌、皮发剑、蔡静芸、付甫永	20170915	20201222

数据来源：国家知识产权局中国专利数据库。